PRINCIPES RAISONNÉS

D'AGRICULTURE.

TOME PREMIER.

Agrostologia helvetica, definitionemque *Graminum et plantarum eis affinium in Helvetia sponte nascentium complectens. Auctore* J. GAUDIN, 2 vol. in-8. 12 fr.

Art (l') de faire le pain, ou observations théoriques et pratiques sur l'analyse et la synthèse du froment, ainsi que sur la manière la plus avantageuse de préparer un pain léger ; précédées de quelques recherches sur l'origine et les maladies du blé, par M. Edlin ; traduit de l'anglais, par J. Peschier, doc. médecin, memb. de plusieurs Sociétés savantes, in-8, 1811, 2 fr. 50 c.

Associations rurales pour la fabrication du lait, connues en Suisse sous le nom de fruitières, par Ch. Lullin de Genève, in-8. fig. 1811, 2 fr.

Cours d'Agriculture anglaise, avec les développemens utiles aux Agriculteurs du continent, par Ch. Pictet de Genève, 10 vol. in-8, avec fig., 1810, 50 fr.

Des prairies artificielles d'été et d'hiver, de la nourriture des brebis et de l'amélioration d'une ferme dans les environs de Genève, par C. L. M. Lullin, membre de la Société des arts de Genève et du comité d'Agriculture de cette ville, vol. in-8 de 450 pages, 5 fr.

Faits et Observations sur la race des mérinos d'Espagne à laine superfine et les croisemens, par Ch. Pictet, in-8, fig. 1 fr. 80 c.

Histoire des Conferves d'eau douce, contenant leurs différens modes de reproduction, et la description de leurs espèces, avec des observations nouvelles sur la multiplication des Tremelles et des Ulves, par le professeur Vaucher, in-4, 17 pl., 1803, 15 fr.

Mémoires sur l'influence de l'air et de diverses substances gazeuses dans la germination de différentes graines, par MM. Huber et Senebier, in-8, 1801, 2 fr. 50 c.

Observations sur les bêtes à laine dans les environs de Genève, pendant 20 ans, par C. L. M. Lullin, capitaine, membre de la Société des Arts de Genève et du comité d'Agriculture de ladite ville, in-8, 2°. édit. 1807, 2 fr. 50 c.

Physiologie végétale, contenant une description anatomique des organes des plantes, par J. Senebier, bibliothécaire de Genève, membre de diverses Académies et Sociétés savantes, corresp. de l'Institut, 5 vol. in-8, faisant 2150 pag. beau papier, 21 fr.

Météorologie pratique, à l'usage de tous les hommes et surtout des cultivateurs, par J. Senebier, membre de diverses Académies, correspondant de l'Inst. Nat., 1 vol. in-16, papier fin, 2 fr. 50 c.

Rapport de l'air avec les êtres organisés, ou Traité de l'action du poumon et de la peau des animaux sur l'air, comme aussi de celles des plantes sur ce fluide, tirés des journaux d'observations de L. Spallanzani, avec quelques Mémoires de l'éditeur sur ces matières, par J. Senebier, de diverses Académies, et corresp. de l'Inst. Nat., 3 vol. in-8, 12 fr.

Remèdes curatifs et préservatifs pour les maladies du bétail, v. in-12, 2°. édit. 1803, 1 fr. 50 c.

Tableau de l'agriculture toscane, par Simonde, vol. in-8, fig., 1801, 3 fr.

Traité des Assolemens, ou l'art d'établir les rotations de récoltes, par Ch. Pictet, in-8, 1801, 3 fr.

Traité des engrais, tirés des différens rapports faits au Département d'Agriculture d'Angleterre, avec des notes, suivi de la traduction du *Mémoire de Kirvan sur les engrais*, et de l'*Exposition des principaux termes chimiques employés dans cet ouvrage* ; par M. Maurice, Maire de la ville de Genève, secrét. de la Soc. des Arts de la même ville, assoc. et corresp. de diverses Sociétés, 1 vol. in-8 de 500 pag. environ, 2°. éd. rev., cor. et augment. 5 fr.

Rapport à Son Ex. le Landamman et à la Diète des 19 *Cantons de la Suisse*, sur les établissemens de M. Fellenberg, à Hofwyl, par MM. *Heer*, Landamman de Glaris ; *Crud de Genthod*, du Canton de Vaud ; *Meyer*, curé de Wangen, canton de Lucerne ; *Tobler*, de l'Au, du canton de Zurich ; *Hunkler*, Juge au Tribunal d'appel du canton de Lucerne, 1 vol. in-8, fig., 1808, 2 fr.

Vues relatives à l'agriculture de la Suisse et aux moyens de la perfectionner, par M. Fellenberg, trad. de l'allemand, et enrichi de notes par M. Ch. Pictet, in-8, 1808, 1 fr. 80 c.

PRINCIPES RAISONNÉS

D'AGRICULTURE,

TRADUITS DE L'ALLEMAND D'A. THAER,

PAR

E. V. B. CRUD.

TOME PREMIER,

Contenant { 1.º LES PRINCIPES FONDAMENTAUX.
2.º L'ÉCONOMIE.

A PARIS,

Chez J. J. PASCHOUD, Libraire, rue des Petits-Augustins, n.º 5.

et à GENÈVE,

Chez le même, Imprimeur-Libraire.

1811.

PRÉFACE

DU TRADUCTEUR.

Si jadis l'art de cultiver la terre et d'en tirer des produits avantageux, consistait surtout dans la connaissance de procédés, dont la pratique et l'expérience sur un local donné avaient démontré l'avantage; si hors de là tout était vague et entraînait à des mécomptes, c'était une suite nécessaire de l'ignorance où l'on était sur les principes de l'art et sur les élémens qui doivent lui servir de base. Dès l'enfance de la société civile, dès ces premiers momens où l'homme connut la propriété et cessa de jouir en communauté des terres qu'il occupait, la propagation et la culture des objets alimentaires furent abandonnées à la classe la moins instruite et la moins développée; la terre alors, riche de son repos, produisait sans beaucoup de travail les denrées qu'on lui demandait; la population à la fois moins nombreuse et plus sobre, n'exigeait guères que l'art vint au secours de la nature, ou plutôt qu'il s'aidât à exploiter les trésors que celle-ci renfermait. Mais à mesure que notre partie du globe fut plus habitée et que les besoins s'accrurent, l'attention dut se porter sur les moyens de multiplier les produits et d'augmenter les moyens de subsistance. Dans ces derniers tems surtout, cette cause, jointe au besoin d'une occupation douce, qui donnât de la paix à l'ame et la détournât des passions politiques; peut-être même l'instinct, le vœu de la nature, ont porté à l'agriculture cette classe d'hommes d'une éducation plus soignée, dont les idées ont plus d'étendue et les conceptions plus de profondeur. C'est à ces hommes que l'agriculture a dû les progrès rapides qu'elle a faits depuis un siècle; c'est à eux qu'elle doit d'être sortie du vague dans lequel elle était plongée.

Les développemens qui ont été donnés à l'art agricole par un grand nombre d'auteurs Anglais, Français, Allemands et Italiens; les découvertes dues aux hommes instruits qui lui ont consacré leurs veilles; les excellens traités qui en ont été la suite; les rapports nombreux que l'agriculture a avec la chimie dans son état actuel, avec la physique et avec l'histoire naturelle; toutes ces choses ont fait de l'art de tirer du sol les produits les plus avantageux, une science du premier ordre, qui n'est plus la propriété du vulgaire, de l'homme sans éducation.

Mais si la science a dû beaucoup aux excellens ouvrages périodiques qui paraissent en France, en Angleterre et en Allemagne sur ce sujet, et aux cours d'agriculture dont nous sommes aujourd'hui en possession, nous ne pouvons nous dissimuler que chacun de ces ouvrages était fait bien plus pour l'homme déjà éclairé, déjà familiarisé avec les principes de l'art, que pour celui qui, commençant à s'y vouer, avait besoin de trouver réunies les bases de la science, les directions qui seules peuvent le préparer à tirer parti des autres ouvrages, et à les apprécier convenablement.

Ces directions, ce corps de doctrine, je crois les avoir rencontrés dans le traité dont je donne ici la traduction.

Il est dû à l'un de ces hommes rares chez lesquels une infatigable activité, une persévérance à toute épreuve, se trouvent réunis à un esprit méthodique et juste, à une grande netteté d'idées, à une profonde méditation et surtout à beaucoup d'entraînement pour l'agriculture; à un homme aux préceptes duquel une longue pratique et une expérience acquise sur un fonds d'une vaste étendue, donnent un poids et un crédit avoué dans toute l'Allemagne.

Je ne me dissimule point que cet ouvrage a quelque chose d'un peu sérieux pour tous ceux qui ne font de l'agriculture qu'un léger passe-tems, et qui répugnent à s'enfoncer dans les profondeurs de la science; mais ce n'est point pour ceux-là même qu'il a été écrit, ainsi que nous l'apprenons dans la préface de l'édition allemande; l'auteur l'a destiné à servir de base aux cours de science agricole et d'économie rurale qu'il donne dans sa terre de Mögelin.

Ce traité demande, et je ne saurais trop le répéter, il demande à être lu et relu de suite, avec attention et réflexion, sans cela le lecteur n'en apercevrait point l'ensemble, il n'y trouverait que l'ennui et le dégoût au lieu de l'instruction qu'il a droit d'en attendre. Il n'y a aucune des parties de ce tout qui soit étrangère ou indifférente à l'autre ; l'auteur avait eu la noble abnégation de lui-même de me donner la licence d'y faire tous les retranchemens et les changemens que je croirais utiles, ou propres à le faire accueillir de la nation à laquelle cette traduction est consacrée ; cependant après un mûr examen, j'ai cru qu'il ne pouvait en être ôté aucune partie dont l'absence ne nuisit à l'ensemble et ne fut une perte pour les lecteurs ; en effet, les idées et les préceptes y sont si bien liés ensemble, ils y découlent tellement les uns des autres, que tout retranchement laisserait un vide, serait une lacune qui déparerait l'ouvrage. Cependant je dois avouer que la crainte d'altérer les idées de l'auteur m'a trop souvent fait négliger des formes qui eussent obtenu plus d'accueil à cet ouvrage. Je vois aujourd'hui avec regrets que, dans la première partie de ce volume surtout, je ne me suis point assez préservé des tournures et des locutions allemandes.

J'ai donné tous mes soins à être de la plus fidèle exactitude; et j'aime à me persuader que j'ai atteint ce but. Ce n'est pas du reste que, dans la seconde moitié du premier volume, on ne trouve des changemens considérables ; mais ces changemens même étaient dans les vues de l'auteur ; tout le fond des idées est de lui, et quant à la forme, je me suis écarté le moins qu'il m'a été possible, de celle qu'il leur a donnée, dans les redressemens qu'il a mis en tête du second volume. On trouvera de même dans la partie des calculs et surtout au commencement de ce second volume, des différences extrêmement nombreuses ; mais ces différences étaient nécessitées, ou par les corrections faites au texte même, ou par des erreurs faites dans l'impression de l'édition originale. Je n'ai négligé ni travail ni soins pour que la nouvelle rédaction des tableaux fut exacte. Ces redressemens font, sans doute, le principal mérite qui puisse être attribué à cette édition.

Lorsque j'ai eu à faire quelqu'observation ou quelque modification qui fussent une suite de la différence de notre sol et de notre climat, ou des opinions que j'ai contractées, tant par la méditation que par l'expérience, j'ai dû les joindre dans des notes, et nullement les intercaler dans le texte. Sans doute je n'ai rien avancé dans ces notes que je ne crusse vrai, mais ce n'était point à moi à en être le juge, et les insérer dans le corps de l'ouvrage, quelqu'eût pu être sur ce point la généreuse indulgence de l'auteur, ç'eût été mettre sous la responsabilité de celui-ci, des choses qui, peut-être, eussent été en opposition avec ses propres opinions; au reste, je me suis fait une loi absolue de ne point multiplier ces notes au-delà de ce que je croyais absolument nécessaire.

Malgré l'addition de notes, la traduction se trouve un peu moins volumineuse que l'édition originale, cela est dû à ce que le format de cette première est un peu plus grand et le caractère plus serré; d'ailleurs, comme je l'ai dit plus haut, je ne me suis permis aucun retranchement.

J'ai eu un moment l'idée de réduire toutes les monnaies, poids et mesures, d'après lesquels cet ouvrage a été composé, en monnaies, poids et mesures décimaux français, lesquels sont plus universellement connus, que ceux dont il s'agit ici; mais je me suis bientôt convaincu que ce changement serait bien moins utile que je ne l'imaginais au premier abord, et qu'il entraînerait après lui des modifications au texte beaucoup trop considérables. Je me suis en conséquence borné à joindre à cette édition un tableau de la réduction des mesures agraires et de celles de grains de la plupart des pays de l'Europe, dans celles dont l'auteur s'est servi. Au moyen de ce tableau et d'une règle de proportion, chacun pourra appliquer à sa propre localité les formules données par l'auteur.

Je dois seulement ajouter ici quelques explications qui n'ont pu être insérées dans le tableau dont je viens de parler, et qui cependant me paraissent également nécessaires.

Le *Rixdaler de Berlin* en argent, vaut à peu près et suivant que le change est plus ou moins avantageux, de 4 francs 60 à 4 francs 90 centimes; il est divisé en 24 bons gros, dont ainsi chacun vaut environ 20 centimes.

Le *Winspel* de grains comprend 24 scheffels.

La *livre de Berlin* équivaut à kilogramme 0,4644; et le quintal, qui a toujours été supposé de 100 livres, est ainsi égal à myriagramme 4,644.

Le *Quart de Berlin*, mesure de lait, contient 58 pouces de Paris, cubes, tandis que la pinte de Paris n'en contient que 48 , ainsi un *Quart* est égal à une pinte et $\frac{10}{48}$, ou à litre 1,1493.

Dans tous les calculs un peu compliqués les fractions ont été portées en *décimales*. Je dois supposer que dans le nombre des personnes qui liront cet ouvrage, il y en aura peu qui ne soient familiarisées avec cette manière de calculer ; cependant je donnerai ici quelques explications pour le petit nombre de celles à qui elle pourrait être encore étrangère.

Lorsqu'une somme se trouve partagée par une virgule, comme par exemple 241,534 ou 5,12 , les nombres qui suivent la virgule expriment toujours des fractions de l'unité, qui se rapétissent de dix fois, à mesure que les nombres s'éloignent de la virgule; ainsi les sommes ci-dessus signifient

$$241\ \tfrac{5}{10}.\ \tfrac{3}{100}.\ \tfrac{4}{1000}, \text{ ou } 241\ \tfrac{534}{1000}, \text{ et } 5,\tfrac{1}{10}\ \tfrac{2}{100}, \text{ ou } 5,\tfrac{12}{100}.$$

Le signe $=$ veut dire *égal* ou *égaux à*.

Ceux :, ::, et X, qu'on trouve dans quelques propositions , indiquent un rapport proportionnel comme cela a lieu dans l'exemple suivant :

$$1\ :\ 2\ ::\ 128\ :\ X\ =\ 256.$$

c'est-à-dire 1 est à 2 comme 128 est à $\binom{\text{nombre}}{\text{inconnu}}$ égal à 256.

L'* qu'on trouve placée dans la spécification des assolemens, lorsqu'elle n'est pas un renvoi à une note, indique qu'on a fumé ou qu'on doit fumer légèrement, (voyez à page 343.)

Les ** indiquent qu'on a donné ou qu'on doit donner un amendement complet.

La +, comme cela est expliqué à page 90 , est le représentatif d'un huitième de scheffel de seigle ou décalitre 0,683; c'est l'unité monétaire idéale que l'auteur a adoptée pour cet ouvrage.

Je me fais un devoir de présenter ici mes remercîmens à quelques personnes qui ont bien voulu aider à mon travail, en me fournissant des renseignemens nécessaires sur des rapports de poids et mesures, et sur la signification de quelques termes techniques locaux qui m'étaient inconnus. J'ai dû à cet égard beaucoup à l'extrême bonté de M. Fellenberg d'Hofwyl, chez lequel l'amour de la science et le désir de la propager, ne se démentent jamais.

AVIS AU RELIEUR.

Le Tableau de réduction des mesures agraires et de capacité doit être placé à la suite de cet Errata.

Fautes à corriger dans ce volume.

Pag.　5 ligne 20, de l'acide *lisez* de l'oxigène

23 ligne 22 ; pag. 24 lig. 6 ; pag. 50 § 96 lig. 1 ; pag. 56 lig. 2 ; pag. 61 lig. 3 ; pag. 73 lig. 4 ; pag. 76 lig. 23 ; pag. 81 lig. 2 ; pag. 88 lig. 8, 26 et 35 ; pag. 92 lig. 6, et pag. 313 lig. 16, proportionnellement *lisez* proportionnément.

28 ligne 4 , baiser *lisez* baisser

34 ligne 6, d'autres avec plus de raison les distinguent, en ce que *lisez* d'autres, avec plus de raison, les distinguent en ceci, que

36 lig. 10, s'occupper des prairies *lisez* considérer les prairies

40 lig. 2 , l'estimation peut en *lisez* cette estimation peut

46 lig. 1 , après la semence *lisez* outre la semence

55 lig. 1, consiste à *lisez* consiste en

89 lig. 11, mais cela même a aussi *lisez* mais cela a aussi

92 lig. 2, il manque cependant *lisez* l'on y manque

96 lig. 19 , économies *lisez* exploitations

98 note lig. 8 , pour au-delà de *lisez* au-delà de la valeur de

104 note lig. 16, souvent atteints *lisez* souvent été atteints

　　　　30, les oins *lisez* les soins

111 lig. 16, vaudra 4 gros *lisez* vaudra 4 gros 6 deniers

　　　　17, 89 rixdalers 4 gros *lisez* 100 rixdalers 7 gros

113 lig. 2, 36 *lisez* 32

120 lig. 15, et 123 lig. 17 , sols *lisez* soles.

148 lig. 3, par journal 1200 scheffels *lisez* par journal = 1200 scheffels

　　　　7, total 165895 liv. *lisez* 164695 liv.

218 note lig. 1, qu'il contient d'autant plus *lisez* qu'il contient plus

　　　　7, étrangère. — ou que *lisez* étrangère : ou que

221 lig. 26, si une terre reçoit *lisez* si un journal de terre reçoit

224 lig. 18, 20, 23, 25, 27, 29, 31 , 33 × *substituez* X

231 lig. 9, second employer *lisez* second consommer

251 note lig. 9, liv. de racine de rutabaga *lisez* liv. racines de rutabaga

280 lig. 11, et ensemencer de bonne heure les *lisez* et faire de bonne heure la semailles des

308 § 338. lig. 10, si l'on ne voulait *lisez* si l'on voulait

　　　　lig. 11, ne fut très *lisez* ne fut pas très

330 lig. 6, compensent *lisez* compense

341 § 370, *lisez* 371 ; pag. 342 § 371 *lis.* 372 ; pag. 343 § 372 *lis.* 373 ; *ibid.* § 373 *lis.* 374.

344 lig. 22, poisettes *lisez* vesces

365 lig. 5 , Dans le petit nombre *lisez* Réponse. Dans le petit nombre

356 lig. 14, et celui des grains *lisez* et celui des graisses

360 lig. 10, dès le bas, ajouté ; afin de régler l'assolement en conséquence *lisez* ajouté , afin de régler l'assolement en conséquence ;

361 lig. 1 étendue plus resserrée *lisez* étendue resserrée

MESURES DE CAPACITÉ.

NOMS DES LIEUX ET DES PAYS.	LEURS NOMS.	Pouces de France cubes.	Si le Scheffel de Berlin est divisé en 1000 parties, ces mesures contiennent également de ces parties.
Berlin	Scheffel	2758	1000
	Suivant Eytelwein	170	63
Amsterdam	Shepel	1400	507
Anspach	Mass	1283	465
Aschaffenbourg	Malter	6596	2391
Augsbourg	Schaf	11472	4159
	Metze	1434	520
Bade	Scheffel, *grain net*	6368	2309
	Scheffel, *grain brut*	7960	[illegible]
Bâle	Sac	6504	2385
Bareuth	Simra, *grain net*	24522	8818
	Simra, *grain brut*	29697	10767
Bavière	Schaf, *grain net*	11231	4037
	Schaf, *grain brut*	13108	4752
Berne	Muid	8476	3073
Bohême. *Voyez Prague.*			
Botzen *et Tirol*	Staer de grain	1541	558
Brême	Scheffel	3585	1300
Breslau	Scheffel	3730	1352
Brunswig	Himten	1560	565
Bruxelles	Sac	5879	2131
Cassel	Viertel	7196	2609
Clèves	Malter	10966	3976
Coblence	Malter	8048	2918
Cobourg	Simmer	4200	1523
Cologne	Malter	8172	2963
Cracovie		6054	2195
Dannemark	Tonne	7013	2542
Dantzig	Scheffel	2761	1001
Darmstadt	Malter	5411	1962
Deux-Ponts	Malter	10175	3684
Dresde	Scheffel	5398	1957
Eckernforde *en Sleswick*	Tonne	7165	2597
Ecosse	Virlot de froment	1817	658
	—— orge et avoine	2651	961
Eisenach	Viertel	4912	1781
Emden	Tonne	9638	3494
Erfort	Scheffel	2838	1029
Isle de Pomeren	Scheffel	2026	734
Flandres	Rosier	4819	1747
Aussi		5670	2055
Francfort *sur le Mein*	Malter	5600	2030
Franconie	Simmer	4200	1522
Fulde	Malter	8506	3084
Genève	Coope	3983	1443
Gotha	Scheffel	4454	1615
Hambourg	Himten	1328	481
	pour l'orge et l'avoine	1371	497
Hanovre	Himten	1560	565

NOMS DES LIEUX ET DES PAYS.	LEURS NOMS.	Pouces de France cubes.	Si le Scheffel de Berlin est divisé en 1000 parties, ces mesures contiennent également de ces parties.
Hildesheim	Himten	1307	474
Holwein	1. Tonne de roi	6550	2386
Irlande	Quarter	14508	5224
Kiel	Tonne	5976	2166
	Nouveau Scheffel	2673	969
Kœnigsberg	Ancien Scheffel	2514	911
Ketten	Scheffel	2703	980
Lausanne	Quarteron	700	254
Londres	Bushel	1781	645
Lubeck	Scheffel de Seigle et Froment	1689	610
	Avoine	1964	712
Manheim	Malter	5570	2019
	Cependant la mesure ordinaire est celle de		
Mecklenbourg *Schwerin*	Scheffel	2013	729
Memel	Ancien Scheffel	2440	884
Moravie	Ancien Metz	3560	1290
Nordhausen	Scheffel	2233	810
Nuremberg	Metz	1100	399
Oldenbourg	Tonne	8985	3257
Osnabruck	Scheffel	1447	524
Ostfrise	Tonne	10388	3766
	Hectolitre	5056	1829
	Décalitre	505	182
Paris	Boisseau	614	235
	Setier	7730	2805
Prague	Strich	4718	1710
	Metze	3101	1124
Ratisbonne	Metze	1698	590
Ravensberg	Strif ou Scheffel	2096	760
Revel	Last	147980	53694
	Tonne	6183	2235
Riga	Last de froment, seigle et orge	161300	58520
	Last de malt, pois et avoine	201730	73150
Rostock	Scheffel	1789	648
Russie	Tschetwert	9658	3501
	Tscherwerick	1207	437
Silésie Autrichienne	Scheffel	3850	1396
Sleswig	Tonne	7038	2548
	Heidscheffel	7060	2551
Stettin	Ancien Scheffel	2485	901
Stralsund	Scheffel	1961	712
Suède	Tonne	7386	2678
Thorn	Ancien Scheffel	2761	1001
Ulm	Imy	11548	5187
	Petit Scheffel, ou Imy	8654	3194
Weimar	Scheffel	4490	1628
Vienne	Metze	3100	1124
Wismar	Scheffel	1930	699
	Malter de seigle	6613	2016
	Malter d'avoine	7246	2627
Wurtemberg	Scheffel	8396	3044

MESURES AGRAIRES.

NOMS DES LIEUX ET DES PAYS.	NOMS DES MESURES AGRAIRES.	Millièmes du journal de Rhin.
Berlin	Petit journal de 180 perches de 144 pieds de Rhin	1000
	Grand journal	2000
Angleterre	Acre	1366
	Rood	5345
Anspach	Journal	2806
Anvers	Bounder	5454
Augsbourg	Juchart ou Arpent	594
Baden	Journal	1166
Bâle	Juchart ou Arpent	1196
Bavière	Juchart ou Arpent	1191
Berne	Juchart ou Arpent	1367
Brunswig	Journal	1018
Pays de Calemberg et de Hanovre	Journal	1026
Cassel	Journal	905
Ancien Calus	Journal	2194
Nouveau Calus	Journal	2201
Dannemark	Tonne de blé	8690
	Tonne de semaille	2172
Dantzig	Journal	2176
Ecosse	Acre	2017
Erfurt	Journal	1027
Flandres	Arpent de 100 perches	2582
Franconie	Journal	1432
	Arpent ordinaire	1359
	légal	2000
France	Décare	391
	Hectare	3912
Genève	Journal en poise de 400 toises ou 25600 pieds de France	1055
Gotha	Acre	793
Hambourg	Journal du Pays-Bas	3760
Hildesheim	Journal	944
Hohenstein, *comté*	Acre	1382
Holstein	Tonne de roi	2795
	Tonne de 240 perches carrées	3600
Irlande	Acre	2362
Nuremberg	Journal	1821
Mecklenbourg	100 perches carrées	853
Oldenbourg	Jurk	1777
Olerskoi	Journal	2044
Osnabruck	Journal	2681
Ostfrise	Diems ou Journal	2222
Poméranie	Journal	2444
Prague	Journal ou Stridhaus	1144
Rhin	Journal de champ	666
	Journal de bois	888
	Journal de vigne	617
	Juchart	555
Russie	Desactini	4636
Saxe	Acre	2159
Schaumbourg	Journal	1050
Sleswig	Tonne	2627
Silésie	Journal	2186
Strasbourg	Journal	76
	Acre	82
Suède	Tonne	1953
Suisse. Zurich	Juchart	1460
Berne de 40000 pieds	Juchart ou Arpent	1344
Lausanne de 49500 pieds de Berne	Pouce ou Arpent	1860
Vienne	Joch	2255
Wurtemberg	Petit Journal	1302
	Grand Journal	2222

TABLEAU DU RAPPORT d[e]

(E[

NOMS	CONTENANCE INTRINSÈQUE	MESURES.			Millièmes du journal de Rhin.
DES LIEUX ET DES PAYS.	DES MESURES DE GRAINS CI-APRÈS:				
	LEURS NOMS.	Pouces de France cubes.			
Berlin	Scheffel	2758 Suivant Evteiwein:			1000 2700 1586

PRINCIPES RAISONNÉS D'AGRICULTURE.

SECTION PREMIÈRE.

PRINCIPES FONDAMENTAUX.

IDÉE DE L'AGRICULTURE RAISONNÉE.

§ 1.

L'AGRICULTURE est l'art de faire rendre à la terre des produits avantageux. Celui qui l'exerce cherche à se procurer un gain, à acquérir de l'argent, en faisant naître, quelquefois aussi en mettant en œuvre des produits végétaux et animaux.

§ 2.

Plus ce gain est considérable, mieux le but est atteint. L'agriculture la plus parfaite est donc celle qui tire de son industrie le profit le plus grand et le plus durable, eu égard aux moyens qui sont à sa portée, aux forces dont elle peut disposer, et aux circonstances dans lesquelles elle est placée.

> La somme du produit net, après déduction des frais, peut quelquefois être en raison inverse du produit brut : c'est le premier seulement, et non le dernier, qui doit être le but de l'agriculteur, même relativement au bien général ; excepté toutefois le seul cas où, pour l'avancement de la science, il voudrait prouver la possibilité d'obtenir un plus grand produit, quoiqu'avec un profit relativement moindre.

§ 3.

L'enseignement raisonné de l'agriculture doit ainsi montrer comment, dans toutes les circonstances, on peut tirer de cet art le profit *net* le plus considérable.

§ 4.

Il est trois manières d'enseigner ou d'apprendre l'agriculture.

1. Comme métier, par le travail manuel.
2. Comme art.
3. Comme science.

I.

§ 5.

L'apprentissage de l'agriculture par le travail proprement dit, se borne à l'imitation et à la pratique des opérations, des évaluations et de l'observation des tems. Ce n'est qu'une simple exécution ; le cultivateur-manouvrier ne peut faire qu'imiter et en demeurer à ses opérations ordinaires, plus ou moins modifiées par le tems et les circonstances, sans même, le plus souvent, pouvoir en connaître et en indiquer les motifs.

§ 6.

L'art est la réalisation de l'idée ; celui qui l'exerce reçoit des autres, par confiance, l'idée ou la règle de ce qu'il fait. L'apprentissage de l'art consiste ainsi dans l'adoption d'idées étrangères, dans l'étude des règles et dans l'aptitude à les mettre en pratique.

§ 7.

La science ne fixe aucune règle positive, mais elle développe les motifs d'après lesquels elle découvre le meilleur procédé possible, pour chaque cas éventuel, qu'elle apprend à distinguer avec précision.

L'art exécute une loi donnée et reçue ; la science donne la loi.

§ 8.

La science seule peut être d'une utilité universelle, embrasser l'ensemble et faire arriver à ce qui est le plus avantageux dans toutes les circonstances. Toute direction positive n'est applicable qu'à un cas déterminé ; chaque cas a besoin de sa règle particulière, que la science seule peut donner. Il n'y a donc que l'agriculture la plus parfaite, qui puisse être appelée raisonnée ; ici ces deux expressions sont synonymes.

§ 9.

L'apprentissage manuel et l'étude de l'art ne sont cependant point inutiles à l'agriculteur qui veut s'élever à la science et à l'idéal ; il est avantageux qu'il ait appris à connaître les travaux et la force qui leur est nécessaire, afin de pouvoir juger de leur exécution mécanique. De même l'habitude de mesurer des yeux, de choisir et déterminer des époques, sont utiles pour amener à exécution l'idée conçue par l'entendement.

§ 10.

Mais l'agriculteur purement pratique est réduit à suivre la règle qui lui a été tracée, lors même qu'elle n'est pas positivement applicable au cas particulier qui se présente ; il ne peut s'en écarter sans le secours d'une autre règle, qui déroge à la première.

C'est pourquoi il est souvent arrivé que des régisseurs agricoles qui, dans d'autres contrées et sous d'autres circonstances, avaient opéré avec succès, transplantés ailleurs, commettaient fréquemment des fautes, et jetaient tout dans le désordre. Des règles tirées de leur propre expérience n'allaient point à des sols d'une autre nature, à des forces et à des circonstances différentes; et c'est ainsi que ces économes, experts dans leur village, passaient ailleurs pour ignorans. L'agriculteur vraiment éclairé, au contraire, s'oriente dans les positions les plus variées, lorsqu'il se donne le tems de bien les examiner.

§ 11.

Ainsi l'agriculteur qui n'a pas étudié la science, ne peut faire que peu d'usage des livres, même les meilleurs. Il ne sait pas mettre en ordre ces idées nouvelles et les saisir dans leur ensemble. Tout au plus ose-t-il lire les ouvrages qui ont un assez grand rapport avec les circonstances particulières où il se trouve.

§ 12.

L'étude de la science agricole doit, sans cependant donner des règles spéciales, apprendre à connaître les observations et les résultats des expériences faites jusqu'ici, à les scruter jusque dans leurs premières bases ; elle doit répandre la lumière sur toutes les opérations; montrer le plus ou moins de plausibilité d'opinions reçues, et pour chaque cas particulier, conduire à la découverte de la règle; à en suivre, même à en prévoir et en calculer les suites.

Comme l'agriculteur éclairé comprend toujours mieux la règle qu'il a lui-même trouvée, que celle qui a été donnée par un autre; comme, dans le moment même de l'application, cette règle se représente plus clairement à son esprit, il l'observera d'une manière plus complète, et saisira les modifications dont l'exécution indiquera la nécessité. La science seule peut expliquer les contradictions apparentes des règles tirées de certains cas particuliers, éclaircir et apprécier ces expériences. Elle apprend à juger soi-même et à prendre une bonne détermination sur les cas qui se présentent dans l'exercice de l'art. C'est aussi elle seule qui met en état de juger sainement les procédés des autres, et qui apprend à différer le blâme, que l'agriculteur moins instruit est trop disposé à répandre sur ce qu'il ne comprend pas.

§ 13.

C'est dans quelques-unes de ses parties seulement que l'agriculture a été enseignée comme science. Elle ne l'a point encore été dans son ensemble et comme fondée sur des bases universellement reconnues. L'enseignement était purement pratique, fondé sur des localités particulières et sur des vues individuelles ; et lorsqu'il devait être systématique et embrasser l'ensemble, ce n'était plus qu'une compilation de fragmens, un mélange de résultats contradictoires, d'expériences hétérogènes.

Les sciences de cette nature n'ont dû leurs progrès qu'à des hommes qui réunissaient la théorie à la pratique, la science à l'exécution. Jusqu'ici la théorie de l'agriculture n'a guère occupé que ceux qui avaient peu de pratique et peu d'occasions de faire des observations et des expériences. Au contraire, les praticiens n'avaient que leur culture particulière devant les yeux ; ils connaissaient trop peu les expériences des autres, et les découvertes des naturalistes ; et comme, outre cela ils manquaient de connaissances mathématiques, logiques et de langue , ils s'égaraient aussitôt qu'ils sortaient de la sphère, plus ou moins circonscrite, dans laquelle ils étaient renfermés.

BASES DE LA SCIENCE.

§ 14.

LA science de l'agriculture repose sur l'expérience ; on ne peut exiger d'elle que les choses qui appartiennent à une science pratique. Ses premiers principes naissent des perceptions des sens ; mais si même l'expérience toute entière était le résultat de ces perceptions, ses développemens n'en seraient pas moins le résultat de la science et l'ouvrage de l'entendement.

§ 15.

Au reste , déjà l'expérience n'est pas le résultat uniquement des perceptions des sens ; elle suppose aussi la réflexion et l'analyse des perceptions. L'idée de la cause, celle qu'un objet donne naissance à un autre, est le fondement de toute expérience. Il en résulte que toute expérience est à la fois le fruit des perceptions des sens et de l'action de l'entendement.

C'est aussi le propre de l'homme le plus grossier, de s'enquérir au développement des faits de la cause qui les a produits. La cause d'un objet doit être l'effet d'un autre, et celui-ci, à son tour, doit avoir eu une cause. Ainsi l'homme se crée par la pensée un enchaînement de causes aussi étendu que possible, et il s'aide souvent de son imagination pour le prolonger , jusqu'à ce que se perdant dans l'immensité , il ne trouve plus de cause à assigner à celles qu'il avait lui-même imaginées. Cette dernière cause, nous l'appelons cause première, force motrice , et nous la faisons naître de la nature, de la divinité. Mais la cause que nous croyons première n'est autre chose que la limite de notre entendement : souvent celle qu'on a cru premier moteur ne se trouve ensuite que l'effet de causes plus relevées.

§ 16.

De la fréquente union ou de la succession des objets, nous concluons qu'un fait est la conséquence ou la suite d'un autre , et c'est ici la source du plus grand nombre d'erreurs, en ce que trop facilement nous sommes disposés à envisager ce qui arrive comme un effet de ce qui l'a précédé. Malheureusement on n'a point encore d'indice positif et général pour distinguer ce qui est simplement l'effet de la succession du tems, de ce qui est produit par une autre force motrice.

§ 17.

Une union fréquente et réitérée seulement nous autorise à présumer la liaison de deux objets comme cause et effet. Plus cette union se répète, plus la probabilité de cette relation acquiert de vraisemblance. Cette probabilité devient enfin une certitude morale ; mais cette certitude cesse, si l'un des objets paraît une fois sans l'autre ; alors on peut tout au moins présumer que l'un n'est pas l'unique cause de celui qui est envisagé comme effet.

§ 18.

La plupart des faits cependant, tels que nous les saisissons dans leur ensemble, sont l'effet non d'une seule cause, mais de plusieurs réunies. Si neuf d'entr'elles sont présentes, et que la dixième ne le soit pas, l'effet est manqué, souvent même un tout contraire a lieu.

Pour produire un épi de blé dans sa perfection, il faut :

1. Un grain de blé sain avec un germe entier ;
2. De la terre remuée et bien préparée ;
3. L'humidité convenable ; ni trop, ni trop peu ;
4. La chaleur au point nécessaire.

Voilà ce qu'on savait, maintenant on sait qu'il faut de plus :

5. De l'air, car dans le vide aucun germe ne se développe ;
6. De l'acide dans la proportion convenable, car dans l'air qui n'en contient pas, le germe ne saurait prendre de l'accroissement ;
7. Du carbone, car sans lui la plante ne peut que fleurir, et nullement donner de la graine ;
8. De la lumière, car sans elle la plante s'étiole et meurt avant sa maturité.

Il faut donc le concours de toutes ces différentes substances et de ces agens, et peut-être même de plusieurs autres encore, pour produire cet effet, cet épi ; et leur juste proportion pour l'amener à sa perfection. La non-réussite peut tenir au défaut de l'un ou de l'autre.

§ 19.

Nous faisons des expériences, ou par la simple

Observation ; en examinant des corps ou des agens mis en rapport les uns avec les autres, en considérant leur action réciproque, et en observant leur résultat ; ou par des

Essais ; en plaçant des choses bien connues dans des circonstances déterminées avec précision, en observant leur action réciproque et en empêchant, autant que possible, qu'il s'y mêle quelque chose d'étranger ou d'inconnu, qui puisse avoir de l'influence sur les conséquences.

Un essai est une question adressée à la nature : lorsque cette question est convenablement posée, la nature doit nécessairement y répondre, ne fût-ce que par oui ou par non.

§ 20.

C'est au siècle dernier seulement que pour la première fois on a appris à bien connaître, qu'on a réglé l'art de faire des expériences. C'est cependant sur cet art que se fonde principalement la puissance de l'homme sur le monde matériel; celle-ci peut être étendue d'autant plus, que l'homme perfectionne cet art et le met en pratique.

§ 21.

Ce n'est cependant nullement faire une expérience, que de mettre diverses substances et divers agens en action réciproque, sans règle ni mesure, sans les isoler de l'influence d'objets externes, quoiqu'avec l'intention d'en observer les résultats. Nous avons, à la vérité, un grand nombre de prétendues expériences de ce genre et, quoique par hazard, on leur a dû dans les premières périodes de l'étude de la nature, des découvertes utiles et importantes. Mais jamais on n'apprit par leur moyen précisément ce qu'on voulait savoir, et on en fit des milliers d'infructueuses avant de parvenir à une découverte.

§ 22.

Ce n'est guères que dans un espace isolé, sous la main même du naturaliste ou dans le laboratoire du chimiste, que des expériences accomplies et probantes peuvent avoir lieu. Elles sont hors de la sphère d'activité de l'agriculteur proprement dit. La manière de les approfondir, de les connaître et de les disposer est cependant, comme nous le verrons, de la plus haute importance pour la science de l'agriculture.

§ 23.

On peut du reste attendre de l'agriculteur, des expériences où le nombre et le poids aient été déterminés avec toute l'exactitude possible, et où ce qu'on ne pouvait pas leur soumettre, ait cependant été observé avec la plus grande précision : de telles expériences, quoiqu'elles n'aient pas pu être disposées de manière à ne laisser rien à désirer, ne laissent pas d'être importantes.

§ 24.

En particulier il y a un genre d'expériences qui atteint presque la perfection, et qui en agriculture peut être disposé avec une précision au moins égale à celle qu'on atteint dans d'autres sciences pratiques. Ce sont les essais comparatifs. Comme en plein air les causes influantes peuvent en effet rarement être préparées ou éloignées à notre volonté; comme elles ne peuvent pas davantage être mesurées et pesées, nous sommes réduits pour approfondir l'influence d'une chose qui est sous notre main, à ajouter ou séparer alternativement cette chose unique, dans des essais successifs, à la modifier en quantité et en qualité, et, pour tout le reste, nous rapprocher de la précision autant que cela est possible. Le résultat

apprend alors quelle part la chose modifiée a pu avoir à l'effet ; — il indique si
et jusqu'à quel point il est utile à l'accomplissement de la chose qu'on s'est proposée. Ces essais, pour être complets, doivent cependant être répétés sous des
circonstances variées et hors de notre influence, sous des climats divers, dans
des températures et sur des terrains de nature différente.

§ 25.

Des expériences de ce genre ne sont pas faciles, il est vrai ; cependant elles
sont au pouvoir de l'agriculteur pensant. Celui qui en accomplit une, ne fût-ce
que dans des circonstances particulières, et qui en rend compte avec fidélité,
avance la science, par conséquent la pratique, et ainsi il s'acquiert des droits à
la reconnaissance des contemporains et de la postérité. En faire un grand nombre
dépasse les forces d'un seul individu et ce qu'on a droit d'en attendre. C'est
l'affaire de l'État, de mettre des hommes instruits en position d'employer tout
leur tems et leurs talens à scruter la nature, pour l'avancement de l'agriculture et
le bien général.

> Les Sociétés économiques, qui sont instituées pour l'avancement de la science,
> devraient surtout s'occuper de la préparation de telles expériences, et en répartir
> l'exécution entre leurs membres, ainsi que la société de Meklembourg se pro-
> posait de le faire.

§ 26.

Mais comme jusqu'à présent le nombre de ces expériences précises est encore
trop petit, nous sommes réduits à tirer parti pour les principes de notre science,
de la collection peut-être déjà trop grande des simples observations, et, malgré
leur imperfection, des renseignemens qui nous sont parvenus sur divers essais.

> Au reste, il est des sciences qui, si on en excepte l'analyse de l'influence exercée
> par des agens inconnus, et celle d'essais particuliers encore très-imparfaits, ne
> peuvent s'appuyer que d'un nombre encore très-resserré d'expériences accomplies.
> De ce nombre est la médecine.

§ 27.

Cependant il faut beaucoup de circonspection et de perspicacité pour mettre
de l'ordre dans ce chaos obscur. Il faut non-seulement rassembler et mettre en
ordre les observations qui ont été conservées, mais encore les considérer sous
toutes leurs faces, les comparer les unes avec les autres, les combiner, les
approfondir d'après les expériences plus précises et les faits qui sont connus.
C'est ainsi qu'on peut en tirer des résultats qui, bien que plus ou moins évidens,
ne laissent pas d'être importans, auxquels raisonnablement on ne saurait ainsi
refuser son assentiment, et qui conduisent à un examen plus approfondi, d'où
doit naître leur confirmation ou leur réfutation incontestable. Seulement il faut

bien distinguer ce qui doit être accueilli avec plus ou moins de confiance, de ce que le défaut d'expérience doit ne faire recevoir qu'avec doute.

On serait arrivé beaucoup plus tôt, si la mauvaise honte avec laquelle les agriculteurs cachent des essais manqués, et l'exagération avec laquelle ils racontent ceux qui leur ont réussi, n'avaient pas retardé les progrès.

§ 28.

L'histoire naturelle qui, dans les derniers tems, a été si fort perfectionnée, nous est d'un grand secours pour les principes fondamentaux de notre science ; en particulier elle nous donne un fil pour sortir d'un labyrinthe d'expériences vicieuses et pour la plupart partiales ; elle nous sert de pierre de touche pour juger de leur valeur et de leur bonté. La nature agit partout d'après des lois uniformes et éternelles : l'agriculteur n'opère que par l'emploi des forces qu'elle met à sa disposition. C'est par cette raison que pour l'agriculture nous pouvons tirer des connaissances physiques et chimiques des règles précises, ou tout au moins en obtenir des directions sur la marche que nous avons à suivre dans nos recherches. Lors même que l'histoire naturelle ne nous apprendrait qu'à connaître l'homogénéité du sol, la variété de sa nature et quelles sont les parties dont il est composé, ce serait déjà assez pour jeter la lumière sur les nombreuses différences qui se présentent dans le résultat des opérations. Depuis long-tems ces sciences ont eu de l'influence sur celle de l'agriculture : de l'état d'imperfection où elles végétaient, étaient nés diverses fausses notions, divers préjugés, qui sont parvenus jusqu'à nous, et que nous ne dissiperons qu'en nous aidant de la connaissance de la nature, aujourd'hui mieux observée. Dans les derniers tems, la chimie en particulier a été employée à enrichir l'agronomie, et il est grand l'avantage que même la pratique en a retiré. Nous pouvons maintenant détruire divers préjugés reçus, et prouver avec évidence plusieurs vérités, auxquelles nos observations en rase campagne et dans les cours rustiques, donnaient seulement de la vraisemblance.

C'est pour cela que la démonstration scientifique de l'agriculture doit constamment se fonder sur de saines notions de physique et de chimie, et que nous devons chercher à sonder par leur moyen aussi avant que possible dans le fondement des choses ; car nous n'obtenons des succès dans nos recherches, et nous ne pouvons en tirer des conséquences et plus nombreuses et plus sûres, qu'en raison de ce que nous pénétrons plus avant dans les phénomènes de la nature et dans leurs causes.

Ici il importe de ne sauter aucun échelon ; la plus légère lacune détournerait de la bonne route et empêcherait d'arriver ; on se jetterait dans l'abîme des

conjectures

conjectures et des notions obscures : celles-ci, à la vérité, peuvent occuper l'imagination, mais toujours elles égarent l'entendement.

§ 29.

Comme l'agriculteur est principalement occupé de la reproduction, de la végétation et du perfectionnement des plantes, la connaissance de l'organisation et de la nature des végétaux (leur physiologie) est aussi indispensable à l'étude de l'agriculture que la connaissance de leurs caractères distinctifs, de leur classification naturelle et scientifique, et de leur nomenclature (la botanique).

§ 3o.

Et comme l'agriculteur fait aussi son affaire de la multiplication des animaux et des substances animales, il importe au succès de ses entreprises qu'il ait connaissance de la nature animale et des déviations de l'état de santé auxquelles elle est assujettie, afin de découvrir par là les procédés qui conduisent le mieux au but qu'il se propose.

§ 51.

Nulle science ne peut se passer des principes des mathématiques proprement dites. Mais l'agriculture a besoin de plusieurs branches des mathématiques appliquées, en particulier de l'arithmétique dans son sens le plus étendu ; du calcul, pour les divers comptes de détail, et de la tenue des livres pour obtenir des données précises ; de l'art de mesurer les surfaces et les hauteurs, de la mécanique, de l'hydraulique, de l'hydrostatique et de l'architecture.

§ 52.

Pour le développement de la science, on ne peut pas davantage se passer de connaissances de politique, d'économie politique, de droit et de commerce, et d'idées saines sur ces divers sujets.

§ 55.

Et comme plusieurs préparations des produits du sol élèvent les bénéfices qu'on peut en retirer et les développent avantageusement pour l'ensemble de l'agriculture, diverses connaissances techniques sont aussi nécessaires. Ces connaissances peuvent même être appliquées utilement à différens produits que l'agriculteur vend aux fabricans, soit afin de connaître la valeur que ces produits peuvent avoir pour celui-ci, soit aussi pour apprendre comment cette valeur peut encore être augmentée.

L'agriculture doit donc emprunter de toutes ces sciences des principes qu'elle emploie au fondement de la sienne, et quoique ces sciences ne fassent pas une partie positive de son enseignement, elle doit néanmoins les avoir dans leur ensemble à sa disposition.

I.

BASES DE L'ENTREPRISE.

§ 54.

Une entreprise agricole demande avant tout : 1. Un sujet capable. 2. Un capital. 3. Un domaine.

LE SUJET.

§ 55.

Toute personne qui se propose de pratiquer l'agriculture avec tout le succès possible (et ici il ne saurait être question d'autre chose) doit réunir l'énergie et l'activité à la réflexion, à la persévérance, et à toutes les connaissances nécessaires.

> On a, il est vrai, long-tems envisagé comme une vocation à l'agriculture, l'inaptitude d'un jeune homme à d'autres entreprises, et on a vu de tels sujets, quoique restant dans une extrême médiocrité, devoir pourtant leur bonheur à la vie rurale. Mais il a fallu pour cela un concours heureux de circonstances accidentelles, qui, dans un tems se représentait assez souvent et qui aujourd'hui ne saurait que difficilement avoir lieu.

> L'exercice de l'agriculture est composé d'un nombre infini d'opérations particulières, dont chacune paroissant facile en elle-même, est cependant d'autant plus difficile à exécuter dans la juste mesure qu'elle doit avoir, que souvent ces opérations se croisent l'une l'autre. Pour les ordonner d'après les tems et les forces dont on peut disposer, de manière qu'aucune ne soit négligée, mais plutôt que chacune soit exécutée convenablement et dans une mesure qui ne fasse pas souffrir d'autres parties également essentielles, il faut à la fois beaucoup d'attention et d'activité, sans inquiétude ; de promptitude, sans précipation ; le coup-d'œil de l'ensemble, avec une extrême attention aux détails ; une sage appréciation de ce qui est plus ou moins nécessaire et de ce qui est utile dans chaque moment ; une persévérance dans ce qu'on a commencé, qui ne fasse cependant pas négliger le plus pressant ; une judicieuse évaluation des forces et du tems, afin de les employer de la manière la plus avantageuse.

§ 56.

Comme il n'est peut-être pas d'entreprise qui, autant que l'agriculture, soit exposée à des casualités et des accidens, il est indispensable, pour y mener une vie heureuse, de joindre à l'activité nécessaire une certaine tranquillité d'esprit.

> Soit qu'il ait un certain phlegme naturel, soit qu'il trouve des consolations dans des vues plus relevées, dans la philosophie ou dans la religion, l'agriculteur doit supporter avec résignation, et oublier tout malheur qu'il n'a pu prévenir, toute espérance déçue, aussitôt que, par des dispositions convenables, il en a diminué les suites autant que possible. Il ne lui est permis de s'appesantir que sur les acci-

dens seulement qui peuvent être imputés à lui-même ou à d'autres ; et une juste
sensibilité, lors cependant qu'elle est guidée par la raison, empêche pour la suite
des fautes semblables.

§ 37.

La vie des champs, malgré ses agrémens, a tant d'uniformité, et malgré ses
occupations tant d'heures de désœuvrement, qu'elle peut difficilement suffire à
une tête active, qui ne se donne pas quelqu'autre occupation. Dans le choix
que l'agriculteur peut faire d'une étude accessoire, il n'en est aucune qui lui
convienne mieux que l'histoire naturelle. Il peut s'abandonner mieux qu'aucun
autre à l'heureux penchant de vivre au sein de la nature et d'approfondir ses
sublimes lois ; et loin de devoir interrompre ses occupations pour le satisfaire,
il peut au contraire presque toujours les réunir.

Si le monde moral et les rapports de société ne nous présentent souvent que
le pénible spectacle d'une résistance aux lois de la raison, qui répand sur la terre
la douleur et la misère ; la nature, au contraire, nous offre d'autant plus d'ordre
et d'unité que nous pénétrons plus avant dans ses mystères. Non-seulement les
beautés que nous y découvrons satisfont notre goût, mais encore elles sont pour
nous une démonstration, que la sagesse éternelle qui développe à nos yeux ses
œuvres dans le monde matériel, et qui reproduit la matière sous des formes toujours nouvelles, aura, dans le monde moral, aussi ordonné toutes choses d'après
un plan harmonieux, dont l'accomplissement est réservé à l'éternité.

Ce sentiment, quoique vague, est plus vif chez l'homme des champs que chez
l'habitant des villes. C'est par cette raison qu'on a observé plus de véritable religion
chez les peuples agricoles que chez ceux adonnés ou à la guerre ou au commerce.

Sans le penchant pour la nature et la connaissance de ses lois, celui qui embrasse
la vie agricole y trouvera facilement de l'ennui ; il lui faudra une extrême résignation pour se consacrer entièrement au devoir ; et cette résignation devra
être d'autant plus grande qu'il aura reçu une éducation plus soignée.

Plusieurs personnes accoutumées à la vie de la ville et à ses variétés, ont, à
la suite de chagrins ou d'autres causes, voulu la quitter pour se vouer à l'agriculture ; mais ils en ont bientôt trouvé les devoirs et les privations trop pénibles,
et malgré les pertes sensibles qui résultaient de cette interruption, ils ont abandonné, en tout ou en partie, l'entreprise qu'ils avaient faite. Parmi ceux qui avaient
reçu une éducation plus relevée à la ville, je n'ai rencontré de fidèles à leur entreprise et d'heureux dans son exécution que ceux qui se livraient tout entiers au
penchant qui les portait à vivre avec la nature, penchant qui ne peut exister chez
l'homme éclairé qu'avec une connaissance approfondie de ses lois.

§ 58.

L'homme qui sent en lui-même ces talens réunis à cette inclination, ou qui
y a montré des dispositions dès sa jeunesse, se vouera avec beaucoup de succès
à l'agriculture, et, s'il en acquiert une connaissance complète, pourra y

atteindre la perfection. Voyons maintenant comment cette connaissance s'acquiert.

§ 39.

On l'acquiert sans doute avec plus de facilité et d'une manière plus naturelle, lorsque l'instruction scientifique a été précédée de celle qu'on reçoit par les sens; de l'instruction mécanique et de la pratique, ou de l'éducation agricole proprement dite. Cependant nous avons plusieurs exemples d'hommes qui joignaient l'inclination à des talens distingués, lesquels, ayant reçu une éducation et ayant eu précédemment des occupations tout opposées à l'éducation agricole, sont devenus de *grands* agriculteurs au moyen de l'instruction scientifique seulement, et ont acquis en peu de tems de la supériorité sur des personnes qui exerçaient cet art depuis long-tems et avec de grands succès. La science leur avait ouvert des vues, qui avaient échappé à la routine; elle leur avait montré d'une manière claire et précise ce qu'une longue pratique n'avait aperçu que d'une manière vague et obscure.

Le plus grand nombre, à la vérité, ont au commencement commis des fautes dans des cas particuliers; ils ont dû payer leur apprentissage; mais ces fautes même ont dû être attribuées aux défauts que l'instruction scientifique a eus jusqu'ici.

§ 40.

A instruction et talens égaux, celui-là aura cependant toujours la supériorité, dont l'éducation soignée dans ses autres parties a, dans sa première jeunesse, été dirigée vers l'agriculture.

Le jeune homme de 15 ans obtiendra cette éducation dans un établissement qui réunisse une grande activité à des branches de différente nature, et qui emploie des forces variées, lors même que cet établissement n'aurait point encore atteint toute la perfection dont il serait susceptible.

Là l'élève recevra les impressions des sens sur tous les sujets, sur toutes les affaires d'agriculture : il saisira par la pratique l'ensemble des détails, il apprendra à choisir le moment propre à chaque opération, il se formera à l'évaluation des surfaces, du tems et des forces, et s'en créera une mesure intellectuelle. Là il se rendra familières les communications avec les hommes qu'on emploie et la manière de s'y prendre avec eux, pour atteindre le plus sûrement et le plus promptement le but qu'on se propose.

Il s'y exercera à l'activité, à la patience, à la persévérance et à la modération; il s'accoutumera physiquement et moralement à la vie agricole.

Il aura soin de réveiller son attention et de soulager sa mémoire par l'inscription dans un livre de notes et en tenant un journal.

Il apprendra également là ce qui a rapport à la direction des affaires, il observera la manière de les conduire, aussi souvent qu'il en aura l'occasion.

Enfin il ne négligera pas d'acquérir autant que possible un certain tact dans les achats et les ventes. Plus il apprendra là toutes choses d'une manière mécanique et positive, mieux ce sera peut-être, s'il doit recevoir dans la suite une instruction plus relevée. Les principes chancelans et faux, qu'on a coutume de donner sur bien des choses et que le jeune homme reçoit de confiance avant de pouvoir les approfondir, jettent des racines tout comme les préjugés, et on ne les extirpe ensuite qu'avec peine.

Ainsi préparé, l'élève pourra passer à l'étude scientifique, avec l'espérance d'atteindre ce qui est grand et élevé.

§ 41.

Depuis long-tems on n'a pas entièrement méconnu l'utilité des sciences accessoires pour la haute agriculture et la convenance d'en faire précéder l'étude; c'est pour cela que des jeunes gens destinés à l'agriculture, ont passé quelques années à l'université, afin d'y étudier ce qu'on appelle en général l'*économie*. Mais ces sciences, lorsqu'elles ont trait à l'agriculture, doivent être traitées d'une manière toute particulière. Leurs principes généraux et fondamentaux doivent être développés dans la juste mesure qui facilite la transition aux applications particulières.

Quant à ces applications, il me paraît qu'on doit se borner à ce qui a rapport à l'agriculture ou à son enseignement, de crainte qu'en donnant à ces études accessoires une trop grande extension, on ne divise l'attention et ne détourne l'esprit de son but principal. L'inclination prédominante qui, dans ces premières années, peut naître pour l'une ou l'autre des parties, court le risque de nuire à l'activité, ou tout au moins il en naît un savoir superficiel, une espèce de science encyclopédique; tandis que si l'enseignement est tourné tout entier vers le but, la lumière se concentre sur celui-ci, et il se présente au jeune homme sous des formes d'autant plus attrayantes. C'est pour cela que la démonstration réunie de la science principale et de celles accessoires qui y sont liées, a de si grands avantages; aussi est-ce à cette démonstration de l'ensemble seulement, que plusieurs personnes qui avaient étudié ces sciences accessoires aux universités, commençaient à saisir les rapports qu'elles avaient avec l'étude principale.

§ 42.

Depuis un siècle on a entrevu la possibilité et l'utilité d'un enseignement scientifique pour l'agriculture, c'est ce que prouvent les chaires qui dès lors en ont été établies à presque toutes les universités. Pour autant que ces institutions doivent donner au fonctionnaire public, au jurisconsulte, même au théologien et au médecin une idée claire de l'industrie agricole, j'en reconnais l'utilité et je désire seulement que la démonstration en soit appropriée à ce seul but qu'elle puisse atteindre.

Elles ne me paraissent en aucune manière convenir à l'agriculteur qui cherche l'instruction, parce que les usages de l'université, le genre de vie qu'on mène à l'académie, et la tournure que toutes choses y ont, mettent dans les développemens de l'élève quelque chose d'hétérogène, qui pourrait facilement nuire dans la suite à son activité et à son genre de vie ; parce aussi qu'on doit à peine espérer d'un agriculteur qui réunirait la pratique à la science, qu'il voulût accepter une place d'instituteur dans une université, et qu'une personne qui ne posséderait pas ces deux qualités ne serait nullement propre à une telle place.

§ 43.

Les personnes chez lesquelles la science agricole a existé jusqu'à présent avec plus ou moins de développement, ont dû se la créer par leur propre réflexion ; elles n'ont pu employer l'énorme quantité d'ouvrages écrits sur cette matière, que pour en extraire les bons matériaux qui y étaient disséminés. La plupart s'étaient créées à elles-mêmes un système approprié à leurs propres circonstances ; d'autres s'occupaient d'économie et de statistique et avaient des vues toutes différentes de celles de l'agriculteur ; elles voulaient ainsi plier toutes choses à des formes qui, quoique reçues et en grand nombre, devaient leur existence plus au caprice qu'à la nature.

> Nous n'avons point encore pu avoir un code de lois adapté à l'agriculture, parce que jusqu'ici nous ne possédions point encore la science agricole proprement dite. Et comment le législateur pourrait-il embrasser un sujet aussi compliqué, lorsqu'il n'en a reçu que des notions incomplètes? Cependant les auteurs *économi-politiques* Krug et Kraus sont dernièrement parvenus à ce but.

§ 44.

Jusqu'à présent rien n'a autant pu contribuer à l'acquisition des connaissances raisonnées d'agronomie, que des voyages dans les pays qui se distinguent par leur agriculture. La contemplation des méthodes si variées et des institutions de différens peuples, détruisent ce préjugé de notre enfance, que rien ne doit aller différemment et ne peut être mieux que chez nous.

Les usages de provinces et de nations entières, tant dans les formes agricoles générales que dans l'exécution de chaque chose en particulier, et la manière de traiter chaque production, sont pour l'homme pensant des expériences en grand, s'il sait les mettre en parallèle en comparant leurs résultats. Mais il faut une grande persévérance et surmonter bien des difficultés pour tirer parti de tels voyages, et pour pousser ses observations jusqu'aux vrais principes des choses. Celui qui n'a parcouru un pays qu'en poste, et qui ne s'est arrêté que dans les auberges, n'en rapportera que bien peu de chose d'utile. Outre cela il faut un jugement et une pénétration formés par des études préliminaires suivies, et une impartialité dégagée de préjugés, pour tirer de telles observations des résultats vrais et positifs. Sans cela, au lieu d'être dépouillé de ses préjugés, on ne fait qu'en rapporter de nouveaux encore moins appropriés à son climat et à ses convenances sociales. Si le *métier* d'agriculteur avait, ainsi que les professions réglées en corporations, prescrit à ses ouvriers les voyages, il est indubitable que cela n'en irait que mieux.

Nous dirons dans la suite quelque chose sur la direction des voyages agricoles, sur les routes les plus convenables à suivre, et sur la géographie de l'agriculture.

§ 45.

Enfin dans ces derniers tems on a proposé, projeté et essayé en grand nombre des instituts destinés à l'enseignement de l'agriculture, mais ils n'ont pas encore été établis d'une manière permanente. On a à quelques égards exigé trop d'eux. A la vérité, le mécanique y est démontré et enseigné avec clarté et dès ses principes, mais difficilement on peut y joindre toute la pratique qui serait nécessaire. Ce que nous avons appelé éducation agricole peut être acquis plus facilement et à beaucoup moins de frais dans des écoles primaires circonscrites, dans lesquelles tout régisseur agricole honnête et doué de zèle, même sans posséder des connaissances scientifiques, peut donner les leçons et faire la démonstration.

Un institut destiné à l'enseignement de la science agricole doit réunir les conditions suivantes.

Il faut qu'on y enseigne dans son ensemble, avec ses liaisons et les rapports qu'elle a au but principal, toute la partie des sciences qui a trait directement ou indirectement à la vie agricole.

En outre il est nécessaire, non-seulement que chaque démonstrateur possède sa science avec une pleine clarté et dans ses principes, puisqu'il est toujours beaucoup plus difficile d'enseigner une science dans son application à une autre, que dans son ensemble ; mais encore qu'il ait une connaissance parfaite du but même pour lequel elle est enseignée, et qu'il ait une haute idée de son importance.

A cette persuasion, il faut qu'il réunisse l'affection et l'enthousiasme pour la science. L'idéal de la plus haute perfection possible doit être présenté d'une manière si claire, si frappante, que l'envie de l'atteindre pour l'amour d'elle, jette dans l'ame de profondes racines. Que ceux qui viennent à un tel institut doivent être capables d'en profiter, c'est ce qu'on doit présumer de leur simple arrivée.

Un *idéal* n'est point une chimère, quoiqu'il puisse être hors de portée. C'est un produit de l'entendement et de la raison, dans lequel rien ne doit être abandonné au caprice ; c'est la représentation d'une chose dans la plus haute perfection dont on puisse se faire une idée , sans égard aux circonscriptions dont la nécessité ou l'accident peuvent entraver l'exécution. Il faut nécessairement avoir cet idéal devant les yeux si , dans toutes les circonstances, on veut atteindre le plus haut degré ou s'en approcher, ne fût-ce qu'à petits pas et par de grands détours.

Par idéal de l'agriculture, on ne doit point entendre une institution particulière, mais seulement cet ordre par lequel le but de l'entreprise , tel qu'il est indiqué à §§ 1 et 2 , est atteint sous tous ses rapports et de la manière la plus complète.

Il est absolument nécessaire que tous les sujets, avec leurs procédés dans leurs détails et leurs époques, soient représentés aux sens, et que cette démonstration soit unie à l'enseignement, afin que ces sujets produisent une impression plus profonde et plus durable, afin aussi que chaque proposition de quelque importance soit appuyée d'une démonstration ou d'une expérience. Pour atteindre ce but, il faut une culture assez étendue et assez compliquée, qui comprenne les procédés de toutes les opérations importantes, et qui fournisse l'occasion de les observer. Cependant comme on ne sauroit tout réunir dans un seul établissement agricole, sans lui donner une complication qui lui ôterait ses avantages comme modèle d'agriculture ; il faut choisir pour l'institut une contrée où l'on puisse trouver rapprochés, des établissemens variés et des différences qui donnent lieu à des comparaisons.

La culture attachée à l'institut doit, à la vérité, être un modèle d'agriculture, mais il n'est nullement indispensable qu'il soit accompli. Mieux vaut que ce modèle avance vers la perfection, sans l'avoir atteinte, afin de montrer d'autant mieux les difficultés qui l'entourent. Il faut aussi que cette culture soit dans les circonstances habituelles, et qu'elle n'ait ni n'emploie aucune ressource extraordinaire, qui lui donne un accroissement plus rapide que cela n'est d'ailleurs possible. Elle ne doit employer ni un capital d'exploitation disproportionné et trop considérable , ni des ressources qui ne seraient pas applicables en grand.

Elle ne doit ni acheter du fumier des villes, ni user de moyens coûteux d'améliorer ses champs, tels que de profonds labours à la bêche , le renversement de récoltes pérennes et choses de ce genre ; elle doit procéder avec une économie absolue.

Pour

Pour démontrer ce qu'on peut faire avec les opérations ci-dessus, de très-petits
espaces suffisent.

Il ne doit pas moins y avoir un appareil complet et les arrangemens nécessaires pour la démonstration des sciences accessoires qu'on y enseigne.

Le genre de vie, les entretiens et le déploiement de l'activité doivent être
tout entiers dirigés vers le but, non par des moyens de gêne, non par des
règles spéciales, mais par cet entraînement, par cet intérêt que la chose même
doit inspirer. C'est dans des conversations franches et libres que se fait le mieux
l'échange des idées et des opinions, que celles-ci subissent un examen plus approfondi, et qu'elles se dépouillent mieux des préjugés dont elles étaient enve-
loppées. Ces entretiens doivent donc être encouragés et reproduits de toutes
manières, d'autant que rien n'avance plus la connaissance de la vérité que l'opposition qui naît, non de sentimens personnels, mais de la raison et qui doit
être amenée à une décision précise.

Comme l'éducation scientifique ne souffre en elle-même aucune contrainte
extérieure, et ne peut être l'effet que d'un esprit libre ; comme d'ailleurs on
doit supposer que ceux qui sont à un tel institut, y sont venus de leur plein
gré, et ainsi avec la ferme volonté d'y acquérir de la manière la plus complète
tout ce qui a trait à l'agriculture ; la contrainte y serait à la fois nuisible et inutile.
Au contraire, ceux qui y viendraient ou y seraient envoyés dans quelqu'autre
vue, devraient être éloignés aussitôt qu'on s'apercevrait qu'ils ne s'identifieraient
pas à l'esprit général de l'institut, et que la contrainte seule les empêcherait
d'en troubler l'ordre. Cependant, dans un tel établissement il faut bien qu'il
y ait une certaine règle et qu'elle soit observée exactement, ne fût-ce que pour
assurer l'avantage commun, la liberté et la commodité de chacun.

De quelqu'avantage que soient ces communications sociales pour approcher
du but, il ne faut pas cependant qu'elles nuisent à l'application particulière ;
pour cela chacun doit avoir une chambre en propre, et pouvoir en jouir tran-
quillement.

Plus un tel établissement s'acquerra de réputation, plus il attirera d'élèves de
provinces éloignées et diverses ; plus il acquerra de perfection : pourvu toutefois que ces élèves ne soient pas absolument sans expérience, mais que ce soit
des hommes qui, par une pratique plus ou moins longue et leur sagacité, aient
acquis une connaissance plus précise de l'agriculture usitée dans leur pays. En
effet, rien ne prévient mieux la partialité chez les instituteurs et les élèves que
l'obligation où sont les premiers de faire attention aux diverses idées que les
élèves ont apportées avec eux, afin de leur expliquer comment les idées géné-

tales comprennent en elles les particulières, même les plus divergentes, et les réunissent heureusement. Le rassemblement et la constante réunion d'hommes des climats, des pays et des nations les plus variés, où règnent les usages, les établissemens et les opinions les plus dissemblables, cumulent là une masse vivante de connaissances et d'expériences, quelquefois aussi de préjugés et d'opinions. Cet assemblage excite d'abord une fermentation extraordinaire dans toutes les têtes, mais bientôt, avec l'aide d'une bonne direction, il en sort un résidu clair, pur et général, qui se communique à tous et leur montre cet idéal de la perfection que chacun cherche ensuite à modifier et à atteindre, en combinant ses propres idées avec ses circonstances personnelles et sa localité. Un tel concours surpasse de beaucoup l'utilité des voyages eux-mêmes.

Si un institut a atteint cette célébrité, il attirera non-seulement des élèves, mais aussi des maîtres, auxquels il procurera des entretiens assez intéressans et des avantages assez réels, pour leur faire prolonger le séjour qu'ils avaient intention d'y faire. Ceci, en particulier, produira un grand effet sur les personnes moins fortes, les affermira dans leur croyance, fortifiera leur courage, et jettera une lumière attrayante sur *l'idéal* que l'enseignement leur aura présenté.

Si des établissemens de ce genre étaient une fois parvenus à ce point, la science s'étendrait efficacement de leur centre sur le monde civilisé; la pratique en recevrait bientôt une meilleure direction et plus d'assurance dans sa marche; des vues plus saines chez les gouvernans ameneroient la suppression d'institutions vieillies et oppressives pour l'agriculture, et ainsi la richesse et le bien-être seraient répandus sur les peuples.

LE CAPITAL.

§ 46.

Après la capacité du sujet qui exerce l'agriculture, le capital est la condition la plus importante de l'entreprise, car, avec des gérans égaux en talens, l'avantage et le succès sont toujours en proportion avec les capitaux employés. C'est pourquoi après l'incapacité du directeur, l'insuffisance du capital mis à l'agriculture, a été la principale cause de son imperfection.

§ 47.

Nous entendons par capital en général, ce qu'on appelle communément fortune ou moyens, tout bien qui, par l'usage propre ou par la location à d'autres, produit à son propriétaire un revenu ou une rente, et nous ne nous enquérons point de son origine; nous ne demandons point s'il a été acquis par succession ou par travail.

Le plus souvent, à la vérité, on n'appelle capital que la provision de biens utiles, produite et amassée par le travail. Mais quelquefois on ne saurait déterminer la part que la nature ou le travail ont eue à un bien, comme par exemple cela a lieu dans les exploitations de mines, de carrières, ou de terrains enlevés par l'art à la nature et mis en culture; d'autres fois il est plus en rapport avec l'état actuel de la civilation, où on ne prend plus possession du sol par droit de premier occupant, mais seulement par échange contre un autre capital ou propriété, d'envisager aussi le sol, les fonds de terre, comme des capitaux. Cette dernière acception nous donnera une idée plus claire de l'industrie agricole.

L'immortel Kraus, dans son Économie politique (Staats-Wirthschaft), publiée par le président d'Auerswaldt, établit selon moi la distinction la plus convenable, lorsqu'il envisage la valeur des fonds de terre comme le bien de la nation, mais un bien dont elle n'a pas la régie. Nulle part mieux que là, les rapports réciproques de l'agriculture, de l'État et de la fortune nationale n'ont été traités d'une manière claire et pratique, et j'eusse entièrement fondu mes idées dans les siennes, si j'eusse lu cet ouvrage avant la composition de ce chapitre. Il sera du reste facile à chaque lecteur de le faire. Quant aux résultats, allons en avant.

§ 48.

D'après cette détermination les capitaux placés dans l'agriculture sont de trois sortes : 1. le capital du fonds ; 2. le capital du cheptel ; 3. le capital en circulation.

§ 49.

Le capital du fonds est celui par lequel l'agriculteur s'est mis ou peut se mettre en possession d'un domaine. C'est la valeur du sol ou du fonds pris ou à prendre en possession. D'après l'usage général et avec raison on y comprend les bâtimens et toutes les choses adhérentes au sol; de même les droits attachés au domaine, qu'ils aient rapport à l'agriculture ou non.

Ce capital du fonds ou cette valeur du domaine ne demeure pas toujours la même, elle est souvent modifiée ou par des circonstances extérieures dans ses rapports avec la valeur d'autres choses et de l'argent, ou et principalement par ses circonstances intérieures et en lui-même. Les modifications de cette dernière espèce sont appelées améliorations ou détériorations. Le capital appliqué à un domaine est augmenté par des améliorations, tout comme il l'est par l'acquisition d'un nouveau fonds.

§ 50.

Le capital du cheptel consiste dans la valeur des choses nécessaires au déploiement de l'industrie agricole, et il est employé à leur achat.

On l'appelle ordinairement *inventaire*. Sous cette dénomination, on range principalement le bétail permanent de trait et de rente, les instrumens et outils d'agriculture. Dans quelques pays, on y joint aussi la valeur des semailles, les avances faites pour les récoltes de l'année suivante, et les denrées qui demeurent en provision pour être consommées d'une récolte à l'autre. Dans la bonne règle, ce dernier objet devrait appartenir à la partie du capital dont nous allons parler.

§ 51.

Le capital en circulation ou *capital courant*, avec lequel on paie les domestiques, les ouvriers, les choses nécessaires qu'on doit se procurer, le bétail d'engrais, etc. consiste à la provision d'argent qu'on doit garder en caisse pour cet usage, ou aux amas de denrées que l'on conserve pour en pouvoir tirer cet argent.

C'est par ce capital que doit se couvrir la diminution de celui du cheptel, qui, de sa nature, va toujours en se détériorant ; et enfin c'est de là que sortent les dépenses faites pour augmenter le capital du fonds, pour l'amélioration du domaine.

Ce capital courant est la force motrice de toute l'entreprise ; c'est par lui que le travail s'effectue, et c'est ce travail qui, proprement dit, donne les produits de l'entreprise agricole. De là vient que, si on en excepte les accidens heureux ou malheureux, et en supposant avant tout au gérant les talens et l'assiduité nécessaires, ces produits sont toujours en rapport avec ce capital.

Les difficultés qu'on rencontre, et les sacrifices qu'il faut faire pour se procurer ce capital, le taux élevé de l'intérêt qu'on doit en payer, ou la facilité de faire de plus grands profits dans une autre industrie, sont les causes qui arrêtent les progrès de l'agriculture, et par conséquent la fécondité du sol. En revanche, toute facilité mise à l'acquisition de ce capital, tout encouragement à appliquer des capitaux à cette industrie, contribuent efficacement à améliorer l'agriculture. Et comme de cette manière la quantité des produits est nécessairement augmentée, l'aisance du cultivateur et le gain qu'il retire de son industrie doivent, contre l'opinion des gens à vues resserrées, d'autant mieux produire la surabondance et le bas prix des denrées, que plus ces gains sont considérables, plus le cultivateur a de disposition à employer ses épargnes à son entreprise.

§ 52.

Pour se faire une idée claire de l'industrie agricole il est nécessaire de bien distinguer ces capitaux des rentes qu'ils produisent.

Le capital du fonds, ou la valeur du domaine, ne peut être considéré que comme une valeur placée à intérêt sous les plus grandes sûretés ; il doit produire la rente qu'on peut attendre d'un capital placé aussi solidement. On ne saurait en exiger un plus considérable.

Le capital du cheptel ou inventaire, bien que nous admettions qu'il doive toujours être entretenu au même point par le capital en circulation, est cependant exposé à bien plus de dangers que le précédent, en ce qu'il est assujetti à des accidens qui font courir au propriétaire des risques de le perdre, et qui en Allemagne ont fait naître l'usage de l'assurer *.

Si l'intérêt du capital du fonds est porté à quatre pour cent, celui de ce capital doit l'être à six.

Le capital en circulation est exposé aux plus grands risques, il est le moteur de toute l'entreprise, et exige pour son administration une grande attention, de grandes connaissances. Par cette raison il doit, ainsi que le capital actif de toute entreprise, rapporter un intérêt élevé, et être porté au moins à 12 p.$^r \frac{0}{0}$. Car c'est en ceci que consiste le vrai profit qu'on retire de l'économie.

En conséquence, si un propriétaire cultive son fonds lui-même, il doit bien distinguer le produit de son fonds comme représentant la rente de ces différens capitaux. Il retirerait une rente de la valeur de son fonds s'il le mettoit à ferme ou s'il le vendait pour en placer le capital ailleurs. Il en serait de même du capital de cheptel, s'il le prêtait à quelqu'un avec les mêmes risques. L'intérêt de tous deux doit donc être prélevé du produit de l'agriculture, et ce qui reste est le produit net de l'entreprise, qui naît du capital en circulation, et qui est en rapport avec lui, si on suppose avant tout les connaissances et l'activité nécessaires. Que si on voulait pousser les distinctions plus loin, on pourrait établir un capital particulier de connaissances acquises (avantage qui, en effet, ne peut avoir lieu qu'ensuite d'un sacrifice de tems et d'autres capitaux). De cette manière, lorsqu'un habile gérant procurerait un produit qui excéderait la rente des divers capitaux dont nous avons parlé, l'excédent pourrait être attribué au capital de ses connaissances.

§ 53.

Au moyen de cette distinction précise on évitera la grande erreur dans laquelle on tombe, en estimant les produits d'un domaine d'après sa valeur, et on déterminera d'une manière plus positive les espérances vagues qu'on se crée de la valeur du fonds ou du produit de sa culture.

---

* Les caisses d'assurance pour le bétail sont encore inconnues en France ; cependant le cultivateur leur doit, dans quelques contrées de l'Allemagne, une sécurité qui contribue essentiellement à assurer sa marche et à lui procurer plus facilement le capital nécessaire à son industrie. Les avantages de cette institution me paroissent incontestables, si d'ailleurs de sages règlemens préviennent les négligences dans la nourriture et les soins qu'exige le bétail. (Trad.)

§ 54.

On ne saurait fixer d'une manière générale, quelle doit être la proportion de
ces capitaux, les uns relativement aux autres; cela ne peut être déterminé que
dans certains cas particuliers, en prenant en considération les circonstances
locales. Ceci seulement peut être donné pour règle, que celui qui possède un
petit capital seulement, marchera d'autant mieux comme agriculteur, qu'il en
réservera la plus grande partie pour son capital en circulation, pour les besoins
courans de son entreprise, et par conséquent qu'il n'élevera pas trop le capital
du fonds et celui du cheptel; car le produit net de l'entreprise suit moins la
proportion de son étendue, que celle des avances faites pour ses développemens.

Il s'entend de soi-même que ces avances doivent avoir leurs bornes, mais elles
peuvent être poussées beaucoup plus loin qu'on ne l'imagine.

Je dis *comme agriculteur*, car celui qui fait le commerce des fonds a des règles
toutes différentes à suivre, et il est des tems et des circonstances dans lesquelles
ce commerce est, à tous égards, encore plus lucratif que l'agriculture.

En Angleterre, où le calcul mercantile et la pénétration se sont le plus répandus
sur toutes les branches d'industrie, il est reçu que le capital en circulation dans
lequel on comprend toujours aussi le cheptel, doit s'élever à sept jusqu'à neuf
fois l'intérêt du capital, ou la rente du fonds. Celui qui prend à ferme un domaine
de 1000 écus de rente, doit ainsi avoir une fortune disponible de 7 à 9000 écus.
On compte alors les profits de son entreprise, non d'après la rente qu'il paie,
mais d'après celui du capital qu'il met en circulation, et on suppose qu'il doit
en retirer le 12 p.$\frac{c}{t}$, ce qui, pour 9000 écus, monte à 1080, en sus de la rente
du prix de ferme. S'il est propriétaire, d'abord il prélève le montant de la rente
qu'il pourrait retirer d'un fermier, s'il ne cultivait pas lui-même, et le surplus
il le compte comme produit net de son entreprise. Mais il n'en tirera jamais cette
conséquence vicieuse, que puisque la culture de son fonds lui produit 2080 écus,
la valeur capitale de ce fonds doit être égale à 25 fois la valeur de ce produit.
Ceci montre combien on est dans l'erreur lorsqu'on veut conclure du produit
d'un fonds à sa valeur capitale, comme cela a cependant lieu dans la plupart
des estimations. On cherche, à la vérité, à masquer cette faute par une autre,
en portant ce produit à un taux beaucoup plus bas qu'il ne pourrait être dans
une bonne culture. Néanmoins cette évaluation demeure vague et séduisante, et
elle a les suites les plus fâcheuses pour l'industrie.

Le capital du cheptel lui-même, quoique son augmentation ajoute beaucoup
au produit de l'agriculture, peut dans une position étroite, avoir une extension
trop grande, si par là le capital en circulation se trouve trop resserré. Par une
dépense trop considérable pour achat de bétail, plusieurs personnes se sont mises
hors de possibilité de cultiver et faire produire assez de fourrage pour sa
nourriture.

§ 55.

Le capital en circulation donne souvent un produit que l'on n'aperçoit point, parce qu'il n'entre pas directement dans la caisse, mais qu'il est joint immédiatement au capital du fonds et employé à la bonification du domaine. Que si on emploie de l'argent ou du travail directement à des améliorations, cela tombe, à la vérité, sous les sens dans une comptabilité bien ordonnée, mais beaucoup moins lorsqu'on consacre une partie des produits à améliorer le sol *, parce que, au lieu de cultiver des récoltes d'une vente facile, mais qui épuisent le sol, on en cultive d'autres qui non-seulement conservent sa fertilité, mais qui encore l'augmentent considérablement en servant à la nourriture du bétail et en produisant ainsi des engrais. Cependant comme le capital en circulation est par là diminué au profit du capital du fonds, ce premier doit être d'autant plus considérable ou recevoir de fréquens subsides.

Voilà pourquoi on dit qu'il y a toujours de la perte à passer d'une mauvaise culture à une bonne, surtout sur un sol épuisé. Du reste, ce n'est point là une perte mais une adjonction au capital du fonds, qui, faite avec la réflexion nécessaire, produit toujours un grand profit. Cependant cette adjonction pourrait facilement épuiser le capital en circulation, surtout s'il ne pouvoit recevoir des subsides. Il est dans la nature des choses que, dans les premiers momens, de telles améliorations n'obtiennent pas la confiance ; c'est pour cela que plusieurs personnes dont le crédit était déjà un peu éprouvé, ont été par là mises en faillite, quoique d'ailleurs elles eussent bien opéré. La faute tenait seulement à ce qu'elles avaient fait des entreprises trop grandes proportionellement au capital qu'elles avaient à leur disposition.

C'est ainsi que par défaut de ce capital la plupart des grandes améliorations ne peuvent pas avoir lieu, et d'autant moins que les domaines sont considérables. Les gens sans fortune ne peuvent le trouver, parce que les capitalistes ne trouvent aucune sûreté dans l'emploi à des améliorations. Les propriétaires plus riches croient ne pas le pouvoir, parce qu'ils se tiennent pour obligés à faire une certaine dépense, qui consomme au moins leur revenu ; ils ne pensent qu'au produit pécuniaire annuel, et celui-là ils ne veulent pas plus qu'il éprouve de réduction, même pour une année, que s'ils vivoient sur une rente viagère, et si le capital ne leur appartenait point. D'autres encore ne le veulent pas parce qu'ils n'ont que des idées rétrécies sur le revenu et le capital, et qu'ils

---

* Cela se distingue, sans aucune exception, dans une comptabilité bien ordonnée. (Trad.)

n'envisagent, comme appartenant à cette dernière dénomination, que l'argent comptant, ce qui peut être placé à intérêt. C'est pour cela aussi que les cultivateurs avares sont toujours de mauvais cultivateurs.

§ 56.

Si dans un État, pauvre en lui-même, ou dans lequel on ne peut consacrer à l'agriculture qu'un capital proportionnellement resserré, celle-ci doit cependant être perfectionnée ; il faut faire tels arrangemens qui mettent ce petit capital autant en activité que possible, et qui empêchent qu'il ne se diminue encore. Ce dernier cas arrive cependant, si le capital est employé à l'acquisition du sol, et par là est perdu pour l'industrie. C'est pourquoi il est mieux que le propriétaire du fonds demeurant *propriétaire*, se borne à retirer sa rente, et que le cultivateur ne soit que *fermier*. Mais comme les baux à terme sont aussi désavantageux au propriétaire qu'au fermier, et comme l'épuisement du sol qui en résulte toujours est infiniment préjudiciable à la société, rien ne saurait résoudre aussi bien ce problème de l'agriculture que des baux héréditaires. Et afin que chaque portion de ce capital telle qu'elle se trouverait dans les mains d'une personne, fût mise en activité, il faudrait que la grandeur des fermes héréditaires fût variée de telle sorte que chacun trouvât ce qui serait proportionné à ses moyens, et que personne n'eût la tentation d'entreprendre quelque chose qui les dépassât.

§ 57.

Il s'ensuit de là que sans capital ou sans un crédit suffisant, une entreprise agricole ne saurait être faite avec avantage, que tout essai de ce genre aura des suites déplorables, et demeurera dans la plus misérable situation.

Car même pour l'ouvrier, le travail est à certains égards un capital en circulation, puisqu'il doit avoir autant de capital (*ou de crédit*) qu'il lui en faut pour s'entretenir jusqu'à ce qu'il ait réalisé le produit de son travail ; et qu'il ne peut aller au-delà du terme où ce capital lui suffit, sans en avoir rassemblé un autre. C'est pour cela que nous voyons de très-petits paysans se tirer d'affaire, tandis que de plus considérables, lorsqu'ils sont devenus tout-à-fait pauvres, ne se relèvent jamais. Au reste, il demeure vrai que sans une accumulation d'économies on tire en général moins de parti du travail.

Celui qui avec un *capital de connaissances* considérable ne possède pas de capital en argent, ou qui n'en a qu'un insignifiant, retirera un plus grand avantage de ce premier en dirigeant une entreprise pour le compte d'autrui. Il y a sans doute de plus grandes difficultés à conduire une entreprise agricole pour les autres que pour soi-même, mais ces difficultés tendront d'autant plus à s'atténuer

que

que la science appuyée de principes sûrs sera universellement répandue; en effet, la science donne plus de facilité pour apprécier les vrais talens; et, par la fixation d'opinions jusqu'ici chancelantes, elle obvie aux mésentendus qui aujourd'hui se reproduisent si souvent entre le propriétaire et le gérant.

LE DOMAINE ET SA PRISE DE POSSESSION.

§ 58.

CELUI qui ayant les dispositions, les talens, les connaissances et le capital nécessaires, s'est voué à une entreprise agricole, doit en troisième lieu se mettre en possession d'un domaine soit par acquisition, soit par prise à ferme héréditaire ou à terme, si de quelqu'autre manière il n'est pas déjà propriétaire d'un tel fonds.

Nous ne partageons nullement l'opinion de plusieurs personnes qui envisagent la possession d'un domaine comme la première et la plus nécessaire condition d'une entreprise agricole; nous pensons au contraire qu'au moyen des deux premières conditions on sera toujours à portée d'acquérir un fonds, et même, dans la plupart des cas, un plus convenable et plus approprié aux qualités du sujet et à ses moyens, qu'un, dont il aurait déjà la propriété, ne le serait ordinairement. De même, nous ne tenons nullement comme d'autres le font, la possession d'un domaine par droit d'hérédité pour une vocation, un motif ou un devoir suffisant de se consacrer à l'agriculture; nous pensons au contraire que celui qui ne se sent aucune disposition intérieure pour cette profession, fait mieux pour lui-même et pour le bien général, s'il cherche à s'assurer de quelque manière que ce soit une rente convenable de son fonds, et en abandonne la culture à un autre. Cette opinion sur le devoir du possesseur, de cultiver lui-même son domaine, ne pouvait se fonder que sur quelqu'idée rigoureuse du système féodal, lequel a fait place à l'esprit mercantile de nos jours, et n'y a survécu presque dans aucun État de l'Europe. Si quelqu'un réunit aux qualités nécessaires la possession d'un domaine dont il ait hérité, qui soit approprié à ses convenances et pas trop éloigné de l'idée qu'il attache à l'exercice de l'agriculture; cette ci-constance et un attachement naturel pour le sol paternel peuvent sans aucun doute être de grand poids pour déterminer sa résolution. Mais comme nous considérons ici l'agriculteur uniquement quant à son industrie et isolé de toutes idées accessoires, nous ne pouvons pas prendre ce motif accidentel en considération.

§ 59.

Celui qui veut acquérir un domaine, doit pour l'obtenir aussi avantageux que possible, chercher au loin, et ne pas se borner à un district, à une province, à un État. Il pourra d'autant mieux choisir, que les objets se présenteront à lui en plus grande abondance.

I.

4

Celui qui a du patriotisme, disposition qui se fonde sur la connaissance des avantages réels de la constitution, y trouvera, avec fondement, une détermination à choisir de préférence un domaine dans sa patrie. Mais une simple prédilection pour son pays ne saurait entrer en considération, lorsque, *comme agriculteur*, on a un tel problème à résoudre.

§ 60.

On devra toujours choisir le domaine qui, toutes circonstances pesées, promettra le produit net le plus élevé, bien entendu en proportion des moyens disponibles de celui qui doit en prendre possession. On ne trouvera jamais, ou que bien rarement, un domaine parfait, sans défauts, et qui remplisse dans toutes ses parties les désirs qu'on peut avoir ; il ne s'agit que de savoir jusqu'à quel point la somme de ses bonnes qualités dépasse celle des mauvaises, et par conséquent de les estimer d'une manière précise en les opposant les unes aux autres.

§ 61.

Pour faire cette comparaison d'une manière claire et assurée, la méthode suivante me paraît convenable.

Lorsque en gros on s'est déterminé pour un domaine, ou que tout au moins on y a arrêté son choix, on doit avant tout en fixer la valeur en suivant pour cela des principes généraux. Bientôt après il faut en approfondir et estimer toutes les circonstances accessoires ; évaluer les avantages indépendans du sol, lesquels on y remarque, chacun à *tant* pour cent, d'après une estimation aussi exacte que possible ; mettre l'une sous l'autre les valeurs qui représentent ces avantages, et les additionner pour savoir combien ce domaine peut être estimé en sus de sa valeur intrinsèque. En revanche, il faut aussi considérer sous toutes leurs faces les inconvéniens qui y sont attachés, et les difficultés qui se présentent dans de grandes entreprises agricoles ; les évaluer de même à tant pour cent, et en faire le sommaire. Alors en déduisant une somme de l'autre on découvrira de combien la valeur calculée d'après son étendue et la qualité du sol, est augmentée ou diminuée par ces circonstances accessoires.

Il s'entend de soi-même que cet examen ne doit pas être fait mécaniquement, mais avec beaucoup de circonspection et de connaissances préliminaires sur tout ce qui a rapport à ce genre d'entreprises.

§ 62.

On ne saurait blamer celui qui, se vouant à l'agriculture, fait entrer en considération, dans l'acquisition d'un domaine, les circonstances qui répondent à sa position personnelle, à son inclination pour un genre de culture particulier, et

à l'idée qu'il se forme d'un établissement accompli. Mais celui qui n'a en vue
uniquement que l'exercice de son art, comme nous devons le supposer ici, ne
doit point se créer l'idéal d'un domaine et d'une agriculture particulière ; il doit
se borner à chercher des moyens de réaliser ses vues et d'atteindre son but. Bien
plus, il ne doit adopter un genre de culture que lorsque, déterminé par d'autres
motifs, il a fait choix d'un domaine. Il peut se faire qu'on trouve un fonds qui
soit particulièrement propre à l'exécution des idées qu'on s'était formées, mais
dans la règle ces idées rendent le choix plus difficile et plus limité, elles détournent
des considérations auxquelles on doit s'arrêter pour faire une acquisition aussi
avantageuse que possible.

§ 63.

Mais avant tout il faut s'assurer que le fonds dont on va faire l'entreprise est
dans une juste proportion avec la fortune qu'on possède. Il ne s'agit pas seulement ici du prix d'achat, mais encore de l'excédent d'avances nécessaire pour
régler la culture et pour la continuer de manière que, dans son tems, on en
retire le plus grand profit possible.

> Lorsqu'ici nous parlons d'acquisition de fonds, c'est uniquement par rapport
> à l'agriculteur proprement dit, qui envisage le domaine à acquérir comme des
> matériaux sur lesquels il doit travailler, et desquels il doit retirer un produit ;
> et non comme un objet de revente, dans lequel on ne cherche le gain que dans
> la mutation. Ce dernier genre de spéculation appartient au commerce, il a des
> règles et des principes tout différens de ceux de l'industrie agricole.

§ 64.

Le prix des domaines est très-variable : depuis long-tems il a toujours haussé, et
de vingt en vingt ans, souvent même de dix en dix il a doublé, en sorte que maintenant il est arrivé à un taux lequel, il y a cinquante ans, eût paru incroyable. Cette
hausse a été occasionnée en partie par la multiplication du numéraire en circulation, par la baisse de sa valeur et par la hausse qui s'en est suivie du prix de
tous les produits. On ne peut méconnaître d'ailleurs qu'elle a été due aussi au perfectionnement et à la propagation de l'industrie agricole, au succès de plusieurs
bonifications, aux grands profits de quelques systèmes d'agriculture perfectionnés,
et peut-être même au pressentiment de perfectionnemens plus grands encore,
et d'un produit qui dépasse de beaucoup celui qu'on obtient aujourd'hui ; enfin
à l'inclination pour la vie des champs et l'agriculture, qui se sont développés
dans la classe la plus instruite et la plus aisée.

Si cette élévation du prix a été due à la première de ces deux causes, à l'augmentation du numéraire et du crédit, il est vraisemblable que dans la prochaine

période il tombera considérablement, puisque l'un et l'autre ont été sensiblement diminués par des conjonctures politiques fâcheuses *. Si en particulier un
nombre de domaines devait être mis en vente tout à la fois, leur prix pourrait
baisser considérablement. En attendant on peut toujours croire que la seconde
de ces causes, la propagation des connaissances agricoles agira assez fortement
en sens contraire, pour que cette baisse ne soit que momentanée. Et cela
d'autant plus que des capitaux considérables, qui auparavant étaient appliqués
à des entreprises d'un autre genre, sont aujourd'hui, par une suite des mêmes
conjonctures, voués à l'acquisition de domaines et à l'agriculture. Dans tous les
cas, après un certain nombre d'années la seconde cause agira si puissamment,
que la valeur des possessions foncières haussera encore, si la tranquillité, la
confiance et la liberté du commerce sont rétablies. Il n'est point à redouter que
des produits plus abondans occasionnent une baisse trop sensible de leur prix,
parce qu'avec la multiplication de ceux-là la consommation augmente proportionnellement.

§ 65.

Aussi long-tems que l'argent éprouvera tant de modifications dans sa valeur,
il demeurera toujours une mesure incertaine pour fixer la valeur positive
du sol. On trouvera une mesure beaucoup plus sûre, beaucoup plus stable et
d'un emploi universel dans un produit qui, parce qu'on ne saurait s'en passer,
demeure dans un rapport uniforme et durable avec toutes les autres choses.
Ce produit c'est le grain, en Allemagne principalement le blé-seigle, en France
le blé-froment. Ainsi pour mettre à un domaine une valeur déterminée, il est
beaucoup plus sûr de dire qu'il vaut tant de mesures de seigle ou de froment,
que tant d'écus ou de francs. Que si on veut réduire cette valeur fixe dans la
valeur numérique que les circonstances modifient, il faut chercher le rapport
moyen du blé à l'argent dans les années ordinaires, et on peut alors facilement
calculer combien le domaine vaut au taux actuel de l'argent.

§ 66.

La valeur d'un domaine se compose 1.° de l'étendue du tout et de chacune de
ses parties; 2.° de la bonté du sol; cette bonté ne peut, à proprement parler, être
démontrée d'une manière précise que par l'analyse des parties qui le composent
et de ses propriétés physiques; mais elle peut l'être provisoirement dans son
ensemble par des marques qui se montrent à la vue; 5.° de la position et des
rapports réciproques des appartenances; 4.° des circonstances extérieures, des

---

* Ceci a été écrit particulièrement pour l'Allemagne, en 1809. (Trad.)

prérogatives et des droits, des charges et des servitudes du domaine, ou de ses qualités accessoires et relatives.

§ 67.

L'étendue ou la contenance d'un domaine et des parties qui le composent ne peut être fixée que par un mesurage géométrique, et ne peut être vue que sur la carte ou sur le tableau d'arpentage.

Dans les terrains montueux, il y a souvent une différence remarquable si ce toisé a été fait en suivant les sinuosités du sol, ou horizontalement en suivant sa base.

Dans un pays dont on ne connaît pas très-bien les mesures agraires, il faut s'en enquérir soigneusement. Malheureusement il y a encore très-peu de mesures bien déterminées *, car quoique l'on sache de combien de perches carrées la mesure agraire est composée, et combien de pieds sont contenus dans une perche carrée, la longueur du pied offre encore des variétés incroyables; une différence qui y paraîtrait insignifiante en produirait une très-grande dans la mesure de toute une superficie.

§ 68.

Mais ils sont encore en grand nombre, les domaines qui n'ont pas encore été mesurés, et en faire l'arpentage pour une acquisition serait chose impossible. Ici la superficie est indiquée d'après certaines mesures agraires, qui en elles-mêmes sont extrêmement indéterminées; telles sont les Houfes **; là on ne peut pas obtenir de garantie que le domaine ou les fonds qui en dépendent, contiennent effectivement la mesure indiquée. Pour les terres arables on recourt alors à la quantité de semence employée, ce qui n'est pas une donnée plus sûre. Mais dans ce cas il faut avant tout chercher à savoir combien dans ce lieu on met de semence sur une étendue bien connue, et quels principes on suit pour le plus ou moins d'épaisseur des semailles, eu égard aux différences dans la bonté du sol et dans la manière de l'ensemencer.

> Il s'entend de soi-même qu'on doive être persuadé de l'exactitude des indications, et que là où on n'a pas cette certitude on doive procéder avec la plus extrême circonspection.

Lorsqu'on n'a pas de mesure plus précise on a coutume d'évaluer les prairies par chariots de foin, et chacun sait combien peu cela dit.

---

* Ceci ne peut s'appliquer à la France et à tous les lieux où le système décimal des poids et mesures a été adopté. (Trad.)

** Mesure qui est ordinairement de 30 arpens ou journaux.

Alors on ne doit s'en rapporter qu'à l'aperçu qu'on prend à la vue, ou en mesurant à pas d'homme ou de cheval, et à un certain tact, à un certain coup-d'œil. L'acquisition de ce talent est ainsi d'une grande importance à l'agriculteur; avec une bonne organisation physique, il peut être acquis par l'exercice et être incroyablement perfectionné. A son défaut on est souvent réduit à s'aider d'une autre personne qui en ait la pratique et sur qui on puisse compter.

§ 69.

Dans plusieurs contrées, par une combinaison d'idées, la superficie est évaluée, concurremment avec la fertilité du sol, d'après la quantité de semence. Là on a adopté le principe erroné en général, que les champs doivent être semés d'autant plus épais que le sol en est plus riche, et d'autant plus clair que le sol est plus mauvais, parce que, dans le premier cas, le terrain peut nourrir un plus grand nombre de plantes que dans le second. Ainsi il peut se faire que pour un scheffel de semence on compte 45 perches carrées du meilleur terrain, ou 200 du plus mauvais. On est allé jusqu'à estimer de cette manière en scheffels, non-seulement les terres arables mais encore d'autres appartenances, des eaux, des marais, et à vouloir déterminer d'après la somme de ces mesures, l'étendue d'un domaine avec son produit et sa valeur. L'incertitude de telles données est bientôt tombée sous les sens; elles ont perdu toute croyance dans les lieux même où elles étaient légalement introduites, et où elles servaient de base aux cadastres. Là, au contraire, où cette idée est moins généralement introduite et où on est moins frappé du vague qu'elle présente, des agriculteurs et des économistes à vues étroites y tiennent encore; en sorte que, dans les derniers tems et dans un État éclairé, on a assis des impôts très-pesans, en prenant pour base la quantité de semence, et pis encore d'après les données très-incertaines d'une seule année, parce que l'on croyait ainsi d'autant mieux proportionner ces impôts à la valeur des fonds. Quelquefois même on s'est créé une idée de la superficie du sol au moyen de la quantité de semence employée, et on n'a compris sous la dénomination d'arpent, journal, etc. aucune étendue géométrique déterminée, mais tel espace de terrain où, suivant l'usage établi, on avait coutume de semer une certaine quantité de grains.

Si l'étendue des champs est indiquée d'après la quantité de semence qui y est appliquée, cela ne s'entend que des différentes semailles qui y sont faites dans le cours de l'assolement, ou bien et le plus souvent, que des semailles d'hiver; par conséquent dans l'assolement triennal seulement du tiers des champs.

§ 70.

Apprendre à juger à fond de la bonté du sol d'après ses propriétés chimiques et physiques, et à en déterminer la valeur et le produit, sont une des plus importantes tâches de l'enseignement agricole. Nous essaierons de la remplir dans la section consacrée à l'agronomie en particulier; ici, où nous ne nous occupons que de ce qu'il y a à observer lors de l'acquisition du fonds, époque où on n'examine pas avec tant de détail, nous devons appeler à notre aide des signes qui, quoique plus ou moins superficiels, tombent facilement sous les yeux.

§ 71.

Dans l'examen de l'ensemble, la croissance des arbres et des buissons, s'ils sont dans l'enceinte du fonds, leur espèce, leur vigueur, leur santé, l'élévation de leurs branches, la netteté de leur écorce, sont une des marques les plus sûres de la bonté du sol. Les plantes qui y croissent naturellement, même les nuisibles, en sont aussi un indice; cependant ce n'est pas assez qu'elles y végètent isolées, et avec lenteur, il faut qu'elles y croissent en grand nombre et avec force. C'est ainsi que le petit chardon des champs, *serratula arvensis*, indique un lut vigoureux et fertile; le grand pétasite, *tussilago petasites*, un lut argileux; le tussilage ou pas-d'âne, *tussilago farfara* et la ronce, un sol marneux; la morgeline ou mouron, *alsine media*, le laitron doux, *sonchus oleraceus*, le sénevé des champs, *sinapis arvensis*, occupent les terres substantielles et meubles; tandis que la rave sauvage ou faux-raifort, *raphanus raphanistrum*, croît aussi dans les terrains mauvais et arides. Le petit trèfle jaune, *medicago lupulina*, est un très-bon indice de la qualité marneuse du sol. Une pousse abondante d'herbes, indice d'après lequel les estimateurs ont coutume de se laisser diriger, est un signe infiniment fautif, en ce que souvent elle est due à l'humidité de la température, à des engrais récens, quelquefois même au mauvais état des céréales.

L'apparence qu'ont les grains dans les commencemens de leur végétation n'est pas une marque moins trompeuse; semés épais et de bonne heure en automne ou au printems, sur un mauvais terrain, ils paraissent, dans un examen superficiel, souvent surpasser ceux qui végètent sur un meilleur sol. Quelquefois même, afin de séduire des acheteurs, on a semé beaucoup trop épais.

On peut juger avec bien plus de certitude de la bonté du sol par les blés épiés ou par le chaume, pourvu cependant qu'on examine la totalité des champs et qu'on ne se borne pas à une pièce unique, sur laquelle souvent à force d'engrais, au moyen d'une culture extraordinaire et au détriment des autres champs, on a fait croître un beau blé.

La couleur brune du sol, après un labour récent, est un des principaux signes de sa fertilité, à moins que ce ne soit dans des terres de bruyères et de marais. La couleur brune de l'eau, qui séjourne dans les raies, et du limon, qui en est sorti, prouvent également la richesse du sol.

Avec quelque pratique on distingue déjà par la pression du pied, en enfonçant un bâton, ou même par la sensation qu'on éprouve en parcourant une terre à cheval, quels sont les différens degrés d'adhérence du sol, et si c'est la glaise tenace, une terre douce ou le sable qui y dominent. On peut également en juger par l'état des mottes après un labour récent, et par l divisibilité ou la ténacité des plus anciennes. Mais en broyant entre deux doigts on peut apprendre à connaître encore plus particulièrement, la proportion de la glaise avec la terre graveleuse.

On découvre facilement l'épaisseur de la couche de terre végétale en enfonçant un bâton, et au bord des fossés là où la terre a été abattue. Ces derniers, ainsi que les taupinières, font aussi connaître la couche inférieure du sol.

Ces indices qui tombent d'abord sous les sens, doivent conduire à un examen agronomique plus particulier, si d'ailleurs on a le tems nécessaire.

§ 72.

L'agriculteur qui a étudié la science, celui qui a des idées plus précises de la classification et de la bonté du sol, et qui connaît les différens rapports sous lesquels il doit être examiné, ne doit pas moins apprendre à connaître la classification ordinaire des terrains, et les dénominations sous lesquelles en général ou dans quelques provinces les praticiens les rangent et les distinguent, afin de ne pas y être étranger lorsqu'il traitera d'acquisitions de ce genre.

§ 73.

Elle est générale et naturelle la distinction entre la terre bonne, moyenne et mauvaise, mais elle est purement relative ; ce qu'on appelle ici terre moyenne, est ailleurs un bon, et dans d'autres endroits un mauvais terrain. On ne fait attention en cela qu'au degré proportionnel de fertilité, comparé à celui de la contrée en général. Sous la dénomination de mauvais terrain on comprend tantôt un sable mouvant et sec, tantôt une glaise humide, froide et tenace. On ne fait que peu d'attention à la possibilité, au plus ou moins de difficulté d'améliorer ceux-ci par des tranchées de desséchement, et souvent le bon terrain ne se distingue du plus mauvais que parce qu'il a jusqu'ici été soumis à une meilleure culture, et qu'il a reçu plus d'engrais ; ces dernières circonstances apportent à la vérité une différence dans la valeur actuelle du terrain, mais souvent elles peuvent être obtenues au moyen de frais moins grands que la différence qu'il y a dans le prix d'estimation. Dans quelques districts les agriculteurs pratiques, tout comme ceux qui ont reçu plus d'instruction, reconnaissent l'erreur des clas-

sifications

sifications admises par l'usage, et disent que leurs terres appelées *moyennes*
sont de beaucoup préférables à celles réputées bonnes.

On a fréquemment rangé la glaise tenace dans la première classe, et le terrain
plus meuble même calcaire dans la seconde classe; ailleurs on a à juste titre
donné la préférence à ce dernier, peut-être parce que là dans la culture des
clos on tenait davantage à ce qu'il y poussât spontanément de l'herbe et qu'ici
on ne tenait qu'au labour et à la culture des grains.

Quelquefois on donne la même signification que ci-dessus aux expressions
plus pesante, *plus moyenne* et *plus légère*, mais souvent on ne distingue par
là que la ténacité et la résistance que le champ oppose à la charrue et à la
herse.

§ 74.

Quelquefois le sol est classé en moyenne commune d'après le nombre de fois
que la semence y est multipliée par la végétation, dans le cours de culture usité
dans le pays, et on dit que c'est du terrain à 3, 4, 5 et 6 fois la semence.
Souvent dans cette quotité on comprend la semence, souvent aussi on ne l'y
comprend pas; encore faut-il connaître l'épaisseur de la semaille et savoir si on
sème la même quantité sur des étendues égales de terrains différens, pour pouvoir tirer des conclusions de ces données déjà trop vagues : au reste le produit
dépend en général plus de la quantité des engrais que de la nature du sol.

§ 75.

Une des classifications les plus usitées est celle qui a lieu d'après les espèces
de grains que le terrain a rapportés dans le cours de l'assolement établi, ordinairement dans le cours de l'assolement triennal; et d'après ceux qu'on croit qu'il
peut produire avec le plus d'avantage. Ainsi on a coutume d'adopter la classification suivante.

1.) *Terre à froment;* celle qui, après la jachère, produit avec plus d'avantage
du froment que du seigle. Si, en suivant l'ordre de l'assolement triennal, elle
peut rapporter en 6 ans deux fois du froment, quoique n'ayant été fumée qu'une
fois, on l'appelle

(a.) *Riche terre à froment,* qui, dans ce sens, ne se trouve guères que dans
des alluvions, dans des bas fonds où les eaux ont déposé leur limon.

(b.) *Terre à froment* simplement, si elle ne peut produire du froment qu'a-
près avoir été fumée et, après la seconde jachère sans engrais, du seigle seulement.

2.) *Terre à orge.* Pour cette classe et la suivante on ne s'attache point à la
première récolte, celle des grains d'hiver, mais seulement à la seconde ou aux
grains de printems.

<table>
<tr><td>I.</td><td>5</td></tr>
</table>

On distingue de même ici

(a.) *La riche terre à orge.* Celle qui, deux fois en six ans, quoique fumée seulement une fois, produit de l'orge après les récoltes de grains hivernés. Comme plusieurs personnes admettent qu'un tel terrain puisse également produire du froment en première récolte, elles n'en font qu'une classe avec la terre à froment. D'autres avec plus de raison les distinguent, en ce que souvent un terrain est remarquablement propre à l'orge, qui ne l'est pas autant au froment, et qui rapporterait du seigle avec plus d'avantage. Au contraire, le terrain argileux, qui convient mieux au froment qu'au seigle, est moins propre à l'orge, et peut avec beaucoup plus d'avantage rapporter de l'avoine à l'une et l'autre des secondes semailles.

(b.) *La pauvre terre à orge,* le terrain qui ne rapporte de l'orge en seconde récolte qu'après l'engrais, mais auquel à la seconde rotation on fait produire de l'avoine quoiqu'avec peu de succès.

Là où on cultive de la grande et de la petite orge, on appelle le premier de ces terrains *terre à grande orge,* et le dernier *terre à petite orge.*

3.) *Terre à avoine,* celle qui, après la récolte de grains hivernés, produit de l'avoine. A proprement parler, on ne peut ranger dans cette classe que le terrain tenace et froid ; car tout autre qui produit avec avantage de l'avoine, serait, avec une bonne culture, également en état de produire de l'orge. En général cependant on range aussi dans cette classe les terres qu'on envisage comme trop légères, ou qui ont trop peu de consistance pour l'orge. On distingue

(a.) *La riche terre à avoine,* qui, étant fumée une seule fois en neuf ans, produit de l'avoine après chaque récolte de grains hivernés, ainsi trois fois durant cette rotation.

(b.) *La médiocre terre à avoine,* qu'on laisse reposer la huitième année après qu'elle a été fumée.

(c.) *La pauvre terre à avoine,* dont on ne retire qu'une seule récolte d'avoine sous les mêmes circonstances.

4.) *La terre à seigle,* qui dans l'assolement triennal ne produit du seigle que tous les trois ans, qui après cela n'a plus assez de sucs pour produire d'autres grains, et qu'on doit ainsi laisser reposer pendant deux ans.

On appelle *terre à seigle de sixième, neuvième* et *douzième année* celle qui ne produit de ce grain qu'à la sixième, neuvième et douzième année, et qui hors de là se repose. A cette classe appartiennent les soles extérieures éloignées, qui ne reçoivent jamais d'engrais, et dont la mauvaise qualité vient moins de la nature du sol que de ce manque d'engrais. Les sucs que la nature donne à ce terrain par la pousse de l'herbe ou ceux qui lui sont rendus par la fiente des bêtes à laine qui y pâturent, sont bientôt absorbés par la récolte de seigle, et ainsi le sol demeure dans son épuisement primitif.

Quelque vague que soit cette classification, c'est cependant la plus précise de celles qui sont ordinairement employées, c'est aussi celle qui sert de base à la plupart des estimations. L'agriculteur qui sait appuyer son jugement d'idées plus précises sur la nature du sol, ne doit point l'ignorer ; mais cet agriculteur doit aussi rechercher plus en détail dans chaque contrée où le sort le conduit, quelle espèce de terrain, d'après ses qualités physiques et chimiques, on range dans chacune de ces classes.

§ 76.

Tout agriculteur intelligent sera déterminé dans le choix d'un domaine, bien plus par la bonté du sol que par son étendue. La mauvaise qualité peut très-rarement être compensée par la grande étendue. Il y a tel sol qui comme champ ne vaut du tout rien, qui, tout bien compté, ne rembourse jamais les frais de sa culture, et dont par conséquent 1000 journaux ne sauraient, pour la culture des grains, être estimés autant qu'un seul de bonne terre.

Si, après avoir été fumé, un terrain ne rapporte pas quatre récoltes à trois scheffels par journal, on ne peut en effet lui assigner aucune valeur comme terre labourable, à moins qu'on n'ait à sa disposition et dans la proximité, des moyens assurés et actifs de le bonifier, tels qu'une marne qui y soit appropriée ou de la vase ; encore dans ce cas doit-on faire son compte comme si on n'achetait que la place dans laquelle on veut se créer un terrain fertile. Si on calcule bien, on trouvera qu'en général le bon terrain revient toujours à meilleur marché que le mauvais, parce que la plupart des hommes attachent encore trop de prix à posséder une grande étendue.

Plus une contrée est en général fertile, moins le mauvais terrain y a de valeur, car le produit ou la rente du fonds qui est naturellement plus riche, diminue la rente de celui qui est en concours avec lui. Là où le produit des fonds les plus féconds suffit pour remplir les besoins, les terres qui produisent moins peuvent à peine être cultivées avec avantage.

Si au contraire ces premiers ne suffisent pas à la consommation, la culture des derniers deviendra alors plus profitable, et par cette raison on pourra donner un plus haut prix des terrains de cette nature dans une contrée infertile que dans une à grands produits.

On a envisagé comme avantageux aux domaines élevés et secs le voisinage de bas fonds fertiles, riches en herbages et en grains, où on ait la facilité d'acheter

du foin et de la paille. Si de tels achats fournissent les moyens de mettre le fonds
en valeur, et si la dépense de ces bonifications doit être jointe au capital,
cela a sans doute des avantages, mais après mûr examen il ne paraît pas qu'une
telle économie puisse être profitable à la longue. Ainsi cet avantage ne saurait
compenser le bas prix de divers produits et la hausse de main-d'œuvre, qui
sont ordinairement la suite d'un tel voisinage. Des fonds, qui dans une contrée
peuvent donner des produits recherchés, doivent à cette faculté une valeur sensiblement plus grande.

§ 77.

D'abord après les terres arables on doit avant tout s'occuper des prairies. On
a jusqu'à présent envisagé une juste proportion entre les prés et les terres arables
comme la condition nécessaire d'un bon domaine ; on a cru que celui-ci,
quoique composé des meilleurs terrains, était défectueux, lorsqu'il n'avait pas
une étendue suffisante de prairies. Cette opinion se fonde sur une vérité reconnue, que sans une quantité de fourrages suffisante, nulle bonne culture ne saurait subsister ; et aussi sur ce préjugé, que sans prairies on ne saurait avoir des
fourrages. Mais lorsqu'on saura qu'en cultivant des plantes à fourrage, et en
mettant alternativement les terres arables en prairies artificielles, on peut obtenir
trois ou quatre fois autant d'alimens pour le bétail que sur la même étendue de
prairies naturelles ; on n'envisagera plus comme un vice irréparable le manque
de prés à demeure, dans un domaine à terres fertiles et libres de toute servitude.
Cette observation cependant doit seulement mettre des bornes à la valeur des
bonnes prairies dans l'esprit des cultivateurs éclairés, et nullement la détruire,
comme certains hommes irréfléchis l'ont compris.

> C'est aussi la possession de champs bons et dont on puisse disposer sans restric-
> tion, qui, seule, permet de se passer de prairies naturelles. Ces prairies deviennent
> d'autant plus nécessaires que les terres labourables sont plus mauvaises et que les
> plantes à fourrage y réussissent moins. Une forte proportion de prairies naturelles
> peut seule maintenir en culture et assurer les produits d'un sol sec et sablonneux ;
> et on ne peut pas davantage se passer de ces prairies, là où le morcèlement des
> champs et l'assujettissement au parcours en entrave la libre jouissance.
>
> S'il y a trop de prairies sur un domaine, si elles s'élèvent plus haut que le quart
> de l'étendue des champs, elles perdent leur valeur relativement aux terres arables,
> si ce n'est pour les rompre, ou bien qu'on puisse vendre avantageusement des
> fourrages.

§ 78.

La valeur des prairies est presque plus difficile à déterminer que celle des
terres arables ; on ne peut donner là-dessus des principes certains que dans
l'enseignement de la culture des prés. Dans la plupart des estimations on les

divise en trois classes, en bonnes, médiocres et mauvaises, mais cette division
ne suffit pas à leur évaluation. Ou bien on se dirige d'après le produit évalué ou
connu, et par la qualité et la valeur de ce foin ; mais cette quantité et cette
valeur varient selon les lieux et les tems. C'est ainsi que souvent on en fait cinq
classes, dont la première est calculée à 30, la 2.do à 20, la 3.eme à 14, la 4.eme
à 10, et la 5.eme à 6 quintaux de foin par journal. Mais il faut aussi faire une
attention particulière au plus ou moins de casualités ; les prairies arrosées,
d'ailleurs les meilleures, étant exposées à être inondées à contre-tems. Selon
le mode ordinaire d'estimation, les prairies sont portées à un prix inconcevablement
bas eu égard à la quantité de foin qu'on croit ou sait qu'elles rapportent.
Cela est dû à ce que la rente du bétail est mise à un taux également trop bas.
On tâche ainsi de masquer une faute par une autre, comme cela arrive souvent.

L'acheteur doit, d'après la connaissance qu'il a des prairies et de l'amélioration
dont elles sont susceptibles avec quelques frais, s'en faire à lui-même une estimation d'après l'utilité qu'il croit en tirer pour son agriculture et d'après le prix
ordinaire de la contrée ; et, pour plus de facilité, il pourra réduire ce prix en
grains. Il s'entend de soi-même qu'il doit bien examiner si ces prés sont libérés
de tout parcours, ou s'ils sont assujettis au printems ou en automne, au pacage
et à d'autres servitudes ; s'il peut disposer à son gré de l'eau d'irrigation, ou si,
dans son usage, il est assujeti à quelques règles.

§ 79.

Jusqu'à l'époque où on a connu la possibilité, soit de nourrir le bétail à l'étable,
soit de transformer les champs en pacages, on a envisagé les pâturages comme
aussi nécessaires que les prés. Dès lors et quoiqu'ils aient une valeur très-réelle,
celle-ci a généralement baissé dans l'opinion. Dans les tableaux estimatifs des
ventes ils sont le plus souvent compris dans la rente du bétail, cependant ils
méritent que dans l'acquisition d'un domaine on y fasse une attention particulière.

§ 80.

Le pâturage a lieu

1.) Sur des places ou sur des pacages peu couverts d'arbres. Ces pacages sont-
ils une propriété exclusive et illimitée ? — Il faut estimer la valeur du terrain,
puisque le possesseur est libre d'en jouir d'une autre manière, si la disposition
physique du sol le permet. Ce dernier cas n'a-t-il pas lieu, de fréquentes inondations, par exemple, rendent-elles une autre manière d'en tirer parti trop
incertaine ? — Il faut les évaluer d'après la nourriture qu'ils peuvent fournir à
une quantité donnée de bétail.

Mais le plus souvent ces pâturages se trouvent être des biens communs, sur lesquels chaque propriétaire a un droit de pacage réglé, ou tout ou moins limité. Dans ce cas, on doit également calculer la valeur de ce droit d'après le nombre des têtes de bétail qu'on y nourrit et l'avantage effectif qu'on en retire ; cependant, suivant les circonstances, il faut faire une attention particulière à la possibilité d'un prochain partage, parce qu'alors des terrains dont le défaut de culture ne laissait tirer que de chétifs avantages, peuvent augmenter incroyablement de valeur, soit comme pâturages particuliers, soit par l'application à un autre usage.

2.) Sur la jachère, ou sur le chaume des terres arables. Si ce pâturage a lieu sur un champ possédé en propre, il est compris dans l'estimation du champ ou de la rente du bétail. Mais si ce pâturage est exercé sur le fonds d'autrui, en vertu d'un droit particulier, la valeur doit en être comptée à part ; car, si nuisible que soit cette servitude dans son ensemble, si petit que soit le profit qu'en retire l'usufruitier en comparaison du dommage qui en résulte pour le propriétaire du fonds, ce premier en obtient pourtant en plusieurs circonstances un avantage, auquel il n'est pas tenu à renoncer sans dédommagement. Le principal usage en est sans doute pour les bêtes à laine, en sorte que plusieurs personnes ont cru, quoique sans fondement, que ces bêtes ne pouvaient exister sans cela. Pour fixer sa valeur, on doit estimer combien sur un sol de cette nature, et avec ce genre d'engrais il en faudrait pour une tête de bétail, si, pendant tout l'été, le champ restait en friche ou en pâturage. Ensuite on doit considérer la durée du pacage, dont le commencement et la fin varient d'après les usages et le tems des semailles ; et enfin la période de végétation sur laquelle il tombe, puisque cette végétation est toujours plus forte dans les premiers mois que dans les derniers.

Le parcours des jachères a été, dans ces derniers tems, limité presque partout par la faculté d'ensemencer une partie de celles-ci, cependant il est des contrées où il subsiste en entier, et où, pour pouvoir tirer parti du sol, il faut obtenir le consentement du propriétaire du parcours et lui en payer l'équivalent. De même aussi l'époque, où le champ en jachère doit être rompu, est tantôt illimitée, tantôt plus ou moins hâtive, et comme ce pacage perd en grande partie sa valeur au premier labour, il faut y faire une attention particulière dans l'estimation. Au reste, la saine raison répand de plus en plus sa lumière sur les intérêts de l'agriculture, on peut donc espérer que ce droit vieux et abusif sera aboli, toutefois au moyen d'une légitime indemnité.

3.) Sur des prairies, au printems et après les fenaisons d'une ou deux coupes. Ici il ne peut également être question que d'un droit sur la propriété d'autrui ; sa valeur est proportionnée à la bonté du sol des prairies, à la durée du pâtu-

rage, et à son époque. Le profit, qu'on en retire, est également très-petit en
proportion du désavantage qui en résulte pour le propriétaire du sol, à moins
que ce pacage ne soit limité par les mêmes règles que le propriétaire s'imposerait
à lui-même, s'il devait jouir de ce droit par le pâturage de son propre bétail.

4.) Dans les bois et forêts. Il faut considérer ici la nature du sol des forêts,
l'espèce d'arbres dont elles sont peuplées, et le plus ou moins de force de ceux ci.
Le pâturage de marais plantés d'aliziers, pourvu qu'ils ne soient pas trop humides, puis celui des bois de bouleau et de chêne, sont les meilleurs; celui des
bois de hêtres, de sapins et d'arbres résineux, en général est peu de chose.
De plus, il n'est pas égal que le sol soit peuplé d'arbres élevés, ou seulement
de jeunes pousses; que ce bois soit plus ou moins épais, plus ou moins fort.
Plus le bois est épais, plus le pâturage est mauvais, non-seulement en quantité
mais aussi en qualité, l'herbe qui croît à l'ombre étant moins nourrissante.
Le chétif profit que ce pâturage donne n'est également en aucune proportion
avec le dommage qu'il occasionne à la forêt, aussi la raison en demande-t-elle
à grands cris l'abolition. Il est le plus souvent borné par le droit qu'a le propriétaire de clore une partie de sa forêt pour en protéger les nouvelles pousses.

5. Sur les marais. Ici il importe de savoir si ce sont des marais noirs ou profonds, qui ne produisent que de la bruyère et d'autres mauvaises herbes, ou des
marais verds dont la superficie quoique molle et limoneuse, favorise la végétation
des plantes d'une meilleure nature : ces derniers pèchent ordinairement par
l'acide. De plus, on se demande à quel point ils sont desséchés et abordables
aux bêtes, et si leur herbe, imprégnée d'eau, n'est pas contraire au bétail et
nuisible à sa santé.

Ce n'est pas ici le lieu d'entrer dans plus de détails sur l'usage et la valeur de
ces pâturages, nous y reviendrons dans la suite; dans les estimations ordinaires
leur produit est compris dans la rente des bestiaux.

> Le droit d'user de tels pâturages est quelquefois illimité, mais le plus souvent
> il est borné à un certain nombre de têtes de chaque espèce de bétail, ou à la
> quantité de bêtes que la ferme peut hiverner avec ses propres fourrages. Si dans
> ce dernier cas on en vient à une fixation plus précise de ce droit, comme, par
> exemple, cela doit avoir lieu dans des partages ; on ne peut prendre pour base
> que la quantité de fourrages produits dans l'assolement triennal ordinaire, puisque
> par une autre culture on pourrait dans plusieurs cas se procurer une énorme
> quantité de fourrages d'hiver.

§ 81.

L'estimation des bois présente de grandes difficultés. Nous ne nous en occuperons ici en passant que parce qu'elle est souvent de la plus grande importance

dans l'acquisition d'un domaine, et nous l'abandonnerons d'ailleurs à la science de l'aménagement des forêts. L'estimation peut en être faite sous des rapports très-différens, et ainsi offrir des résultats dissemblables : ou d'après le produit que les bois peuvent donner en les conservant toujours en bon état, d'après les principes de l'économie forestière ; ou d'après la valeur et le prix qu'on pourrait retirer du bois qui y existe effectivement, si ce bois pouvait être réalisé en tout ou en partie, et en prenant aussi en considération le produit que le sol ainsi dépouillé pourrait donner par un autre usage. La différence de ces deux estimations est énorme, surtout si ce produit est calculé d'après celui connu des forêts publiques. On sait que dans ces derniers tems des domaines achetés ont été payés en totalité, ou peu s'en est fallu, par l'exploitation d'une partie des bois. Cette spéculation, qui a enrichi rapidement diverses personnes, lesquelles négociaient en fonds de terre, ne saurait plus aujourd'hui que difficilement avoir lieu dans des pays cultivés et peuplés. Cependant il y a encore des domaines dans lesquels la valeur des forêts pourrait bientôt dépasser le prix de vente actuel, si la disette croissante des bois leur procurait des débouchés, et si on en facilitait le transport par l'établissement de canaux ou la réparation des conduits d'eaux naturels. D'après les principes suivis dans plusieurs estimations, le sol en aurait plus de valeur s'il ne portait du tout point de bois, et s'il était réduit en pacage de moutons.

Pour les achats de domaines on fera peu d'attention aux taxes de ce genre faites par les employés ordinaires des forêts ; il sera mieux de s'en faire une estimation pour soi-même d'après les circonstances de localité. Dans cette estimation il faudra prendre en considération la valeur du sol, qui souvent contient un amas de terreau. Surtout si le bois est dépeuplé, ce terrain pourra avec plus d'avantage être transformé en champ ou en pré, et être remplacé par des champs épuisés et d'une amélioration difficile, lesquels on semera ou plantera en bois et mettra à l'abri de la dent du bétail.

Le bois de bâtisse, d'usage et de chauffage, est toujours de grand agrément pour un domaine ; il faut donc y porter une attention particulière dans l'acquisition qu'on peut faire d'un fonds.

§ 82.

Plusieurs personnes, qui ont l'intention d'acheter un domaine, donnent beaucoup de poids aux informations qu'elles ont recueillies chez les voisins ou chez des personnes connues dans les environs, même à celles qu'elles ont reçues des domestiques, des bergers et des vassaux. Tous peuvent, il est vrai, donner des renseignemens utiles, mais il ne serait pas prudent de se fier à ces données avant

d'en

d'en avoir vérifié l'exactitude sur les lieux même. Celui qui voudra ainsi s'épargner l'inspection locale, courra grand risque d'être trompé. De tels rapports sont d'autant plus suspects, que les domaines sont devenus un objet de négoce dans la contrée, et sont effectivement entre les mains des spéculateurs, surtout de ceux qui font leurs affaires en association.

Les artifices dont on s'est servi pour tromper des acquéreurs, paroissent incroyables et dépassent presque ceux employés par les maquignons. Dans ces contrées, il faut regarder tous ceux que l'on questionne comme de vrais instrumens des vendeurs; on n'ose pas même s'y fier à des documens écrits, à des baux et à des registres, si l'on n'a pas des preuves de l'authenticité de leur contenu. Malgré cela on achète cependant quelquefois avec avantage de ces spéculateurs, non-seulement parce qu'il leur convient de vendre promptement, mais encore parce que souvent ils ne connaissent pas eux-mêmes la valeur réelle de ce qu'ils ont acquis par spéculation.

D'autres personnes donnent une grande confiance à la chronique d'un domaine, et veulent d'après elle juger de la valeur qu'il peut avoir en général; elles s'informent quels sont les possesseurs ou les fermiers qui l'ont eu successivement; à quel prix il a été précédemment vendu et affermé, et pourquoi tel ou tel a renoncé à sa possession ou à sa culture. Si on pouvait obtenir cette chronique d'une manière complète et dans ses plus petits détails, elle donnerait sans doute beaucoup de lumières; mais telle qu'on la recueille ordinairement elle ne fait que jeter dans l'erreur.

Comme l'opinion que le public a d'un domaine se fonde en majeure partie là-dessus, souvent on achetera avec le plus d'avantage ceux auxquels plusieurs possesseurs ou usufruitiers auront mis du leur, ou même ceux auxquels ils se seront ruinés. Quelquefois les derniers possesseurs y ont enfoui beaucoup d'argent, et ont ainsi considérablement augmenté la fertilité du sol, mais n'ont pas eu assez de persévérance et de suite pour en retirer les avantages, et il y a beaucoup d'exemples où de cette manière des améliorations réelles n'ont été faites que pour le successeur. D'un autre côté, les derniers possesseurs pourraient avoir su tirer momentanément un produit en argent fort élevé, mais en épuisant le sol, et par là améliorer leur fortune, mais en appauvrissant d'autant le domaine. Ainsi un fonds peut acquérir auprès des gens bornés une mauvaise ou une bonne renommée, laquelle, si le domaine est mis en vente, peut ou dans le premier cas procurer une grande concurrence d'acheteurs, ou dans le dernier les éloigner, et ainsi faire opérer la vente à un prix disproportionné à la valeur réelle en plus ou en moins. Cependant on ne peut point envisager ceci comme une règle générale, car souvent un cultivateur borné et négligent peut n'avoir retiré de son fonds qu'un très-chétif produit, et pourtant l'avoir encore appauvri à tel point qu'il faille un capital considérable pour le remettre en bon état.

I.

6

Souvent des domaines ont de grandes ressources, qui ont échappé à des cultivateurs ignorans ou sans activité, et desquelles ainsi on n'a point encore tiré
parti; on peut attendre ces ressources bien plus d'un domaine qui a été mal
administré que de celui qui a été en des mains capables.

§ 83.

Dans chaque négociation de vente il est de règle que le vendeur dresse un
état estimatif, et le remette à l'acheteur, qui y répond par ses observations ou
une contre-proposition, afin que les points dans l'évaluation desquels les parties
diffèrent, puissent être examinés d'une manière plus complète.

Dans de tels états il y a ou une estimation du fonds, ou une estimation du
produit. La première, sur laquelle on trouvera des directions dans l'enseignement de l'agronomie, se ferait beaucoup plus sûrement, si les connaissances
qu'exige une pareille estimation étaient plus répandues. Mais comme ce n'est
jusqu'ici pas le cas, on s'aide pour cela d'évaluations de produits dont la dé-
fectuosité se montre déjà en ceci, que le produit du sol, celui du capital en
circulation et celui du travail, le résultat des connaissances et de la réflexion,
sans parler de risques qui ne peuvent point être évalués, sont attribués à la
valeur du fonds seulement. Comme on a senti cela, quoique d'une manière
vague, on a adopté des résumés de produits aussi bas que possible, et en particulier, comme dans la règle ils se fondaient sur l'assolement triennal, on a
omis la jouissance de la jachère qu'on envisageait comme la juste indemnité due
à l'industrie.

C'est pour cela que ces modes d'estimation, surtout tels qu'ils sont introduits
dans les États prussiens, et qu'ils sont admis, quoique sous quelques modifications, pour les taxes des chambres économiques et pour celles des domaines
nobles, ne s'appliquent qu'à la culture de l'assolement triennal; et qu'ils sont
au contraire infiniment vagues et incertains, lorsqu'ils doivent être appliqués à
une autre espèce de culture, dans laquelle on n'a pas encore acquis une expérience irréfragable. Si donc ce mode d'estimation devait être appliqué à un
domaine cultivé d'une autre manière, son produit devrait être calculé comme
s'il était divisé en trois soles, puisque dans tout autre calcul fait sur ces principes, on pourrait obtenir des résultats encore plus fautifs, lesquels par conséquent ne mériteraient aucune confiance

§ 84.

Ce mode d'estimation, introduit principalement dans les États prussiens, est,
avec tous ces défauts, encore le meilleur de ceux connus jusqu'ici, et par cette
raison il a été adopté par les économes les plus distingués des contrées avoisi-

nantes. L'agronome instruit pourra bien arrêter ses idées d'une manière plus précise sur la valeur du sol, distincte du produit de l'industrie agricole, mais ne fût-ce que pour les négociations dans lesquelles il doit entrer avec d'autres personnes, il doit néanmoins connaître en gros cette manière d'évaluer. Pour les modifications particulières qui sont en usage dans chaque district, et qui sont introduites par les coutumes locales, il peut facilement recueillir des renseignemens dans les lieux où il a des affaires.

§ 85.

Dans les estimations des terres arables, il y a ces deux points à observer :

1. Combien, d'après la nature du terrain, sème-t-on sur une étendue donnée?
2. Sur quelle multiplication de la semence paraît-on pouvoir compter ?

§ 86.

Là où ce mode d'estimation est en usage, on a presque généralement adopté l'opinion qu'il faut semer d'autant plus épais

(a.) que le sol est naturellement meilleur;

(b.) qu'il a été fumé plus abondamment et plus récemment, et l'on croit avoir démontré cette convenance par ce principe, que *qui est fort peut beaucoup porter*. Il s'agit ainsi de savoir dans quelle des classes indiquées à § 75, on range le terrain, et combien de fois la semence s'y multiplie après le dernier engrais. Cependant dans la Prusse orientale on a introduit dernièrement, dans les instructions pour les estimations, des principes plus justes sur les semailles.

Comme l'assolement triennal sert de base à l'agriculture dans toute cette partie de l'Allemagne, il s'en suit que si on fume tous les trois ans, cet engrais ne s'applique qu'à deux récoltes; si on fume tous les six ans à quatre, et tous les neuf ans à six récoltes, et qu'après chaque jachère il vient une récolte de grains d'automne et une de grains de printems.

On n'a pas étendu l'effet du fumier à plus de 9 ans; et même alors on range le terrain qui n'est pas fumé de nouveau, dans la classe de ceux qui ne peuvent rapporter qu'une récolte de seigle en trois années; au reste on jugera de la possibilité de fumer d'après la quantité de bétail qu'on pourra entretenir, ou d'après l'expérience du passé. Nous reprendrons ce sujet dans la suite.

§ 87.

Cette classification et ce nombre de récoltes étant désignés, on cherche à déterminer quelle est la multiplication des semences qui a lieu par la végétation, de sorte que le produit total d'une étendue de terre (d'un journal, par exemple) paraisse en multipliant la quantité semée par la quotité de la reproduction.

La mesure de semence est déterminée d'une manière assez générale; quant à sa multiplication, on varie, comme cela est naturel, entre une reproduction de plus ou de moins. Cette différence étendue au tout, en fait sans doute une considérable, mais la nature même de la chose n'admet pas plus de précision. A cet égard il faut jeter sur les tableaux estimatifs un œil très-scrutateur, et bien prendre garde de ne laisser passer aucune évaluation plus haute, si elle n'est fondée sur la bonté particulière du sol, ou sur la possibilité de lui donner plus d'engrais.

§ 88.

On adopte ordinairement les données contenues dans le tableau suivant.

ESPÈCE DE TERREIN.	CLASSE.	RÉCOLTES depuis qu'il a été fumé.	SEMENCE PAR JOURNAL.		Combien de fois se multiplie dans le développement de la récolte.		PRODUIT TOTAL PAR JOURNAL.				ESPÈCE DE GRAIN.
			Scheff.	Metz.			Scheff.	Metz.	schef.	Metz.	
Terre à froment	1ère	1° récolte	1	6	de 7	à 8	9	10	11		Froment.
		2°	1	4	7	8	8	12	10		Orge.
		3°	1	4	6		7	8			Froment.
		4°	1	2	5	6	5	10	6	12	Orge.
	2°	1°	1	6	6	6½	8	4	8	15	Froment.
		2°	1	4	6		7	8			Orge.
		3°	1	4	5	6	6	4	7	8	Seigle.
		4°	1	2	5	6	5	10	6	12	Orge.
Terre à Orge ..	1ère	1°	1	4	6	6½	7	8	8	2	Seigle.
		2°	1	4	6	7	7	8	8	12	Orge.
		3°	1	2	5		5	10			Seigle.
		4°	1		5		5				Orge.
	2°	1°	1	4	6		7	8			Seigle.
		2°	1	4	6		7	8			Orge.
		3°	1	2	4½		5	1			Seigle.
		4°	1		4½		4	8			Avoine.
Terre à avoine.		1°	1	2	5		5	10			Seigle.
		2°	1	2	5		5	10			Avoine.
		3°	1		3½		3	8			Seigle.
		4°	1		3½		3	8			Avoine.
		5°		14	3		2	10			Seigle.
		6°	Il est plus avantageux de ne pas l'ensemencer.								
Terre à seigle..		1°	1		3		3				Seigle.
		2°		14	2½		2	3			
		3°		12	2		1	8			

§ 89.

Lorsque de cette manière on a trouvé le produit brut total de chaque récolte sur une étendue de terrain, on procède à la recherche de son produit net, et pour cet effet on déduit avant tout le montant de la semence. Ici il ne saurait s'élever aucun doute, puisque nous avons admis pour une bonne terre une quantité de semence sur laquelle on peut beaucoup épargner.

§ 90.

Si même, après avoir établi le montant total des produits, on calcule les divers frais particuliers à chaque récolte, pour les en défalquer, on a cependant coutume de déduire encore sur chaque espèce de grain, et en nature, ceux nécessaires à la consommation (comme, par exemple, la quantité de froment et de seigle nécessaire pour le pain et les soupes, celle d'orge pour la bière, etc.) ainsi que la rétribution en nature donnée pour le battage du grain. C'est là, ce me semble, une longueur inutile, puisqu'on pourrait beaucoup plus facilement joindre la valeur des grains nécessaires au ménage, à celle de tous les autres frais de culture, et qu'on obtiendrait de cette manière un aperçu beaucoup plus complet. Souvent, au reste, on doit acheter encore de l'une ou de l'autre espèce de grain, comme, par exemple, de l'avoine.

§ 91.

Afin de s'épargner le calcul très-difficile en effet des frais de culture, on a souvent essayé de retrancher du produit brut une certaine quantité de grains, pour couvrir ainsi ces divers frais, indépendamment de la consommation.

Cette manière est, comme on le voit de soi-même, extrêmement vague, et doit subir de grandes modifications selon les tems et selon les lieux. En particulier, la différence est grande si la culture est effectuée principalement ou seulement en partie par des domestiques, ou bien si elle l'est sans leur concours; outre cela le prix du travail, les gages et la nourriture des domestiques, et le prix des autres choses qu'on doit se procurer avec de l'argent, n'ont pas une moins grande influence *. Là où on a voulu mettre plus de précision, outre la déduction de ce qu'on nommait *grains de culture*, on a prescrit de faire encore une certaine évaluation des frais, afin de comparer ensuite ces frais avec la valeur des grains déduits; alors on a rarement trouvé que cette dernière valeur fût en rapport avec la quantité de grains déduite suivant l'usage ordinaire.

---

* La première et la plus forte des variations dans les frais de culture, naît des différences nécessaires ou accidentelles dans la manière de labourer. Il est des sols pierreux où l'emploi des charrues les plus parfaites ne peut avoir lieu; il en est d'autres qui rendent faciles tous les perfectionnemens. En France, il est des lieux où un laboureur, un conducteur et six bêtes ne labourent en un jour que vingt-un ares, tandis que dans d'autres départemens un seul homme avec deux bêtes labourent cinquante ares et plus. (Trad.)

L'on a pour maxime de déduire pour frais de culture, après la semence, encore la moitié de ce qui reste; mais seulement lorsque le produit ne va pas au-delà de cinq fois la valeur de cette semence. Ainsi donc à la rigueur on ne déduit pas au-delà de deux fois le montant de celle-ci, pour frais de culture; cependant quelques personnes entrevoyant l'impossibilité de suffire avec cela, ont prélevé pour ces frais encore le quart de ce qui excédait cinq fois la semence. Le plus souvent, dans de bons terrains, ceci doit pouvoir suffire à couvrir la culture; mais dans de mauvais, où l'on n'obtient en général que trois grains pour un de semence, cela est impossible. Il faudrait tout au moins la valeur d'une fois et demie la semence pour faire l'équivalent de ces frais, si on ne le retrouvait pas ailleurs.

Pour les terres à froment et orge de première qualité, on a coutume de mettre aussi en compte le produit de quelques récoltes sur la jachère. Cela peut se faire avec raison, mais jamais que pour un tiers du terrain de cette classe qui a été effectivement fumé; et ce tiers on le suppose semé en pois à un scheffel de semence et quatre de produit, par chaque journal.

§ 92.

On appelle *grains de rente ou de ferme* ceux de chaque espèce qui restent après déduction des semences et des frais de culture, et on les évalue en argent comme faisant le produit net de la culture.

Ce prix est maintenant une chose très-difficile à déterminer, en ce qu'il varie de lieu à lieu, d'époque à époque. Dans *les estimations pour les baux des domaines*, et dans les *Principes de taxe pour les biens nobles*, il a été porté très-bas, d'après le taux des tems anciens, et c'est depuis peu seulement que dans les premières il a été un peu augmenté. Pendant les douze dernières années, le prix ainsi adopté a été au-dessous de la moitié du prix réel, et ç'a été la cause des principaux bénéfices des fermiers, qui sans cela n'eussent pu suffire à la culture, au moyen de la partie de grains destinée à en couvrir les frais.

Dans les baux à ferme et dans les *mises en prix* de domaines particuliers, on l'a depuis peu porté à un taux plus élevé; le blé-seigle à 1 rixdaler 8 gros, et les autres grains en proportion. Quoique le prix moyen des douze dernières années soit beaucoup plus haut, on ne pourrait cependant guères en adopter un plus élevé, parce que le haut prix de ces années a été occasionné par des circonstances particulières.

Jamais moins qu'aujourd'hui, on ne put prévoir ce qu'il en sera du prix des grains pour la suite, parce que la valeur de l'argent, relativement à d'autres choses, dépend de la tournure que les circonstances de finance, de crédit et de commerce prendront dans cette crise.

§ 93.

Aujourd'hui le tableau du produit des terres arables est fait ordinairement de manière que, pour chaque pièce, champ ou sole compris sous un nom, il indique la contenance, la quantité de semences, le produit tant des grains d'automne que de ceux de printems, chacun pour un tiers de l'étendue; que les semences et les grains qui couvrent la culture, soient d'abord déduits du produit, d'après les règles contenues aux §§ 89 et 90; et que le produit net soit réduit en argent et porté dans la colonne de l'argent.

§ 94.

Ou bien on réunit les terres comprises dans la même classe sur le registre de mensuration ou de culture, on les divise en trois parties égales, et on en fait l'estimation en forme de tableau.

Pour donner un exemple de ces tableaux, nous supposerons qu'un domaine ait en somme ronde 1200 journaux de terres labourables, dont 300 soient soumis à l'assolement des terres à froment de 2.de qualité, 300 à celui des terres à orge de 1.ere qualité, 300 à celui des terres à avoine, et 300 à celui des terres qui rapportent du seigle tous les trois ans. D'après la proportion et la quantité de bétail, qui a dû être préalablement déterminée sur la quantité des fourrages et l'expérience, on peut fumer annuellement 200 journaux. Le fumier sera réparti de manière que 50 journaux de terre à froment ou $\frac{1}{6}$, 100 journaux de terre à orge ou $\frac{1}{3}$, $53\frac{1}{3}$ terre à avoine ou $\frac{1}{9}$, reçoivent de l'engrais. Il restera encore du fumier pour $16\frac{2}{3}$ journaux de seigle que l'on placera à demi-engrais sur $33\frac{1}{3}$ journaux, faisant le 9.eme des terres à seigle qui ne rapportent que tous les trois ans.

On semera ainsi

1. Terre à froment de 2.de qualité.

En 1.ere récolte Froment . . . . 50 journaux.
   2.de . . Orge 50
   3.eme . . Seigle 50
   4.eme . . Avoine 50
   *

---

* Il faut observer qu'avant la 1.ere et la 3.eme récolte il y a jachère, ce qui complète les six années de la rotation. (Trad.)

    2. Terre à orge.

En 1.ere récolte Seigle . . . .   100 journaux.

    2.de   . . Orge   100

*   3. Terre à avoine.

En 1.ere récolte Seigle . . . . $33\frac{1}{3}$

    2.de   . . Avoine . . . . $33\frac{1}{3}$

    3.eme   . . Seigle . . . . $33\frac{1}{3}$

    4.eme   . . Avoine . . . . $33\frac{1}{3}$

    5.eme   . . Seigle . . . . $33\frac{1}{3}$

    6.eme   . . o.

**   4. Terre à seigle sur demi-engrais.

En 1.ere récolte Seigle . . . . $33\frac{1}{3}$

    2.de   . . Seigle . . . . $33\frac{1}{3}$

    3.eme   . . Seigle . . . . $33\frac{1}{3}$

***   Et en outre sur la jachère fumée des terres à

    froment ou à orge.

       Pois   50

Le tableau suivant donnera un aperçu de la totalité des produits.

On y a admis 6 à 7 pour un, comme produit, et $2\frac{1}{2}$ pour un, comme frais de culture.

---

* Même observation, une jachère avant le seigle.

** De même une jachère avant chacune des trois récoltes de seigle.

*** Chacune de ces trois récoltes de seigle est suivie de deux années de repos. (Trad.)

JOURNAUX.	SEMAILLES. classes, qualité.	récolte	Quantité de semence par journal en metzen.	Multiplication de la semence; combien de fois pour un.	Totalité de la semence scheff.	metz.	Totalité du produit scheff.	metz.	Totalité des grains de culture à déduire combien pour un.	scheff.	metz.	Grains de rente ou produit effectif scheff.	metz.
	FROMENT.												
50	1	1	22	6	68	12	412	8	2½	171	14	171	14
	SEIGLE.												
50	1	3	20	6	62	8	375		2½	156	4	156	4
100	2	1	20	6	125		750		2½	312	8	312	8
33⅓	3	1	18	4½	37	8	168	12	1¼	65	10	65	10
33¼	3	3	16	3	33	5⅓	100		1	33	5⅓	33	5⅓
33¼	3	5	14	2½	29	2⅔	72	14⅔	¼	21	14	21	14
33⅓	4	1	16	3	33	5⅔	100		1	33	5⅓	33	5⅓
33⅓	4	2	14	2½	29	2⅔	72	14⅔	⅝	21	14	21	14
33⅓	4	3	12	2	25		50		¾	18	12	6	4
350	Sommaire.				375		1689	9⅓		663	8⅔	651	⅔
	ORGE.												
50	1	2	20	7	62	8	437	8	2½	156	4	218	12
100	2	2	20	6	125		750		2½	312	8	312	8
150	Sommaire.				187	8	1187	8		468	12	531	4
	AVOINE.												
50	1	4	18	5	56	4	281	4	2	112	8	112	8
33¼	3	2	18	4½	37	8	168	12	1¾	65	10	65	10
33⅓	3	4	16	3	33	5⅓	100		1	33	5⅓	33	5⅓
116⅔	Sommaire.				127	1⅓	550			211	7⅓	211	7⅓
	POIS.												
50	1	1	16	5	50		250		2	100		100	

PRODUIT NET.

Froment. .	171 sch. 14	metz à	2 rixdalers le sch.	343 rixdalers	18	gros.
Seigle . . .	651 ⅔	à	1⅓	868	21⅓	
Orge	531 4	à	1	531	6	
Avoine . . .	211 7⅓	à	16 gros	140	23⅓	
Pois	100	à	1⅓	133	8	
Sommaire .	1665 sch. 10 metz.			2018 rixdalers	4⅔ gros.	

§ 95.

Lorsqu'il y a près des bâtimens des clos fermés de haies, on les estime ordinairement à part, non d'après la quantité de semence qu'on y met et le produit qu'on en retire, mais d'après leur étendue. Ainsi le journal en est évalué beaucoup plus haut que celui des champs ouverts. On est même allé jusqu'à le porter dans des taxes officielles à 5 jusqu'à 6 rixdalers, quoiqu'on ne pût pas en envisager le sol comme étant de sa nature sensiblement meilleur que celui des autres champs. Une culture plus soignée, l'abondance d'engrais qu'on a coutume de leur donner, le droit d'enclos, c'est-à-dire l'affranchissement de garde étrangère dont ils jouissent, et enfin le plus grand parti qu'on paraît en tirer, sont les raisons qui donnent à ces clos une valeur aussi considérable dans l'opinion. Mais les effets de la culture et l'action du fumier ne sont point permanens, ils ne peuvent être soutenus qu'avec de grands frais, et au moyen de ceux-ci on obtiendrait souvent des autres champs les mêmes résultats.

Le droit d'enclos doit certainement augmenter de beaucoup leur valeur; cependant si les lois donnent au propriétaire le droit de demander une séparation générale d'avec les champs communs, cette prérogative des clos s'évanouit, toute la possession ou du moins ses meilleures parties peuvent alors être assimilées aux premiers.

> La valeur reconnue qu'ils ont eue jusqu'ici, est une preuve démonstrative de celle à laquelle toute une étendue de champs peut être portée, puisque ce n'est pas la nature, mais des institutions purement humaines qui occasionnent cette différence. Au moyen d'une culture plus soignée toute la surface des champs deviendra semblable à un clos, et alors probablement on sera disposé à lui assigner la même valeur dans la proportion de son étendue.

§ 96.

Les potagers sont aussi évalués proportionnellement à leur étendue et à un taux assez élevé. Le produit plus grand qu'on en retire n'est pourtant dû en majeure partie qu'à l'industrie. On peut en dire autant des houblonnières.

On estime les vignes en raison du produit qu'elles rendent. La connaissance de celui-ci s'acquiert par l'expérience, et d'une manière pour laquelle on peut à peine donner une mesure, parce que les propriétés du vin et du sol, les effets de l'exposition et du climat n'ont pas encore été déduits d'une manière satisfaisante.

Pour les vergers et jardins d'arbres fruitiers il faut surtout faire attention au climat et au sol qui conviennent aux fruits. Il y a des contrées où on peut compter sur une pleine récolte tous les deux ans, tandis que dans d'autres à peine l'obtient-on tous les neuf ans. Dans ces premières, il y a ordinairement de grandes plantations d'arbres, et leur produit moyen indique assez bien le prix qu'on peut leur assigner; dans les dernières, après avoir fixé au sol sa valeur, je n'estimerais les arbres qu'en proportion de leur grandeur, de leur vigueur et de leur espèce, à moins que la plantation ne fût dans une exposition particulièrement abritée des vents nuisibles, et ne comptât que des espèces choisies et de bonne qualité; dans ce cas un climat généralement défavorable aux fruits pourrait donner à ce fonds une valeur particulière.

Il a été parlé plus haut §§ 70-80 des prairies et des pâturages, et de la manière de les estimer.

§ 97.

Quant à la rente du bétail, les principes pour son évaluation ne peuvent être qu'infiniment vagues et variés. Dans les estimations, qui ont l'assolement triennal pour base, à peine la porte-t-on à la moitié de la valeur qu'on lui reconnaît ici.

Mais comme on a déjà porté en compte la rente des prairies et des pâturages, et comme la valeur du fumier, pour lequel principalement on garde le bétail de rente, a été déjà comprise dans le produit des terres arables, c'est en effet déjà trop. Si les prairies et les pâturages ont été mis à leur valeur, on ne doit plus rien porter en compte pour la rente du bétail, puisque tout ce qu'il y a en sus ne peut être attribué qu'à l'industrie du cultivateur.

Il s'entend que le bétail, qui doit être effectivement transmis, doive être ajouté au capital, ensuite d'une juste évaluation.

Dans les estimations ordinaires la rente d'une vache varie entre 3 et 10 rixdalers. Le dernier cas n'a lieu, dans la culture d'après l'assolement triennal, que rarement et seulement dans les prairies basses, arrosées et les plus fertiles. Un tiers des pièces de bétail est compté comme *élèves* (jeune bétail), et chacun de ceux-ci est porté au sixième d'une vache à lait. Cependant on admet aussi que les pâturages extérieurs fournissent à l'entretien des élèves, et alors le produit de l'un des deux seulement est porté en compte.

Cent bêtes à laine sont mises à 20 ou 30 rixdalers, et leur pacage sur les pâturages extérieurs n'est point porté en compte. Quoique le produit) de la bergerie, même indépendamment de toute industrie particulière, soit reconnu infiniment plus grand, on n'a cependant point cru devoir élever cette estimation, à cause des grands risques de mortalité qu'on a courus jusqu'ici. Et, sans doute, dans le profit net de la bergerie on doit attribuer beaucoup à l'industrie.

Le produit des cochons est évalué tantôt d'après le nombre de vaches, tantôt d'après l'étendue des semailles. Dans le premier cas il est admis que sur chaque vache on peut élever un cochon qu'on porte dans l'estimation à 8 ou 10 gros. Dans le second, on compte pour chaque scheffel de semailles en grains hivernés 1 gros, comme valeur du pâturage des cochons sur le chaume.

C'est au contraire d'après l'étendue des semailles de printems qu'on évalue la rente de la volaille ; on porte pour cet objet 6 pf. par scheffel de semailles.

La pêche et la chasse ne peuvent être évaluées que suivant les localités, d'après l'expérience, ou sur des baux en règle. L'estimation de la pêche des étangs exige qu'on en ait une connaissance particulière, laquelle nous ne pouvons supposer ici.

§ 98.

Souvent on porte aussi dans l'estimation le produit de certaines branches d'industrie qui sont liées à l'économie rurale, et qu'on ne peut cependant apprécier qu'historiquement d'après des registres ou des indications de témoins. Tels sont la brasserie, la distillerie, la tuillerie, les moulins. Comme ces choses dépendent de l'industrie avec laquelle on les dirige, qui ne peut être taxée ; comme d'ailleurs elles tiennent beaucoup aux circonstances, on devrait bien distinguer l'industrie elle-même, du droit de l'exercer, ou en général, ou exclusivement dans un certain district, et n'admettre en compte que ce dernier, comme un droit inhérent à l'établissement.

§ 99.

Les revenus fixes en argent et en denrées indiquent d'eux-mêmes leur valeur. Les casuels ne peuvent être estimés que d'après une moyenne prise sur un nombre d'années consécutives, souvent encore en ayant quelqu'égard aux circonstances. S'ils font une partie considérable de la rente d'un domaine, ils sont plus du ressort du capitaliste que de celui du cultivateur. Ils ne font que rendre l'intérêt du capital ; dans la règle ils n'augmentent point. Celui qui achète un domaine de 100,000 rixdalers, dont 50,000 ne sont représentés que par de telles redevances, celui-là n'a proprement acheté qu'un domaine de 50,000 rixdalers. Si son intention était de placer en entier son capital à l'agriculture, il a manqué son but.

§ 100 *.

Aux plus importantes redevances en denrées appartient la dîme des grains que quelques domaines retirent d'autres possessions, et qu'au contraire quelques-uns doivent donner. C'est un droit de très-grande conséquence, qui non-seulement agit sur le produit immédiat du fonds, mais qui de plus, par la paille qu'il donne ou qu'il fait perdre, à une influence considérable sur tout l'ensemble de l'économie agricole.

---

* Les §§ 100 et 101 sont écrits pour l'Allemagne et les lieux où le système féodal subsiste. Je ne me suis pas cru autorisé à les retrancher ici, quelque superflus qu'ils fussent pour la France. (Trad.)

C'est pourquoi il faut recueillir des informations particulières sur la manière dont elle est perçue; sur les règles auxquelles le décimateur et le décimable sont réciproquement soumis; en particulier s'enquérir si le premier la fait recueillir lui-même sur le fonds, ou si elle doit lui être conduite; et en général faire des recherches sur toutes les opérations et les usages qui y ont rapport.

> Je me suis expliqué fort au long dans mon agriculture anglaise, part. 3, § 89, sur les désavantages que la dîme a pour le domaine qui y est assujetti, et sur l'impossibilité où elle met d'entreprendre des améliorations et d'adopter une meilleure culture. La dîme exclut d'autant plus toute bonne culture que le sol qui la doit est plus mauvais; il y a beaucoup de cas où elle enlève la totalité du produit net, et quelquefois au-delà; ce qui fait que souvent nous avons vu payer davantage pour la dîme d'un arpent, que pour sa rente. De ceci il résulte naturellement qu'il ne saurait entrer dans les convenances d'aucun agriculteur sensé, d'acheter un domaine assujetti à la dîme, s'il n'a l'espérance la mieux fondée de pouvoir la racheter de quelque manière.
>
> Le décimateur peut, à la vérité, retirer un très-grand avantage d'une dîme, surtout pour le rétablissement d'un fonds ruiné, puisque de ses produits on peut entretenir une plus grande quantité de bétail, et par conséquent se procurer une plus grande quantité d'engrais. Cependant il est remarquable que dans des contrées où presque tous les grands établissemens ruraux retirent la dîme de champs étrangers, et où l'on croit que ces établissemens ne pourraient pas marcher sans elle, l'agriculture est dans un état très-médiocre, et que les produits n'y ont point augmenté comme on devait l'attendre de cette cumulation de pailles.

Les économies rurales basées sur des revenus en dîmes sont souvent si vicieuses que ce pourrait quelquefois être un bienfait de forcer, par l'abolition de cette redevance, à établir un système mieux calculé. Au moyen de cela le produit net s'éleverait le plus souvent au-dessus de ce qu'il eût pu être avec les dîmes. Soit que cela s'opère par arrangement particulier, soit que l'État juge convenable d'abolir un droit bien moins profitable à celui qui le possède, que nuisible à celui qui le supporte, et qui ainsi empêche les progrès de l'agriculture et la tient dans l'enfance, un propriétaire raisonnable qui entrevoit la possibilité de conserver son champ bien amendé, sans le secours de pailles étrangères, se prêtera volontiers à l'abolition de sa dîme, pourvu qu'on lui assure en échange une redevance fixe et équivalente.

Une exaction trop rigoureuse de la dîme qu'on a le droit de retirer, surtout de fermiers annuels, fait diminuer progressivement la valeur de cette dîme en épuisant les champs, et en atténuant le bien-être des décimables. On cessera de semer des trèfles et de cultiver des plantes à fourrages partout où on devra en donner la dîme.

§ 101.

Enfin il reste à estimer les corvées (les services ruraux et seigneuriaux).

Elles sont distinguées 1.) En corvées d'attelages et en corvées personnelles. Dans la règle les premières ne sont dues que par des domaines qui dans l'origine étaient assez étendus pour avoir des attelages. Les dernières le sont par des petites fermes, qui ne sont ou n'étaient originairement pas assez grandes pour en avoir. On distingue les corvées d'attelages en corvées entières, qui se font avec quatre chevaux, et en demi-corvées qui se font avec deux chevaux ou seulement un.

Quant aux corvées personnelles, quelquefois elles sont aussi dues par des personnes qui ne possèdent pas de terres arables, mais seulement une maison, un jardin, des pâturages.

2. En corvées fixes et en corvées variables.

Les fixes sont ordinairement déterminées en journées de travail, de manière que le corvéable doive fournir chaque année un nombre déterminé de journées de travail. Le choix du moment pour ces journées appartient rarement à celui à qui elles sont dues, elles sont plutôt fixées pour chaque époque de culture à des semaines déterminées ; quelquefois il y a une certaine quantité de chaque espèce de travail fixée pour la journée, d'autres fois cette quantité est laissée dans le vague. Dans le dernier cas le propriétaire du droit n'en retire que de chétifs avantages, et ces avantages se réduisent à rien, s'il ne peut faire usage sur place d'aucun moyen coercitif, comme c'est le cas là où la mortaille et la servitude ont été abolis, et comme cela sera bien plus encore, là où la jurisdiction héréditaire aura cessé. Ces corvées sont alors plus nuisibles à celui qui y est assujetti et au bien général, qu'aucune autre servitude, parce qu'elles donnent naissance à la paresse, à l'indolence, à des procédés intentionnellement mauvais, et à une mutinerie condamnable ; qu'ainsi elles détruisent la moralité, et font perdre un tems précieux et des moyens de travail. Le valet ou le fils du paysan est encouragé par son maître ou par son père à la lenteur, à la négligence, à la tromperie ; il tient à honneur d'avoir fraudé le seigneur, il s'accoutume à la paresse, il trompe ensuite son maître, son père, et lui-même, en perdant l'habitude ou la faculté de travailler suivant ses forces. C'est par cette raison qu'on trouve des hommes plus paresseux dans les lieux où de telles corvées sont établies, et que les domestiques y imitent ordinairement la lenteur et la mauvaise foi de ceux qui sont assujettis à ces droits. C'est aussi pour cela que les corvées dont la quantité d'ouvrage est fixée pour chaque jour, sont plus avantageuses ; et l'on fera bien de se relâcher d'une partie considérable des jours de service pour obtenir cette fixation.

Quelquefois la corvée consiste à une certaine mesure de travail d'une espèce déterminée, sans fixation du nombre de journées. Dans ce cas le travail se fait à la vérité promptement, mais aussi d'autant plus mal. Lorsque tous les champs d'un domaine ou seulement une partie, sont cultivés par le moyen de corvées de ce genre, ils se distinguent par de chétives récoltes, même des champs de paysans, et, malgré les avantages résultant de dîmes considérables et de vastes pâturages, ils ne rendent souvent que le plus misérable produit. Dans de telles contrées on peut déjà à de grandes distances distinguer le champ cultivé avec de tels moyens de celui qui l'est par les attelages et les gens du propriétaire ; la différence du produit s'élève sans contredit au-dessus de la valeur des corvées.

Si donc la mesure du travail doit être fixée ou par journées ou en bloc, ce qu'il y a de mieux à faire, c'est de choisir des travaux où la manière d'exécuter n'occasionne aucune différence sensible, ainsi, autant que possible, des voitures dont la charge puisse être déterminée avec quelque précision.

Des services indéterminés ne paraissent compatibles qu'avec l'état du paysan dont la maison, la ferme et le bétail appartiennent au seigneur, lequel a ainsi le droit d'en continuer la jouissance ou de la retirer à sa volonté. Dans ce cas le paysan doit être envisagé absolument comme un valet qui, au lieu de salaire et de nourriture, obtient la jouissance de cette ferme. Le propriétaire ne peut surcharger de travail ni ce paysan ni son bétail, s'il veut ne pas ruiner sa propriété. Cette institution peut également avoir lieu indépendamment de toute servitude ou mortaille ; alors, au terme fixé, les parties sont libres de résilier leurs engagemens réciproques, si elles trouvent leur convenance à le faire. Des corvées de cette espèce se trouvent encore dans des lieux où le paysan est réellement propriétaire de son domaine. Là des prétentions injustes sont réprimées par le principe qu'il doit rester au paysan assez de tems pour ensemencer son champ et cultiver son propre fonds ; cependant comme la décision des contestes qui peuvent naître à ce sujet est d'une difficulté infinie, il s'en suit des procès et des mésintelligences sans fin, dont les désagrémens sont à peine balancés par les avantages qu'on peut retirer de pareils services.

Les services personnels sont déterminés quelquefois en journées, quelquefois en quantité et nature de travail. A ces derniers appartiennent en particulier les corvées de semailles et celles de moissons, pour lesquelles une personne qui y est propre, doit faire une certaine quantité d'ouvrage. Dans les corvées par journées il n'est le plus souvent pas déterminé, si elles doivent être faites par un homme ou une femme, par une personne forte ou par une faible. Mais comme elles sont faites par des gens qui sont d'ailleurs le plus souvent employés sur le domaine, et qui par conséquent en sont plus dépendans, quelquefois aussi par des locataires qui paient de cette manière leur loyer : on peut en attendre proportionnellement plus d'avantage que de services d'attelages, et on peut sans risque les évaluer au taux d'une journée de femme. Elles sont aussi moins onéreuses à celui qui les doit. Dans quelques lieux on trouve établi que la récolte des céréales toute entière soit faite par services de ce genre, en indemnité desquels ceux qui la font reçoivent une partie réglée de la moisson, et après le battage de même une autre rétribution en grains.

Quelque commode que cette institution ait paru à bien des gens, dans la basse Silésie cependant on en sent aujourd'hui tous les inconvéniens; pas autant en raison de la portion trop considérable de récolte que les ouvriers perçoivent, qu'en celle du désordre et de l'inexactitude avec lesquelles la moisson s'opère. Ces batteurs héréditaires sont aujourd'hui envisagés dans les domaines généralement comme une charge plutôt que comme un secours.

Dans l'estimation des services, en particulier de ceux avec attelages, il faut avant tout considérer la force des paysans et de leur bétail de trait. Là où ils sont en bon état, on peut sans doute en exiger du meilleur ouvrage, en plus grande quantité et d'une manière plus convenable : mais là où le paysan est tombé dans la misère, ces services ont à peu près perdu toute valeur, et sont même quelquefois une charge réelle pour le domaine, en ce que dans bien des pays le seigneur foncier est obligé d'entretenir le paysan, de répondre à l'État de ses services, et de rebâtir son habitation lorsqu'elle est dégradée. D'ailleurs si on croit pouvoir se passer de ces corvées, le paysan aisé se soumettra bien plutôt à en payer l'équivalent en argent ou en grains, que le paysan pauvre ne le voudrait, ou n'en aurait la possibilité. Cette considération est d'autant plus importante que vraisemblablement tous les gouvernemens favoriseront autant qu'ils le pourront le rachat des corvées, s'ils ne le rendent obligatoire, et cela parce qu'on paraît avoir généralement reconnu combien grande est la masse de forces et de travail qui aujourd'hui est à peu près perdue, et qui par là pourrait être mise en activité au profit de l'État. Si, même comme nous en convenons, dans certains cas particuliers l'abolition des corvées devait n'être avantageuse ni au propriétaire du droit, ni à celui qui y est assujetti, eu égard à l'équivalent qui y serait substitué, cependant alors encore il conviendrait aux uns et aux autres, que ces services fussent considérés et comptés comme l'acquit d'une partie du prix de ferme, du cens ou de redevances rurales, pour lesquelles le débiteur et le propriétaire pourraient au bout d'un certain tems entrer en négociation.

C'est

C'est une suite des différences qui existent dans l'état des paysans et de leurs attelages, que, dans les estimations de domaines, les corvées soient portées à des prix très-variés. On compte le service d'un attelage avec deux chevaux à 2, 5, jusqu'à 8 gros ; dans un petit nombre de cas à 12 gros ; le service personnel à 1, $1\frac{1}{2}$ jusqu'à 3 gros, et on admet en moyenne que le travail de deux attelages en corvée équivaut à celui d'un attelage domestique, et celui de trois personnes en corvée à celui de deux ouvriers ordinaires. Ceci ne peut être admis que pour de bons attelages, puisque l'expérience apprend qu'en général un attelage domestique fait souvent plus d'ouvrage que quatre ou cinq attelages en corvée. Il faut aussi savoir si ceux qui font les corvées, ont droit à quelque rétribution en argent et en denrées, et si on doit fournir des pâturages au bétail de trait ; dans ce cas ces fournitures doivent être portées en déduction dans l'évaluation des services. Nous ne pouvons nous arrêter ici sur divers usages particuliers qui ont rapport aux corvées, et sur lesquels il ne faudra pas négliger de prendre des informations.

Du reste, au chapitre du travail nous traiterons de l'emploi des corvées.

§ 102.

Une chose qu'il importe de considérer dans l'acquisition d'un domaine, c'est la position relative des fonds qui le composent.

Dans quelques contrées le morcèlement et le mélange des propriétés de diverses espèces et de différens possesseurs sont presque universels. Dans l'origine des partages on ignorait encore les moyens de mettre de l'égalité aux lots pour la division d'une certaine étendue ; c'est là, sans doute, la cause de ce morcèlement ; cependant il a aussi pu être occasionné par d'autres considérations, qui alors avaient plus d'importance que la bonne disposition d'un champ. Aujourd'hui cette excessive division des héritages, lorsqu'elle ne peut pas être modifiée, met dans l'impossibilité de pousser les terres arables à un haut degré de fécondité. La culture du champ est assujettie à beaucoup de difficultés et de gênes, et ne peut jamais être exécutée sur de petites étendues comme sur de grandes. Elle est considérable, la perte de tems qui a lieu lorsqu'on quitte un champ pour aller à un autre ; de plus, avec ce morcèlement, on ne peut ni surveiller convenablement les ouvriers, ni tenir un contrôle exact de ce qui a été exécuté, ni déterminer d'avance le tems et la force qui seront nécessaires pour l'ensemencement des terres. La séparation des champs au moyen de fossés fait perdre un espace considérable de terrain, et cependant ces fossés sont nécessaires, si les limites doivent demeurer intactes. De plus, sans le concours de ses voisins, il devient impossible au propriétaire d'opérer la destruction des mauvaises herbes. Les clôtures qui souvent sont si utiles, deviennent impraticables, et l'on ne peut plus se défendre des dévastations du bétail, de celles des bêtes fauves et même de celles des hommes. Les fossés et les tranchées, pour l'écoulement des eaux, ne peuvent être exécutés par un seul propriétaire, et très-rarement la communauté les établit et les entretient d'une manière convenable. Mais ce qui est le plus désavantageux, c'est qu'on ne peut plus jouir en particulier du pâturage de son propre fonds; ainsi on est assujetti au mode de culture établi, qui le plus souvent est extrêmement vicieux et incompatible avec un emploi avantageux du champ ; ainsi toute bonification devient impossible.

Ces motifs font que des pièces aussi morcelées n'ont dans l'opinion de tout agriculteur éclairé qu'une valeur inférieure de plus de moitié à celle des fonds réunis, et dont on peut jouir sans réserve. Un tel agriculteur répugnera donc toujours à acquérir un domaine de cette sorte, s'il n'a pas la perspective assurée, de pouvoir faire des échanges et opérer la réunion d'une grande partie de ses fonds, pour en faire des clos dont il ait la jouissance pleine et entière.

Lorsqu'un domaine est composé de pièces de terre réunies, ou tout au moins de clos ou de parties considérables, il faut alors en considérer l'ensemble. Plus il se rapproche de la figure ronde ou carrée, mieux c'est; une surface qui forme une figure longue et étroite, a divers inconvéniens, et ne permet pas de faire une bonne distribution des soles.

§ 103.

Il est aussi d'une grande importance pour l'économie rurale que les bâtimens en soient placés à peu près au centre et à une distance égale de toutes les pièces. Si la division des soles peut être faite de manière qu'elles aboutissent toutes aux bâtimens, et que les parties les plus éloignées des unes ne soient pas sensiblement plus distantes que celles des autres, alors la distribution de l'ensemble est aussi parfaite que possible ; on peut disposer les choses de manière que chaque année il y ait une répartition égale du travail et des forces ; tandis que, si une des soles est à un éloignement considérable, on doit penser avec appréhension à l'année où elle devra être fumée, recevoir de plus grands labeurs ou recevoir la culture des plantes à fourrage.

Le défaut d'une bonne situation des bâtimens ruraux ne se rencontre que trop souvent, parce que lors de la construction primitive des anciens châteaux on devait penser à toute autre chose qu'à la commodité de la culture, et que dès lors on a rarement construit des fermes toutes entières, mais seulement des bâtimens particuliers qu'on a placés ordinairement dans le même lieu, afin de les mettre en rapport avec ceux déjà existans.

On ne peut souvent remédier à ce mal que par la construction de nouveaux
bâtimens ruraux, ou de métairies, et il y a souvent assez de motifs pour devoir
s'y décider. C'est une chose à laquelle on doit bien penser dans l'acquisition
d'un domaine.

§ 104.

Les chemins qui communiquent des bâtimens aux possessions, et de celles-ci
entr'elles, demandent aussi un examen particulier, puisque s'ils sont mal ordon-
nés, mauvais, raboteux et tortueux, ils emploient beaucoup plus de forces
et de tems. Dans l'acquisition d'un domaine on ne doit pas omettre les redressemens et les réparations dont ces chemins peuvent avoir besoin.

§ 105.

Une judicieuse distribution et une bonne proportion des bâtimens ruraux
appartiennent à la perfection d'un domaine ; le défaut de ces qualités ne saurait
point être compensé par une grandeur démesurée qui n'est rien moins qu'à
désirer pour l'agriculteur.

Le plus souvent les bâtimens d'économie rurale ne sont point mis en
compte dans une estimation, ils sont envisagés comme une chose nécessaire
dans un domaine. Mais l'acquéreur ne doit pas omettre leur mauvaise distribution, leur dégradation ou les frais nécessaires à leur rétablissement comme des
circonstances désavantageuses.

Des bâtimens solides et durables doivent toujours être considérés comme ayant
une valeur, quoique celui qui compte l'intérêt de ses avances et l'intérêt de cet
intérêt, ne puisse pas se décider à les porter en évaluation.

§ 106.

Des eaux bonnes et abondantes dans la cour rustique et partout où on peut en
faire usage, sont d'une grande nécessité ; on n'en sent ordinairement les avantages que là où elles manquent.

On appréciera assez les ruisseaux qui traverseraient le domaine, si on voit la
possibilité de les employer à différens usages. Un ruisseau qui coule auprès des
bâtimens ruraux, peut souvent être très-précieux pour faire mouvoir des rouages
et des machines en général.

§ 107.

Une homogénéité complète des terres arables, si le sol en est médiocrement humide et d'un travail aisé, en sorte qu'on puisse y entrer et les travailler
en tous tems, facilite la distribution des soles, et par là toute l'économie rurale
Des variations considérables et nombreuses dans la nature du terrain jettent dans
la distribution et le choix des assolemens de grandes difficultés, lesquelles, pour

être surmontées heureusement, exigent une grande sagacité. Si cependant le sol est vicieux de sa nature, il est à désirer que ce soit dans les extrêmes opposés. Si une partie des terres sont tellement argileuses et tenaces qu'on ait besoin, pour les travailler, d'un degré de sec qui ne dure que peu, il importe d'avoir une étendue proportionnée de terres légères, qu'on puisse labourer dans tous les tems, et ces terres ont, même dans ce cas-ci, une valeur particulière, parce qu'on peut y occuper les ouvriers et les attelages, lorsque l'état des terres argileuses ne permet pas qu'ils y entrent, et parce qu'au moment où la température est redevenue plus favorable, on a d'autant plus de forces à consacrer à celles-ci. Quelques cents journaux de terre argileuse acquièrent du prix lorsqu'on possède en même tems une égale étendue de terrain sablonneux. Dans les extrêmes de température, le haut produit de l'un compense aussi le vide de l'autre. Si la situation le permet, on peut quelquefois répartir d'une manière assez égale entre les diverses soles ces terrains de différentes espèces, mais alors il faut faire dans le choix des récoltes qu'on doit y cultiver les petits changemens que la nature du sol indique. Si cette situation s'y oppose, il faudra bien, sans doute, choisir d'autres assolemens, lesquels ne pourront guères être en rapport les uns avec les autres.

§ 108.

Dans la classe des qualités relatives d'un domaine, ses circonstances mercantiles et tout ce qui y a rapport doivent être prises en grande considération. Ces circonstances dépendent beaucoup de sa position géographique. Le voisinage des grandes villes peut doubler et tripler la valeur du sol pour le cultivateur qui spécule, et qui sait le mettre à profit. Mais aussi un éloignement plus ou moins grand des principaux marchés et ports de mer, apporte de grandes modifications à la valeur. Au reste, dans les estimations, le prix des grains est ordinairement basé sur ces circonstances. La communication avec ces marchés et ces ports, par le moyen de canaux et de fleuves navigables, ou tout au moins par de bonnes routes toujours praticables et qui ne soient pas grevées de péages trop élevés, en rapproche en quelque façon un domaine, en diminuant les frais du transport des produits; c'est pourquoi tout cultivateur sensé contribuera avec plaisir à l'établissement et à l'entretien de ces canaux et de ces routes.

La demande de produits de différens genres est infiniment plus avantageuse à l'agriculteur éclairé que celle qui se borne à un petit nombre d'espèces. Alors il peut appliquer son terrain aux diverses productions auxquelles il est propre, les entremêler et les faire succéder l'une à l'autre à des intervalles moins rapprochés, tandis qu'il est infiniment plus borné là où les grains seuls ont de l'écoulement.

Ordinairement la cherté des *produits animaux* dans une contrée, présente à l'agriculteur plus d'avantage que celle des grains ; car le cultivateur peut élever pour la vente une quantité proportionnellement plus grande de produits animaux que de végétaux, parce que ceux-ci sont, du moins en partie, consommés pour la culture, et que le prix du travail suit plutôt la proportion de celui des grains que de celui de la chair, de la laine, etc. Mais il faut surtout prendre en considération les moyens les plus économiques de se procurer des engrais et la grande influence qu'ils ont sur la reproduction des végétaux.

Il faut aussi faire attention au prix et à la qualité des choses que le cultivateur doit se procurer, comme p. e. le fer, le cuir, le sel, etc. Il est des pays où les produits agricoles sont à bas prix, et où au contraire ces matières sont d'autant plus chères, et même où on ne peut absolument pas en trouver qui aient la qualité requise. Peut-être la matière en est-elle naturellement mauvaise, peut-être aussi manque-t-il d'ouvriers capables de la bien préparer ; ceci a presque toujours lieu dans les pays pauvres, et là où des principes d'administration vicieux font probiber l'importation des produits étrangers.

§ 109.

La richesse d'un État tant en revenus publics qu'en fortunes particulières modifie considérablement la valeur des domaines. La prompte circulation de l'argent, qu'elle ait lieu en numéraire ou en papier accrédité ; le bas taux de l'intérêt, favorisent les entreprises agricoles ; tandis que le manque d'argent et de circulation, le taux élevé de l'intérêt, la baisse du cours avec l'étranger, doivent entraver l'industrie du cultivateur.

Un état prospère et une bonne administration du trésor public doivent rassurer l'agriculteur sur des impositions nouvelles et extraordinaires. Un impôt foncier plus élevé est moins nuisible à celui-ci que des contributions indirectes multipliées qui l'atteignent toujours, qui ruinent la liberté du commerce, qui exigent des frais considérables et une armée d'employés du fisc, et qui donnent lieu d'un côté à des vexations, et de l'autre à la corruption ou à la tromperie. Mais ce qu'il y a de plus nuisible, ce sont les variations et les fréquens changemens dans l'assiette de l'impôt.

Là où les finances publiques sont en bon état et présentent quelqu'excédent après l'acquit des dépenses nécessaires, on peut avec plus d'espoir attendre du gouvernement des entreprises et des améliorations avantageuses à l'agriculture en général et aux cultivateurs en particulier.

§ 110.

Au reste, la constitution d'un pays et les maximes de son gouvernement ont aussi une grande influence sur la valeur d'un domaine. Une législation fixe, précise, intelligible ; un mode de procédure simple et abrégé, une administration incorruptible de la justice, élèvent la valeur de la propriété aux yeux de tout homme de sens.

Une bonne et efficace police, tant domestique que civile et rurale, qui protège contre les incursions des vagabonds, qui assure la propriété contre les bandes de voleurs, et autant que possible contre tous les dangers ; qui allège le devoir d'assister les pauvres ; qui, obligée de pourvoir au défaut d'esprit public par des lois coercitives, ne se permet pourtant pas des vexations fiscales ; qui ne repose pas sur des préjugés long-tems combattus ; qui n'agit pas d'après des formes vieillies, mais d'après des principes raisonnables ; qui ne cherche pas le produit des amendes, mais l'accomplissement de l'ordre : une telle police est d'un grand prix. Un règlement pour les domestiques, convenable et rigoureusement observé, est avant tout d'une grande importance.

Un gouvernement qui reconnaît et adopte le principe éternellement vrai, que la bonification et la culture du sol, poussées aussi loin que possible, contribuent plus que toute autre chose au bien, à la force et à la richesse de l'État ; qu'en conséquence toute autre considération d'économie politique doit céder à la convenance d'encourager la multiplication des produits ; un gouvernement qui admet cette maxime et la prend pour son guide, ajoutera par cela même considérablement à la valeur des fonds, et attirera des acquéreurs étrangers. En effet, là on peut se promettre qu'il ne sera mis aucune entrave à l'industrie agricole, et que d'inutiles prohibitions de la sortie des grains et du bétail, ou d'autres entraves à la liberté du commerce, ne viendront pas anéantir les justes profits qu'on doit espérer de l'agriculture. On pourra au contraire attendre de ce gouvernement, l'abolition, moyennant indemnité, de plusieurs institutions vieillies et qui ne vont plus aux circonstances actuelles : par conséquent la suppression des obstacles les plus nuisibles à l'agriculture et à ses progrès.

Une constitution libre ou représentative, quoiqu'elle entraîne après elle bien des abus et que, par une sorte de lutte avec le gouvernement, elle entrave souvent des plans utiles, a, si elle est accompagnée d'une bonne organisation, cependant quelque chose de très-agréable pour le propriétaire foncier, en même tems qu'elle peut être avantageuse à l'État. Elle met sous les yeux du souverain le tableau des besoins du pays, elle fait connaître l'opinion, elle rassure contre des mesures précipitées et arbitraires, et protège les individus contre des procédés injustes et contre l'abus du pouvoir. Quoique le corps des États ait dernièrement été supprimé dans la plupart des pays, cette institution a

cependant été remplacée par une autre, et celle-ci peut être très-utile , si elle
ne se borne pas à de simples formalités ; elle met en délibération les plans et
les représentations des propriétaires, dirigés par ceux d'entr'eux qui sont les
plus éclairés. Mais il faudrait confier à un comité d'entre ces propriétaires même,
la direction et l'exécution de certaines affaires de police et d'économie politique,
et le pouvoir d'y apporter certaines modifications ; d'autant qu'on doit présumer
que les besoins et les circonstances de leurs districts leur sont mieux connus qu'à
des corps administratifs pris dans les villes.

§ 111.

La constitution militaire d'un État peut être plus ou moins désavantageuse à
l'agriculture , elle peut être plus ou moins à charge à l'agriculteur. Mais là
où l'État lui doit sa sûreté et son indépendance , tout homme ami de sa
patrie s'y soumettra avec plaisir, et il ne s'agira plus que d'aviser à une bonne
organisation , à mettre les rapports convenables entre les autorités civiles et
militaires , et à arranger toutes choses de manière qu'on enlève au pays le moins
de bras possible.

On doit espérer que les nouvelles institutions , que nous avons à attendre sur
ce point de la plupart des États , résoudront le problème d'assurer la défense du
pays, sans renverser sa prospérité. Si chaque citoyen au besoin devenait soldat,
et si en tems de paix chaque soldat redevenait citoyen utile , sans pour cela
négliger les exercices militaires, l'État serait aussi rassuré contre des agressions
étrangères, qu'heureux et aisé dans son intérieur.

§ 112.

Plus la population d'un pays est étendue, plus l'agriculture y est avantageuse,
et plus le sol y acquiert de valeur. Cependant ces avantages dépendent beaucoup
aussi de la nature de cette population , de la force des différentes classes qui la
composent, et de leurs proportions réciproques. Une nombreuse population
dans les villes présente à l'agriculture de grands avantages mercantiles , en
assurant l'écoulement d'une grande quantité et variété de denrées. En revanche,
de nombreuses et grandes villes enlèvent aussi à l'agriculture les hommes les
plus valides et les plus actifs, leur voisinage nuit souvent à la moralité
du peuple des campagnes, et rend par là l'exercice de l'agriculture plus difficile.
Dans le voisinage d'une grande ville le genre de culture doit être calculé en conséquence, si on veut en retirer tout le profit possible, et ce profit balance
bientôt les inconvéniens qui résultent d'un tel voisinage. Pour celui qui aime
une agriculture tranquille et régulière, qui ne veut que produire et non spéculer,
la grande proximité d'une ville n'est pas très-désirable ; ce ne sera point là

qu'il fera une acquisition, parce que le prix des fonds y est naturellement beaucoup plus élevé.

La population des campagnes peut être composée de telle sorte, que les agriculteurs qui cultivent pour eux-mêmes, y dominent, ou que ce soit ceux qui travaillent pour autrui, la classe ouvrière proprement dite. C'est là où les immeubles sont fort divisés et les propriétés petites, que les fonds doivent atteindre le plus haut prix et le plus haut produit, surtout lorsque des institutions vicieuses ou une pauvreté excessive, peut être un trop grand morcèlement des propriétés, ne paralysent pas l'industrie du paysan. Mais là rarement on pourra attendre de grands avantages d'une agriculture étendue, non-seulement parce que le terrain y est très-cher et peut produire sans cela une haute rente, mais aussi parce que la main-d'œuvre y est ordinairement très-coûteuse, et l'écoulement des produits difficile ; chacun, en effet, s'y procure par la culture ce dont il a besoin, et doit avoir un excédent qu'il conduit au marché ; de là résulte une concurrence qui baisse les prix souvent au-dessous des frais de culture.

En revanche, une nombreuse population dans la classe ouvrière est très-désirable pour le grand cultivateur, elle aide extraordinairement dans une grande économie rurale et dans une culture plus soignée, lors même que le prix du travail n'y est pas à un taux très-bas. Si en tout tems et moyennant un bon salaire il est facile d'avoir un choix d'ouvriers, on peut sans contredit faire en agriculture la même distribution de travail dont on a reconnu les grands avantages dans d'autres entreprises. J'ai dit moyennant un bon salaire, car sans lui on ne saurait espérer une multiplication durable de la classe des ouvriers. Ici, comme dans les entreprises d'un autre genre, on peut également commettre à chaque individu des opérations particulières, dans lesquelles il acquerra plus d'habileté, en sorte qu'avec moins de peine il fasse plus d'ouvrage, qu'en travaillant à tâche il gagne davantage, et qu'ainsi il puisse faire chaque labeur à plus bas prix que ne le ferait un ouvrier moins exercé. Mieux payés, les ouvriers se donnent une meilleure nourriture, ils acquièrent plus de forces, et ils accoutument de meilleure heure leurs enfans à l'application. Plusieurs personnes sont, à la vérité, dans l'opinion que la pauvreté est un excellent moyen de donner de l'activité à l'industrie ; la nécessité peut bien opérer momentanément cet effet, mais bientôt elle fait retomber le manouvrier dans une totale impuissance. Ce n'est pas un tel ouvrier que le goût du travail atteindra, ce sera bien plutôt celui qui verra ses sueurs multiplier ses jouissances et son bien-être. Quant à celui-ci son activité sera augmentée par la perspective de jouissances nouvelles qu'il ne pourrait se procurer qu'en redoublant d'assiduité.

C'est

C'est un grand bienfait, d'augmenter le nombre des travailleurs, mais non de multiplier celui des mendians. L'agriculteur s'établit volontiers là où ces premiers sont nombreux, mais il s'éloigne avec raison des lieux où ces derniers abondent.

§ 113.

Si de nos jours on pouvait trouver un pays où on fût à l'abri d'invasions ennemies et des calamités de la guerre, on devrait lui donner la préférence. Mais comme, dans les circonstances actuelles, cette sûreté ne se trouve nulle part, et que les contrées qu'on envisageait comme les plus sûres sont précisément celles qui ont souffert davantage, cette considération doit être presque nulle, jusqu'à ce que toutes choses se soient replacées dans leur repos et dans leur équilibre. Cependant il est des contrées où le voisinage des grandes routes, des forteresses et des principales positions militaires, fait courir plus de dangers qu'on n'en rencontre dans un pays ouvert où, tout au moins, le théâtre de la guerre est de plus courte durée. Une contrée divisée en possessions closes, coupée par un grand nombre de fossés et de haies, présente beaucoup d'obstacles aux opérations militaires; l'ennemi évitera, autant que possible, d'y faire une attaque, si elle est déjà occupée, et s'il la croit défendue par une milice exercée dans l'usage des armes à feu. Surtout avec une position un peu montueuse, une province de ce genre serait peut-être la plus redoutable des forteresses.

§ 114.

Lorsqu'on s'occupe de l'acquisition d'un domaine, il ne faut point négliger l'examen des mœurs, de la manière de vivre, de la moralité, du caractère et des usages qui dominent parmi les différentes classes dont la population du pays est composée. Il y a ici des considérations individuelles que chacun doit soumettre à sa propre manière de voir et à ses circonstances. Examinons ici quelques-unes des plus générales.

Que le luxe soit utile ou désavantageux, c'est une question bien souvent mise en avant, qui n'a point encore été résolue d'une manière satisfaisante, et qui ne peut l'être qu'en étant démembrée. En tant qu'il met en circulation les richesses accumulées chez quelques particuliers, qu'il augmente cette circulation et qu'il réveille l'assiduité au travail, il produit certainement un bon effet; mais la prodigalité de quelques riches et de quelques dissipateurs ne produit pas, à beaucoup près, le même effet qu'une aisance répandue dans toutes les classes d'habitans, et proportionnée à leur état. Ce que les premiers dépensent sort bientôt de la circulation, et en grande partie du pays; le plus souvent il n'y a qu'un petit nombre de marchands intermédiaires qui y gagnent,

<table>
<tr><td>I.</td><td>9</td></tr>
</table>

sans que cela ait une influence sensible sur les profits proprement dits. Au surplus, une manière de vivre économique, par laquelle chacun épargne quelque chose de ce qu'il a gagné, influe plus avantageusement non-seulement sur le bonheur des familles, mais encore sur le bien général, en augmentant le capital qui fait mouvoir les diverses parties de l'industrie : cet effet est produit surtout dans un pays qui n'est pas très-riche. Un père attentif au bien de sa famille et à l'activité de son industrie évitera les contrées où, à moins de renoncer à toute relation, à tout plaisir de société, on ne peut que difficilement se soustraire à des dépenses disproportionnées à l'état dans lequel on est placé.

Loin d'augmenter les jouissances de la vie, le plus souvent ces dépenses ne font que les troubler.

La loyauté, la sûreté du caractère et une façon de penser libérale, sont sans doute, sous quelques exceptions, plus ou moins propres aux habitans d'un pays, et à leurs diverses classes. Il y a des contrées où, parmi les propriétaires et dans les classes les plus instruites, il règne un empressement réciproque à se rendre des services, de l'estime, de la confiance et de la probité; d'autres où le plaisir de nuire, la méfiance, l'envie, un égoïsme rétréci et la finesse se montrent d'une manière frappante. L'homme franc et libéral cherche à éviter ce dernier voisinage.

L'état moral et économique de la classe des domestiques et ouvriers ne mérite pas moins une sérieuse attention. Non-seulement la force du corps et l'adresse des habitans d'un pays dépend de leurs circonstances personnelles, de leur bien-être relatif ou de leur pauvreté, mais leur moralité, leur fidélité même, les ont encore pour mesure, et des hommes probes et moraux sont d'un prix inestimable pour l'agriculteur. Même le développement intellectuel des gens de cette classe, leurs sentimens religieux, vrais ou faux, leur tolérance ou leur intolérance à l'égard des personnes qui professent une autre religion, ont quelquefois une grande importance pour celui-ci.

La moralité dépend beaucoup de l'éducation et des directions qu'on a reçues dans la jeunesse, c'est pourquoi les écoles, qui influent efficacement sur ces choses, sont d'une grande importance. L'agriculteur qui a une juste idée de son plus grand avantage contribuera volontiers à l'établissement de ces écoles et à leur entretien.

Les us et coutumes d'un pays ont quelquefois plus de force, et sont mieux observés que les lois positives; il faut avoir soin de les approfondir et de les peser, parce qu'ils peuvent avoir une grande influence sur l'agriculture.

§ 115.

Enfin il faut examiner avec soin les divers droits, c'est-à-dire les prérogatives et les servitudes qui sont attachées à la propriété du sol, afin de les avoir devant les yeux pour l'estimation d'un domaine. On ne peut en parler ici que superficiellement, elles demandent à être étudiées d'une manière particulière dans tout pays où l'on veut s'établir.

§ 116.

La propriété est ou absolue, elle peut être acquise par héritage ou par vente, et est alors appelée bien patrimonial, franc-alleu; ou bien elle est limitée, ainsi que l'abergement, l'emphytéose, la ferme héréditaire et d'autres propriétés encore, ont coutume de l'être. Les restrictions à la libre disposition des propriétés de cette dernière espèce varient infiniment; dans différens pays, dans différentes provinces, ces restrictions sont plus ou moins onéreuses; avant de se décider à acquérir, il faudra se procurer tous les renseignemens possibles sur l'origine, quelquefois toute particulière, qu'elles ont eue, et sur les lois et les ordonnances qui y ont rapport *. Mais comme aujourd'hui la plupart des Gouvernemens reconnaissent les grands désavantages qui résultent des restrictions apportées à la propriété, on paraît partout disposé à abolir celles-ci et à affranchir tous les fonds moyennant des redevances fixes, mesure qui rendra à diverses propriétés une valeur qu'elles avaient presque totalement perdue, et qui augmentera sensiblement l'aisance nationale.

Dans des États qui suivent d'une manière ferme à ces principes, on pourra acquérir avec avantage de telles possessions sans être exposé à diverses vexations auxquelles elles étaient auparavant assujetties.

§ 117.

Il est divers droits particuliers dont un domaine jouit, ou qu'il a à supporter, et qui ainsi doivent entrer dans son estimation. Par exemple:

Le *droit de bochérage*, celui de tirer les bois de bâtisse, de service et de chauffage dans la forêt d'autrui. Ce droit est quelquefois absolument illimité, quant à l'usage personnel de celui qui le possède; d'ailleurs il est plus ou moins étendu. Dans le premier cas, il tend directement à la ruine de la forêt, et l'on peut facilement prévoir le moment où il trouvera sa fin dans la totale destruction de celle-ci.

---

* On trouve sur cette matière des détails ultérieurs dans les écrits des Jurisconsultes, en particulier dans l'ouvrage intitulé Hagemanns Handbuch des Landwirthschaftsrechts, Hannover 1807, et Webers œkonomisch-juristisches Handbuch der Landhaltungskunst, 1ʳ Band. Berlin 1809. (A.)

Le *droit de glandée*, celui de mettre pâturer ses cochons dans le bois d'autrui. Ce droit est aussi fréquemment illimité, mais plus ordinairement le nombre des bêtes en est déterminé. Il nuit le plus souvent beaucoup à la forêt.

Le *droit de passage*, au moyen duquel on peut demander sur la possession d'autrui un chemin fixé pour toujours, ou que le propriétaire peut remuer à volonté. La largeur du chemin de charroi doit être de 8 pieds, et, dans les endroits où il a des sinuosités, de 10 pieds ; il doit laisser libre le passage d'un chariot de récolte.

Il est aussi de simples *droits de sentier* qui quelquefois sont fort à charge et onéreux au propriétaire, et dont par conséquent on doit soigneusement empêcher l'établissement.

De même des *droits de pacage* et d'*abreuvage* du bétail sur propriété d'autrui, qui empêchent souvent la culture sur une étendue considérable.

Les droits de *passage* et d'*usage d'eaux* donnent à celui qui les a acquis le droit de faire sur le terrain d'autrui des arrangemens pour des conduits d'eau, des tranchées, des fossés, des écluses, lesquels cependant ne doivent occasionner au propriétaire d'autres dommages, que ceux que la nature même de la chose rend indispensables. A l'égard de la licence de jeter sur le voisin une eau dont on cherche à se débarrasser, les règlemens provinciaux varient beaucoup, ce qui fait souvent une grande différence dans la valeur des fonds, puisque, suivant cela, ils peuvent ou ne peuvent pas être égouttés.

Là où une eau coulante passe à travers un fonds, il est le plus souvent de grande importance de savoir quels sont les droits ou les restrictions dont cette eau est l'objet, relativement à ce fonds même ou à celui du voisin. *

§ 118.

Les autres droits et priviléges, tels que la *Jurisdiction haute, moyenne et basse*, le *droit de chancellerie* et *de stipulation*, la *franchise de péage* et de *droits d'entrée*, le *droit de siéger aux États*, sont des avantages que chacun peut et doit évaluer en raison de ses circonstances personnelles et de celles du pays.

Les *priviléges de brasserie, distillerie, de taverne* et *de moulins*, ou l'obligation de s'y soumettre, sont souvent d'une grande conséquence. Mais les

---

* Ici l'auteur parle d'un droit appelé en allemand Pferch ou Hirtenschlagsgerechtigkeit, dont les jurisconsultes allemands eux-mêmes ne connaissent pas bien la nature, et qui paraît consister au droit inhérent à un champ d'être fumé par la bergerie d'un voisin.

Gouvernemens éclairés cherchent également à écarter des entraves aussi nuisibles à la société.

§ 119.

A la vérité, on ne saurait tirer de l'examen même le plus détaillé de toutes ces circonstances, une estimation positive en argent ; cependant on peut en obtenir une direction sur le plus ou le moins de convenance de faire l'acquisition du domaine que l'on a en vue. Après qu'on aura avant tout déterminé la valeur du sol, isolé de toute circonstance accessoire, le mieux sera de procéder d'après la méthode proposée à § 61 ; on taxera donc chaque avantage ou inconvénient pour en imputer la valeur à charge ou à décharge, et de leur comparaison tirer un résultat; et on jugera alors si on peut donner du domaine, plus ou moins que la valeur intrinsèque du fonds.

LE BAIL A FERME.

§ 120.

LA seconde manière par laquelle on peut entrer en possession d'un domaine, est celle qui a lieu par le moyen du *bail à ferme.*

La prise à ferme est un achat du domaine ou de son produit, fait pour un certain nombre d'années; elle a plusieurs rapports avec l'acquisition.

La recherche d'un domaine approprié aux moyens et à l'industrie du fermier, l'examen et l'estimation de celui qu'il aurait provisoirement choisi, doivent se faire de la même manière. Mais dans la prise à ferme il est aussi diverses considérations, non - seulement différentes, mais même totalement opposées. Le propriétaire dirige ou doit diriger son économie de manière à obtenir de son fonds un produit toujours croissant, ou à augmenter constamment sa valeur capitale. Le fermier ne peut avoir pour but que le plus grand produit, pendant la durée de son bail, sans s'inquiéter de la valeur que le fonds aura après son expiration. Tandis que le propriétaire peut se contenter d'un faible produit dans les premières années, afin de pouvoir d'autant mieux compter pour la suite sur un plus grand et plus durable; le fermier doit au contraire chercher à obtenir le plus haut produit possible, même alors que ce produit devrait en être diminué pour les dernières années de son bail. Car le propriétaire qui veut agir en bon agriculteur, trouve à la fois du plaisir et de l'avantage à placer sur son domaine le capital et les économies dont il peut disposer, tandis que le fermier, au contraire, en tire tout ce qu'il peut pour l'employer ailleurs et le mettre à intérêt.

L'amélioration du domaine fait le charme du propriétaire ; le fermier, au contraire, ne songe qu'à augmenter sa fortune.

Ainsi donc plus le bail est à long terme, plus les intérêts du fermier se rap-
prochent de ceux du propriétaire ; plus ce terme est court, plus les principes
du fermier et du propriétaire doivent être divergens. Dans un bail de 24 ans,
un fermier devra, s'il agit raisonnablement, tout au moins pendant les deux
premiers tiers de sa durée, suivre les principes du propriétaire. Mais le tems
viendra toujours où il agira d'après des intérêts tout opposés, et où il s'efforcera
de retirer d'autant plus du fonds, que, dans les commencemens, il lui aura fait
plus d'avances.

A cela il faut ajouter qu'en effet un fermier n'aurait pas les moyens de faire
au domaine les mêmes avances que le propriétaire, alors même qu'il en aurait
la volonté. Le fermier doit payer tous les ans la rente, tandis que le propriétaire
qui apporte du zèle à son entreprise, peut économiser quelque chose du produit net pour l'appliquer à son domaine. Le premier peut être comparé au
négociant qui travaille avec des fonds empruntés ; le dernier, au contraire, peut
l'être à celui qui spécule avec ses propres fonds. Celui-là doit avant tout aviser
à pouvoir payer sa rente, celui-ci peut également penser à étendre son commerce et à entreprendre de nouvelles spéculations.

Ainsi on ne doit pas attendre d'un fermier, et d'après les principes de son
industrie on ne peut pas exiger, que dans la culture d'un domaine il agisse comme
un propriétaire, et qu'il sacrifie aucune partie de ses profits, même à une grande
amélioration de ce fonds.

§ 121.

On a en conséquence jugé nécessaire d'imposer au fermier des conditions
particulières qui le gênent dans ses dispositions, et de lui faire une obligation de
procédés avantageux au domaine. Mais de tels contrats de ferme sont d'une composition excessivement difficile, aussi a-t-on peut-être eu raison de dire que
lors même qu'on réunirait les plus habiles jurisconsultes et les meilleurs économes du pays, et qu'on les occuperait pendant un mois à la rédaction d'un
seul bail à ferme, ils ne parviendraient point à en arrêter un qui pût protéger
un domaine contre les détériorations d'un mauvais fermier, sans rendre ce contrat absolument inacceptable pour un homme honnête. Fait-on des conditions
trop précises, trop limitées? L'homme qui réunit de la bonne foi à de la pru-
dence, les rejettera ; il laissera cette ferme à un homme simple, ou qui ait des
arrière-pensées. Lors même que le prix de ferme serait tel qu'il pût en effet
supporter ces conditions, le fermier n'en serait pas moins gêné dans toutes
ses entreprises, et même dans celles qu'il voudrait faire pour le plus grand bien
du fonds ; à chaque opération, même la plus utile, qui s'écarterait le moins du

monde de la règle qui lui aurait été prescrite, il aurait à craindre des reproches
et des chicanes.

En revanche, un fermier à qui il suffit de ne pouvoir pas être poursuivi en
justice d'après la lettre même de son contrat, ou tenu à des dédommagemens
qui surpassent son bénéfice, se soustraira toujours à des baux remplis de précautions juridiques, surtout lorsque dans les contrats on n'aura pas eu égard d'une
manière toute particulière aux circonstances économiques du domaine. Il trouvera toujours des moyens d'éluder les conditions qui lui seront onéreuses, ou
de s'en dédommager d'une manière encore plus désavantageuse au fonds.

§ 122.

Afin de mettre dans un plein jour les maximes que des fermiers de mauvaise
foi ont coutume de prendre pour guide, et afin de mettre toute personne qui
doit donner à ferme, en garde contr'elles, nous allons transcrire ici *l'alphabet
d'or* des fermiers *qui se sont mis au-dessus des devoirs et de la probité.*

« 1.) Avant tout, cherche un domaine qu'une culture bonne et améliorante,
» ou le peu d'emploi donné à ses terres ait mis dans un état prospère. Tu peux,
» en proportion de son étendue, en payer, pour un petit nombre d'années, une
» rente double de ce que tu donnerais d'un autre qui aurait été appauvri par
» un cultivateur avare ou des fermiers industrieux. Là, tu pourras employer les
» plus grands raffinemens de l'art d'épuiser, tandis que dans celui-ci tu ne
» pourrais que suivre la route ordinaire.

» 2.) Ne cultive que des grains de vente partout où cela sera possible ; ab-
» solument rien pour le bétail, parce que celui-ci ne paye point immédiate-
» ment une meilleure nourriture, et que, dans la courte durée de ton bail, tu
» n'aurais plus le tems de tirer toute la substance des engrais que tu aurais
» employés.

» 3.) Entre les récoltes jachères, cultive celles qui donnent le produit pécu-
» niaire le plus grand, des graines à huile, du lin, du tabac, etc. ; et si tu ne
» peux pas en entreprendre toi-même la culture, loue le terrain à de pauvres
» gens du voisinage, contre une rétribution en argent ou une partie du produit.
» Qu'ils ne donnent point de paille, peu importe, car le plus souvent il est
» interdit au fermier d'en vendre, et tout au moins n'oserais-tu pas te le per-
» mettre en trop grande quantité et d'une manière trop ouverte.

» 4.) Comme ces récoltes exigent beaucoup d'engrais, et que chaque jour
» tu feras une moins grande quantité de ceux-ci, borne-toi à cultiver ces récoltes
» sur les champs qui sont dans le meilleur état et les plus rapprochés ; de cette
» manière les transports absorberont moins de tems. Si même dans les dernières

» années de ton bail les autres champs ne pouvaient plus rien rapporter, tu
» serais suffisamment indemnisé de ce mécompte, et tu aurais alors le droit de
» te plaindre de la stérilité du fonds et de demander du rabais. Outre cela les
» fonds rapprochés donneront mieux dans la vue du propriétaire et des étrangers,
» et si quelqu'un disait que le lin, le colza et le tabac épuisent le sol, tu n'as
» qu'à en appeler à ce beau froment qui croît tout à côté. Mais ne mets jamais
» de fumier aux champs qui en ont le plus besoin, car le champ maigre ne paie
» jamais le premier amendement ; en tout cas tu peux en épandre un peu au-
» tour des bordures et des chemins. Autant que possible, la dernière année de
» ton bail , applique ton fumier à la sole des grains de printems, parce que
» tu dois récolter ceux-ci, ce qui n'aura pas lieu pour les grains d'automne.

» 5.) Les premières années, donne au terrain avec la charrue, la herse et le
» rouleau le travail le plus complet , afin de détruire la mauvaise herbe, de
» mettre en action tous les engrais que le sol peut contenir, et de diviser les
» mottes de telle manière, que les racines des plantes puissent y trouver leur
» nourriture. Ainsi augmente tes attelages ; dans le cours de ton bail, tu en seras
» assez dédommagé. Mais, vers la fin de celui-ci, tu dois renoncer à cette per-
» fection dans le travail, afin de pouvoir diminuer tes attelages, ou les employer
» à des entreprises accessoires qui te produisent davantage. Autant que possible
» ne sème alors que sur un ou deux labours, et tiens tes socs très-larges, afin
» que tu puisses prendre des tranches de 12 pouces. Tu n'as pas besoin non plus
» de t'attacher à choisir un tems favorable pour le labour de semailles dont tu
» ne recueilleras pas la récolte; tu peux avec beaucoup plus d'avantage en faire
» un travail accessoire.

» 6.) C'est un grand avantage si on te permet de rompre de vieux gazons et
» d'extirper des bois ; dans la recherche d'une ferme, tu dois avant tout chercher
» à l'obtenir. Mais alors , consacre dès le commencement à ces travaux toutes
» les forces dont tu peux disposer. Les terrains ainsi mis en culture te donneront
» d'abord de belles récoltes de grains à vendre, et ensuite ils produiront bien
» sans fumier des grains moins précieux, jusqu'à la fin de ton bail; peu t'importe
» qu'alors ils soient tout-à-fait épuisés.

» 7.) Ne t'inquiète guères des prairies que pour la récolte des fourrages, elles
» ne paient pas si tôt des travaux d'amélioration. Si dans les dernières années de
» ton bail, le comblement des fossés ou le séjour des eaux les avait rendues
» marécageuses, si elles s'étaient remplies d'épines ou de buissons, si elles étaient
» garnies de taupinières, si ainsi elles ne donnaient que du mauvais foin et en
» petite quantité, tout cela t'importe peu, si d'ailleurs tu ne peux pas vendre de
» fourrages.   8.

» 8.) Si, ayant reçu le cheptel sur une taxe, tu dois le rendre de même, fais
» auparavant disparaître les meilleurs chevaux, bœufs, vaches, etc. et mets-en
» de mauvais à la place, ou bien paie en argent ce qui manque. Dans des taxes
» de ce genre, le bon est toujours estimé proportionnellement plus bas que le
» mauvais, et celui-ci paraît moins chétif, lorsque le bon n'est pas à côté. Vers
» la fin du bail, il convient de ne pas donner le taureau aux vaches, ou du moins
» de le donner assez tard, pour que lors de la remise du cheptel elles n'aient
» point encore mis bas; alors elles ont beaucoup plus d'apparence, lors même
» qu'elles n'auraient mangé que du mauvais fourrage. La prolongation de la
» rente des vaches non pleines te dédommagera bien de l'excédent que t'eussent
» donné celles qui auraient vêlé récemment. Fais également entrer dans la taxe
» tous les vieux harnais et les vieux outils; garde pour cet effet tout ce qui ne
» peut plus servir, et fais-le réparer et mettre en ordre; quant au neuf, mets-le
» de côté. Souvent un cheptel misérable inspire aux estimateurs de la pitié pour
» le fermier, et les dispose à le traiter favorablement.

» 9.) Que tu n'emploies rien à l'entretien des jardins, étangs et bâtimens,
» cela s'entend de soi-même; le plus souvent, au renouvellement du bail, le
» propriétaire se charge des grandes réparations; il te convient donc de laisser
» grossir les petits dommages.

» 10.) Tu exigeras des corvéables tout ce que les lois et coutumes te per-
» mettent; qu'il se ruinent, peu t'importe.

» 11.) Si le propriétaire se réservait des denrées, s'il attachait un grand prix à
» tes produits, parce qu'ils proviennent de son propre fonds, et qu'ainsi il te fît
» en compensation un rabais considérable, accepte toujours. A la vérité, tu
» seras d'autant plus vite en conteste avec lui; mais cela aurait lieu dans tous les
» cas, surtout s'il habite sur son domaine; et si ton contrat de bail est bien en
» règle, cela doit t'importer fort peu. Au cas que dans les commencemens cela
» dût t'être nuisible, tu n'as qu'à offrir les moyens et les voies de droits, afin
» d'attirer dans ton parti les domestiques chargés de recevoir ces denrées. »

§ 123.

Il est sans doute des fermiers dont le caractère connu garantit suffisamment
au propriétaire qu'ils ne suivront pas des maximes de cette nature. On en
trouve même qui sont tellement pleins de l'idée d'une agriculture parfaite, qu'ils
y sacrifient jusqu'à leur propre gain, lorsqu'ils voient quelque probabilité à pouvoir l'atteindre. Mais ceux-ci ne peuvent faire qu'une exception; on ne peut
pas attendre, même de l'homme honnête, que, comme fermier, il sacrifie à
un domaine ce qu'il n'aurait pas la plus grande certitude de pouvoir récupérer.

I.

Ce qui ne se bonifie pas se dégrade sans aucun doute ; c'est donc un cas très-rare que celui où un fermier quittant une ferme ne rend pas le domaine en plus mauvais état qu'il ne l'avait reçu.

Il n'en est pas de même dans les domaines du Gouvernement ; dans quelques États, ces domaines sont affermés pour des termes courts, il est vrai, mais sous des conditions très-douces. D'après le système suivi par l'administration, les fermiers sont assurés de voir renouveler leurs baux, si, se conduisant d'ailleurs d'une manière honnête, ils se soumettent à la nouvelle estimation qui a lieu d'après des principes très-équitables, et dans laquelle on a toujours égard aux améliorations que ces fermiers ont faites. Il est même des cas où une gestion particulièrement bonne de leur ferme peut leur faire espérer d'en obtenir une meilleure, et de la laisser, comme en héritage, à leur famille. Celui qui tiendrait ainsi des domaines en ferme générale pourrait souvent se regarder comme propriétaire, et agir en conséquence dans toutes les parties de son entreprise.

Sous de telles conditions, il a pu se faire que les domaines de l'État aient été préservés de détérioration, quoique en sacrifiant une partie considérable de leur produit net.

Dans les États, au contraire, où, sans aucun égard au caractère personnel du fermier, on a affermé les domaines au plus offrant, et où on en a retiré ainsi une beaucoup plus haute rente ; tous les contrats de ferme, toutes les clauses introduites dans les baux, tous les contrôles auxquels ils ont été soumis, n'ont pu empêcher que ces domaines ne se détériorassent sensiblement et, malgré la durée du haut prix des grains, ne baissassent considérablement de rente, comme de produit.

§ 124.

Cependant comme beaucoup de propriétaires sont empêchés d'administrer leurs fonds eux-mêmes, et que la régie par des mains étrangères a souvent de grands inconvéniens si le propriétaire ne peut pas la surveiller, il paraît que le bail à ferme est nécessaire, et qu'une institution qui protégerait, à la fois et autant que possible, le propriétaire, le fermier et le domaine lui-même, serait de la plus grande importance non-seulement pour ce premier et pour celui qui exerce l'agriculture, mais aussi pour le bien général. Au moyen du prix de ferme, la fortune des propriétaires reposant sur le sol donnerait sa rente, et celui qui entreprendrait la culture pourrait vouer à son industrie tout son capital disponible. Le sol rendrait le plus grand produit, et augmenterait en même tems chaque année en fécondité et en valeur ; ainsi on trouverait à la longue plus d'avantage de mettre à ferme que d'administrer soi-même.

Dans mon Agriculture anglaise, T. 2. Sec. 2. page 87, j'ai proposé qu'après l'écoulement d'un terme préfix, le fermier eût le droit de demander le renouvellement de son bail sous certaines conditions, si le propriétaire ne voulait lui allouer un dédommagement proportionné et assez considérable, au moyen duquel le fermier serait suffisamment indemnisé de la privation des profits, que par une plus longue culture, il eût pu tirer de ses améliorations ; de cette manière le fermier n'aurait pas à redouter que le propriétaire le renvoyât sans motifs, et celui-ci conserverait cependant la possibilité de reprendre à lui la gestion de son fonds, s'il jugeait que ses propres circonstances le demandassent. Cette proposition pourrait être modifiée de différentes manières.

§ 125.

La prise de possession du cheptel d'après une taxe, présente plusieurs difficultés, et souvent elle met de grands obstacles aux améliorations. Une vente absolue au fermier qui entre en possession, si on peut tomber d'accord avec lui, a toujours des avantages ; sans cela on vend le cheptel comme on le juge à propos, et le fermier s'en procure un nouveau. On comprend du reste qu'il ne peut être ici question de baux à terme très-court. Cependant l'introduction d'une institution si naturelle, qui préviendrait les procès et rendrait les précautions inutiles, rencontrerait des obstacles dans les contrées où l'usage opposé est établi.

§ 126.

On ne peut en aucune manière exiger du fermier de ces améliorations considérables qui augmentent pour toujours la valeur du sol. Cependant l'occasion d'en faire se présente si souvent, et l'avantage en est tellement reconnu, que les deux parties doivent être disposées à les favoriser. On pourrait établir comme règle que le propriétaire fournirait pour l'exécution le capital nécessaire, qui serait fixé à une certaine somme, et que le fermier lui en paierait le dix pour cent pendant la durée de son bail. De cette manière le fermier ne proposerait aucune amélioration, sans être bien convaincu de son utilité, et de son côté le propriétaire n'aurait qu'à examiner si l'amélioration devrait être durable.

Pour toutes les réparations, ce qui paraît le plus convenable, c'est que le propriétaire paie les matériaux, et le fermier le travail. Mettre les petites réparations à la charge du fermier, les grandes à la charge du propriétaire, est une des conditions les plus absurdes qu'on puisse admettre.

Le Bail héréditaire*.

§ 127.

Le *bail héréditaire* a ceci de particulier, qu'il assure au tenancier une jouissance aussi libre et aussi sûre que la propriété réelle, et au seigneur foncier **, sous des conditions convenables, une rente sûre, à l'abri de tous risques et qui ne peut jamais être diminuée.

Il est plus ou moins limité, selon la teneur des contrats qui ont eu lieu à son sujet. Souvent on y a inséré toutes sortes de clauses, qui, sans avantage réel pour le seigneur foncier, ou du moins qu'il ne puisse se procurer facilement d'une autre manière, sont cependant très-onéreuses pour le fermier héréditaire, et diminuent la valeur du fonds. De ce nombre sont les entraves mises à la vente et à la succession ; les obstacles qui empêchent que la première ne puisse avoir lieu sans l'assentiment du seigneur foncier, et la seconde hors d'un certain ordre, à moins d'un assentiment acheté par ce qu'on appelle un lod et d'une investiture spéciale en faveur du nouveau propriétaire. Ces entraves, puisées dans le système féodal, sont nuisibles aux deux parties et à la chose en elle-même ; elles doivent nécessairement déprécier le fonds pour le tenancier, diminuer la rente du seigneur foncier, et en général rendre plus difficiles ces mutations si avantageuses de fonds d'une personne à une autre ; car lorsque le nouveau possesseur, outre le prix d'achat et les frais d'établissement de sa culture, doit encore payer un lod, cela doit empêcher bien de gens d'acquérir.

Au lieu de ce revenu incertain, le seigneur foncier se trouvera beaucoup mieux d'une rente qui sera élevée proportionnellement.

§ 128.

Le plus souvent cependant, dans le bail héréditaire, il est également stipulé un prix capital en argent sous le nom de *prix de l'emphytéose*, et cela est utile tant pour rassurer le seigneur foncier contre la détérioration du fonds, que pour lui garantir l'exact paiement de sa rente ; cependant il est rarement avantageux de porter cette somme au-delà de ce qui doit remplir ces deux buts ; la rente qu'on pourrait donner ou retirer du fonds serait diminuée par là dans une

---

* C'est une sorte d'*emphytéose*, mais perpétuelle. (Trad.)

** Seigneur foncier. Je n'ai su quelle autre dénomination donner au propriétaire d'une telle ferme. Le bail héréditaire a beaucoup d'affinité avec ce qu'était dans l'origine l'abergement. J'ai dû traduire littéralement l'expression allemande Grundherrn, afin d'éviter des équivoques.

(Trad.)

proportion encore plus considérable, surtout dans un tems et dans un pays où les capitaux ne sont pas très-abondans parmi la classe des cultivateurs.

Le nombre des concurrens doit nécessairement en être diminué, et chacun comptera ce capital pour une rente plus forte que celle qu'il peut produire au seigneur foncier.

§ 129.

Il y a déjà long-tems qu'on a entrevu l'utilité des baux héréditaires, et qu'on a baillé de cette manière en bloc ou par fractions des domaines tant de particuliers que de l'État. Mais comme cela s'est fait sans y avoir suffisamment réfléchi, on s'est bientôt aperçu de divers inconvéniens, et surtout de l'extrème lézion qui en résultait pour le seigneur foncier. C'est ainsi que des exemples de non réussite et diverses circonstances accessoires ont universellement décrié cette institution, et ont prévenu contr'elle autant les propriétaires que les Gouvernemens eux-mêmes.

Mais, pour ceci comme pour tous les autres sujets d'économie politique, il ne faut que s'élever au point d'où, dans un plein jour, on peut envisager la chose sous toutes ses faces; alors on ne se laissera plus prévenir par des exemples isolés, lesquels, suite inévitable de combinaisons vicieuses, ne peuvent discréditer ce qui est bon, qu'aux yeux des personnes bornées et sans réflexion. Mais on s'en servira d'avertissement pour éviter dans une chose excellente en elle-même tous les écueils de ce genre.

Non-seulement on avait pris l'argent, malgré l'incertitude et les variations de sa valeur, pour mesure de l'estimation des fonds, mais encore on avait pris pour base des produits, les résultats d'une agriculture qui était encore dans l'enfance; on était allé jusqu'à omettre entièrement des parties du domaine qui, avec quelque culture, pouvaient être portées à une grande fertilité. Ainsi on s'aperçut bientôt que ces contrats avaient été faits au grand désavantage du propriétaire foncier, et qu'ils assuraient au fermier de trop grands bénéfices, à tel point même que, dans un pays, le pouvoir souverain se crut autorisé à les résilier. Cette dernière circonstance jeta un nouveau discrédit sur le bail héréditaire, il eût encore contre lui la méfiance des fermiers.

Cependant cette institution a été reprise en différens pays, et malgré les clameurs qui lui ont été opposées, elle y a réussi, au point d'augmenter nonseulement les revenus publics, mais encore la masse des produits, la population et le bien-être des peuples. Et quoique les premiers essais qui en ont été faits puissent n'avoir pas été exempts de fautes, ils ont cependant eu des résultats assez avantageux pour produire cette persuasion qui seule peut assurer le succès,

§ 130.

Le plus important dans cette affaire c'est qu'on établisse convenablement la valeur du sol, ou celle de ce qu'il peut produire, après déduction de tous les frais et d'un juste profit pour le fermier. Mais comme l'argent n'a qu'une valeur d'opinion, et que cette valeur change d'un moment à l'autre, il importe que le prix du sol, ou sa rente, soient fixés, non en numéraire, mais en grains, dont, en moyenne, la proportion avec toutes les autres choses s'est maintenue et se maintiendra encore long-tems. Cette mesure change à la vérité d'une année à l'autre, et est en peu de tems encore plus variable que la valeur de l'argent, mais pas dans de longs périodes; elle demeure en rapport avec tous les vrais besoins de la vie, parce que c'est par elle en grande partie que le prix du travail est fixé.

C'est pourquoi la rente du bail héréditaire ou emphytéotique doit être fixée à une mesure réglée du grain qu'on recueille le plus ordinairement dans le pays, et cependant être payée non en nature, puisque ainsi cette rente serait quelquefois très-haute, d'autres fois très-basse, mais en argent, au prix moyen d'une série d'années précédentes. Au reste, de ces années il faut retrancher celles où la récolte aurait manqué, et où cette circonstance ou d'autres conjonctures accidentelles auraient donné aux grains un prix extraordinaire; parce que, dans ces années, même malgré le haut prix des grains, le cultivateur a dû être en perte, et que le retour de circonstances pareilles n'est ni à présumer, ni à désirer. Ainsi, il serait absolument injuste d'établir le prix moyen d'après ceux des dix dernières années, où les diverses récoltes ont été au-dessous du médiocre et où les prix ont encore été augmentés par d'autres circonstances fortuites, car il est probable que dans les années suivantes les fermiers ou emphytéotes seraient bientôt entraînés à leur ruine.

On a objecté contre la fixation du prix de ferme en denrées, que comme le prix de celles-ci peut varier et baisser, on n'est nullement assuré d'une rente fixe. Mais cette objection est sans fondement; la valeur réelle des grains demeure la même, leur valeur nominale seule éprouve des modifications.

Quant à l'État, pour les revenus duquel surtout on a cru voir à cette méthode les plus grands dangers, une grande partie de ses dépenses pourraient avec un avantage décidé échanger leur valeur nominale contre une réelle, en suivant le même principe; de ce nombre est par exemple le traitement des fonctionnaires publics, qui doit être modifié tous les 10 ans suivant la hausse ou la baisse des denrées, et qui, de cette manière, assurerait bien mieux qu'aujourd'hui un revenu convenable à ceux auxquels ils seraient destinés.

§ 131.

Les avantages du bail héréditaire sont d'une évidence frappante, aussi n'y a-t-il pas de doute que dans notre siècle où l'on calcule plus généralement, son admission ne devienne bientôt universelle, du moins partout où les possessions ont conservé une étendue considérable, et que d'autres fonds qui, jusqu'à présent, avaient été affermés sous des conditions incertaines et plus ou moins onéreuses aux deux parties, ne soient bientôt soumis à cette institution.

C'est là sans aucun doute la base sur laquelle le bien-être général et le perfectionnement de l'agriculture peuvent le mieux être fondés. Chaque propriétaire, que ce soit l'État ou un homme privé, pourra retirer de son terrain une rente sûre et réellement invariable. La valeur de la terre sera par là fixée d'une manière précise, et le crédit assuré jusqu'à la concurrence de cette valeur. En effet, la rente même serait une garantie, le créancier pourrait retirer ses intérêts directement du tenancier ; avec l'hypothèque il acquerrait une sorte de propriété, une sûreté complète, et il se trouverait à l'abri des longueurs, qu'il a sans cela souvent à redouter. De cette manière le plus grand capital d'une nation, ce que le sol représente, entrerait en circulation, et les fortunes mobiliaires obtiendraient aussi la plus sûre des garanties.

Le possesseur ne serait plus forcé contre sa volonté et son inclination à cultiver son fonds lui-même, s'il ne voulait courir les risques de le voir appauvrir par des fermiers temporaires. Ainsi cesseraient les chagrins sans nombre occasionnés par le renouvellement du bail, l'obligation d'une inspection et d'un contrôle, et les nombreux rabais qui doivent avoir lieu pour les dommages accidentels.

Mais, ce qui mérite une attention encore plus sérieuse, l'industrie agricole serait par là bientôt portée à un degré beaucoup plus élevé, si tous ceux qui ont les talens et l'inclination nécessaires, trouvaient les moyens d'en tirer parti avec un petit capital, et cependant avec toute l'assurance que donne la propriété. Le fermier héréditaire peut agir absolument comme un propriétaire ; tout ce qu'il applique au fonds pour l'avenir est à lui, et il n'a pas besoin de fournir le capital de ce fonds, mais seulement d'en payer une rente équitable ; il peut en conséquence employer tout son capital à l'exploitation du fonds lui-même.

§ 132.

On a mis en avant cette question compliquée, si, soit pour l'État et le bien général, soit pour l'avancement de l'agriculture il convient de faire de grandes ou de petites fermes héréditaires ? Cette thèse a été résolue, et devait l'être de manières très-différentes suivant les vues que chacun tenait de sa localité. D'après ma manière de voir, il faut faire dans chaque province, dans chaque district, des fermes héréditaires de l'étendue qui est la plus demandée, ou, ce qui revient au même, de l'espèce qui est la mieux payée. Là où des agriculteurs aisés et instruits se présentent pour de grandes fermes de ce genre, il faut les leur donner comme ils les demandent, pourvu toutefois qu'ils veuillent en payer autant que les amateurs donnent des petites.

Là, au contraire, où il y a une plus grande concurrence de ceux qui n'ont ni les moyens, ni les connaissances nécessaires à de grandes entreprises, qu'on leur en donne aussi de petites.

Cette demande de grandes, de moyennes ou de petites fermes héréditaires, montrera de la manière la plus sûre quelle étendue est la plus convenable, d'après l'état de civilisation du peuple et de la classe agricole, d'après la nature du sol et la localité.

La question sur les avantages des grandes ou des petites fermes ne peut point être jugée sans détermination des lieux. Les uns et les autres ont les leurs que j'ai cherché à opposer en peu de mots les uns aux autres dans mon Agriculture anglaise, Tom. 2. Sect. 2. page 91. Mais j'avoue, d'après ma conviction actuelle, que j'ai trop insisté dans cet ouvrage sur les avantages des grandes économies rurales en général.

Là où le petit propriétaire réunit à une activité réelle des moyens proportionnés, où il peut exercer son industrie sans être entravé et surchargé; là, lorsqu'il travaillera de ses mains, ou du moins surveillera attentivement ses travaux, non-seulement il produira davantage, ce dont peut-être chacun conviendra, mais encore il pourra donner un produit net plus considérable, ce qu'on sera moins disposé à croire. La crainte qu'ici tout soit consommé par le cultivateur, et qu'en conséquence il ne reste rien à vendre, est absolument sans fondement; elle ne peut avoir pris naissance que dans la misérable culture suivie par les paysans de certaines contrées, et cette culture doit à d'autres causes de ne rendre que de si faibles produits.

Lorsque, comme il y en a tant d'exemples, dans diverses provinces dont la qualité du sol n'a rien de distingué, de petits fermiers héréditaires paient régulièrement leur rente, achètent ce qui leur est nécessaire, vivent bien dans leur état, et pourtant font encore des épargnes; il faut bien qu'ils aient quelque excédent à vendre, et cet excédent, si on l'examine bien, surpassera celui que donnent des grandes fermes sur une surface de même étendue.

Cependant ici il faut bien faire attention à l'état de la culture et à la population

lation d'un pays. Dans des districts mal peuplés et reculés pour les connaissances agricoles, où le travail est proportionnellement beaucoup plus cher que
le sol, et où par conséquent une grande culture peut plutôt avoir lieu qu'une
culture de détail, l'ensemble ne pourrait point être divisé en petites fermes,
sans empêcher la culture des grandes; on enleverait à celles-ci des ouvriers
nécessaires, lorsqu'on diviserait entr'eux un terrain qui, avec quelque travail
accessoire, suffirait à leur entretien. Ici on ne doit procéder qu'avec lenteur à
une plus grande division, et seulement d'après l'augmentation de la population
et des bras. Ç'a donc été une institution vicieuse, et dont on a fortement
senti les fâcheuses conséquences, que celle, d'après laquelle à chaque colon
qu'un propriétaire recevait dans ses terres, il devait être assigné une pièce de
huit journaux de terrain.

Pour le mode de division des grands domaines de particuliers et leur cession
en fermes héréditaires, il faut s'en rapporter aux propriétaires eux-mêmes,
parce que ce qui leur est le plus avantageux, le sera nécessairement aussi au
public. Dans les domaines de l'État peut-être y a-t-il quelquefois d'autres
considérations à observer.

§ 133.

Les possesseurs de grands domaines et de terres seigneuriales, qui, les regar-
dant comme la source de leur revenu, devaient en soigner l'administration,
quelque pénible qu'elle pût leur paraître, pourront au moyen du bail à ferme
héréditaire assurer parfaitement leur rente, en même tems qu'ils s'affranchiront
de l'assujettissement dans lequel ils étaient. Quant à celui qui, par inclination
et par plaisir, a soigné jusqu'ici la culture de ses domaines, il doit toujours
craindre que ses enfans n'héritent pas de ses dispositions, et que les améliorations, les arrangemens qu'il aura faits, ne meurent avec lui. S'il dirige ses
vues vers un partage et une convenable répartition en fermes héréditaires,
s'il s'occupe d'avance de la division des champs et de la construction des bâtimens ruraux, il a de quoi employer son activité et ses lumières.

Une disposition qui facilite tout à l'emphytéote et au moyen de laquelle on
puisse lui remettre le plan de ce qu'il doit obtenir, attirera des concurrens.
Il suffira d'avoir quelqu'avance pour construire les bâtimens, peut-être de
la première ferme ; du prix de vente ou d'emphytéose de celle-ci, on
pourra faire les constructions nécessaires aux suivantes, et ainsi de suite. Le
propriétaire qui a à sa disposition un certain capital, fera toujours une construction de ce genre plus facilement et à meilleur marché que le fermier héréditaire qui en prend possession, parce qu'il a pu faire ses préparatifs d'a-

<table><tr><td>I.</td><td style="text-align:right">11</td></tr></table>

vance, et qu'il a plus de connaissance de tout ce qui y a rapport. Il pourra toujours conserver près de son château une ferme bien située et d'une nature particulièrement bonne; la réunir aux jardins et aux établissemens d'agrément; y déployer l'économie agricole dans sa plus grande perfection et avec les attraits et la régularité dont elle est susceptible. Et lorsqu'il aura ainsi entouré sa résidence des habitations d'hommes satisfaits et libres, dont les champs sans aucun doute auront une culture bien plus soignée, il aura sous les yeux un spectacle bien plus agréable, qu'un immense étendue de terres dépeuplées, ou que de chétives propriétés de paysans indigens. Outre la gestion de cette ferme, de ce modèle d'agriculture dont il s'est réservé le soin, la conservation, la répartition et l'établissement des forêts, des étangs, des tourbières, des fours à chaux, des tuileries, et des autres appartenances, peut-être enfin la direction ou l'établissement d'usines, lui donneront encore assez d'occupations; et, au besoin, il pourra bien plus facilement se décharger de leur administration, que de celle d'un domaine immense.

Loin de craindre que ce système de baux héréditaires n'occasionne la ruine des grandes familles, je suis au contraire convaincu qu'il aidera à les soutenir; bien plus, que, dans quelques cas, c'est lui seul qui pourra prévenir leur chute. La fixation de la valeur des propriétés, la sûreté de la rente, la confiance qui en sera la suite, la facilité avec laquelle on pourra déterminer la recette et la dépense, de manière à être à l'abri de tout événement, devront assurer le bien-être de beaucoup de familles et relever celui de plusieurs autres.

Les majorats pourraient tirer tout autant de parti de cette institution.

§ 154.

L'avantage qui en résulterait pour les domaines de l'État, seulement en épargne de frais d'administration, de bâtisse, de taxes de dommages et de rabais, est déjà assez frappant. Par cela seulement le revenu net en serait considérablement augmenté, alors même que la rente ne surpasserait pas celle des précédens baux. Mais l'État gagnerait indirectement bien plus encore par l'augmentation de la culture, des produits et de la population.

SECTION II.

ÉCONOMIE,

OU

DÉVELOPPEMENT DES PROPORTIONS, DE LA DISPOSITION ET DE LA DIRECTION DE L'ENTREPRISE AGRICOLE.

L'EXPRESSION *économie* a été employée dans des sens très-variés, et dans ces derniers tems, les Allemands lui ont donné une signification très-inexacte.

D'après son étymologie et le sens qu'elle avait dans l'origine, les Grecs entendaient par là l'établissement et la direction du ménage, des affaires de famille.

Xénophon, dans son livre sur l'économie, traite du gouvernement domestique, des devoirs réciproques des membres de la famille, et de ceux qui composent le ménage; il ne parle en passant de l'agriculture que comme ayant rapport à l'intérieur domestique. Cet auteur ainsi que les autres Grecs n'appliquaient d'ailleurs jamais cette dénomination à l'agriculture, qu'ils appelaient *Géorgie* ou *Geoponie*.

Les Romains donnèrent à ce mot une signification beaucoup plus étendue et très-variée. Ils entendirent par là l'observation des meilleurs procédés pour atteindre le but de chaque chose, la disposition, le plan, la division de chaque ouvrage. Cicéron dit *œconomia causæ, œconomia orationis*, et il entend par là la direction d'un procès, la disposition d'une harangue. C'est dans ce sens que quelques auteurs allemands le prennent, lorsqu'ils disent *l'économie d'une pièce de théâtre, d'un poème*. Ce mot est pris par les écrivains des autres nations dans toutes les acceptions que lui donnaient les Romains, ils entendent par là le rapport de toutes les parties entr'elles et au tout, ce que nous avons coutume d'appeler aussi *organisation*; ce mot n'acquiert un sens réel que par son application à quelqu'autre sujet.

C'est ainsi qu'on parle de l'économie de la nature, du corps animal, de l'état et sans contredit aussi d'une branche d'industrie; mais, dans ce cas, le

genre de l'économie doit être indiqué, si par la liaison du sujet il ne se distingue pas de lui-même.

Lorsqu'on doit entendre par là le régime agricole, le Français dit *l'économie
rurale*, l'Anglais *the rural economy*, cependant ni l'un ni l'autre ne comprennent
par là l'exécution réelle, l'acte de l'agriculture proprement dit, mais seulement
la division et les circonstances de l'agriculture. En Allemagne, seulement dans
ces derniers tems où l'on croyait relever la dignité de toutes les sciences par
un nom grec ou latin, et où, dans ce but, ou employait ceux-ci dans le titre
des livres ; quelques auteurs ont commencé à appeler non-seulement la science
agricole mais l'agriculture elle-même du nom d'économie, et ce mot est employé par plusieurs exclusivement dans ce sens. C'est ainsi que ceux qui croyaient
exercer l'agriculture avec un peu plus d'étendue et d'art, se sont qualifiés du
nom d'*économes*, et qu'enfin tous ceux qui sont employés à surveiller les ouvriers, bien qu'ils n'aient souvent pas même une notion des vrais principes
de l'agriculture, veulent être appelés de la même manière.

Mais ce mot a été encore pris dans un sens qui ne lui est pas moins étranger.
Parce qu'en effet le principal d'une bonne économie est d'atteindre le but de
chaque chose avec le moins de dépense possible ; on a désigné sous le nom
d'économie, l'*épargne*, d'abord dans son sens général, puis plus particulièrement dans son application à l'argent ; on est allé même jusqu'à y comprendre
l'avarice, alors même qu'elle manquait absolument son but, et à appeler BON
économe celui qui ne consacrait rien à son agriculture, ou même qui l'épuisait.

On a aussi nommé économie, le soin de la recette et de la dépense ; celui
qui avait cette charge dans les corporations religieuses était appelé l'*économe*.

Nous revenons au sens latin, et appelons *économie*, dans ses rapports avec
l'agriculture, la science des proportions les plus avantageuses et de cette direction et application des moyens, par laquelle la reproduction est le plus favorisée.
Ainsi cette section traitera de l'établissement, de l'entretien et de l'emploi des
forces par lesquelles les travaux s'opèrent ; du bétail, ou plutôt du rapport
qui existe entre les fourrages, les engrais et l'agriculture en général ; — de
la division des champs qui en est la suite, ou des divers systèmes de culture,
considérés comme moyens d'approcher, dans chaque localité et autant que
possible, du but de l'entreprise, et d'obtenir de la culture dans son ensemble,
le produit net le plus élevé et le plus durable. — Enfin, de la direction de l'ensemble et de sa transcription sur des registres et des livres de comptes.

Le Travail en général.

§ 135.

C'est par le travail que l'homme gagne ou a gagné tout ce qu'il possède. Ce que le sol donne sans travail est infiniment peu de chose, et ne peut être pris en considération que dans la vie nomade. Tous les alimens, les jouissances, l'aisance, la richesse, même le capital nécessaire au déploiement de l'industrie; nous devons tout au travail. C'est la quantité et la qualité du travail appliqué à une chose qui détermine la valeur de celle - ci ou son prix naturel.

§ 136.

Cependant tout travail a besoin d'une matière à laquelle il s'applique. Le sol est la matière que la nature donne au travail agricole, et des produits que le travail obtient du sol, on tire la matière de tout autre travail.

§ 137.

Il n'était donc pas entièrement et rigoureusement exact de faire , comme cela a eu lieu dans les *métapolitiques* les plus récentes, découler uniquement du travail toute fortune, tout revenu de la nation. Le sol y a une part considérable. D'un autre côté, ceux qui envisagent la terre comme l'unique source de tout revenu, vont au-delà de la réalité.

> Une nation qui habite un pays extrêmement fertile, pourrait s'élever beaucoup plus vite qu'une autre à une grande aisance. Mais souvent la fertilité de son sol et les avantages de son climat même sont cause qu'elle n'en a pas la volonté.

§ 138.

Sans travail le sol ne produit rien , c'est seulement par le travail qu'il atteint sa valeur. Dans l'enfance des nations chacun prenait, sans en donner un prix, le terrain qu'il voulait cultiver, parce qu'alors il n'y avait pas assez de bras pour en tirer parti. Lorsqu'on s'aperçut de la valeur que la terre pouvait acquérir par le travail, le détenteur du pouvoir s'en mit en possession et y mit un prix. Ce prix fut très-bas aussi long-tems qu'on manqua de bras et de l'art nécessaire pour en diriger convenablement l'emploi. Lorsque l'un et l'autre s'augmentèrent, le prix du sol s'éleva et avec lui le prix du travail ; par conséquent aussi celui des produits de tous deux.

§ 139.

C'est ainsi que dans les pays cultivés et peuplés il s'est établi une proportion, un équilibre entre les prix du sol, du travail et des produits, lequel dans la moyenne des années ne varie point, et qui, lorsqu'il est dérangé par quelqu'accident, ne tarde pas à se rétablir.

§ 140.

Cependant cette proportion n'est pas partout la même, elle suit la quantité et la qualité du sol mise en rapport avec les forces dont on dispose, avec le développement de l'art et le capital mis en circulation pour l'agriculture. Le sol est à bas prix là où l'on manque de bras, de connaissances agricoles et de capitaux, et la valeur des derniers y est élevée en proportion de celle du premier. Si, au contraire, dans un État populeux, les bras, les connaissances agricoles et le capital nécessaire pour se les procurer ou les payer d'avance, se sont augmentés, la valeur du sol hausse à proportion.

§ 141.

Cette proportion entre le prix du travail et celui du sol contribue beaucoup à fonder les divers systèmes de culture, qui dans leurs extrêmes peuvent être appelés *grande* ou *petite culture* *. En effet, là où le sol est à un bas prix et le travail à un haut prix, on devra chercher à obtenir sur une grande surface et avec le moins de travail possible, une certaine masse de produits. Là, au contraire, où le prix du sol est élevé, mais où l'on trouve des bras en suffisance et à un prix raisonnable, on cherchera à obtenir sur une petite surface à l'aide d'un plus grand travail, la même valeur en produits, ce qui est presque toujours possible.

> Il y a des contrées en Amérique où on achète un acre de bon terrain au prix d'une journée de travail. Dans la Belgique, en Angleterre, et dans quelques districts de l'Italie on peut à peine affermer, à l'année, le même espace de terre pour le prix de 80 journées de travail.

§ 142.

Celui qui avec un capital réglé veut exercer l'agriculture, peut, dans le premier cas, acheter une très-grande étendue de terrain s'il n'en garde que peu pour la gestion de son économie. Mais il faut qu'il adopte une *grande culture* qui emploie le moins de bras possible. Dans le second cas il faut qu'il acquierre un fonds de peu d'étendue, non-seulement parce que le terrain est à haut prix, mais encore parce qu'il doit conserver un capital plus considérable pour payer l'excédent de travail qui est ici nécessaire. Dans le premier cas on achète quel-

---

* Je prie mes lecteurs de vouloir ne jamais confondre l'expression *petite culture* avec celle *mauvaise culture* : la première indique une culture de détail, laquelle le plus souvent produit davantage; la seconde suppose négligence ou mauvaise direction du travail. De même *grande culture* n'est point synonyme de bonne culture, mais seulement de culture en grand, culture dans laquelle l'étendue de l'ensemble réduit souvent à négliger les détails, faute des moyens nécessaires pour approcher davantage de la perfection en soignant l'un et l'autre. (T.)

quefois des domaines où les seules corvées suffisent aux travaux les plus indispensables, et où, par conséquent, lorsqu'on a le cheptel nécessaire, on n'a plus
besoin que d'une petite somme d'argent pour suffire à la culture.

Plus le terrain est à bas prix, moins on peut conseiller de travaux d'amélioration. Là, où le journal de terre ne coûte que 15 rixdalers, et où l'on en a 2 de
produit net, il serait peut-être désavantageux d'y employer 15 rixdalers en
bonifications, comme p. e. en marne, lors même qu'il devrait donner un produit double; parce que, pour cette valeur, on pourrait acquérir une autre
journal de terrain dont on retirerait la même rente que de ce qui aurait été
employé à des bonifications.

> Je dis peut-être, car il y a beaucoup de circonstances où il pourrait être plus
> avantageux de consacrer à l'amélioration d'un journal de terre la valeur avec
> laquelle on pourrait en acquérir un autre.

§ 143.

Si le terrain est à haut prix, les produits en acquièrent aussi quelque augmentation de valeur; cependant cette augmentation n'est souvent pas proportionnée. Mais le sol n'acquiert pas toujours de la valeur de ce que les produits
sont à haut prix, il peut se faire que, faute de bras ou de connaissances, on
ne sache pas tirer parti du premier, et qu'ainsi des produits ne soient pas en
quantité suffisante. Dans tous ces cas il faut employer toutes ses forces pour
obtenir les plus grands produits; mais dans celui-ci il faut bien examiner de
quelle manière on peut employer son capital avec le plus d'avantage si ce n'est
en acquérant une plus grande étendue de terrain, ou en perfectionnant la culture
de celui qu'on possède.

§ 144.

Quoique les deux extrêmes d'un sol à très-bas prix et d'une main-d'œuvre
très-coûteuse, ou d'un terrain très-cher et de bras à très-bas prix ne se réalisent
que très-rarement en Allemagne; il existe cependant dans quelques provinces
et dans quelques districts diverses gradations de ces rapports, qu'il faut bien
peser lors de la disposition d'une entreprise agricole, afin de se décider en
conséquence pour une plus ou moins *grande culture*.

> Dans le premier cas un système de culture qui permettra de laisser reposer le
> sol pendant long-tems, et de l'amender par le moyen du pacage, épargnera du
> travail; dans le second, un système de culture où les grains se succèdent annuel-
> lement avec les plantes à fourrage et la nourriture à l'étable, augmentera avan-
> tageusement la main-d'œuvre, et, malgré l'augmentation des frais, élevera con-
> sidérablement le produit net.

§ 145.

Depuis quelque tems les agriculteurs se plaignent généralement d'une hausse excessive dans le salaire des journaliers et des domestiques, et on envisage cela comme un grand mal. Plusieurs personnes attribuent à cela la hausse du prix des grains. Dans des contrées où les corvées ont été supprimées, on cherche dans cette suppression la cause de cette augmentation dans le prix du travail. Mais c'est bien plus la hausse du prix des denrées et l'appât qu'elle donne pour multiplier les produits, qui ont élevé le prix de la main d'œuvre proportionnellement à celui de l'argent. L'abolition des corvées a bien plutôt augmenté l'activité de l'ouvrier ; par conséquent la somme des travaux exécutés a été plus grande, et elle a dû opérer plutôt une baisse qu'une hausse dans le prix du travail.

§ 146.

Mais le plus souvent cette plainte est absolument mal fondée, et le renchérissement du prix du travail seulement apparent ; la valeur de l'argent relativement au prix de toutes les autres choses a diminué, tandis que le prix des denrées et surtout celui des grains est, relativement à celui du travail, plus avantageux qu'il ne l'était auparavant.

Il faut bien distinguer les causes qui influent sur la hausse ou sur la baisse du prix du travail, calculé en argent. Ces causes sont les suivantes.

§ 147.

1) Le *prix des denrées*. Il faut nécessairement que l'ouvrier gagne de quoi entretenir lui-même et une personne ou deux enfans, et il faut que cet entretien soit de nature à pouvoir maintenir ses forces et sa santé, et nourrir suffisamment ses enfans. Si auparavant ils n'avaient rien possédé au-delà de cet absolu nécessaire, et si les denrées venaient à hausser sans que le prix du travail s'élevât proportionnellement, ils seraient bientôt tellement énervés et appauvris, qu'ils deviendraient inutiles, qu'ils ne pourraient élever leurs enfans et leur donner la santé ; de cette manière la quantité de bras serait en peu de tems si fort diminuée, que le petit nombre de manouvriers qui resteraient encore, pourraient exiger un salaire excessif. Il faut donc nécessairement qu'il y ait une certaine proportion entre le prix des denrées et le prix du travail ; cette proportion ne peut jamais être interrompue que pour peu de tems et avec désavantage, elle reprend d'elle-même bientôt son niveau.

Si, dans une contrée, quelque cause particulière fait que le prix du travail soit trop élevé proportionnellement à celui des denrées, et qu'ainsi les manouvriers gagnent au-delà de leur nécessaire, ceux-ci se marient de meilleure heure, produisent et élèvent un plus grand nombre d'enfans, en sorte que le nombre des ouvriers augmente et que le prix du travail subit une baisse.

A la vérité, cet effet n'a pas lieu immédiatement, il ne suit pas toutes les variations du prix des grains, mais seulement une moyenne prise sur un nombre d'années plus ou moins grand. Une baisse subite du prix des denrées peut plutôt produire un effet contraire, parce que les ouvriers qui ne connaissent que le besoin et qui n'ont pas d'idée de l'épargne, gagnent alors en trois jours ce qui suffit à leur entretien, tandis qu'auparavant cinq jours leur étaient nécessaires. Dans ce cas, ces ouvriers seront facilement tentés de travailler deux jours de moins dans la semaine; ainsi la somme du travail sera considérablement diminuée, et celui qui en aura besoin devra le payer d'autant plus chèrement. Mais cela même a aussi ses bornes, parce que là aussi il se rassemble un plus grand nombre d'individus, et qu'à la longue un gain plus élevé donne la soif de plus grands bénéfices, celle de faire des épargnes, à la plupart de ceux chez qui l'impossiblité d'y atteindre comprimait ce désir.

En général donc, dans toutes les contrées qui ne sont pas dépeuplées, le prix du travail suit la proportion du prix des denrées, et, dans le cours ordinaire des choses, pour une mesure de blé, on recevra presque partout et dans tous les tems une même quantité de travail naturel, brut ou sans art; quoique le prix nominal, celui en argent, n'en soit point le même. *

Afin de maintenir les journaliers dans un état uniforme, l'agriculteur qui a établi sur son domaine le nombre nécessaire de familles d'ouvriers, agira aussi prudemment pour ses propres intérêts qu'équitablement pour elles, en leur donnant une partie de leur salaire en denrées à un prix fixe; ou, si d'ailleurs il s'est assuré de leur travail pour tous les tems, en leur diminuant ou augmentant ce salaire, en proportion du prix auquel ces familles achètent ces denrées.

Lors même que l'État voudrait fixer le prix des journées et des gages par des ordonnances de police, mesure dont l'utilité est très-douteuse, il devrait le faire non en argent, mais d'après le prix de la denrée la plus usuelle; en Allemagne le seigle, en France le froment.

Pour se nourrir, conserver ses forces, et élever en même tems deux enfans, il faut que, sans travail forcé ou sans industrie particulière, le manouvrier puisse

---

* Les pays de vignobles offrent une exception à cette règle : là, chaque jour le manouvrier reçoit une ration de vin, et comme cette boisson ne diminue que de peu de chose la quantité d'alimens proprement dits, qu'il consomme, on peut assez généralement conclure que le prix de sa journée est haussé des sept huitièmes de la valeur de ce vin : à la vérité, il est probable que cette boisson augmente un peu les forces de l'ouvrier. *Trad.*

gagner en huit jours un scheffel de seigle ; on suppose que sa femme puisse gagner elle-même son entretien. Si même de tems à autre, et surtout lorsque le prix des grains avait si fort haussé, les journaliers ont gagné moins, on les a dédommagés par d'autres avantages qui rendaient leur existence-possible, et qui doivent, sans contredit, être mis en compte lorsqu'il s'agit du prix du travail.

Je prends donc $\frac{1}{8}$ scheffel de seigle pour le salaire moyen de la journée d'un homme. Et comme le prix du travail et des grains donne pour les comptes d'agriculture une proportion beaucoup plus durable et bien mieux adaptée à tous les tems et à tous les lieux que la valeur changeante de l'argent; nous prendrons ce prix d'une journée de travail ou d'un huitième de scheffel de seigle pour l'unité monétaire de nos comptes agricoles, et nous la désignerons par le signe † . *

Si l'on veut réduire cette monnaie idéale en argent, il faut établir le prix moyen d'un scheffel de seigle, pris sur dix années, dans la province ou le district qu'on habite. Par exemple,

Si le scheffel seigle vaut 1 rixdaler — gros, un † équivaudra à 3 gros o deniers.

$$1 \qquad 3 \qquad \dagger \;=\; 3 \qquad 4\tfrac{1}{2}$$
$$1 \qquad 12 \qquad \dagger \;=\; 4 \qquad 6$$
$$2 \qquad \qquad \dagger \;=\; 6 \qquad 0$$

Comme le prix du travail et la consommation font la partie la plus considérable des frais de toute agriculture, les calculs que nous aurons à faire abstraitement et hypothétiquement, sur les détails de l'économie rurale, seront ainsi plus généralement admissibles et exacts, que si pour cela nous employions l'argent, qui toujours n'indique que le prix nominal des choses et nullement leur prix réel.

§ 148.

2) *L'augmentation ou la diminution de la demande de bras.* Lorsque la demande d'ouvriers augmente, tout naturellement ceux-ci cherchent à faire hausser leur salaire, et le prix du travail s'élève dans toute la contrée. La hausse de prix qui a eu cette cause, loin d'être nuisible à l'agriculteur, lui est au contraire plutôt avantageuse. Elle est à la fois l'effet et la cause de l'aisance répandue dans la contrée ; peut-être est-elle liée pour l'agriculteur à de plus grandes avances, mais dans le fait toujours avec une augmentation d'avantages. Car l'aisance, qui est le fruit de l'industrie, occasionne nécessairement une augmentation de consommation, et avec elle la hause du prix des denrées.

---

* Il paraît que, dans les contrées où le paysan est habitué à plus d'aisance et où le blé-froment entre pour beaucoup dans sa nourriture, c'est le huitième du scheffel de cette dernière espèce de grain qui est effectivement l'équivalent de la journée du manouvrier. *Trad.*

Cependant il y a exception à cette règle, lorsqu'une forte demande de bras est l'effet non d'une industrie assurée, non d'un bien-être réel, mais de quelqu'entreprise, de quelque travail passager, comme de l'établissement d'une grande route, du creusement d'un canal, etc. ; alors une hausse subite du prix peut être très-nuisible et mettre le cultivateur dans un grand embarras ; aussi les gouvernemens qui voudraient ne pas déranger l'agriculture du pays, devraient-ils, dans les cas de ce genre, ne jamais prendre tous les ouvriers dans la contrée même.

Si, au contraire, l'industrie baisse dans un pays, et que le travail y soit moins recherché, alors les ouvriers qui s'y trouvent ne pouvant pas tous obtenir de l'emploi, leur salaire est diminué en conséquence. La baisse du prix du travail annonce alors le déclin de l'industrie, elle est l'avant-coureur de sa chute totale et de la pauvreté ; par conséquent elle ne saurait être avantageuse au cultivateur.

Cependant comme la demande d'ouvriers et la hausse de leur salaire en amène bientôt un plus grand nombre, tandis qu'au contraire la baisse excessive de ce salaire fait éloigner les ouvriers, ou les réduit à la mendicité ; le nombre de ceux qui cherchent du travail se retrouve bientôt en proportion avec la demande de bras. Ainsi ce prix n'est modifié que momentanément, pendant la hausse ou la chute de l'industrie. Si le prix du travail est demeuré le même, c'est qu'il y a eu précisément le nombre d'ouvriers dont on avait besoin ; car, surtout si on envisage non le prix nominal du travail, mais son prix réel, sa proportion avec la valeur des produits, ce prix n'est point habituellement plus élevé dans les contrées où il règne beaucoup d'industrie, et plus bas dans celles où il n'y en a que peu. Une rétribution convenable a procuré à chaque contrée le nombre de bras qui lui était nécessaire, tandis que l'absence de gain les a fait disparaître par l'émigration ou la mort. Là où le dernier cas a lieu, on manque souvent de bras dans les momens les plus urgens, dans les saisons où on en a le plus besoin ; et comme hors du tems des récoltes ils ne trouvent pas d'ouvrage, ils se font payer d'autant plus chèrement lorsqu'ils sont recherchés.

C'est ainsi qu'en Angleterre le prix du travail agricole est, à proportion d'autres choses, réellement plus bas que chez nous ; et que dans quelques comtés il l'est à tel point, que la classe ouvrière ne pourrait absolument pas exister, si elle ne trouvait pas à être toujours occupée. et si elle ne recevait pas des secours de ces institutions de charité, qui à d'autres égards y sont si onéreuses.

§ 119.

5) *Une disette réelle d'ouvriers causée par des calamités.* Des épidémies,

la famine et la guerre peuvent dépeupler une contrée à tel point, que, malgré l'abattement d'industrie qui y est lié, il manque cependant de bras pour les travaux les plus nécessaires, ce qui donne aux ouvriers qu'on y trouve encore, la facilité d'exiger un salaire réellement très-élevé. C'est là la plus fâcheuse des causes qui haussent le prix du travail, parce qu'avec elle la valeur des produits baisse proportionnellement. C'est peut-être le seul cas où le cultivateur ait à se plaindre du haut prix des salaires, et où il doive se faire une loi d'épargner les travaux. D'ailleurs la main - d'œuvre est rarement assez chère pour ne pas présenter encore des profits réels, lorsqu'elle est convenablement employée. *

§ 150.

Dans le calcul et l'examen du prix du travail, il faut bien distinguer le prix du salaire, de celui du travail lui-même ; il est telle contrée où le premier est plus haut que dans une autre, tandis que le second est réellement moins élevé; car la force, l'activité et l'adresse de l'homme sont variées à l'infini, et dépendent beaucoup de la nourriture et du bien-être proportionnel dans lequel il vit. Un ouvrier auquel je donne par jour 12 gros, peut souvent exécuter, en quantité et en bonté, plus du double du travail que j'obtiens d'un autre qui reçoit 6 gros par jour. Ainsi là où il y a des hommes laborieux et plus habiles dans certains ouvrages, le travail est réellement à meilleur marché, quoique le prix des journées soit plus élevé.

§ 151.

Quoiqu'un travail bien appliqué donne toujours des profits, et que l'épargne de la main-d'œuvre annonce le plus souvent une mauvaise économie, cependant l'emploi le plus complet du travail et du tems est une des choses les plus importantes dont le vrai économe ait à s'occuper. Plusieurs personnes ont appris cet emploi dans le cours d'une longue expérience, et il est vrai que celle-ci peut procurer sur cette matière un coup - d'œil et un tact particulièrement justes. Mais par l'observation de certains principes qu'on peut tirer même de la théorie, on se formera ce coup-d'œil d'une manière beaucoup plus prompte et plus exacte, sans payer l'apprentissage coûteux dû à l'expérience toute seule.

§ 152.

Un judicieux emploi du travail est, en agriculture, infiniment plus difficile que dans les manufactures et les fabriques. Car le travail qu'on doit appliquer à un produit dure ordinairement assez peu de tems, et est ensuite interrompu pen-

---

* Cette matière est présentée d'une manière particulièrement claire et démonstrative dans l'économie politique de Kraus, Tom. 1. page 197 à 248. (A.)

dant un espace beaucoup plus long, durant lequel la conduite du produit à sa perfection est le plus souvent abandonnée à la seule action de la nature, jusqu'à ce qu'on doive s'occuper à le recueillir définitivement. Après que chaque espèce de grains a été semée, pendant un certain tems elle ne demande guères qu'on s'en occupe; tandis que, pour la fabrication, le travail continue jusqu'à ce qu'il soit achevé. Afin donc que le cultivateur puisse toujours employer la *force* dont il dispose, il faut qu'il s'attache à des produits variés, lesquels donnent à l'ensemble de la culture une marche telle que chaque moment soit rempli, tout au moins par quelqu'occupation préparatoire. Il faut qu'il choisisse les produits, de manière que le travail demandé par chaque ouvrier se lie à propos au cours de ses propres affaires, et qu'il n'ait jamais à faire exécuter à la fois plus d'ouvrages nécessaires qu'il n'en peut accomplir avec les forces dont il dispose, ou celles qui sont à sa portée.

§ 153.

Il ne faut jamais entreprendre plusieurs grands travaux à la fois, surtout à des places fort éloignées. Autant que possible il faut faire l'un après l'autre, et chercher à y employer dès le commencement à la fin, toutes les *forces* qu'on a sous la main; soit afin de rendre l'inspection plus facile, soit aussi afin d'exciter l'émulation qui peut avoir lieu, lorsque beaucoup d'ouvriers travaillent ensemble sous la même inspection. Lorsqu'en petit nombre, ils sont occupés à un grand ouvrage, les ouvriers épouvantés de sa longueur et de son peu de progrès, perdent eux-même courage, et finissent par croire qu'à peine pourra-t-on s'apercevoir s'ils ont travaillé. Dans de grands travaux, il vaut toujours mieux avoir un homme ou un attelage de trop, que d'en avoir un de moins que cela n'est nécessaire.

Dans les travaux moins considérables, il faut au contraire éviter d'en employer plus que le besoin ne l'indique. Sans cela ils s'entravent réciproquement, se reposent les uns sur les autres, et sont disposés à penser qu'on croit l'ouvrage plus long qu'il ne l'est en effet.

Une judicieuse estimation des forces nécessaires à chaque ouvrage est donc d'une grande importance; on s'en fera une habitude en observant avec attention l'emploi du tems et des forces, soit dans quelques parties, soit dans l'ensemble.

§ 154.

Avant tout il faut entreprendre et pousser de tous ses moyens ceux des grands travaux dont le succès dépend d'une température convenable, lorsqu'en effet on a atteint cette température; et alors il faut être avare de toutes les minutes. Est-on troublé par quelque changement dans le tems, il serait contraire à la règle prescrite au précédent § de passer à quelqu'autre travail considérable, si des motifs particuliers et peut-être l'apparence d'une longue durée de cette température, n'indiquent pas d'en agir autrement. Dans de tels intervalles il vaut mieux entreprendre de petits ouvrages tous également pressans, et dont chacun puisse bientôt être achevé; parce qu'on doit se faire une règle de ne pas interrompre facilement un travail qu'on a commencé, ce qui pourtant devrait avoir lieu dans une grande opération, si le tems redevenait propre à celle qu'on avait entreprise la première.

§ 155.

Comme l'inspection des travaux dans les pièces de terre les plus éloignées est difficile, et qu'on perd beaucoup de tems en allant et venant, il convient d'y employer à la fois toutes les forces dont on dispose, afin qu'ils soient terminés promptement. C'est en particulier le cas lorsqu'il doit y avoir de fréquens changemens d'outils, et que ceux-ci doivent souvent être réparés.

Au surplus on doit éviter autant que possible de changer d'instrumens, il faut au contraire finir successivement tout le travail qui doit être fait avec le même outil, parce que gens et bêtes travaillent avec plus d'aisance lorsqu'ils ont acquis l'habitude de ce qu'ils font.

§ 156.

Il n'est jamais avantageux de renvoyer un travail indispensable ou une fois résolu, quand on peut rassembler les forces nécessaires à son exécution, lors même qu'à cette époque le prix du travail serait un peu plus élevé qu'on n'espérerait pouvoir l'obtenir dans un autre moment. On pense souvent qu'il viendra bien un tems où on pourra le faire à moins de frais; mais une épargne balance rarement les inconvéniens d'un retard : et ce qui doit être fait, l'est toujours mieux plus tôt que plus tard.

C'est pour cela qu'il est bon d'avoir à sa disposition un excédent de *forces*, alors même qu'on ne pourrait pas toujours lui donner un l'emploi aussi avantageux. Il ne sera pas difficile à un cultivateur sage d'en tirer parti de manière que tout au moins il dédommage de ce qu'il coûte. Il est entendu cependant que cela doit avoir ses bornes.

Il est des produits pour lesquels la valeur du travail fait l'objet principal. Il en est d'autres où, à la vérité, le travail est aussi nécessaire, mais auxquels le sol et l'engrais ont une plus grande part qu'aux premiers. C'est à ces derniers qu'avant tout il faut appliquer le travail, parce que sans lui le sol et l'engrais ne donneraient pas leurs produits. L'excédent de travail peut alors être employé aux premiers, lors même qu'il ne rendrait que peu de chose au-delà de ce qu'il coûte en effet.

Si on s'applique à des produits qui acquièrent leur valeur principalement du travail qu'on leur consacre, il faut auparavant bien réfléchir si on peut y employer le travail avec assez de suite, sans l'ôter à d'autres produits auxquels la richesse du sol a plus de part. Car si on ne pouvait pas accomplir les travaux nécessaires à ces premiers, ceux qui y auraient dabord été faits seraient entièrement perdus.

> C'est pour cela qu'il faut bien réfléchir avant d'entreprendre la culture, d'ailleurs si avantageuse, de plusieurs végétaux, qui demandent beaucoup de travail, surtout lorsque ce travail pourrait tomber sur une époque destinée à des ouvrages plus importans. Et comme cela ne peut pas facilement être calculé à l'avance au milieu d'une grande variété de produits, il ne faut pas l'entreprendre si on n'est bien assuré de pouvoir y mettre dans tous les tems une quantité suffisante d'ouvriers, et de les surveiller convenablement.

> Ainsi ce précepte, qu'un agriculteur doit éviter autant que possible de dépenser de l'argent, et qu'il doit se procurer lui-même tout ce dont il a besoin, peut rarement être suivi ; d'autant qu'on ne peut pas calculer si on pourra consommer en entier le produit incertain de diverses denrées, dont la vente à l'intérieur est souvent très-douteuse, et dont une petite quantité ne vaut cependant pas la peine d'être envoyée au loin.

§ 157.

Au reste la distribution des travaux moins considérables demande aussi une grande attention ; sans cela, sur leur ensemble, on perd beaucoup de tems. Doivent-ils être entrepris à une époque fixe et par une certaine température ? on ne peut pas les perdre de vue, et il faut avoir sous la main pour ce moment, des ouvriers qu'on puisse y appliquer. Peuvent-ils au contraire être différés, et être exécutés dans tous les tems et par toute température ? il faut alors leur destiner les momens où on ne peut pas employer les ouvriers à des choses plus essentielles.

§ 158.

On ne saurait employer au même degré en agriculture ces diverses distinctions et divisions des travaux, qui, dans les fabriques, sont d'une utilité si frappante pour épargner le tems et les forces, et pour augmenter l'habileté de l'ouvrier.

Cependant il est aussi des travaux d'agriculture dont quelques parties peuvent être commises à des ouvriers distincts, qui les exécutent avec l'outil auquel ils sont le plus habitués. L'épargne du tems qu'on perd en changeant d'instrumens, la facilité, l'habileté que donne la pratique d'une opération, même aux gens maladroits, méritent bien quelqu'attention, elles font une différence considérable non-seulement dans l'emploi du tems, mais encore dans la bonté de l'exécution.

Il importe que les diverses parties des travaux se lient convenablement les unes aux autres, en sorte que chaque ouvrier ait assez et pas trop à faire, et que l'un ne soit pas obligé d'attendre que l'autre ait fini ; c'est aussi pour cela qu'il faut apprendre à bien connaître le travail et les ouvriers, et à bien calculer les forces et le tems.

Lorsque tout a été arrangé convenablement, et que la chose a été mise en bon train, souvent l'émulation se développe parmi les ouvriers. Si au contraire cette bonne distribution a été négligée, l'inactivité se glisse parmi eux, chacun excuse la sienne, en prétendant avoir été obligé d'attendre les autres. Les ouvriers ont également un prétexte pour s'accuser réciproquement de la mauvaise qualité de l'ouvrage.

Exemples ; amasser et lier les bleds, planter, arracher les pommes de terre, etc.

Dans les économies rurales d'une grande étendue, la division des travaux peut aussi avoir lieu de manière qu'une partie des gens travaille avec les attelages, et que d'autres fassent des ouvrages à la main, ou même qu'ils aient le soin de certains travaux particuliers à chaque saison. Mais la variété de ces travaux permet rarement que le même individu soit employé toute l'année à la même chose.

Cela donne sans contredit aux grandes économies de l'avantage sur les petites, et cet avantage ne saurait être balancé, si ce n'est par la considération que chacun y travaille moins que dans plusieurs de celles-ci.

Il est beaucoup d'ouvrages qui peuvent être exécutés par des personnes plus faibles, par des femmes et des enfans, tout aussi bien que par de plus fortes, lesquelles coûteraient davantage. Il importe de distinguer les travaux qui doivent être exécutés par les derniers de ceux qui doivent l'être par les premiers ; de manière que pendant toute l'année on puisse occuper les uns et les autres à des ouvrages qui leur soient propres.

§ 159.

On a composé des almanachs d'agriculture, où les opérations qui se présentent de mois en mois, de semaine à semaine, sont indiqués dans la suite qu'elles doivent avoir. Il est plusieurs personnes qui y attachent un grand prix, aussi en fait-on chaque jour de nouveaux. J'envisage les écrits de ce genre comme nuisibles à des commençans, et propres à les jeter dans l'erreur. Le moment favorable à l'exécution des travaux diffère d'une année à l'autre dans le même climat souvent de plus d'un mois. Le retard ou l'anticipation d'une opération en retarde ou en avance beaucoup d'autres ; il arrive aussi qu'on est

obligé

obligé d'en avancer une, afin de pouvoir en exécuter une autre qui ne peut être faite que plus tard.

D'ailleurs chaque économie rurale a une marche qui lui est propre, et qui ne peut être appliquée à une autre, que dans un petit nombre de cas particuliers. Celui qui aura besoin d'un tel almanach pour savoir ce qu'il a à faire, fera chaque chose hors du tems qui lui est propre.

En revanche, il est de la plus grande utilité pour tout agriculteur, de faire, chaque année, un tableau des opérations qui doivent être entreprises dans un tems donné, d'y indiquer les travaux qui ont le plus ou le moins d'importance, et les considérations qui s'y rapportent; de ne pas se borner à y porter les grands labeurs, mais d'y mettre surtout ces petits ouvrages qui échappent si facilement à la mémoire, à moins cependant que ces ouvrages ne demandent une connaissance parfaite du tems et de la température, ou qu'ils ne puissent toujours être différés, si ce tems et les *forces* manquent.

D'après cela on pourra calculer à l'avance si, peut-être, il y aurait de l'avantage à se procurer et plus de bras et plus d'attelages, ou, en cas que ceci ne fût pas possible, s'il est des opérations auxquelles on doive renoncer.

TRAVAUX DES ATTELAGES.

Chevaux et Bœufs.

§ 160.

COMME la quantité et l'espèce de gens que l'on doit avoir, tient en grande partie au nombre des attelages; nous nous occuperons avant tout de ceux-ci.

Dans le fait, les attelages sont composés de chevaux ou de bœufs. On se sert trop rarement d'ânes et de mulets *, pour que nous en parlions ici. Il est des contrées, à la vérité, où, dans de petits établissemens agricoles, on attèle aussi les

---

* Le mulet est particulièrement propre à tous les travaux d'agriculture. Il vit plus long-tems, il est beaucoup plus sobre que le cheval, il est plus robuste, il peut supporter de plus grandes fatigues, et les seuls inconvéniens qu'on puisse lui reprocher, sont 1.º de coûter un plus grand capital; 2.º d'avoir le pied un peu étroit, par conséquent d'enfoncer davantage sur les terrains labourés; 3.º d'avoir de la disposition à devenir vicieux s'il est maltraité par les gens qui le soignent. Malgré ces inconvéniens, le mulet aura toujours de grands avantages pour les travaux rustiques, et il méritera la préférence sur tous les autres animaux de trait dans les exploitations chargées de beaucoup de charrois, sur de longues distances ou sur de mauvaises routes. (Trad.)

I.

vaches[*], et où cela ne paraît point hors de place; on a bien aussi dû employer celles-ci comme aides dans des cas de besoin; mais en général cela est hors de règle.

« Sans l'avoir essayé moi-même, j'ai, depuis quelques années, suivi avec attention l'emploi des vaches pour la charrue et le charroi, sur trois domaines de mon voisinage, dans l'un desquels le nombre des vaches ainsi attelées s'élève à cinquante.

Quelle qu'ait été au premier abord la prévention que j'avais contre cet usage, elle a cependant dû céder aux considérations et aux faits ci-après.

1. La santé de la vache ne paraît nullement altérée par le travail à la charrue ou au charroi; lorsqu'elle n'est employée chaque jour que pendant une pause, demi-journée, son lait ne diminue pas pour au-delà de $+$ 0,13, et d'environ le double lorsqu'elle est attelée toute la journée; au reste, ce lait reprend son abondance ordinaire, lorsque la vache a cessé d'être employée.

2. Il ne paraît pas que de cet emploi il résulte des avortemens.

3. Avec un peu de douceur et de patience, il est très-rare qu'on ne parvienne pas, même en très-peu de tems, à habituer la vache au travail, et cela ne manque jamais si on s'y prend dès sa jeunesse, en commençant à lui faire traîner des charges peu pesantes.

4. La vache a, en général, la démarche plus vite que le bœuf, et, à race égale, sa force moyenne paraît être à celle du bœuf au moins comme 2 est à 3.

5. Mais en raison de l'exercice qu'elle prend en travaillant, il faut lui donner un peu plus de nourriture qu'on ne le fait ordinairement lorsqu'elle demeure dans l'inaction.

D'après la proportion ci-dessus, la journée ordinaire d'un bœuf, valant en effet $+$ 1,6, celle d'une vache équivaudra à . . . . $+$ 1,06

Celle-ci coûtera au propriétaire
le supplément de nourriture donné pendant deux jours, en supposant que la vache ne soit attelée qu'une demi-journée chaque jour, Kilogrammes 6 à $+$ 5 les 100 Kil. . . . . $+$ 0,3

la perte sur le lait   0,26

les risques extraordinaires   0,1

                                     $+$ 0,66

Il y a quelque diminution dans la quantité de fumier, mais outre que, le plus souvent, celui qu'il y a de moins à l'étable, tombe sur le domaine où il n'est pas entièrement perdu, l'excédent de nourriture compense à peu près le déficit de l'étable.

Il y a donc un bénéfice net par chaque journée où la vache est employée de . . . . $+$ 0,4

ou, pour m'expliquer d'une manière plus précise, la quantité de travail exécutée par une paire de bœufs en un jour et coûtant ainsi $+$ 3,2, exécutée par des vaches, ne coûterait que $+$ 2.

Et si, comme on le verra dans la note jointe au § 166, les frais du travail exécuté par des bœufs, sont à ceux du travail exécuté par des chevaux, comme $+$ 4,32 sont à $+$ 3,1, la

§ 161.

On a long-tems disputé sur la préférence à donner aux chevaux ou aux bœufs, mais des deux côtés avec trop de prévention, et quelquefois avec trop d'animosité; c'est par cette raison que la question n'a point encore été décidée, que la chose n'a point encore été portée à un résultat positif.

§ 162.

Les chevaux méritent incontestablement la préférence sous les rapports suivans :

Ils vont à tous les travaux agricoles, ils s'accommodent de tous les chemins et de toutes les températures. Là donc où il n'y a que des chevaux, on n'a pas besoin de faire un choix des ouvrages auxquels ils peuvent être appliqués; on peut employer aux travaux qui se présentent, la totalité de ses attelages, sans en laisser reposer aucun.

Ils exécutent tous les travaux avec plus de vitesse, et ils peuvent les soutenir plus long-tems. Par conséquent les conducteurs sont plus employés lorsqu'ils travaillent avec eux qu'ils ne le sont en travaillant avec des bœufs.

Quoique, pour le trait, ils n'appliquent pas à une charge, une force durable plus grande, cependant avec la promptitude de leurs mouvemens et leur *énergie*, ils surmontent bien des obstacles de courte durée, devant lesquels des bœufs sont arrêtés.

---

quantité d'ouvrage, exécutée en un jour par une paire de chevaux et coûtant + 3,1 , ne coûterait en effet au propriétaire qui la ferait exécuter par ses vaches, que la valeur de + 2,72.

Au reste, la démarché des vaches étant plus vite que celle des bœufs; en égalisant leur force par le nombre, de manière que l'attelage puisse vaincre la même résistance que ceux-ci, leur conducteur emploierait son tems probablement tout aussi utilement qu'avec des chevaux, et décidément plus qu'avec des bœufs.

Mais le bénéfice dont je viens de parler, n'est point le seul qu'on retire de l'usage d'atteler les vaches; quelque bonne que soit la distribution de l'assolement, il est extrémement difficile de faire que, dans certains momens, il n'y ait pas une accumulation de travaux d'attelages. En entretenant le nombre de chevaux et de bœufs qui pourraient suffire à expédier tous les labours dans le moment le plus réellement avantageux, on se chargerait le plus souvent d'une quantité de bêtes, auxquelles on ne pourrait donner de l'emploi pendant une grande partie de l'année, et dont, par conséquent, chaque journée de travail reviendrait à un prix excessif. Avec des vaches habituées au labour, au contraire, le cultivateur a toujours à sa disposition des attelages, pour lesquels il n'y a nul moment qui soit entièrement perdu.

(Trad.)

§ 163.

En revanche, les bœufs ont en leur faveur les avantages suivans :

Ils accomplissent la plus grande partie des travaux agricoles, les labours, les voitures rapprochées, tout aussi bien que les chevaux, et lorsqu'ils sont bien nourris, on peut en attendre presque autant d'ouvrage dans une journée de travail. Ils exécutent les travaux de charrue à certains égards mieux que ne le font les chevaux.

Les frais qu'ils coûtent sont beaucoup moins grands. Leur prix d'achat est en moyenne beaucoup moins considérable ; leur attirail est à beaucoup meilleur marché, leurs alimens coûtent infiniment moins, et sont de nature à être, à cause de leur transport, d'une vente beaucoup moins facile que les grains qu'on donne aux chevaux.

Non-seulement ils ne diminuent pas de valeur, lorsqu'ils sont bien entretenus et qu'on ne les conserve pas trop long-tems, mais encore, le plus souvent, ils en acquièrent une plus grande, en sorte que fréquemment on les vend au-delà de ce qu'on en avait donné, et qu'ainsi ils paient presque la rente de leur capital ; tandis que la valeur du cheval se réduit enfin à rien, et que le capital en est ainsi complètement absorbé. Dans le fait les bœufs sont aussi assujettis à moins de dangers.

Ils demandent moins de pansement, un bouvier peut soigner 30 bœufs, tandis que d'autres hommes travaillent alternativement avec eux.

Enfin ils donnent une plus grande quantité de fumier, et l'engrais qui en provient est, en général, plus utile que celui des chevaux.

> Il s'entend que dans ce parallèle on oppose les uns aux autres, des chevaux et des bœufs qui soient en rapport soit pour la constitution, soit pour la nourriture, en un mot, qui soient tels qu'on doit le supposer dans une économie bien entendue.

§ 164.

Il n'y a d'après cela aucun doute, et cela paraîtra encore plus clairement dans la suite, que le travail qui peut être convenablement exécuté par des bœufs, ne soit fait par eux à meilleur marché qu'il ne le serait par des chevaux. Si donc, dans un établissement rural, tous les travaux étaient du genre de ceux qui, facilement et sans interruption, peuvent être exécutés par des bœufs, on devrait n'y employer que de ces derniers seulement. Le hersage qui sans doute est mieux exécuté par les chevaux, ne serait, à mon avis, point un motif suffisant pour avoir de ceux-ci. Mais, dans la plupart des économies rurales, il survient des travaux auxquels les bœufs sont moins propres, ou du moins qu'ils ne feraient qu'avec beaucoup plus de lenteur. Ce motif déterminera à tenir plus ou moins de chevaux, suivant la quantité qu'on a de tels ouvrages, et à borner le nombre des bœufs en conséquence.

Il est rarement possible de calculer avec précision la quantité de chevaux nécessaire à des travaux qui ne peuvent pas être entrepris dans tous les tems; ainsi donc souvent les chevaux doivent être employés à des ouvrages qui pourraient être faits à meilleur marché par des bœufs. Cependant il est d'une grande importance de saisir autant que possible la juste proportion de tous deux; cette proportion varie dans chaque établissement, elle doit donc être calculée pour chacun, on ne peut en donner ici que les principes généraux. Il est sans aucun doute des domaines, dont les circonstances particulières, la position géographique et mercantile, doivent déterminer à ne se servir que de chevaux uniquement, parce que les travaux qui peuvent être exécutés avec les bœufs, sont en trop petit nombre pour dédommager de soins doubles, de l'entretien d'un bouvier, etc.

Dans plusieurs contrées, à la vérité, on objecte à l'usage des bœufs qu'il est extrêmement difficile et presqu'impossible de trouver des valets qui travaillent bien avec eux. Ce cas ne me semble devoir exister que là où on ne s'est pas procuré des journaliers permanens; car ceux-ci aiment mieux travailler avec les bœufs que faire des ouvrages de main, tandis que, dans bien des lieux, les bons domestiques non mariés ne veulent servir que pour conduire des chevaux.

Si cependant, ensuite de nouvelles expériences, on pouvait introduire pour les chevaux une nourriture autre que le grain, et qui par conséquent coutât beaucoup moins au cultivateur; la contestation entre les chevaux et les bœufs prendrait peut-être une autre tournure.

Il s'entend toutefois que les chevaux demeurassent dans une vigueur aussi complète que lorsqu'ils mangent du grain; car, avec la chétive nourriture que le plus souvent on donne aux chevaux, avec de l'herbe ou de la balle d'épeautre, les chevaux sont visiblement très-inférieurs aux bœufs. Dans plusieurs contrées ç'a été l'objet d'une grande perte, que le paysan ait dû entretenir d'aussi misérables bêtes pour des corvées, des relais ou des charrois militaires.

§ 165.

Lorsqu'on veut faire avec des bœufs la même quantité de travail qu'avec des chevaux, sans y employer un plus grand nombre d'hommes, il faut disposer les choses de manière à avoir des attelages de rechange. Cet arrangement consiste en ceci, qu'un bœuf travaille pendant une partie du jour seulement, au bout de laquelle il est relevé par un autre, et se repose. Ce changement a lieu

deux ou trois fois par jour. Rarement et seulement lorsque les bœufs sont excessivement chétifs, on emploie un triple nombre de bêtes; sans cela, lorsqu'on
change trois fois, le bœuf qui avait été attelé le matin de bonne heure, puis
dételé, est attelé de nouveau dans l'après-dinée; dans ce cas, le lendemain il
n'est attelé qu'une fois.

Un attelage de 4 bœufs de rechange peut, dans les travaux auxquels cette
espèce d'animaux sont propres, faire un peu plus d'ouvrage que deux chevaux,
si d'ailleurs il y a assez de persévérance chez le conducteur qui demeure au champ
pendant toute la durée du travail et auquel on fait conduire les bœufs par le
bouvier ou un jeune valet de ferme. Il est au reste vrai qu'un même nombre de
bœufs, lesquels n'alternent point et ne font qu'une pause à midi, peuvent
exécuter plus d'ouvrage qu'ils n'en font de cette manière; mais il faut qu'ils
soient mieux nourris et entretenus; encore à la longue, s'ils doivent continuer tous les jours leur travail, sont-ils trop fatigués; mais, dans aucun
cas, deux bœufs qui travaillent en permanence, ne feront autant d'ouvrage que
4 de rechange; par conséquent leur conducteur sera aussi moins employé.
La proportion d'un bœuf de rechange à un qui travaille à la continue, paraît
être celle de 3 à 4. Au reste, cette différence est en partie compensée par
l'excédent du travail de l'homme qui conduit les bêtes. Mais il faut admettre
qu'avec 6 bœufs on en doive entretenir un de surnuméraire. Dans les lieux
où on connaît les avantages des attelages de rechange, on n'est pas disposé à
y renoncer. Cependant dans les jours courts de l'hiver, lorsque le tems du
travail ne dure que peu, on peut séparer les attelages de rechange et les laisser
travailler tout du long.

§ 166.

C'est un préjugé très-ordinaire mais surement très-mal fondé, qu'on ne puisse
pas se servir des bœufs en hiver et qu'il faille alors les laisser reposer, en ne
leur donnant cependant qu'une chétive nourriture. Dans une culture bien
ordonnée il y a suffisamment de travaux qui peuvent être exécutés par les
bœufs en hiver, si d'ailleurs les chemins sont praticables.

Le bœuf n'est nullement plus sensible au froid que le cheval, au contraire
en hiver, lorsqu'il est bien nourri, il est très-vif. Il peut être préservé des
chutes sur la glace par un léger ferrage. Le bœuf bien nourri qui travaille
modérément, demeure plus souple et plus actif que s'il n'eut pas bougé de
tout l'hiver.

Toutefois avec les bœufs bien plus qu'avec les chevaux, on perd des jours
où la pluie et les mauvais chemins les empêchent de travailler. Si dans l'année

on peut compter sur 300 jours utiles de chaque cheval, en supposant cependant que, sur 12 chevaux, on en tienne un en sus pour remplacer ceux qui pourraient être malades, on doit en compter 250 pour chaque bœuf.

D'après ces données et les calculs que nous allons transcrire, des frais d'entretien des chevaux et des bœufs, on pourra facilement juger, dans chaque cas particulier, si on doit entretenir plus de chevaux ou de bœufs, ou si l'on doit s'en tenir à l'une des deux espèces *.

§ 167.

Quant aux chevaux de labour, bien des cultivateurs ont pour principe dans l'achat qu'ils en font, de ne regarder qu'à leur bas prix, et de ne pas s'inquiéter de la proximité du moment où ils ne pourront plus servir. On perd, disent-

---

* La question sur la préférence à donner aux chevaux ou aux bœufs a été laissée ici dans une sorte de vague, et en effet, pour pouvoir la résoudre de manière à lever tous les doutes, il faudrait un nombre d'expériences et de renseignemens, dont la réunion exigerait de grands sacrifices, et serait outre cela d'une difficulté extrême.

Probablement d'ailleurs la grandeur et la nature de la race, le climat et la nature du sol, apportent-ils dans l'utilité de l'une ou l'autre de ces espèces d'animaux, des variations qui influent beaucoup sur la convenance de les employer, et qui rendent désavantageux dans un pays, ce qui convient dans l'autre. Cherchons cependant à examiner ce sujet d'une manière un peu plus arithmétique qu'il ne l'a été jusqu'ici.

Les essais que j'ai faits et dont la précision mérite quelque confiance, m'ont démontré que chez les animaux de trait comme parmi l'espèce humaine, il y a une différence considérable dans la quantité d'alimens nécessaire aux individus d'une même espèce, et plus encore dans celle qu'ils mangent effectivement, si on leur en donne à satiété.

C'est ainsi que dans une paire de chevaux de même âge et de même race, l'un consomme souvent par jour 22 Kilogrammes de foin, tandis que l'autre en mange à peine 15 Kilogrammes. Je me suis convaincu aussi qu'à l'exception d'un petit nombre de sujets doués de plus de sens ou plus attachés aux intérêts de leurs maîtres qu'ils ne le sont en général, les domestiques distribuent au bétail toujours plus d'alimens que cela ne lui est réellement nécessaire.

Il résulte de là qu'il y a des variations infinies dans la quantité de nourriture consommée par une pièce de bétail. D'après mon expérience, un bon cheval de labour, de taille moyenne, mange par jour et sans grain, de 16 à 22 Kilogrammes de foin artificiel, trèfle, sainfoin ou luzerne. Ainsi en moyenne 19 Kilogrammes.

Si les chevaux mangent du foin naturel, ils en consomment environ un huitième de moins, mais quelque bonne que soit la qualité de cette espèce de fourrage, si on n'y ajoute du grain, les chevaux maigrissent sensiblement.

Cette différence du foin artificiel au naturel, varie suivant les lieux, suivant la nature du sol où celui-ci a végété, suivant celle des eaux d'irrigation, enfin suivant les espèces de plantes dont il est composé.

Un bœuf de la race Suisse, d'une taille assez forte pour avoir une vigueur égale à celle des

ils, toujours par leur dégradation insensible et leur avancement en âge, et d'autant plus qu'ils ont coûté davantage ; par l'achat et la vente de mauvais chevaux on peut difficilement faire une aussi grande perte, on épargne l'emploi d'un plus grand capital et on souffre moins en cas d'accident. Par cette raison

---

chevaux, cependant sans être d'une grandeur démesurée, consomme par jour de 17 à 23 Kilogrammes de foin artificiel ; la moyenne serait 20 Kilogrammes.

L'attirail d'un cheval, le colier, le harnais, coûte d'achat environ 72 +, dont l'intérêt à 5 pour cent s'éleverait à . . . . + 3,6

La dégradation annuelle, y compris les réparations, peut être portée à . . 12,

Le ferrage à 14,

La lumière d'écurie. 4,

L'intérêt du capital supposé 480 + ... 24,

La dégradation et les risques de mortalité 48,

Les soins de pansement hors des jours de travail 5,

+ 110,6

Je ne parle ici ni du loyer des écuries et fenils, ni des médicamens, ni de la litière, et je ne porte point les engrais en déduction des frais ; je suppose ces choses égales et pour les chevaux et pour les bœufs. Chez moi, les bœufs ont été plus souvent malades que les chevaux ; je dois attribuer cela aux raisons suivantes : 1. ils ont quelquefois souffert du gonflement par l'impéritie de domestiques qui leur avaient donné une trop grande quantité de trèfle mouillé et extrêmement tendre. 2. Dans les grandes chaleurs ils ont assez souvent atteints de maladies inflammatoires. 3. Quelques soins qu'on y donnât, on ne pouvait empêcher qu'ils ne fussent fréquemment blessés vers la base des cornes, par l'attache du joug. 4. Lorsqu'ils faisaient des charrois en tems sec ou sur des chemins pierreux, ils étaient souvent blessés aux pieds, et le même inconvénient avait lieu, lorsqu'ils avaient marché long-tems sur des chemins humides. Au reste, ce dernier mal peut être prévenu par un léger ferrage.

L'attirail d'un bœuf, la moitié du joug à tête et à col, de la garniture et des liens, coûte environ + 12, dont l'intérêt à 5 pour cent s'élève à . . . . + 0,6

La dégradation annuelle de cet attirail 3,

Le ferrage. 3,

La lumière d'écurie. 1,

L'intérêt du capital supposé 288 + ... 14,4

Les risques de mortalité. 7,2

Les soins de pansement hors des jours de travail 2,5

+ 31,7

Le plus souvent le bœuf peut être vendu à l'époque où l'on cesse de l'employer, au prix auquel il a été acheté, et même à un plus élevé, s'il a été mis à l'engrais ; mais cette dernière circonstance supposant une longue inaction, des soins et une nourriture particulièrement bonne, sort absolument de notre calcul actuel. Nous admettons donc que le

ils

ils acquièrent ordinairement des chevaux qui ont été forcés ou qui ne sont plus propres à l'usage auquel ils étaient destinés , et qui pourtant peuvent encore traîner la charrue et la herse ; ils se fondent sur des exemples où de

---

bœuf soit vendu à une époque analogue à celle où il a été acheté, et alors cette vente aura lieu à un prix à peu près égal, à moins de circonstances extraordinaires.

Reprenons ces données.

La nourriture d'un bon cheval de labour coûte pendant 365 jours à 19 Kilogrammes , par jour, de fourrage artificiel ou l'équivalent, en trèfle, luzerne ou vesces en vert, en pommes de terre cuites, ou en carottes, 6935 Kilogrammes à + 5 les 100 . . . . + 346,75

Supplément en grain pendant deux mois de grands travaux, qui ont lieu avant que le cheval puisse être mis au vert 8,

Les frais spécifiés plus haut 110,6

                                                                    ____

                                                                    + 465,35

Suivant les résultats de ma propre expérience, je devrais croire que 260 est le nombre moyen des journées qu'un cheval emploie chaque année d'une manière utile. L'auteur, dont l'expérience date de beaucoup plus loin que la mienne, établit cette moyenne à 300. Ce dernier nombre étant pris pour diviseur de la somme totale des frais , donne par jour une moyenne de + 1,55.

La nourriture du bœuf s'élève en moyenne à 20 Kilogrammes de fourrage artificiel, ou à l'équivalent en trèfle, luzerne ou vesces en vert, en pommes de terre cuites, ou en carottes ; ainsi, par année, 7500 Kilogrammes, qui au même prix de 5 + font la valeur de . + 375,

Les frais spécifiés plus haut 31,7

                                                                    ____

                                                                    + 406,7

Suivant les résultats de ma propre expérience je devrais croire que 220 est le nombre moyen des journées qu'un bœuf emploie d'une manière réellement utile ; il paraît, d'après l'auteur, que, dans des économies rurales bien ordonnées, ce nombre s'élève à 250. Chacune de celles-ci étant à la journée d'un cheval comme 3 est à 4 ; ces 250 seraient équivalentes à 187½ journées de cheval. Ce nombre pris pour diviseur de + 406,7 donne, par journée, une moyenne de + 2,16. Et je n'ai point porté en compte l'excédent de tems employé par les conducteurs des bœufs, pour exécuter des travaux qui eussent été faits plus promptement avec des chevaux. Il résulte de là que la même quantité de travail qui , faite par des chevaux, ne coûterait que + 3,10, faite par une paire de bœufs, coûterait + 4,32. Les comptes qu'on va trouver à §§ 173 et 177 prouvent les nombreuses différences qu'il y a, d'un lieu à l'autre, dans la manière de nourrir les animaux. Que les prix de chaque chose varient également, c'est ce que personne n'ignore. Je n'ai donc point eu la prétention de décider pour tous les lieux une question aussi délicate ; j'ai seulement voulu mettre chacun de mes lecteurs sur la voie de faire lui-même son compte, d'après les circonstances particulières de son agriculture, et le prix de chaque chose dans la contrée où il vit.

Il n'est pas douteux que là où le cultivateur a à sa portée d'abondans pâturages, dont il

I.   14

tels animaux, bien entretenus, se sont encore remis en travaillant beaucoup et ont alors été vendus à un prix plus haut que celui qu'ils avaient coûté. Si on devait ne penser qu'à l'entretien du cheval, sous différens rapports cette méthode ne serait pas mauvaise. Mais, dans des travaux agricoles soutenus, on ne peut jamais se fier à des chevaux de ce genre.

Ils sont sujets à de fréquens accidens de maladie; on est dans le doute sur la quantité d'ouvrage qu'on peut mettre à leur charge, et des bêtes ainsi rassemblées, n'ont ni le même courage, ni la même vigueur, ni la même habitude des travaux; une agriculture régulière et sûre ne saurait marcher avec de tels attelages, qu'autant qu'elle entretiendrait plusieurs chevaux surnuméraires. Lorsqu'on ne peut pas compter sur les forces dont on dispose, tous les tableaux et calculs de travaux deviennent inutiles. Souvent une paire de chevaux qui, dans un tems d'ouvrages urgens, vient à manquer et ne peut pas être remplacée de suite, cause un dommage qui surpasse de beaucoup le profit qu'on espérait de cette épargne. L'inaction de l'un dérange dans l'emploi de plusieurs autres. Je pense donc que des chevaux ainsi usés, ne peuvent être achetés avec avantage que comme attelages de rechange, temporairement destinés à des améliorations ou à des bâtisses.

§ 168.

Les attelages principaux doivent être composés de chevaux d'une même espèce, ramassés, ayant la poitrine et la croupe larges; qui n'aient pas de gros os, mais beaucoup de nerf; qui ne soient pas vifs, mais dociles et patiens, qui soient bien jointés et qui aient le pied bon. Sur les terres très-tenaces seulement, on a besoin de chevaux grands et pesans, qui, pour conserver leurs forces, exigent des soins particulièrement bons et une nourriture plus abondante. Pour la charrue, il convient d'avoir des chevaux robustes, qui

---

ne peut disposer autrement, l'épargne qu'ils lui procureront en nourriture d'été, apportera de grandes modifications à ce compte; cependant ces modifications ne seront point aussi considérables qu'au premier abord elles paraissent devoir l'être, parce que le bœuf qui a dû chercher sa nourriture au pâturage, n'est ni aussi reposé, ni aussi fort que celui qui a reçu à l'étable une nourriture riche et abondante.

Il paraît aussi que dans quelques contrées le bœuf est plus sobre, qu'il consomme moins que ceux de la contrée que j'habite; c'est à chacun à s'assurer par des expériences réitérées, de la moyenne de sa localité, et à faire son compte en conséquence.

J'ai supposé les bœufs attelés avec des jougs, je suis loin de croire, cependant, que cette manière soit la meilleure, mais je pense que c'est, sans contredit, celle qui est le plus généralement suivie. (Trad.)

conservent leurs forces, lors même qu'ils seraient mal soignés et nourris d'une manière irrégulière.

Autrefois cette espèce de chevaux était commune à plusieurs provinces d'Allemagne, aujourd'hui elle devient rare, parce que, chez le petit cultivateur, le manque de soins et un travail anticipé empêche le développement des animaux, et que, dans les grands domaines, divers croisemens mal appropriés à ce but, ont à moitié ennobli cette race, en lui ôtant les qualités qu'elle avait pour l'agriculture.

Car celui d'entre les grands cultivateurs qui ne voulait pas en élever de perfectionnés, qui fussent d'une vente plus avantageuse, a presqu'entièrement renoncé à la propagation des chevaux, dans la persuasion qu'en les achetant il pouvait en avoir, pour son agriculture, à meilleur compte que s'il les eût élevés lui-même.

Mais celui qui connaît le mérite d'une espèce de chevaux actifs, vigoureux, bien proportionnés et robustes, mettra l'avantage d'en posséder de tels pour son agriculture, bien au-dessus de l'excédent de sacrifices qu'ils auront pu lui coûter. Un attelage qu'on a élevé soi-même, qui est assorti, pas tant pour la couleur que pour la force et les proportions du corps, donne une assurance dans son emploi, qu'on ne saurait obtenir de bêtes de nature et de races différentes, ou achetées séparément. Les chevaux qu'on peut avoir à bon marché, surtout ceux qui ont déjà été dans les mains des maquignons, ont ordinairement été forcés dans leur jeunesse et ensuite engraissés au moyen d'une nourriture riche et abondante; ils ont ainsi pris le germe de diverses maladies. Les chevaux doivent à cette faiblesse intérieure des accidens fréquens, et on ne sait pas alors si on doit en accuser une négligence dans les soins, ou une faiblesse de constitution. Des chevaux d'espèces différentes, réunis en un même attelage, circonstance qu'on peut difficilement éviter dans des achats isolés, se dérangent l'un l'autre dans leur marche, le vif harcèle le mou, et le mou fatigue le vif.

Au reste, ainsi que nous le démontrerons ailleurs, dans la plupart des économies rurales, il n'est ni aussi difficile, ni aussi coûteux qu'on paraît le croire, d'élever des chevaux.

Lorsque les jumens sont couvertes en tems convenable, on perd peu de leur usage; le tems où elles doivent pouliner et commencer d'allaiter, tombe sur une période où on peut leur laisser quelque repos, et dès ce moment elles n'ont plus besoin de ménagemens.

Avant tout, il faut ne rien négliger pour faire un bon choix; ensuite il faut le perfectionner dans lui-même et par lui-même, sans se laisser aller à des croisemens hétérogènes.

Peu de personnes ont su résister à la tentation d'embellir, par l'introduction de beaux étalons, la race très-bien proportionnée de leurs chevaux. Cependant il est très-rare que, par de tels croisemens, on ait obtenu, déjà de la première génération, quelque chose de distingué, et plus rare encore qu'on s'en soit tenu à l'espèce produite par ce premier croisement et qu'on ne l'ait pas gâtée à quelques égards, par l'un ou l'autre extrême. Il y a toutefois encore des restes d'une race de chevaux, produite par des croisemens dirigés avec beaucoup de réflexion et de connaissances, et qui, soignée dans sa jeunesse, est durable et propre tant aux travaux pénibles et de longue haleine, qu'au trait rapide et à l'usage de la cavalerie : c'est là l'espèce qui convient à l'agriculteur. La multiplication des chevaux particulièrement destinés à la vente, l'établissement de haras, ne peut au contraire avoir lieu que dans certaines localités; ils ne peut être profitable qu'avec une connaissance particulière de ce genre d'économie, avec un esprit spéculateur, et l'avance d'un grand capital. Plusieurs personnes y ont fait de grands sacrifices, sans que le succès ait répondu à leurs espérances.

§ 169.

Quelques personnes convaincues des hasards que l'on court dans l'achat des chevaux, et cependant prévenues contre leur propagation, conseillent d'acheter des poulains récemment nés ou d'un an, et de les élever. Mais lorsqu'une fois on a un bon étalon et un bon attelage de jumens poulinières, ce sont les poulains eux-mêmes qui coûtent le moins. Cette méthode ne me paraît avantageuse que lorsque, sans passer dans les mains des maquignons, on a l'occasion de se procurer les poulains directement d'une contrée où il existe une race uniforme, arrêtée et bonne. Mais dans ces lieux les poulains sont ordinairement très-chers.

Cette spéculation qui consiste à acheter des poulains d'un poil uniforme dans un pays où l'on en élève en quantité, et à les revendre ensuite comme chevaux de luxe, à l'âge de 5 à 6 ans, après en avoir tiré un travail modéré, peut, sous quelques rapports, convenir au petit cultivateur, mais rarement elle est avantageuse au grand.

§ 170.

Pour les bœufs également, la race, la taille et les formes, font une différence sensible dans les services qu'on peut en attendre. Il est des races chez lesquelles la force et la vivacité sont réunies à de bonnes proportions dans les

formes, et en Allemagne aussi les bœufs de trait de certaines contrées
jouissent d'une réputation particulière. Cependant on manque encore de ces
parallèles et de ces observations précises, que les Anglais ont sur leurs principales
races.

Dans son apparence extérieure, le bon bœuf ne se distingue pas tant par
sa hauteur et sa longueur, que par une structure carrée, par la force du
cou et de la nuque, par la longueur de la poitrine, par une haute courbure
des côtes et surtout par une croupe très-épaisse. Le dos doit être dans toute
sa longueur plat et large. Les jambes et les pieds doivent être sains et souples,
et non roides et traînans. Aussi peu que le cheval, le bœuf doit se couper
des pieds de derrière, ce qui arrive souvent à ceux qui sont étroits et
hauts de jambes. Il doit avoir l'air vif, et le coup-d'œil en arrière, sans cependant être ombrageux ou indomptable. Des cornes grandes et unies, non-
seulement servent à fixer les jougs et les guides, mais encore sont un indice de
santé et de force. Des oreilles longues et pendantes, une tête particulièrement grosse et un fanon remarquablement fort, sont, suivant les observations
des Anglais, souvent un indice de faiblesse dans les autres parties, quoique
quelques personnes les envisagent comme de bonnes marques. La hauteur
du bœuf depuis les pieds de devant jusqu'au garrot, à laquelle plusieurs personnes regardent uniquement, est un signe très-incertain.

§ 171.

A la cinquième année, de jeunes bœufs peuvent être attelés, mais jusqu'à la
septième année, on doit éviter de les surcharger, si on veut qu'ils acquièrent
toute leur force et qu'ils durent long-tems.

Le plus grand nombre des agriculteurs est dans l'opinion qu'on ne doit
pas laisser vieillir un bœuf au-delà de 10 ans, parce que sans cela il ne
serait plus propre à l'engrais et plus d'une vente facile. Cependant, même en
supposant que le bœuf perde quelque chose de la faculté d'être engraissé
et de la bonté de sa chair, ce qui est contraire à mon expérience et à
celle d'autres personnes, puisque des bœufs de 13 ans, mais bien engraissés,
m'ont donné de la viande excellente; le travail qu'on obtient de bêtes de
ce genre dressées et fortes, vaut bien la peine qu'on les garde plus long-tems.
C'est dans la neuvième année seulement, que le bœuf acquiert toute sa force
et qu'il peut le mieux soutenir le travail, et il dure jusqu'à la seizième, si, dans
sa jeunesse, on n'a pas trop tôt employé toutes ses forces.

Il est extrêmement important de mettre beaucoup de soin et de patience
à dresser les bœufs, à les accoutumer peu à peu à l'attelage et au trait,

à augmenter successivement leur charge, et en même tems à leur donner une démarche prompte, en les associant à des bœufs qui soient vites. De cela dépend en grande partie l'usage qu'on pourra en tirer; c'est pourquoi il importe qu'ils aient autour d'eux des hommes de sens qui, sans cependant les surcharger ou les échauffer, évitent de leur laisser prendre une habitude de lenteur.

Si, en élevant, soignant, dressant des bœufs, on y portait la même attention qu'on accorde aux chevaux, on pourrait pousser très-loin leur perfectionnement.

§ 172.

Quant à l'entretien des chevaux il faut observer ce qui suit :

Leur nourriture en grains la plus ordinaire est l'avoine, et plusieurs personnes l'envisagent comme la seule qui leur soit avantageuse. Cependant il est certain que toutes les autres espèces de grains, chacune en proportion de ses facultés nutritives, et donnée d'une manière convenable, leur sont également utiles et profitables.

Les légumes, tels que les pois, les fèves et les vesces, conviennent parfaitement à la nature des chevaux, et, à cause de leur faculté remarquablement nutritive, ils sont même préférables aux grains proprement dits. Les grains les plus avantageux pour les chevaux sont donc, dans tous les tems, ceux qui sont à meilleur marché, en proportion de leur faculté nutritive. Leur valeur proportionnelle, ainsi que cela sera montré ailleurs plus au long, est la suivante :

Avoine   = 5.
Orge   = 7.
Seigle   = 9.
Froment = 12.
Légumes = 10 à 11.

Il est de règle qu'avec les grains, les chevaux reçoivent aussi du foin, dont on ne saurait nier la faculté nutritive, et de la paille hachée destinée à faciliter la mastication et à remplir l'estomac, mais qui, lorsqu'il n'y a pas d'herbe, sert peu à la nutrition proprement dite.

Plus la proportion du foin est augmentée, plus celle du grain peut être diminuée, et *vice versa*. L'expérience a appris que, pour un travail prompt et forcé, une augmentation de grain est plus avantageuse, et que, pour un travail lent et de durée, une augmentation de foin est préférable.

§ 173.

Un cheval de taille ordinaire, employé convenablement, a besoin pendant toute l'année, en moyenne, chaque jour de 10 l. ou 5 metzen de bonne avoine, et, en raison de ce qu'on est quelquefois obligé de donner un supplément de nourriture, il faut porter cette quantité à 70 scheffels par année.

A côté de cela, pour conserver ses forces pendant un travail soutenu, il lui faut encore par jour 10 l. de foin. Enfin on ajoute parmi le grain, de la paille hachée, qu'on augmente ou diminue, en raison du plus ou moins de foin qu'on lui a donné.

La nourriture d'un cheval pendant une année coûte ainsi :

70 Scheffels avoine à 5 ⸸ = 350 ⸸
55 Quintaux foin à 3 ⸸ = 99 ⸸
                                                        449 ⸸

A quoi il faut ajouter
l'intérêt du prix d'achat. . . . . 24 ⸸
la dépréciation annuelle 48
le ferrage. 14
                                                        86 ⸸

En tout ainsi. . . . . 535 ⸸

La paille est laissée en compensation de la valeur du fumier.

Si nous évaluons le scheffel de seigle à $1\frac{1}{2}$ rixdaler, un ⸸ vaudra 4 gros, et un cheval coûtera annuellement 89 rixdalers 4 gros.

Il n'est pas facile d'évaluer les frais de l'entretien des chevaux, tel qu'il est d'usage dans les lieux où on les met au pâturage pendant l'été, où on ne leur donne pendant l'hiver que la balle du blé et, dans le tems des plus grands travaux seulement, un peu de grain ou de hachures de gerbes; cet usage est incompatible avec une culture vigoureuse, du moins pour les attelages dont on se sert habituellement.

Au reste il n'y a plus de doute aujourd'hui que, même sans grain, les chevaux ne puissent être conservés dans un état de force complet, par un genre de nourriture bien moins onéreux au cultivateur; en été le trèfle, les vesces en vert, en hiver les pommes de terre, les carottes et diverses autres racines nourrissantes. Quoique la quantité de ces racines et tubercules consommée par le bétail soit telle, qu'en prenant le prix du marché dans les villes pour base de leur valeur, on ne trouvât pas de l'avantage à donner ce genre de nourriture; cependant comme elles reviennent au cultivateur à meilleur compte que le grain, et que, d'ailleurs, leur transport au marché occasionnerait infiniment d'embarras et de frais, il est plus convenable de les faire consommer par le bétail, dans l'économie même.

Des essais faits en grand n'ont laissé aucun doute sur la réussite de ce genre de nourriture, et lorsque son introduction aura eu lieu, la conteste entre les bœufs et les chevaux prendra peut-être une autre tournure. Ce mode de nourriture sera développé ailleurs.

§ 174.

La nourriture des bœufs est réglée en qualité et quantité, de manières très-différentes. Dans les cultures ordinaires, où on n'occupe les bœufs qu'une partie de l'année, et où, en général, il manque de fourrages d'hiver, cette nourriture est établie d'une manière très-vicieuse. Dans les mois d'hiver on ne donne guères à manger aux bœufs que de la paille; et ce n'est qu'au printems, lorsque les travaux vont commencer, qu'on ajoute à celle-ci un peu de foin, à raison d'auplus 14 ou 16 quintaux par tête. Souvent à la vérité pour les fortifier aux approches du travail, on est obligé d'y ajouter un peu de grain, ou de balle qui en contient encore, et cependant ce n'est qu'au pâturage qu'ils se remettent complettement. Dans une bonne économie, il ne saurait être question d'entretenir des bœufs de la sorte, quoique dans plusieurs comptes de culture, basés sur cette méthode, leur travail soit porté à des prix très-bas.

Pour maintenir des bœufs en bon état, il faut leur donner, pendant qu'ils sont à la nourriture sèche, chaque jour en moyenne 22 l. de foin, parconséquent il faut compter pour chaque bœuf 40 quintaux. Si on leur donne beaucoup de balle ou des criblures de vannage, 50 quintaux par bœuf peuvent suffire. Au moyen de cela ils conservent toute leur vigueur pour exécuter les travaux d'hiver auxquels il sont destinés.

Dans les économies rurales où on ne peut pas consacrer aux bœufs autant de foin, il est remplacé par des grains, qui profitent davantage lorsqu'ils ont passé sous la meule. Un scheffel d'avoine * équivaut, pour la nourriture du bétail, à 1 quintal de bon foin. Si donc on leur donne 3 l. d'avoine par jour il peut leur être retranché 6 l. de foin et ils n'en conservent pas moins leur force, si même elle n'augmente.

Du reste, la nourriture la plus avantageuse en hiver est, sans aucun doute, celles aux pommes de terre ou aux autres racines nourrissantes. Si un bœuf a chaque jour 2 metzen de pommes de terre ** avec 12 l. foin, il se maintient par ce moyen en pleine force, ainsi que diverses expériences l'ont démontré.

§ 175.

En été, ou l'on tient les bœufs au pâturage, et l'on compte alors $1\frac{1}{2}$ vache

---

* Environ 26 kilogrammes.

** Environ 6 Kilogrammes; sans doute outre de la paille à satiété. (Trad.)

ordinaire

ordinaire pour un bœuf (Si on évalue une vache au pâturage à 4 scheffels de seigle ou 36 ┼ , un bœuf au pâturage coûtera alors 54 ┼); ou on les nourrit à l'étable avec du trèfle en vert, des vesces ou d'autres plantes à fourrage. Un bœuf fortement employé consomme alors par jour en moyenne 1 $\frac{1}{2}$ perche carrée de trèfle rouge, en 2 coupes, ainsi 1 journal $\frac{1}{4}$. Si on évalue un journal de trèfle 36 ┼ *, ceci reviendrait à 45 ┼ . Ce que quelques personnes, se fondant probablement sur des essais mal dirigés, ont allégué contre la nourriture des bœufs à l'étable avec du trèfle vert, ne mérite aucune réfutation, puisque des exemples sans nombre ont prouvé que, par son moyen, les bœufs demeurent en pleine vigueur et conservent plus d'aptitude au travail que nourris au pâturage, lorsque d'ailleurs cette première nourriture est convenablement ordonnée.

§ 176.

Ainsi l'entretien d'un bœuf, d'après les différentes méthodes dont nous avons parlé, pourra être évalué de la manière suivante :

a   40 quintaux de foin à 3 ┼. . . . . = ┼ 120
     Pâturage d'été. . . . . =   54
                                             ┼ 174

b   200 journées foin à 17 l. = 50 quintaux à 3   .'. . . . = ┼ 90
     ———————— avoine à 2 l. = 8 scheffel. . . . . =   40
     165 ————— pâturage.   54
                                               ┼ 184

c   Foin 18 quintaux à 3 ┼. = ┼ 54
     Par jour, 2 metzen pommes de terre. = 21 scheffels à 1 ┼. =   21
     Pâturage.   54
                                               ┼ 129

d   Nourriture à l'étable
     Foin 18 quintaux à 3 ┼. = ┼ 54
     Par jour, 2 metzen pommes de terre. = 21 scheffel à 1 ┼. =   21
     Trèfle vert. . . . . =   45
                                               ┼ 120

---

* Je ne conçois pas cette manière d'évaluer le produit d'un journal de trèfle. Ce produit doit être estimé égal en valeur, à la quantité de fourrage sec que le trèfle eût produit, si, au lieu de le donner en vert, on l'eût fanné et récolté sec; bien entendu cependant, sous déduction des frais de récolte. (Trad.)

I.   15.

§ 177.

Quelle que soit celle de ces nourritures que l'on adopte, les bœufs loin de diminuer de force et d'embonpoint, augmenteront au contraire de valeur et couvriront même l'intérêt de leur capital. Si cependant, en considération de cet intérêt et du risque, nous mettons encore à la charge des bœufs 12 $\dagger$ par année; un bœuf entretenu aussi bien que possible, ne coûtera guères que le quart de ce que coûte un cheval, et si même on admet que quatre bœufs de rechange ne fassent pas plus d'ouvrage que deux chevaux, ce travail, fait avec des bœufs, sera cependant de la moitié meilleur marché qu'il l'eût été, fait avec des chevaux. Il faut observer, au reste, que, dans les mauvais tems, les bœufs qui alternent ne donnent également pas autant de journées utiles que les chevaux, et que la proportion des unes aux autres est celle de 2 à 3 ou tout au plus celle de 5 à 6.

§ 178.

En traitant du travail des attelages nous devons aussi nous occuper des instrumens avec lesquels il a lieu. Il est d'une plus grande importance qu'on ne le croit communément, soit pour la meilleure qualité du travail, soit aussi pour la plus grande épargne et le meilleur emploi des forces, que la construction de ces instrumens, soit autant que possible parfaite et appropriée au local, au sol et au but qu'on se propose.

Quelque soin, quelques réflexions que, dans les fabriques, on ait consacrés au perfectionnement des machines et des instrumens; quelqu'incroyable qu'ait pu être la diminution du travail qui en est résultée; on s'est peu occupé jusqu'ici d'améliorer les instrumens agricoles; ce qui parait dû en grande partie à l'indolence des cultivateurs, au défaut d'idées de mécanique, peut-être aussi aux déclamations de quelques agronomes.

Ceux-ci en effet ont recommandé de mettre la plus grande épargne dans les instrumens d'agriculture; non-seulement de les exécuter à moins de frais, mais encore de les multiplier aussi peu que possible.

L'entretien, disent-ils, d'une charrue de l'espèce la moins coûteuse, s'élève annuellement à environ 5 scheffels de seigle $=$ 45 $\dagger$; si maintenant je puis marcher dans un établissement rural avec dix charrues d'une même espèce, et que pourtant je doive acheter des charrues de deux ou trois genres, il faut que j'en aie au moins une 20.ᵉ et au lieu de 50 scheffels, ces charrues m'en coûteront 100 par année; ce qui sera difficilement compensé par une épargne dans

---

* Voyez la note jointe à §§ 166 et 176.

l'emploi des forces de mon attelage. Mais, sans même faire attention à la meilleure qualité de l'ouvrage, on trouvera déjà que ce calcul est mal fondé. En effet il y a moins de dégradation aux instrumens qui travaillent alternativement, qu'à ceux qui sont employés sans interruption; et si, pendant qu'on n'en fait pas usage, on les place convenablement au sec, le bois en se séchant de tems en tems s'en conservera mieux, que s'il agissait constamment dans une terre humide ; à tel point qu'il serait peut-être convenable d'avoir des charrues de rechange, lors même qu'on n'en emploirait que d'une seule espèce. On ne peut donc plus imputer à cette variété d'instrumens que les intérêts d'un plus grand capital; ainsi lorsqu'un établissement qui tient 10 charrues dépenserait en effet 500 scheffels de seigle pour s'en procurer de meilleures ou d'espèces différentes, cela ne pourrait faire d'autre augmentation annuelle de frais, que la rente de ces 500 scheffels, c'est-à-dire 15, qui seraient bientôt compensés par la seule diminution dans l'emploi des forces.

§ 179.

L'énumération, le compte et la description des instrumens n'appartiennent pas à ce chapitre. Nous observerons seulement ici, pour fixer complettement les frais des travaux, que, d'après des moyennes générales, les frais de tout l'attirail dans lequel et avec lequel un cheval travaille, peuvent être portés annuellement à la valeur de 10 scheffels de seigle. Que la localité, que le prix plus ou moins élevé du travail du charron, de celui du maréchal, du bourrelier et du cordier; que la nature du sol et des chemins, apportent quelques variations dans cet aperçu, cela s'entend de soi-même. Pour les bœufs, lorsqu'ils ne sont employés qu'au labour, on n'a porté les frais de leur attirail qu'au cinquième de cette valeur. S'ils sont aussi employés au charroi, occupation à laquelle ils ne sont point aussi propres que les chevaux, et à laquelle cependant ils gâtent moins et sont attelés d'une manière moins coûteuse, on ne portera ces frais, pour deux bœufs de rechange, qu'au plus à la moitié de ce qu'on impute à un cheval. Avec les bœufs, l'ouvrage du bourrelier est presqu'entièrement épargné.

§ 180.

Afin d'obtenir les données nécessaires à une évaluation générale du travail des attelages, nous parlerons également ici des hommes qui travaillent avec eux.

Avant tout il faut savoir de quelle force sont les attelages auxquels on doit imputer un homme.

Si on ne faisait point attention aux frais que coûtent les charretiers, d'après les lois de la mécanique et une expérience décisive, il serait plus avantageux d'employer autant que possible le bétail de trait en attelages séparés. Car c'est une vérité reconnue que, pourvu que les voitures soient légères à proportion, les animaux traînent d'autant plus et peuvent d'autant plus long-tems soutenir le travail, qu'ils sont moins réunis. Quatre chevaux attelés à deux charriots traînent sensiblement plus, qu'attelés ensemble devant un seul. Mais ils ne traînent jamais davantage que lorsque chacun d'eux est attelé seul, devant une charrette à deux roues d'une construction convenable. Des experiences faites en Angleterre ont démontré que quatre chevaux attelés séparément à des charrettes, en égalaient huit attelés à un grand charriot. Cela s'explique par la déviation des différentes lignes de trait, par l'inégalité dans l'emploi des forces, par l'absence d'une conformité absolue dans le mouvement, dans le pas, et dans les traits, et par la fréquente action des forces dans un sens contraire, qui ont lieu lorsque les chevaux sont reunis sur un même attelage. Le cheval qui agit seul peut être dans la vraie ligne du trait, il conserve un mouvement uniforme, il n'est point entraîné par émulation, forcé outre mesure par la vivacité de son voisin, ni surchargé par son inaction.

Mais pour cela il faut un arrangement particulier de l'attirail d'attelage et des voitures; il faut aussi que les chevaux soient dressés à se laisser conduire par des paroles ou des signes, afin qu'un seul conducteur puisse diriger et tenir en ordre 3, 4 chevaux et plus, attelés chacun à leur charrette. Et comme on ne peut pas toujours employer à la fois un nombre égal de voitures à 1 cheval, on ne tient auprès des chevaux qu'un seul domestique, lequel les soigne à l'écurie, et on emploie alors avec eux des hommes à la journée ou à tâche. Pour cela aussi il faut des chemins bons et unis.

§ 181.

Si, suivant notre usage, on fait aussi travailler avec les attelages les domestiques qui pansent les chevaux, on ne met ordinairement qu'un valet avec quatre chevaux, mais alors dans le tems des grands travaux on lui livre la paille déjà hachée. Dans quelques économies rurales on trouve 2 domestiques par attelage de quatre chevaux, et on appelle le plus jeune *petit valet*. Ce dernier cas à lieu surtout là où les chevaux sont employés plus particulièrement à la charrue et où on les attèle plutôt à 2 qu'à 4.

Là où il est rare qu'on sépare les quatre chevaux, on a coutume, lorsque cette division doit cependant avoir lieu, d'en confier deux à un journalier, ou bien, sur plusieurs attelages, on tient un *petit valet*.

L'usage des attelages de trois chevaux introduit dans quelques contrées, ou celui de tenir un domestique pour trois chevaux, me paraît désavantageux et à tous égards rejetable. Comme les chevaux sont attelés les uns devant les autres, quoique le palonnier soit arrangé en conséquence, le plus souvent ils tirent à faux, ils se pressent les uns contre les autres, et le troisième cheval qui est ordinairement le plus jeune, celui qu'on veut ménager, s'en va aux buissons et aux arbres, ou marche dans les fossés; aussi trouve-t'on que les chevaux employés de cette manière, deviennent extraordinairement ombrageux. La marche, le mouvement de progression dans la trace frayée, lequel soulage si fort les chevaux, est le plus souvent dérangé, et par là les chemins en sont plus détériorés. Je trouve aussi que la charge traînée par un tel attelage est de peu de chose plus forte, que celle traînée par deux chevaux de même espèce. Lorsqu'on doit travailler avec deux chevaux (usage contre lequel les domestiques ont ordinairement de la prévention) le troisième cheval d'un attelage est joint à celui d'un autre auquel il n'est point habitué.

Ainsi nous admettons en principe qu'il doit y avoir un valet pour quatre chevaux, et que, lorsque cet attelage doit être divisé, deux de ces chevaux travaillent sous la conduite d'un journalier, suivant que cela a lieu dans diverses exploitations et dans la mienne en particulier. Si on répartit dans une juste proportion sur les diverses personnes qui en font partie, les frais du ménage proprement dit, ceux de l'entretien d'un valet doivent être envisagés comme égaux à 54 scheffels de seigle. J'évalue le gage et les autres choses qu'un domestique reçoit, à 16 scheffels de même grain. D'après cela un valet qui est en état de conduire et de soigner un attelage de 4 chevaux, coûte annuellement la valeur de 5o scheffels de seigle.

Pour les bœufs, le plus souvent on arrange les choses de manière qu'un homme, un bouvier, soigne leur nourriture et leur pansement, ou les garde en été au pâturage. Mais ce sont des journaliers, qui travaillent avec eux et qui restent tout le jour au champ avec les attelages de rechange; là à chaque changement, les bœufs leur sont amenés par le bouvier. Les frais d'un tel valet peuvent être portés annuellement à 4o scheffels de seigle. Il peut fort bien soigner 3o bœufs, cependant il faut également en avoir un, quoiqu'il y ait un moins grand nombre de bêtes.

Je sais que dans plusieurs contrées l'entretien d'un domestique est évalué à beaucoup moins; mais dans le plus grand nombre de cas il revient à ce prix.

§ 182.

Je vais maintenant récapituler les frais du travail des chevaux et des bœufs en général et en faire le parallèle.

Les frais d'un cheval sont les suivans :

La nourriture . . . . ƒ 449

L'intérêt du capital, la dégradation, et le ferrage.   86

L'attirail et les instrumens avec lesquels il travaille   90

Le valet employé avec 4 chevaux coûte 400 ƒ ainsi pour 1 .   100,

$$\overline{}$$

ƒ 725,

Pendant 300 jours; le travail d'un cheval reviendrait donc par jour

à ƒ 2, 41

Mais si, pendant la moitié de ce tems, les chevaux travaillent séparés en deux attelages, ensorte que les quatre emploient encore un journalier pendant 150 jours, il faut ajouter à la charge de chaque cheval ƒ 37, 5 par année, et une journée de travail coûte alors

ƒ 2, 54

La nourriture d'un bœuf coûte en moyenne. . . . . ƒ 150

Pour les risques, nous portons en compte   12

Pour l'attirail et les instrumens d'attelage. 22, 5

Les frais d'un bouvier pour 30 bœufs, répartis sur chacun. 10, 6

Le conducteur, pendant 250 journées de travail, coute pour chaque

bœuf. 62, 5

$$\overline{}$$

257, 6

Ainsi sur deux bœufs de rechange ƒ 515, 2.

Cette somme étant divisée par 250 journées de travail, les frais de la journée de deux *bœufs de rechange* montent à

ƒ 2, 03

Ainsi pour deux bœufs de rechange moins que pour un cheval

ƒ 0, 51

Dans tous les travaux auxquels les bœufs sont aussi propres que les chevaux, on fera plus d'ouvrage avec deux bœufs de rechange qu'avec un seul cheval; Mais il est beaucoup de circonstances en agriculture, où les avantages des bœufs sont moins grands, quelquefois même ils diminuent au point de ne pouvoir balancer les soins onéreux de deux espèces de bêtes de trait, et les retards que deux sortes d'attelages apportent dans la culture. Par exemple dans une économie rurale où on ne saurait se passer de 12 chevaux, et où on pourrait outre cela employer encore 8 bœufs, on ferait tout aussi bien de tenir 4 chevaux de plus à la place des bœufs; à moins que le pâturage pour ceux-ci et les soins qu'ils demandent, n'y revinssent à très-bas prix.

§ 183.

Les travaux qu'on exécute avec les attelages sont principalement les suivans :

1.° Labourer. Les données sur ce qu'une charrue peut labourer en un jour varient beaucoup. Quelques personnes, d'après leur propre expérience, indiquent $1\frac{1}{2}$ journal, d'autres $2\frac{1}{2}$ et même 3 journaux. Toutes ces données sont fondées sur la réalité, mais il faut peser les circonstances auxquelles cette différence est due. La largeur de la tranche au labour en fait la principale. Si, sur une surface large de 30 perches de Rhin, je prends des tranches larges de 6 pouces, j'en ai 720 à faire ; si au contraire je leur donne une largeur de 10 pouces, je n'en ai plus que 432.

Si j'admets que cette surface ait 30 perches de longueur, l'attelage aura à parcourir, dans le premier cas 10 $\frac{4}{5}$ milles géographiques, et dans le second, seulement 6 $\frac{3}{4}$; le tout indépendamment de l'espace parcouru en tournant la charrue. Le travail qu'une charrue peut ainsi faire en un jour, est donc en raison directe de la largeur des tranches ou sillons, ce à quoi on doit bien faire attention.

Sur une terre moyenne on prend ordinairement des tranches de 9 pouces. Dans ce cas, sur une étendue de 5 journaux, la charrue parcourt un espace de 14400 perches ou 7 $\frac{1}{3}$ milles géographiques. Selon la proportion qu'il y a de la largeur à la longueur du fonds qu'on laboure, on tourne plus ou moins souvent, l'espace qu'on parcourt en tournant est plus ou moins étendu ; cependant on peut le plus souvent admettre 7 $\frac{1}{2}$ milles pour moyenne. Si en conséquence et avec cette largeur des tranches, une charrue laboure 2 $\frac{1}{2}$ journaux par jour, le bétail de trait et l'homme parcourent 3 $\frac{3}{4}$ milles, et on ne peut pas en attendre davantage dans un travail soutenu. Plus on est disposé à prendre des tranches étroites, moins on doit espérer d'ouvrage, tandis qu'au contraire plus les raies sont larges, plus le labour avance.

Après cela il faut considérer la nature du sol, s'il est meuble ou compacte. Dans ce dernier cas le bétail de trait doit employer une force incomparablement plus grande, inconvénient que quelquefois on surmonte en tenant des animaux plus forts, en leur donnant une meilleure nourriture ou en augmentant le nombre de bêtes à chaque attelage. Cependant comme il est des établissemens ruraux où la nature du sol est variée, on ne peut pas toujours s'y arrêter pour la combinaison des attelages et alors, sur un sol pesant, il faut se contenter d'une plus petite quantité de travail. En outre, surtout dans les terreins argileux, l'influence de la température sur ce travail est très-grande.

Tel sol se laisse très-bien travailler dans un tems favorable, qui présente les plus grandes difficultés lorsqu'il est trop sec ou quand il est trop humide, et dans ce dernier cas on ne devrait jamais y mettre la charrue.

L'état dans lequel se trouve un terrain au moment où on le cultive, n'apporte pas moins de différences dans la résistance qu'il oppose aux instrumens, c'est ainsi qu'au premier labour, surtout lorsqu'il a lieu en été pendant la sécheresse, on ne peut pas, a beaucoup près, faire autant d'ouvrage qu'aux labours suivans.

Dans une position montueuse, les difficultés et la lenteur du travail de la charrue sont considérablement plus grandes que sur un terrain plat.

Vient ensuite la profondeur du labour; chaque demi pouce de plus, surtout en terre forte, fait souvent une très-grande différence dans la résistance que le sol oppose à la charrue.

On a déjà observé qu'on perd du tems en tournant la charrue à l'extrémité du sillon, et que cet inconvénient nécessaire, est d'autant plus répété que le champ a peu de longueur. Mais la forme des sols, c'est-à-dire le parallélisme de leurs côtés, ou l'inégalité de leur largeur, fait encore une différence; si, vers la fin du labour, la partie du terrain qui n'a pas encore été labourée a la forme d'un triangle, on a à tourner d'autant plus fréquemment la charrue et on perd ainsi beaucoup de tems.

Enfin la construction de la charrue a une influence considérable. Une charrue plus parfaite vainc avec beaucoup plus de facilité la résistante du sol; comme cela se remarque, surtout dans les terres argileuses et lorsqu'on fait des labours profonds; avec elle le bétail de trait est beaucoup moins fatigué, ainsi il a un pas plus vite, et est moins arrêté dans sa marche.

Dans les sols légers où le frottement n'est pas très-fort, le plus souvent on prépare le terrain avec une houe à cheval, ce qui permet de prendre de plus grandes tranches lorsqu'on laboure.

Il faut également faire attention aux saisons, tant à cause de la brièveté des jours, qu'à cause du dérangement de la température, lequel peut donner des maladies au bétail, lorsqu'il est extrêmement employé.

On doit bien peser l'influence de toutes ces circonstances, lorsqu'on veut calculer d'avance la quantité d'ouvrage de charrue et des attelages en général, qui doit avoir lieu sur une étendue de terrain déterminée, pour prendre, d'après cela une détermination, sur la quantité de bétail qu'on doit entretenir.

Après ce que nous venons de dire on ne s'étonnera pas de trouver des variations si grandes dans les indications fournies par des agriculteurs pratiques, sur la quantité de travail que leurs charrues exécutent. Mais en général il faut

bien

bien distinguer entre ce que les charrues font quelquefois, lorsque, dans un moment d'urgence et par un tems favorable, on les observe avec une attention particulière, et ce qu'on en obtient en moyenne pendant toute l'année.

Ces travaux et la force motrice qu'ils exigent, seront distingués avec plus de précision, lorsque nous traiterons du labour en particulier. Ici nous admettons en principe que, sur ce qu'on appelle terre à orge, composée de parties égales d'argile et de sable, on puisse, dans l'arrière-automne, labourer d'une manière satisfaisante 2 journaux, et lorsqu'on laboure profondément pour les récoltes racines, seulement 1 $\frac{3}{4}$. Au printems pour les pois, l'avoine et les premières orges, 2 journaux; pour les secondes 2 $\frac{1}{2}$; en rompant pour la jachére, 2 journaux; au binage 2 $\frac{1}{2}$, et au labour de semailles 2 $\frac{1}{4}$. Ce sont là des moyennes qui peuvent être dépassées lorsque le tems est favorable, et au-dessous desquelles on reste, lorsque la température n'est pas propice.

En général on pourra espérer d'une charrue attelée de bons bœufs de rechange, un quart de journal de plus que d'une charrue traînée par des chevaux.

§ 184.

2.) Herser. Ici la différence est encore plus grande qu'au labour; en effet elle dépend du soin et des instrumens avec lesquels cet important ouvrage est exécuté. Le hersage en rond est le plus efficace, mais aussi le plus difficile, et on pense en général que 16 journaux sont l'étendue la plus considérable qu'un attelage de 4 chevaux puisse en faire d'un jour. Sur un terrain tenace et garni d'herbe, on doit se contenter de 14 journaux; si cependant il ne s'agit que d'égaliser et non de briser les mottes, on peut, avec un tel attelage, herser 20 journaux dans une journée. Si l'on ne herse qu'en long, savoir, une fois en montant et une en descendant, on peut, avec 4 chevaux, en faire de 24 à 28 journaux en un jour.

On ne herse pas partout après chaque labour, quelquefois on ne le fait qu'après le labour de semailles; ceci est une faute quelle que soit d'ailleurs la nature du sol, mais cette faute est impardonnable, si le terrain est un peu argileux et sujet à se mettre en mottes.

Ordinairement on fait traîner la herse par des chevaux, à cause de la plus grande vitesse de leurs mouvemens *, cependant on peut également y employer des bœufs.

3) Passer le rouleau. Le plus souvent cette opération est omise dans le tableau

---

* Les pieds des chevaux étant plus larges, et ces animaux en eux-même moins pesans que les bœufs, ils enfoncent beaucoup moins dans la terre labourée. C'est là une seconde raison qui, pour le hersage, les fait préférer à ces derniers. (Trad.)

des travaux, et cependant elle est très-utile, tant sur les terres légères, que sur les pesantes; selon que le rouleau est large et qu'il a peu d'épaisseur, ou qu'il est court et de grosse dimension, on peut avancer plus ou moins. S'il a une largeur de 8 pieds, on peut, avec deux chevaux, facilement le passer sur 18 journaux en un jour.

Les rouleaux anguleux et à pointes demandent plus de force de trait.

4.) Les travaux de l'agriculture perfectionnée. On distingue ceux qui servent à la préparation de la semaille ou de la plantation, et ceux qui ont lieu pendant la végétation.

Aux premiers appartient la culture qu'on donne avec le double *grand-extirpateur* à 11 socs, avec lequel quatre chevaux et deux hommes peuvent expédier 18 journaux en une journée, et celle avec le petit extirpateur ou charrue de semailles, avec laquelle un homme et deux chevaux en font 10 journaux en un jour.

C'est également aux travaux de ce genre qu'est destinée la charrue tranchante, qui, au moyen du versoir adapté à son coutre, divise la tranche horisontalement en deux parties, et jette la supérieure au fond de la raie. Pour exécuter autant d'ouvrage qu'on en fait avec une autre charrue, elle demande un cheval ou un bœuf de plus. Cependant deux bœufs ou deux chevaux peuvent aussi la mettre en mouvement, si on en exige moins de travail, et cette dernière méthode va mieux aux habitudes des animaux. On s'en sert surtout pour rompre les gazons et les trèfles.

A la seconde espèce de travaux appartiennent les cultures faites avec la houe à cheval et les diverses espèces de ratissoirs, *passauf* et cultivateurs à cheval, au moyen desquels un ou deux hommes, suivant les cas, à l'aide d'un cheval, cultivent 6 journaux, en passant entre des lignes espacées à 2 pieds. La charrue destinée à donner une culture plus profonde ou à faire des raies d'écoulement, a deux versoirs lesquels peuvent être plus ou moins écartés dans leur partie postérieure; elle doit être attelée de deux chevaux pour exécuter ce travail *.

Le semoir pour semer les blés en lignes distantes de 8 à 9 pouces les unes des autres, peut, avec deux hommes et un cheval, semer par jour 12 journaux; cependant, en raison des retards qui surviennent quelquefois, nous prendrons 10 pour la moyenne **. La houe à six socs qui est jointe à ce semoir, traînée

---

* Aux charrues de cette espèce appartient le *butoir* destiné à pousser contre les plantes semées en ligne, la terre du milieu des raies. (Trad.)

** L'auteur passe ici sous silence les semoirs à blé employés en France et en Suisse, qui

par un cheval et dirigée par deux hommes, cultive avec ses différens grattoirs, ratissoirs et buttoirs, de 12 à 15 journaux, suivant que le terrain est uni et propre, et que les ouvriers sont exercés.

§ 185.

5.) Le transport des engrais. Ce travail qui, dans une exploitation bien dirigée, est très-considérable, ne peut être évalué avec précision que sur un local donné, parce qu'il dépend beaucoup de l'éloignement des champs, de la bonté des chemins, de la saison et avec elle de la température. Nous admettons qu'en moyenne les charriots de fumier soient traînés par 4 chevaux et soient tels que ces bêtes peuvent les traîner sur des chemins passables, sans de trop grands efforts, c'est-à-dire qu'ils pèsent au moins 2000 l. On croit en général, qu'avec des charriots de rechange, un attelage peut en transporter, par jour et en moyenne, 12; savoir 15 dans les plus grands jours et 10 dans les plus courts. Mais comme ces circonstances, et surtout l'éloignement des champs, apportent à cela des variations infinies, il faut que chacun fasse lui-même son compte, et juge, d'après sa localité, si on peut faire plus ou moins. Lorsqu'il y a une grande inégalité dans l'éloignement des sols, il se peut qu'une année où on aura à en fumer une très-grande et très-éloignée, pour ce seul objet seulement, on soit obligé de tenir un attelage de plus qu'à l'ordinaire.

6.) Les transports de récoltes. Ce travail varie également en raison de l'éloignement. On serre 7, 8, 10, 12 et même 16 charriots, avec des voitures de rechange. La charge d'un charriot de blé est ordinairement réglée par 15.^{nes} 20.^{nes} ou 60.^{nes} de gerbes. Mais comme la grosseur de celles-ci est très-différente, puisque, dans quelques endroits elles ne pèsent que 8 l., tandis que dans d'autres elles vont jusqu'à 50 *, cela ne dit en général rien de positif. A la moisson où tous les travaux sont forcés, 4 bons chevaux traînent fort bien 5500 l., et sur un chemin à la fois bon et pas trop long 4000, moyennant que les charriots soient assez grands. Si on connaît à peu près la force des gerbes, on jugera facilement du nombre qui peut en être mis sur un charriot.

A la récolte des foins on ne peut, en raison du volume, guères admettre que 22 à 24 quintaux par charriot à 4 chevaux, et comme là on perd bien du tems à charger et décharger, et que d'ailleurs ce travail ne peut être com-

---

sèment les grains en lignes distantes d'environ 5 ou 6 pouces (de 14 à 16 centimètres.). Quoique ces semoirs embrassent dans leur largeur un espace de 2 pieds ½ ou 81 centimètres, on ne peut semer avec un seul cheval en un jour, qu'une étendue de 4 à 5 journaux.

* Il est des lieux où elles sont portées jusqu'à 45 kilogrammes

mencé le matin de bonne heure, on ne peut compter que 6 ou 8 charriots par jour, lorsmême que les prés sont assez rapprochés.

Les travaux dont nous venons de parler appartiennent à des saisons particulières; maintenant nous allons parler de ceux qui reviennent dans toutes les saisons, et qui doivent être faits en tous tems.

§ 186.

7.) Le transport au marché des grains et autres produits. On croit communément que 24 scheffels de grains d'hiver et de pois, 52 scheffels d'orge et 56 ou 40 d'avoine, peuvent être mis à la fois sur un charriot. A une distance de 4 ou 5 milles, on compte ordinairement un jour pour aller, un pour venir et un pour charger et pour vendre : à 6 ou 8 milles, on compte trois jours et demi; à 3 milles, deux jours, et à 2 milles un jour. L'éloignement du marché fait ainsi une grande différence dans cette opération, qui d'ailleurs est infiniment nuisible à l'attelage, en sorte qu'il y a beaucoup d'avantage à pouvoir l'épargner. C'est également d'après la localité et les circonstances qu'on doit estimer le transport des autres produits, et peut-être celui des objets de fabrication agricole, du tabac et d'autres végétaux destinés à la vente, du beurre, de l'eau-de-vie, etc. Dans les transports de laines on ne peut mettre sur un charriot qu'un beaucoup moins grand poids, à cause de leur volume; mais alors deux chevaux y suffisent.

8.) Le transport auprès des bâtimens rustiques, des bois et autres objets de chauffage. On compte à l'éloignement de 1 jusqu'à 1 mille et $\frac{1}{2}$, 1 moule ou toise de bois pour une voiture à quatre chevaux; à un plus grand éloignement, seulement les $\frac{3}{4}$. A une distance de demi mille, on peut faire deux voyages par jour. 1500 mottes de tourbe sont estimées autant qu'un moule ou toise de bois.

Le moule ou toise a 6 pieds en hauteur et largeur, et 3 en profondeur ou longueur.

9.) Le transport des matériaux de bâtisse ou de réparations. Il faut compter annuellement quelque chose pour cela. Si cependant il doit y avoir des constructions d'une certaine importance, il faut prendre pour cet objet un peu de latitude, et voir si ces charrois doivent être faits par les attelages du domaine ou par ceux des corvées, ou si peut-être il ne convient pas de se procurer, exprès pour cela, une augmentation quelconque d'attelages. Sans cela une bâtisse peut reculer les travaux rustiques non-seulement pour une année, mais même pour bien au-delà.

10.) Les charrois accessoires pour amener de la ville les objets de besoin, pour aller chercher les domestiques et les familles d'ouvriers, et pour divers autres transports. Il est des positions où ces choses prennent beaucoup de tems, ensorte que sur 300 journées de travail on a cru que 260 seulement étaient appliqués à des travaux de culture déterminés, et les 40 autres à des charrois accessoires. Mais tout tient à ce qu'on y mette quelqu'épargne, en profitant du retour des voitures qui ont transporté des denrées à la ville, lors même que, pour cela, les attelages devraient faire quelque détour.

11.) **Les voitures pour des entreprises accessoires.** Il peut quelquefois être avantageux de faire des entreprises accessoires qui exigent beaucoup de charrois, telles par exemple qu'une tuillerie ou un four à chaux, ne fut-ce qu'afin de pouvoir entretenir un plus grand nombre de chevaux utiles. Alors, dans le moment des grands travaux, ou dans les tems les plus favorables, on suspend ces charrois, pour employer tous ces chevaux dans les champs, jusqu'à ce qu'on ait accompli les ouvrages de la saison ; après quoi on emploie de nouveaux les attelages à ces entreprises accessoires ; il est même des cas où il peut être avantageux au cultivateur de fournir des chevaux à la poste ou de faire des charrois de marchandises ; cependant ces cas sont rares, souvent même, en y réfléchissant bien, on trouvera plus d'inconvéniens que d'avantages à employer de telles ressources.

12.) **Les travaux d'amélioration**, comme applanissemens, transports de terre, de mottes, de marnes, de chaux et de terreau. Si on veut entreprendre des opérations de ce genre sur une grande étendue, il faut bien examiner si on peut y employer ses propres chevaux, ou si on peut y consacrer les attelages de charrue dans la saison morte. Comme il est des momens où les attelages ordinaires ont toujours du loisir, un bon économe aura toujours quelques travaux d'amélioration, auxquels il pourra les employer, lorsqu'ils n'auront rien de mieux à faire.

§ 187.

D'après ces données, lesquelles cependant doivent être modifiées suivant les lieux et les circonstances, on peut calculer quelle est la quantité d'attelages nécessaire à une économie rurale. Cette estimation peut être faite d'abord d'une manière générale, et la somme des journées de travail qui doivent avoir lieu pendant toute l'année, être additionnée en un bloc. Dans ce cas on doit porter au moins $\frac{1}{4}$ en sus pour entreprises accessoires et travaux d'amélioration, afin de pouvoir avec certitude suffire dans les périodes de travaux urgens.

Mais on marche beaucoup plus sûrement, lorsqu'on met en compte les travaux comme ils se présentent dans chaque saison, et qu'ainsi on fixe le nombre des attelages, de manière à avoir la certitude de suffire à tout dans tous les tems. Outre cela il faut encore avoir pour chaque période un excédent d'un dixième, parce que les travaux peuvent être retardés par les mauvais tems; pendant ceux-ci à la vérité on peut exécuter d'autres travaux accessoires *.

Nous divisons ces périodes d'après les 4 saisons ordinaires, cependant sans observer précisément les époques du calendrier.

L'*hiver* comprend 80 jours de travail, pendant lesquels on peut faire les transports d'engrais pour les récoltes-jachères et les légumes, et continuer de rompre quelques chaumes, si la gelée n'y met pas obstacle. Après cela les attelages doivent être occupés à d'autres charrois.

Le *printems* comprend 64 journées de travail, dans lesquels tombent les labeurs suivans, la plus part forcés.

Pour les récoltes jachères, donner le 2.^d 3.e et même 4.e labour et hersage.

Pour les légumes, un labour.

Pour l'orge, deux labours.

Pour l'avoine, un ou deux labours; ces deux dernières opérations peuvent être en grande partie épargnées ou tout au moins diminuées, par l'emploi de l'extirpateur.

Pour les dernières plantations de récoltes-jachères, transporter les fumiers faits récemment.

Les opérations avec la houe à cheval, destinées à hâter la végétation; le hersage des blés hivernés.

L'*été* qui commence avec le mois de juin, ou à peu près, comprend 80 journées de travail.

Donner les labours à la jachère pour les grains d'hiver, ou donner le premier labour au trèfle et au champ de légumes, pour préparer les semailles d'automne.

Charrier les fumiers destinés aux grains d'hiver.

Continuer à différens produits la culture de la houe à cheval.

---

* Il est indispensable d'observer ici à tous ceux qui commencent l'exercice de l'agriculture et à ceux qui exploitent des domaines d'une étendue bornée, qu'ils ne parviendront pas d'abord à un emploi du tems assez parfait pour pouvoir accomplir leurs travaux dans le tems indiqué ici comme moyenne. Les tableaux que nous trouverons bientôt, sont dressés d'après les résultats d'économies rurales très-vastes et très-bien dirigées, et où parconséquent il y a une distribution et un emploi du tems et des forces beaucoup plus accomplis qu'on ne peut l'espérer en général. Je conseille donc aux commençans de compter, dans tous les cas, sur un emploi de tems et de forces plus grand d'un quart, que ce qui est indiqué ici. (Trad.)

Serrer la récolte des foins.

Serrer celle des grains.

L'*automne*, à dater du commencement de septembre, comprend 76 journées de travail.

Donner le labour de semailles, herser, etc.

Récolter les regains.

Récolter les pommes de terre, les diverses racines et les choux.

Rompre les chaumes ou les pâturages, tant pour les semailles du printems suivant, que pour la jachère morte de l'été.

Il faut bien remarquer que le commencement et la fin de ces périodes, varient suivant les climats. Il peut se faire aussi que dans des années extraordinaires, l'une ou l'autre se trouve racourcie ; alors il faut savoir prendre ses mesures pour accélérer les travaux. En général le commencement du printems peut être placé au milieu de mars ; mais pour les glaises froides et tenaces ou pour les terrains inclinés au nord, il n'existe que quinze jours ou trois semaines après ; ce qui fait une différence telle, que si tous les champs sont dans ce cas, il faut adopter une culture entièrement différente de celle qui conviendrait à un sol plus chaud. Là où on ne sème que de l'avoine et de la grande orge, l'opinion la plus générale met la fin de cette période au jour de St. Urbain, ou 25 de mai. Si cependant on sème aussi de la petite orge et du blé noir, cette période s'étend jusqu'au 15 de juin. Au reste il ne faut pas oublier que plusieurs fêtes tombent ordinairement sur cette époque. Cette période est la plus pénible de toutes, et on peut être assuré que si, pendant sa durée, les attelages ont exécuté tout ce qui devait être fait, ils pourront parfaitement suffire dans les autres saisons. Il faut ajouter à cela que, dans cette partie de l'année, on ne peut point exiger des attelages un travail très-forcé, parce qu'alors les chevaux ont fréquemment la gourme, et que, dans plu-sieurs établissemens ruraux, les bœufs à leur sortie de l'hiver ne sont pas dans une vigueur complète, et c'est pour cela que l'allégement et la diminution des travaux au moyen des instrumens dont nous avons parlé, est d'une si grande importance. En automne le cultivateur prévoyant cherchera à hâter autant que possible les travaux auxquels une gelée anticipée viendrait mettre fin. La durée de l'hiver peut être plus ou moins longue ; souvent pendant son cours on exécute des travaux qui n'avaient pu l'être en automne, ou bien on prépare ceux du prin-tems. Le transport des engrais auxquels cette saison est particulièrement propre, lorsque les champs ont une superficie platte, n'est pas compatible avec toutes les sortes d'économies rurales ; dans le plus grand nombre de celles-ci, il ne peut avoir lieu qu'au milieu de l'été, au grand détriment d'autres travaux.

§ 188.

On a bien coutume de faire une estimation approximative et le plus souvent exacte du nombre de bêtes d'attelage dont on a besoin, lorsqu'on calcule ou qu'on recherche dans l'expérience du passé, combien il faut qu'on en ait à l'époque des semailles de printems et d'automne, pour terminer ce travail en 4 semaines ou 24 journées de travail, d'une manière complète et convenable.

Si une charrue attelée de deux chevaux exécute chaque jour le labour de semaille de $2\frac{1}{3}$ journaux; et si quatre chevaux hersent par jour 16 journaux, en un mois un atelage de quatre bêtes aura semé 90 journaux; si, au contraire, à cause de la tenacité du sol, de la profondeur du labour, ou de ce qu'en labourant on prend des raies ou tranches étroites, ou enfin à cause du manque de forces et de la lenteur des chevaux, on ne laboure que deux journaux par jour, le nombre des journaux semés se réduira à 76. Ainsi par chaque étendue de 90 ou 76 journaux de semailles d'hiver ou de printems, (suivant l'usage le plus ordinaire, de 112 ou 95 scheffels de semence) on doit tenir un atelage de quatre chevaux. C'est ainsi que dans plusieurs contrées pour un winspel de semailles d'automne, on a coutume de tenir un cheval. Mais lorsqu'on sème en avoine et en orge, une étendue aussi grande qu'en froment et en seigle, et outre cela beaucoup de légumes et de récoltes jachères, on ne peut, d'après la manière ordinaire de faire les semailles et les plantations, exécuter tous les ouvrages du printems avec le nombre de bêtes qui suffit aux semailles d'automne *.

§ 189.

Le plus sûr est toujours de se faire un tableau des travaux que, dans chaque cas donné, d'après l'ordonnance de son exploitation et d'après sa localité, on a à faire dans chaque période. On devra en même tems distinguer, en les plaçant en deux différentes colonnes, les travaux qui peuvent le mieux être exécutés par des bœufs, de ceux qui doivent l'être par des chevaux, et porter dans chaque colonne, à côté de la spécification du travail, l'indication du nombre de journées de chaque tête de bétail. Alors on découvrira qu'elle est la meilleure proportion pour le nombre de bœufs et de chevaux qu'on doit tenir.

Voyez ci-après les tableaux joins au § 200.

LES MANOUVRIERS.

§ 190.

Ceux-ci se distinguent d'abord:

a) en valets qui ont loué leurs forces et leur travail exclusivement à notre économie rurale, et que, pour cet effet, nous devons nourrir et salarier.

---

* On peut alors retirer de grands avantages de l'usage d'atteler des vaches, dont j'ai parlé dans la note jointe au § 160.

b)

b) **En manouvriers** dont nous payons l'ouvrage par journée ou à la tâche.

Nous nous occuperons dans un article particulier des corvéables, qui travaillent pour nous de leurs mains ou avec leurs attelages.

§ 191.

Les circonstances locales décident si nous devons tenir plusieurs ouvriers de la première ou de la seconde classe; quelquefois ces circonstances ne laissent pas de choix, d'autrefois elles n'en laissent qu'un limité; rarement ce choix est entièrement libre.

Il semble qu'en général on doive pouvoir attendre des valets, comme membres de la famille, plus d'attachement, plus de dévouement à ses intérêts et plus de fidélité; la sûreté avec laquelle on peut compter sur eux dans des travaux qui ne souffrent pas de renvoi et qui se suivent chaque jour, l'inspection plus immédiate qu'on peut exercer sur eux, la dépendance et l'obéissance qu'on a droit d'en attendre, la responsabilité qu'ils ont des choses qui leur sont confiées, toutes ces choses parlent en faveur des domestiques.

En revanche, les ouvriers à la journée et à la tâche ne demandent pas autant de soins, on les engage au moment du besoin et on les renvoie à volonté, lorsque ce besoin cesse, ou qu'on est mécontent de leur travail. Il sont plus laborieux là où ils doivent s'occuper d'eux-mêmes et de leur famille, et où ils ont à craindre de n'avoir plus d'ouvrage s'ils exécutent mal ce qu'on leur a confié.

Il faut ajouter à cela que, le plus souvent, les frais d'un valet ou de son travail, montent beaucoup plus haut que ceux d'un journalier. On peut même en moyenne les mettre à la moitié en sus, si on considère l'ouvrage que ce valet a fait, et non le tems qu'il y a employé.

§ 192.

Ordinairement donc on ne tiendra des valets que pour les travaux qui ne souffrent pas d'interruption et qui exigent une attention constante. Nous avons parlé, à § 181, des valets qui doivent être employés auprès des chevaux; la quantité et la composition des attelages en détermine le nombre. Dans quelques économies rurales seulement, on emploie des valets aux travaux qui se font avec des bœufs, sans cela sur 24 à 30 bœufs on n'emploie qu'un bouvier et, lorsqu'il y en a un plus grand nombre, encore un jeune homme qui lui sert d'aide.

Un vacher suffit à 50 ou 60 bêtes, non-seulement au pâturage où, dans tous les cas et avec l'aide d'un bon chien, il peut en garder 200, mais aussi à l'étable, si en hiver on lui aide à hâcher la paille, et si, en été, on lui fauche et amène le fourrage vert.

Le nombre des servantes de basse-cour est proportionné, tant à celui des vaches, qu'à la quantité de lait que ces vaches rendent.

Ces servantes sont employées, non-seulement à traire, à soigner la laiterie, mais encore, et autant que cela se peut, dans la maison, au jardin, à la culture du lin, du chanvre et d'autres produits, et aux récoltes; en hiver elles filent. Lorsque la nourriture à l'étable doit être bien soignée, pour 50 grandes vaches on compte trois servantes, dont l'une a l'inspection sur les autres. Dans quelques contrées on en tient un beaucoup plus grand nombre; le plus souvent une pour 10 vaches, mais alors elle doit leur donner la nourriture et enlever le fumier; deux choses qui, dans des établissemens ruraux d'une étendue moyenne, peuvent se faire mieux d'une autre manière. Dans les grandes vacheries du Mecklembourg et du Holstein, on ne tient qu'une servante pour 25 vaches.

Dans de grands établissemens on doit tenir encore une servante pour les travaux domestiques.

Un berger est nécessaire pour que les cochons soient bien entretenus; cette branche d'industrie n'est point tellement insignifiante, qu'on puisse la confier à une vieille femme ou à un enfant.

C'est seulement lorsque nous traiterons de la bergerie, que nous pourrons parler du berger de moutons et de ses aides, parce que la manière de les entretenir et de les salarier varie beaucoup. Ce berger n'entre dans les calculs ordinaires d'économie, qu'autant qu'il reçoit un salaire en argent ou en denrées.

Outre cela le plus souvent on tient un maître-valet chargé de l'inspection des travaux aux champs et dans les cours et bâtimens; qui préside aux labeurs des charrues à bœufs et des journaliers qui les conduisent; qui travaille également à la moisson et aux autres ouvrages, et qui est chargé de tenir les ouvriers dans l'ordre. Il doit de plus soigner les instrumens de labour, les réparer et en faire de neufs. Dans de grands établissemens ruraux, outre ce maître-valet, il y a encore un inspecteur des bâtimens, qui est principalement occupé à faire et réparer le charronage, et qui soigne en même tems les travaux dans les cours, les réparations et les petites constructions.

Quelquefois on tient aussi un ou plusieurs valets de ferme, qui aident dans des travaux inopinés. Mais le plus souvent ces valets sont remplacés par des journaliers sûrs, lorsqu'on peut s'en procurer de tels.

§ 193.

Où ces domestiques habitent dans les batimens d'économie, y sont nourris et pourvus de tout le nécessaire, et par là même ne sont pas mariés; ou bien on leur alloue pour leur nourriture une certaine quantité de denrées, ils vivent dans des habitations séparées et sont mariés. La première manière est incontestablement plus avantageuse, soit quant aux frais, soit quant à la surveillance. Plus le nombre des valets est grand, plus les frais pour chacun d'eux diminuent ; parce que pour le logement, le feu, la lumière et même la nourriture, on peut épargner d'autant plus, qu'il y a plus de monde. Là où il y a très-peu de domestiques, il pourrait être avantageux de donner à chacun sa part en denrées.

Mais si l'on doit en entretenir, il convient sans aucun doute de diminuer autant que possible le nombre de ceux qui reçoivent leur entretien en denrées, et de n'avoir que des gens non-mariés ; parce que ces premiers cherchent à nourrir toute leur famille aux dépens de l'établissement ; qu'ils sont rarement satisfaits de ce qu'on leur donne pour leur entretien, quoique plus que suffisant pour leur personne, et qu'au contraire le plus souvent ils cherchent encore à emporter chez eux ce qu'ils peuvent, ce dont il est difficile de leur ôter l'occasion. Cependant comme pour quelques places, telles que celles de maître-valet, de vacher et de bouvier, qui demandent des gens posés et plus âgés, on en trouve rarement de non mariés, il faut bien quelquefois alors se soumettre à leur donner leur nourriture en denrées.

§ 194.

Pour l'entretien et la nourriture des domestiques et surtout au commencement d'un établissement, il faut avoir égard aux usages de la contrée ; on doit prendre à ce sujet les renseignemens les plus détaillés. Il n'est jamais, ou que bien rarement, profitable d'y apporter des changemens ; alors même qu'on voudroit améliorer le sort des valets, on pourrait facilement exciter le mécontentement de gens qui tiennent si fort à leurs habitudes.

Dans la plupart des pays, chaque jour, chaque saison, plusieurs jours de fête même, ont leur nourriture fixée, et les domestiques seraient mécontens si à tel jour ils n'avaient pas ce qu'a tel autre, peut-être, ils ne voudraient pas manger.

A la moisson, partout il y a une nourriture plus abondante et meilleure, on ne doit rien y changer, si on ne veut diminuer le zèle, l'activité et la gaîté, qui, dans ce moment-là, sont d'une si grande importance. Lorsqu'on accorde aux domestiques ce qui est d'usage, et qu'on a acquis la preuve qu'ils le reçoivent en effet, il ne faut point céder au mécontentement qu'ils pourraient témoigner, parce que, si on montre de la faiblesse dans une telle occasion, les prétentions de ces gens n'ont bientôt plus de bornes.

§ 195.

On ne peut rien dire de général sur les frais d'entretien d'un valet et d'une servante , à cause des nombreuses variations que les usages des pays et des lieux y apportent. La différence d'une contrée à une autre est si grande, que souvent elle varie d'une moitié. Cependant en général on trouve que les domestiques, là où ils sont mieux nourris, et surtout là où on leur donne plus de viande, travaillent plus fortement et se laissent mieux employer à toutes sortes d'ouvrages, en sorte que la valeur de ce qu'ils font, n'est pas éloignée d'égaler ce que chacun d'eux coûte à entretenir. On trouve dans divers manuels d'agriculture et d'économie politique, l'indication des usages de plusieurs contrées et la spécification de chacun d'eux.

Il n'est calculé nulle part avec plus de précision , que dans les expériences sur l'économie , faites par le comte de Podewills à Gusow.

D'après une moyenne tirée de ces données, dans les contrées qui me sont plus particulièrement connues, les frais d'entretien d'un valet, d'un fromager, d'un vacher, doivent être égaux à la valeur de 34 scheffels de seigle ou 272 $+$; ceux d'une servante et d'un jeune homme à 28 sch. , ou 224 $+$; dans cette valeur est comprise celle de tout ce qui leur est nécessaire, comme feu, lumière, couche. En argent la différence est assez grande, à cause de celle qu'il y a dans le prix des denrées.

Le gage varie également beaucoup ; cependant ordinairement il est plus en rapport avec le prix du blé, qu'avec la valeur nominale de l'argent ; on peut l'estimer pour un valet à 16 scheffels de seigle, ou 128 $+$, et pour une servante, y compris la toile et les autres choses qu'elle reçoit, à 12 scheffels ou 96 $+$.

Le gage du maître-valet est ordinairement un peu plus élevé que celui des autres domestiques ; celui du vacher, au contraire , un peu plus bas.

§ 196.

D'autres ouvriers reçoivent leur salaire ou par journées, ou à la tâche pour une certaine mesure de chaque espèce de travail, ou enfin par une portion déterminée du produit de ce travail.

Si l'on veut tenir les ouvriers dans une certaine activité, le travail qui se fait à la journée demande l'inspection la plus suivie. C'est à ce paiement par journées que les hommes gagnent le moins, et pourtant dans le fait c'est de cette manière que le travail coûte le plus cher. En moyenne, un journalier qui fait un ouvrage tout simple et qui travaille modérément, gagne en huit journées 1 scheffel de seigle ; on peut donc le porter à 1 $+$ par jour. Les femmes, et en général les individus plus faibles, gagnent en douze jours 1 scheffel, ou par journée $\frac{2}{3}$ $+$; cependant encore ici il y a des différences.

Les ouvriers qui sont payés à la tâche demandent moins de surveillance, il suffit d'examiner si le travail est bien exécuté.

On ne sauroit nier que ce dernier genre de rétribution ne soit décidément plus avantageux et pour le cultivateur et pour l'ouvrier; car il n'est point égal que le manouvrier pense à avancer son ouvrage, ou seulement à employer son tems, en ménageant ses forces autant que possible. De cette manière il doit naturellement gagner davantage qu'à la journée, par conséquent il peut aussi se nourrir mieux, se procurer quelqu'aisance dans son intérieur, et conserver sa santé et ses forces. De cette manière aussi le travail a plus d'attrait pour lui, il réfléchit au moyen de se le rendre plus facile, il se procure de meilleurs outils et il acquiert de l'habileté dans l'exécution, surtout si, à des époques réglées, il fait souvent le même ouvrage. Dans beaucoup de travaux il peut se faire aider par sa femme et ses enfans, et ainsi accoutumer de bonne heure ces derniers au travail, ce qui contribue d'autant plus à son bien être.

Loin donc de rejeter cette institution, comme plusieurs cultivateurs insensés le font, par la raison que leurs ouvriers gagnent trop, et bien qu'ils voient clairement que, de cette manière, l'ouvrage leur coûte moins à eux-mêmes; le cultivateur sage ne se laissera rebuter par aucune difficulté, de mettre cette institution en usage, pour tous les travaux dont la valeur peut, de quelque manière, être calculée à l'avance.

La rétribution qui consiste en une partie du produit du travail lui-même, a lieu surtout pour le battage des grains. Les batteurs reçoivent le 14.ᵉ 16.ᵉ ou 18.ᵉ scheffel du produit. On en trouve l'usage établi même pour la moisson; dans ce cas, les moissonneurs reçoivent, tant pour scier que pour faire toutes les autres opérations de la récolte, la 11.ᵉ 12.ᵉ ou 13.ᵉ gerbe.

On peut aussi l'introduire pour quelques autres ouvrages, surtout pour la récolte des pommes de terre; là, comme dans d'autres opérations, il s'agit seulement de voir que le travail soit fait convenablement et non d'une manière précipitée et nuisible.

Lors même que l'exécution d'un travail à tâche ne procurerait au cultivateur d'autre profit que celui d'une plus prompte exécution de son travail, dans plusieurs cas ce serait pour lui un très-grand avantage.

§ 197.

Afin de s'assurer d'un nombre suffisant de journaliers ou d'ouvriers à la tâche, dans le plus grand nombre de contrées il est nécessaire d'avoir des habitations pour des familles de ce genre, et de les leur louer pour de l'argent ou un certain nombre de journées de travail, sous condition de travailler exclusivement pour le propriétaire, moyennant une rétribution fixe. Le nombre de ces familles doit être calculé et fixé dans la proportion des travaux et des besoins de la culture. Il faut qu'elles puissent suffire aux ouvrages indispensables; mais aussi qu'elles ne soient pas plus nombreuses que cela n'est nécessaire , puisqu'à divers égards elles pourraient être à charge. En effet, il faut pourvoir à ce qu'elles aient au moins leur subsistance , et à ce que , dans le cours de l'année , elles puissent mettre quelque chose de côté. Là où il en est ainsi il ne manquera guères de familles d'ouvriers , surtout si, avec le logement, on leur donne aussi le chauffage dont elles ont besoin. Il leur faut un petit jardin pour la culture du légume le plus nécessaire , ou une petite pièce de terrain ; mais il ne faut pas que celle-ci soit assez étendue pour qu'il puisse leur être plus avantageux d'employer leur tems pour elles-même que pour le propriétaire. Dans les contrées où on peut avec certitude avoir des ouvriers demeurant au dehors et qui ne soient point assujettis , on s'en trouvera sans doute beaucoup mieux , alors même qu'on les paierait un peu plus cher. Si on ne peut avoir des ouvriers étrangers qu'à certaines époques , il faut n'entreprendre les travaux qui n'appartiennent à aucune saison particulière , comme par exemple diverses bonifications , que lorsqu'il s'offre le plus grand nombre de manouvriers, par conséquent lorsqu'ils sont à meilleur marché.

§ 198.

Pour calculer le nombre de *journaliers* ou *d'ouvriers à la tâche* nécessaire à une économie rurale , les travaux suivans doivent être mis en compte comme les plus ordinaires.

1.) Les labours avec des bœufs ou des chevaux. Si, sur un attelage de quatre chevaux, on ne tient qu'un domestique.

2.) Le hersage avec des bœufs. Si, à défaut de chevaux , ces premiers doivent quelquefois être employés à cet ouvrage ; de même le charroi avec les bœufs , si on n'a pas de domestiques qui puissent y être employés.

3.) Les travaux pour les fumiers; le transport de ceux-ci hors des étables, et le soin, souvent très-utile, de les retourner, de les arroser et d'en détourner les eaux; pour charger les engrais, il faut $1\frac{1}{2}$ ou 2 hommes par attelage, suivant que les charriots de rechange sont plus vîte emmenés et ramenés, et que le fumier est plus ou moins compacte. Pour décharger, le conducteur de l'attelage suffit ordinairement ; cependant lorsque plusieurs attelages sont occupés au même charroi , il est souvent avantageux d'employer un homme pour aider à cet ouvrage et en même tems pour veiller à une bonne distribution des tas.

4.) Epandre le fumier sur le terrain. Il est reçu qu'une femme puisse le faire en un jour sur 1 journal ou 1 journal et quart, et un homme sur 1 et demi jusqu'à deux. Cela dépend au reste beaucoup de la quantité qu'on en a mis et de l'état du fumier, du soin qu'on met à le diviser autant que possible et à le distribuer avec beaucoup d'égalité. Ce dernier soin est si important qu'il ne faut rien y épargner. Souvent il est nécessaire de jeter le fumier pailleux dans le sillon avec le râteau ou le trident; cela emploie une personne pour deux charrues, quelquefois même pour une seule.

5.) Semer les grains. Cet ouvrage est ordinairement fait par le maître-valet; on compte qu'un homme sème par jour 18 scheffels de grains d'hiver, et 24 scheffels de grains de printems. Un semeur habile peut, à la vérité, semer beaucoup plus; mais, si on compte l'étendue d'après la quantité de semence, cela dépend alors du plus ou moins d'épaisseur qu'on donne à la semaille, et peut-être souvent on a perdu bien des scheffels de semence en semant trop épais, pour avoir voulu mettre en terre beaucoup de grain en un jour. Il faut donc s'arrêter plus à l'étendue qu'à la mesure de semence, et être content si un homme sème convenablement 15 ou 16 journaux dans la journée.

6.) A la moisson on compte qu'avec un engerai (faulx garnie de baguettes pour amasser le blé en même tems qu'on le coupe), chaque homme fauche et met en javelles 2 journaux et demi; pour râteler, lier et rassembler, on compte 2 journaux par chaque femme. Cependant des gens vigoureux, qui travaillent avec zèle, peuvent faire un tiers de plus. On peut porter cette moyenne un peu plus haut, lorsqu'on coupe le blé avec la faulx simple. Avec la faucille une personne scie en un jour l'étendue d'un journal.

Si le champ n'est pas très-éloigné des bâtimens rustiques, et si, au moyen de charriots de rechange, le transport de la récolte se fait avec célérité, chaque attelage emploie deux chargeurs et une râteleuse, sans cela, seulement un homme.

Pour décharger à la grange, lorsque le travail est accéléré, il faut deux hommes pour décharger et deux pour mettre en tas, outre cela trois femmes par chaque dixaine de pieds de la profondeur du tas. Si les intervalles d'un charroi à l'autre sont plus grands, souvent deux hommes suffisent. Lorsqu'on arrache le chaume avec un râteau à cheval, un homme avec un cheval en font ordinairement 10 journaux en un jour.

7.) A la fenaison on compte 1 journal et demi par faucheur, et autant par faneuse. Lorsque, comme cela arrive souvent, les prés sont très-éloignés, on doit compter moins; pour le fannage, la température fait une très-grande différence, de sorte que par un très-beau tems on a besoin de moins de gens. Pour faucher le trèfle, lorsque le terrain est bien uni *, on peut compter

---

* Et que le trèfle n'est pas versé. *Trad.*

2 journaux et demi par faulx, et comme la manière d'opérer le fanage en est très-simple, on peut admettre qu'une personne suffit pour 4 journaux.

Pour charger et décharger on compte au pré le même nombre de personnes et au fenil la moitié de celles employées à la récolte des grains.

8.) Pour la culture des récoltes jachères, les méthodes varient beaucoup. Si on la fait avec les instrumens convenables, de la manière à la fois la meilleure et la moins coûteuse, un journal occupe les ouvriers suivans. Pour planter les pommes de terre, deux personnes; pour arracher les mauvaises herbes qui restent lorsqu'on a achevé la culture avec la houe à cheval, une personne; pour récolter, un homme et huit femmes.

9.) Pour semer en lignes des raves et autres petites graines, un homme en sème par jour avec le petit semoir 5 journaux; deux hommes à l'aide d'un cheval peuvent en un jour faire les raies sur 12 journaux.

Pour semer des fèves en lignes, afin d'éviter les longueurs, on emploie deux personnes; un homme et un jeune garçon; ils expédient en un jour 5 ou 6 journaux.

Le travail de sarcler et éclaircir des raves semées en lignes doit être donné à la tâche. Ici on paie pour une ligne de 40 perches 3 pfenn., et la personne qui fait cet ouvrage gagne 5 à 6 gros par jour; ainsi elle fait par jour environ un journal *.

Pour arracher et couper la fanne il faut de 4 à 5 femmes par journal.

9.) Si, pour soigner le bétail et lui donner sa nourriture, les domestiques ne suffisent pas, en particulier si on lui donne beaucoup de paille hachée, on

---

* Je crois devoir avertir ici mes lecteurs que la culture des récoltes jachères qui ne veulent point être butées, est tout autrement coûteuse que celle des plantes qui demandent de l'être. Pour la culture de celles-ci, l'opération du butage étouffe la plus grande partie des mauvaises herbes qui poussent dans les lignes, en sorte qu'il ne reste que bien peu de chose à faire à la main, tandis qu'un sarclage soigneusement fait et répété, est indispensable aux plantes qui ne peuvent pas être butées.

Il y a plus encore; dans les terres argileuses et tenaces où les houes à cheval trouvent plus de résistance, pour ne pas courir le risque de gâter la récolte en cultivant entre les lignes avec le ratissoir et les autres modifications de houes qui ne butent pas, il faut, ou éloigner les lignes plus que cela n'est utile aux plantes, et dans ce cas il y a toujours une grande partie du terrain qui n'est pas cultivée, ou donner la plupart des cultures à la main, et ceci d'autant plus que, dans les terrains de ce genre, les instrumens à cheval jettent toujours plus ou moins de mottes de terre sur les plantes qui sont dans les lignes, quelques précautions qu'on prenne pour empêcher que cela n'ait lieu. Ainsi donc, le tems attribué ici à cet ouvrage sera souvent insuffisant. *Trad.*

est

est obligé d'y employer des journaliers, dont le nombre dépend des circonstances particulières de chaque exploitation.

Pour laver et tondre les bêtes à laine on compte pour 1000 bêtes de 60 à 70 journées.

On a également besoin de journaliers pour divers ouvrages dans les cours rustiques et le ménage, si on n'a pas des valets en surabondance. Outre cela on doit quelquefois en employer à la place de domestiques malades.

10.) Pour faire le jardin, que nous supposons cultivé d'une manière très-simple, et pour lequel on est aidé par les servantes, on compte annuellement cinq journées d'hommes par chaque journal.

11.) Pour curer les fossés et les rigoles, pour rétablir les clôtures, réparer les dommages et les chemins, il faut compter, sur toute l'étendue du terrain, demi jusqu'à une journée par journal. Au reste cela dépend de l'étendue et du nombre des clôtures, des chemins et des fossés.

12.) Les travaux d'amélioration ne peuvent point être calculés d'une manière générale, mais on y emploie des ouvriers dans les momens où on a moins d'occupations.

13.) Le battage des grains se fait le plus souvent à tâche, au moyen d'une part au grain battu, ordinairement la 16.ᵉ partie.

Il s'entend de soi-même que ces données ne peuvent pas être adoptées sans exception, et qu'elles varient suivant les différences qu'il y a dans la manipulation, suivant l'habileté et l'activité des ouvriers. Elles sont telles qu'on peut les attendre du travail non forcé d'un journalier, et nullement la mesure d'un ouvrier vigoureux et actif qui travaille à la tâche.

Tout comme dans les travaux des attelages on peut envisager ceux-ci comme suffisans, lorsqu'on est parvenu à achever les semailles, de même on aura assez d'ouvriers si on a pu accomplir la moisson. Et les ouvriers qu'on a eu à cette époque, dans une bonne exploitation, on pourra également les employer pendant toute l'année.

§ 199.

Une plus ou moins grande partie du travail a quelquefois lieu par corvées d'attelages ou de personnes. Quelqu'avantageux et nécessaire qu'il puisse être, tant pour celui qui y est assujetti que pour celui qui en a le droit, d'abolir les corvées au moyen d'une juste indemnité; quelque bien qui, dans le plus grand nombre des cas, puisse en résulter pour la société, cependant l'agriculteur ne doit point les négliger, il doit au contraire chercher à les mettre à profit autant que possible. Mais cela même dépend beaucoup des procédés qu'on a envers les

I.   18

corvéables, et ces procédés doivent varier selon le caractère national des hommes, quelquefois selon le caractère des habitans du lieu même. Celui qui n'emploîra la sévérité que lors qu'elle sera nécessaire, et qui, par de la bonté et de petits bienfaits, saura disposer ses gens à une activité avantageuse à eux-mêmes; celui qui abrégera le travail en récompense du zèle et de l'activité; celui qui, sous certaines conditions, dans des cas urgens, saura se relâcher de journées des corvéables, pour favoriser leurs propres affaires ; ce propriétaire obtiendra, dans bien des cas, davantage qu'il ne le ferait avec la plus extrême sévérité.

En général on ne saurait déterminer la quantité d'ouvrage qu'on peut tirer des corvées, ni par le nombre de journées, ni par la mesure de travail fixée par les conventions. Pour chaque cas il faut avoir égard à la localité, à l'expérience du passé, aux circonstances actuelles des corvéables; mais si l'on veut avoir la certitude de pouvoir suffire, il faut, dans tous les cas, rabattre beaucoup de ce qu'on croirait pouvoir obtenir.

Comme, excepté dans quelques districts de l'Allemagne, la plus petite partie des travaux seulement se fait par corvées, il faut réserver celles-ci pour les ouvrages dans lesquels la bonne exécution importe le moins. Pour les labours et les hersages, si ce n'est dans les terrains sablonneux, elle est de grande conséquence, puisque la différence en moins sur la récolte d'un champ mal labouré, dépasse de beaucoup ce qu'il en eût coûté pour le cultiver avec son propre attelage. C'est encore plus le cas là où le corvéable est tenu à une journée fixe. Là où l'on cultive les champs par corvées, il ne pourra que très-rarement y avoir une culture et une économie rurale très-bien entendues. Ainsi donc autant que possible il faut employer les attelages de corvées à des transports d'engrais et de grains, ou à d'autres charrois. Dans le plus grand nombre de cas, on envisage deux de ces attelages comme égaux à un du domaine même; mais il est bien rare, si celui-ci n'est pas très-mauvais, qu'il ne vaille pas encore davantage.

On peut en général mieux compter sur les corvées personnelles, si, de quelque manière, on obtient la bonne volonté des hommes qui les doivent. On a sur ce point aussi pris pour règle que trois ouvriers en corvée équivalent à deux journaliers.

Au reste ici encore on trouve de grandes différences; il y a des cas où l'on ne peut compter ces services que pour peu de chose, tandis qu'il en est d'autres, surtout à la moisson, où ils sont très-utiles. On peut les rendre beaucoup plus efficaces, en donnant quelqu'encouragement à ceux qui les doivent.

Lorsque d'après les circonstances du moment on aura calculé ce que, dans chaque période, on doit attendre de pareilles corvées, on le déduira de la somme des travaux qu'on doit exécuter avec ses propres attelages, domestiques et journaliers.

§ 200.

Pour servir d'exemples à ces calculs ou évaluations de travaux, je vais donner ici des tableaux de diverses formes, lesquels se rapporteront avec les comptes de culture qui viendront ensuite.

I.

ÉVALUATION

Des travaux nécessaires à une exploitation rurale soumise à l'assolement triennal avec jachère,

Comprenant,

1000 journaux de terres labourables.
150 journaux de prairies.
300 journaux de pâturages.

Des $333\frac{1}{3}$ journaux consacrés à la jachère, on en sème 50 en trèfle et 50 en pois.

ÉVALUATION DES TRAVAUX.

N.bre de journaux.	TRAVAUX.	JOURNÉES DE TRAVAIL DE			
		un cheval.	Deux bœufs de rechange.	OUVRIERS.	
				femmes.	hommes.
	AU PRINTEMS.				
50	Jachère en pois, labour. à 2 journ. par jour*	—	50	25	
	herser, à 12 . . .	$16\frac{2}{3}$	—	—	
$166\frac{2}{3}$	2.ᵉ labour pour l'orge, labour. à $2\frac{1}{4}$ . . .	—	148	74	
	herser à 14 . . .	$47\frac{1}{2}$	—	—	
$333\frac{1}{3}$	2.ᵉ labour p.ʳ l'avoine, 3 dit. p.ʳ l'orge labour. à $2\frac{1}{2}$ . . .	—	$266\frac{2}{3}$	$133\frac{1}{3}$	
	herser	$83\frac{1}{3}$	—	—	
	sommaire de tous les travaux du printems	$147\frac{1}{3}$	$464\frac{2}{3}$	$232\frac{1}{3}$	

Ces ouvrages doivent être accomplis en 60 jours, ainsi, pour y suffire, l'établissement a besoin de $2\frac{1}{3}$ chevaux, $7\frac{2}{3}$ bœufs de rechange, ou 10 chevaux.

EN ÉTÉ,

OUVRAGES DE CHARRUE.

N.bre de journaux.	TRAVAUX.	un cheval.	Deux bœufs de rechange.	femmes.	hommes.
$233\frac{1}{3}$	1.ᵉʳ labour de jachère, labourer à 2 journ.	—	$233\frac{2}{3}$	$116\frac{5}{6}$	
	herser à 14 . . .	$66\frac{2}{3}$	—	—	
$233\frac{1}{3}$	2.ᵉ dit . . . . . labourer à $2\frac{1}{2}$.	—	$186\frac{2}{3}$	$93\frac{1}{3}$	
	herser à 18 . .	$51\frac{5}{6}$	—	—	
$233\frac{1}{3}$	3.ᵉ dit . . . . . labourer à $2\frac{1}{2}$.	—	$186\frac{2}{3}$	$93\frac{1}{3}$	
	herser à 18 . .	$51\frac{5}{6}$	—	—	
50	Rompre le chaume des pois, labourer à $1\frac{1}{2}$.	—	$66\frac{2}{3}$	$33\frac{1}{3}$	
	herser à 18 . .	$11\frac{1}{2}$	—	—	
	SOMMAIRE . .	$181\frac{1}{3}$	$673\frac{2}{3}$	$336\frac{5}{6}$	

TRAVAIL RELATIF AUX ENGRAIS.

N.bre de journaux.	TRAVAUX.	un cheval.	Deux bœufs de rechange.	femmes.	hommes.
$116\frac{2}{3}$	Transport du fumier à 7 charr. par journal et 2 journaux par jour, 14 charr. . .	$233\frac{1}{3}$	—	—	—
	Conduire 5 attel. $19\frac{1}{3}$ jours, à 2 charr. . .	—	—	$58\frac{1}{3}$	$58\frac{1}{3}$
	Épandre, une femme par journal . . .	—	—	—	$116\frac{2}{3}$
	SOMMAIRE . .	$233\frac{1}{3}$	—	$58\frac{1}{3}$	175

* On suppose ici la charrue toujours attelée de deux chevaux et conduite par un homme seulement; tandis que pour le hersage et les autres labeurs, les attelages sont calculés à quatre chevaux. *Trad.*

ÉVALUATION DES TRAVAUX.

N.bre des journaux.	TRAVAUX.	JOURNÉES DE TRAVAIL DE			
		un cheval.	Deux bœufs de rechange.	OUVRIERS hommes.	femmes.
	MOISSON.				
$333\frac{1}{2}$	BLÉS HIVERNÉS. Faucher, à $2\frac{1}{2}$ journ. par faulx	—	—	$133\frac{1}{3}$	—
	râteler à lier à 2 journ. par personne	—	—	—	$166\frac{2}{3}$
	Charrier les gerbes, 10 journ. par attelage chaque jour	$133\frac{1}{3}$	—	—	—
	Charger, râteler p.r 3 attelages chaque jour quatre personnes	—	—	22	22
	Mettre en tas, 2 hommes et 8 femmes	—	—	22	88
50	POIS. Faucher, à $1\frac{1}{2}$ journal par faulx	—	—	$33\frac{1}{3}$	—
	Charrier, à 8 journ. par attelage	25	—	—	—
	Charger	—	—	6	6
	Mettre en tas, 2 hommes et 8 femmes	—	—	4	16
$166\frac{2}{3}$	ORGE. Faucher, à 3 journaux par faulx	—	—	$55\frac{1}{3}$	—
	Râteler et lier, à 3 journ. par femme	—	—	—	$55\frac{1}{3}$
	Charrier, à 15 journaux par attelage	$44\frac{1}{2}$	—	—	—
	Charger, à 4 personnes	—	—	8	8
	Mettre en tas, 2 hommes et 8 femmes	—	—	8	32
$166\frac{2}{3}$	AVOINE. Faucher, à 3 journaux par faulx	—	—	$55\frac{1}{3}$	—
	Râteler et lier, à 3 journaux par femme	—	—	—	$55\frac{1}{3}$
	Charrier, à 15 journaux par attelage	$44\frac{1}{2}$	—	—	—
	Charger, 4 personnes	—	—	8	8
	Mettre en tas, 2 hommes et 8 femmes	—	—	8	32
	SOMMAIRE . .	$247\frac{1}{3}$	—	$363\frac{1}{3}$	$489\frac{1}{3}$
	FENAISON.				
150	PRAIRIES. Faucher la 1.re coupe et faner	—	—	100	100
	Charrier, 50 chars par jour par chaque attelage	$28\frac{4}{7}$	—	—	—
	Charger, etc. à 6 journaux	—	—	$7\frac{1}{2}$	$7\frac{1}{2}$
	Mettre en tas, 1 homme et 5 femmes	—	—	$2\frac{1}{2}$	$12\frac{1}{2}$
50	TRÈFLE. Faucher 2 fois, à $2\frac{1}{2}$ journ. par faulx	—	—	40	—
	Faner, à 4 journaux par femme	—	—	—	25
	Charrier à 7 charr. par attelage, chaque jour	$28\frac{4}{7}$	—	—	—
	Charger, à 6 personnes	—	—	$7\frac{1}{2}$	$7\frac{1}{2}$
	Au fenil, 1 homme et 5 femmes	—	—	$2\frac{1}{2}$	$12\frac{1}{2}$
	SOMMAIRE . .	$57\frac{1}{7}$	—	160	165
	SOMMAIRE de tous les travaux d'été	$719\frac{1}{4}$	$673\frac{1}{3}$	$918\frac{1}{2}$	$829\frac{1}{4}$

ÉVALUATION DES TRAVAUX.

N.bre de journaux.	TRAVAUX.	JOURNÉES DE TRAVAIL DE			
		un cheval.	Deux bœufs de rechange.	OUVRIERS. hommes	femmes.
	EN AUTOMNE, OUVRAGES DE CHARRUE.				
50	Rompre le trèfle, 1 labour, à $1\frac{1}{2}$ journal . .	—	$33\frac{1}{3}$	$16\frac{2}{3}$	—
	herser, à 14	$14\frac{2}{7}$	—	—	—
50	Ayant rapporté des pois, 2.ᵉ labour, pour les grains d'hiver, à $2\frac{1}{2}$	—	$44\frac{4}{9}$	$22\frac{2}{9}$	—
	herser, à 14	$14\frac{2}{7}$	—	—	—
$233\frac{1}{3}$	Jachère, labour de semaille, à $2\frac{1}{4}$	—	$207\frac{1}{3}$	$103\frac{3}{4}$	—
	herser, à 18	52	—	—	—
$33\frac{1}{3}$	Chaume de seigle, rompre, à 2	—	$333\frac{1}{3}$	$166\frac{2}{3}$	—
	SOMMAIRE . .	$80\frac{4}{7}$	$618\frac{2}{3}$	$309\frac{11}{36}$	
	RÉCOLTE DES REGAINS.				
150	PRAIRIES. Faucher et faner	—	—	100	100
	Serrer 25 charr. à 6 charr. par attel.	$16\frac{2}{3}$	—	—	—
	Charger	—	—	$4\frac{1}{2}$	$4\frac{1}{2}$
	Mettre en tas	—	—	$1\frac{1}{2}$	$7\frac{1}{2}$
		$16\frac{2}{3}$	—	106	112
	SOMMAIRE de tous les travaux d'automne . .	$97\frac{1}{3}$	·$618\frac{2}{3}$	$415\frac{11}{36}$	112
	EN HIVER. TRAVAIL RELATIF AUX ENGRAIS.				
50	P.ʳ pois. Charrier le fumier. 7 charriots par journal, par attelage 9 charriots.	153	—	—	—
	Charger 1 homme 1 femme	—	—	$38\frac{8}{9}$	$38\frac{8}{9}$
	Epandre 1 homme par journal . .	—	—	50	—
	SOMMAIRE . .	153	—	$88\frac{8}{9}$	$38\frac{8}{9}$
	TRANSPORT DES GRAINS AU MARCHÉ.				
	$6\frac{1}{4}$ Winspel pois				
	$27\frac{1}{4}$ . . . . . orge.				
	$45\frac{1}{2}$ . . . . . seigle				
	à 3 jours par voyage. Grains d'hiver . . .	645			
	de printems	264			
	SOMMAIRE . .	909			
	SOMMAIRE de tous les travaux d'hiver . .	1062	—	$88\frac{8}{9}$	$38\frac{8}{9}$

ÉVALUATION DES TRAVAUX.

TRAVAUX.	JOURNÉES DE TRAVAIL DE			
	un cheval.	Deux bœufs de rechange.	OUVRIERS. hommes.	femmes.
CHARROIS ET TRAVAUX DIVERS.				
Amener dès la forêt, distante d'un mille, 50 moules de bois	200	—	—	
Transporter à la ville 90 quintaux de laine, deux charriots à 4 chevaux	24	—	—	—
Tondre 900 brebis	—	—	—	5o
Rigoles, raies d'irrigation et d'écoulement, 5oo. Travail des cours 25o. Jardin 3o	—	—	780	—
Sommaire des charrois et travaux divers . .	224	—	780	5o
RÉCAPITULATION.				
Travaux de printems : Travaux de charrue	$147\frac{1}{2}$	$464\frac{2}{3}$	$232\frac{1}{3}$	—
Travaux de l'été (a) : Travaux de charrue	$181\frac{1}{3}$	$673\frac{2}{3}$	$336\frac{5}{6}$	—
(b) ——— pour les fumiers .	$233\frac{1}{8}$	—	$58\frac{1}{2}$	175
(c) ——— pour la moisson . .	$247\frac{1}{3}$	—	$363\frac{1}{3}$	$489\frac{1}{3}$
(d) ——— pour la fenaison . .	$57\frac{1}{7}$	—	160	165
Sommaire des travaux d'été . . .	$719\frac{1}{7}$	$673\frac{2}{3}$	$918\frac{1}{2}$	$829\frac{1}{3}$
Travaux d'automne (a) : Travaux de charrue . . .	$80\frac{1}{7}$	$618\frac{2}{3}$	$300\frac{1}{3}$	—
(b) : Récolte des regains . . .	$16\frac{2}{3}$	—	106	112
Sommaire des travaux de l'automne . .	$97\frac{1}{3}$	$618\frac{2}{3}$	$415\frac{1}{3}$	112
Travaux d'hiver (a) : Travaux relatifs aux fumiers .	153	—	$88\frac{3}{9}$	$38\frac{2}{9}$
(b) : Transport des grains au marché	909	—	—	—
Sommaire des travaux d'hiver . .	1062	—	$88\frac{3}{9}$	$38\frac{2}{9}$
Charrois et ouvrages divers	224	—	780	5o
Sommaire général de tous les travaux . . .	2250	1757	2435	1030

Si l'on tient 8 chevaux, et qu'il y ait 500 jours de travail,
cela fait . . . . 2400 journées.
Et 16 bœufs mis en rechange, à 240 dits 1920
                                                    ———
                                                    4320 journées.

Il en resterait 318, qui suffiraient à peine pour faire les voitures accessoires et pourvoir aux accidens. Tout au moins aurait-on besoin d'un cheval surnuméraire ; en été, surtout à la moisson, les chevaux ne pourraient suffire.

Mais si l'on tient 15 chevaux, ainsi 6 de plus, ils suffiront à tous les travaux. Pour 16 bœufs il ne vaut guères la peine de tenir un bouvier et de leur consacrer les pâturages, qui d'ailleurs sont très-bornés et nécessaires pour les bêtes de rente.

Si l'entretien d'un cheval coûte 555 $\dagger$ et celui d'un bœuf 162 $\dagger$ 6 chevaux coûteront de plus que 16 bœufs, avec le bouvier, 258 $\dagger$ ou $52\frac{1}{4}$ scheffels. Mais l'épargne de cette valeur balancera difficilement l'incommodité inhérente à deux genres d'attelage.

Si, outre le battage, un homme ne fait que 220 journées, et que, pour cette exploitation rurale, on ne puisse pas se procurer des ouvriers du dehors, on aura besoin de onze familles d'ouvriers qui, alors, avec l'aide des domestiques, suffiront pour accomplir la moisson en six semaines.

Pour 22 journaux de blés d'hiver il faut un cheval.

II.

II.

ÉVALUATION DES TRAVAUX

d'une exploitation rurale soumise à la culture alterne, avec pâturage,
et divisée en huit soles,

et

comprenant

1200 journaux de terres arables.
150 ——— de prairies.
100 ——— de pâturages séparés.

ASSOLEMENT.

1 Jachère.
2 Seigle.
3 Orge.
4 Avoine.
5 Trèfle à faucher.
6 ⎫
7 ⎬ Pâturage.
8 ⎭

ÉVALUATION DES TRAVAUX.

N.bre de jour-naux.	TRAVAUX.	JOURNÉES DE TRAVAIL		
		d'un cheval.	d'un ouvrier.	d'une ouvrière.
	AU PRINTEMS.			
150	1.er labour pour l'avoine, avec 2 chevaux, à $2\frac{1}{4}$ journaux par journée de charrue (*)	$133\frac{1}{3}$	$33\frac{1}{3}$	—
	Hersage, avec 4 chevaux, à 16 j^x. par journée d'attel.	$37\frac{1}{2}$	—	—
150	2 labours pour l'orge . . à $2\frac{1}{4}$	$266\frac{2}{3}$	$66\frac{2}{3}$	—
	Hersage . . . . à 16	75	—	—
75	1.er labour pour rompre le pâturage, à $1\frac{3}{4}$	85	$21\frac{1}{4}$	—
	Hersage . . . . à 16.	$19\frac{1}{3}$	—	—
	Les 90 charriots de fumier qui restent, peuvent être consacrés au jardin et à la partie des prés qui est dans le plus mauvais état. Le plus grand éloignement des prairies est compensé par le rapprochement du jardin. Je compte ici, comme dans la suite, 12 charriots de fumier par attelage et par jour	30	—	—
8	Semer et planter au jardin, par journal 5 journées, dont je ne porte ici que 3, les 2 autres appartenant à la période d'été	—	8	16
1200	Faire les raies pour l'écoulement des eaux, curer les fossés, entretenir les haies, réparer les chemins; par journal de terre $\frac{1}{2}$ homme, dont la moitié portée en automne et ici seulement le reste . . .	—	300	—
	Un journalier chaque jour pour hâcher de la paille; j'en porte dans chaque saison $\frac{1}{4}$	—	70	—
	SOMMAIRE . .	$646\frac{1}{2}$	$499\frac{1}{4}$	16

Comme ces ouvrages doivent être exécutés en 60 jours, il faut chaque jour
$10\frac{1}{3}$ chevaux, $8\frac{1}{3}$ ouvriers, $\frac{1}{4}$ ouvrière.

N.bre de jour-naux.	TRAVAUX.	d'un cheval.	d'un ouvrier.	d'une ouvrière.
	EN ÉTÉ.			
150	Labourer 2 fois pour le grains d'automne, à $2\frac{1}{2}$ . .	240	60	—
	Herser 2 fois . . . . à 16 . . .	75	—	—
150	Charrier fumier, par journal 7 charriots, par journée 12 chariots	350	—	—
	Porté à page suivante . . .	665	60	—

(*) Les journées de charrue sont calculées à deux chevaux, les autres travaux sont calculés par journée d'attelage composé de quatre chevaux. *Trad.*

ÉVALUATION DES TRAVAUX.

N.bre de jour-naux.	TRAVAUX.	JOURNÉES DE TRAVAIL		
		d'un cheval.	d'un ouvrier.	d'une ouvrière.
	Transport . .	665	60	—
150	Charger . . . par attelage 1 femme et ½ homme .	—	43½	87
	Épandre . . . par journal ½ homme et ½ femme .	—	75	75
	Charrois des seigles.			
	150 journaux grains d'automne, à 9 scheff. de produit par journal, 1350 scheffel, à 86 liv. 116100 liv.			
	La proportion du grain à la paille est celle de 40 à 100, en conséquence la paille monte à 290250			
	Total . . 406350 liv.			
	Le chariot compté à 3500 liv. cela fait en tout 116, dont chaque jour 15 par attelage	32	—	—
	Si donc 32 chevaux, ou 8 attelages, doivent exécuter ce charroi en un jour, il s'ensuit que 3 attelages le finiront en 2⅔.			
	Un chargeur et une râteleuse avec chaque attelage . .	—	8	8
	À la grange, 2 hommes et 8 femmes pendant toute la durée du charroi	—	5⅓	21⅓
	Faucher les grains d'automne, à 2½ journ. par faulx.	—	60	
	Ramasser et lier	—	—	75
150	Moisson des orges,			
	150 journaux d'orge, à 9 scheffel par journal ; 1350 scheff., le scheff. à 68 liv. 91800 liv. de grain.			
	La proportion du grain à la paille est comme 63 : 100 . . . . 145714 liv.			
	Total . . . 237514 liv.			
	Le chariot, à 3500 liv., cela fait 68 chariots, dont par attelage et par jour 15	18⅓	—	—
	Ce charroi est fait par 3 attelages, ainsi il est achevé en 1⅓ jour.			
	Un chargeur et une râteleuse par attelage	—	4⅓	4⅓
	À la grange, par jour, 2 hommes et 8 femmes	—	3	12
	Faucher l'orge , . . . 3 journaux	—	50	—
	Ramasser et lier , . à 2	—	—	75
	porté à page suivante . . .	715⅓	309⅓	357⅚

ÉVALUATION DES TRAVAUX.

JOURNÉES DE TRAVAIL.

N.bre de journaux.	TRAVAUX.	d'un cheval.	d'un ouvrier.	d'une ouvrière.
	Transport . . .	$715\frac{1}{3}$	$309\frac{1}{3}$	$357\frac{3}{6}$
150	Moisson des avoines.			
	8 scheffels de produit par journal 1200 scheffels à 52 liv. . . . . 62400 liv. de grain proportion du grain à la paille comme 61 : 100 . . . . .102295 liv.			
	Total . . 165895 liv.			
	à 3500 liv. par chariot; 47 chariots, ce qui fait à 15 chariots par journée d'attelage	$12\frac{1}{3}$	—	—
	Ainsi 3 attelages suffiront pour les serrer en un jour			
	Un chargeur et une râteleuse par attelage	—	3	3
	À la grange	—	2	8
	Faucher. . . . . à 3 journaux.	—	50	—
	Ramasser et lier, à 2	—	—	75
150	Récolte du trèfle, 1.re coupe			
	Faucher. . . . . à 2 journaux, par faulx	—	75	—
	Faner . . . . . . à 3 . . . . . . par ouvrière . . .	—	—	50
	Produit 1000 liv. par journal, ainsi 150000 liv. de fourrage sec, ou 68 chariots, à 2200 liv.			
	Charrier, 8 chariots par attelage	34	—	—
	Charger, 1 homme et 1 femme par attelage	—	$8\frac{1}{2}$	$8\frac{1}{2}$
	Mettre en tas 1 homme et 4 femmes aussi long-tems que le charroi dure, 3 jours	—	3	12
150	Récolte des foins, 1.re coupe.			
	Faucher. . . . . à $1\frac{1}{2}$ journal	—	100	—
	Faner . . . . . . à $1\frac{1}{2}$	—	—	100
	Produit 800 liv. par journal, ainsi 120000 liv. ce qui, à 2200 liv. par chariot, fait $54\frac{1}{2}$ chariots.			
	Charrier, à 6 chariots par jour	$36\frac{1}{3}$	—	—
	Charger 1 homme et 1 femme	—	9	9
	Mettre en tas 1 homme et 4 femmes pendant 3 jours .	—	3	12
150	Récolte du trèfle, 2.e coupe.			
	Faucher. . . . . à 2 journaux	—	75	—
	Faner . . . . . . à 3	—	—	50
	Produit 600 liv. par journal, ainsi 90000 liv. de fourrage sec, ce qui, à 22 quint. par chariot, en fait 41.			
	Porté à page suivante . .	799	$637\frac{5}{6}$	$685\frac{1}{3}$

ÉVALUATION DES TRAVAUX.

Nbre. de jour- naux.	TRAVAUX.	JOURNÉES DE TRAVAIL		
		d'un cheval.	d'un ouvrier.	d'une ouvrière.
	Transport . .	799	$637\frac{5}{6}$	$685\frac{1}{3}$
	Charrier, à 8 chariots par attelage, chaque jour . .	21	—	—
	Charger 1 homme et 1 femme par attelage	—	5	5
	Mettre en tas, aussi long-temps que le charroi dure. par jour 1 hom. et 4 fem., pendant 1 jour et $\frac{3}{7}$ . .	—	$1\frac{3}{4}$	7
8	Semer et cultiver au jardin, les 2 journées laissées en arrière au printems	—	4	12
	Le $\frac{1}{4}$ du journalier occupé à hacher la paille	—	70	—
	SOMMAIRE . . .	820	$718\frac{7}{12}$	$709\frac{1}{3}$
	Comme ce travail doit être accompli en 80 jours, il faut avoir $10\frac{1}{4}$ chev., 9 ouvriers et 9 ouvrières . .			
	EN AUTOMNE.			
150	Donner le labour de semaille, à $2\frac{1}{2}$ journaux . . .	120	30	—
	Herser . . . . à 16	$37\frac{1}{2}$	—	—
150	Faucher le regain . . . . à $1\frac{1}{2}$	—	100	—
	Faner	—		100
	Produit, par journal 400 liv., ainsi 60000 liv., en comptant le chariot à 2200 liv., cela fait $27\frac{1}{4}$ chariots .			
	Charrier, à 6 chariots par attelage, chaque jour . .	18		
	Charger, par chaque attelage 1 homme et 1 femme .	—	$4\frac{1}{2}$	$4\frac{1}{2}$
	Mettre en tas, 1 hom. et 4 fem. pendant $1\frac{1}{3}$ jour . . .	—	$1\frac{1}{2}$	6
300	Chaumer pour l'orge et l'avoine de l'année suivante, à 2 journaux . .	300	75	—
75	Rompre le pâturage . . . . à $1\frac{3}{4}$	85	$21\frac{1}{4}$	—
	Herser . . . . à 16	$19\frac{2}{3}$	—	—
	La moitié des journées destinées à faire les raies d'écoulement, curer les fossés, etc.	—	300	—
	Le $\frac{1}{4}$ du journalier employé à hacher la paille	—	70	—
	SOMMAIRE . .	$580\frac{1}{6}$	$602\frac{1}{4}$	$110\frac{1}{2}$
	Comme ces travaux doivent être accomplis en 70 journées de travail, il est nécessaire d'avoir $8\frac{1}{4}$ chevaux, $8\frac{2}{3}$ ouvriers hommes, $1\frac{1}{2}$ femmes.			

ÉVALUATION DES TRAVAUX.

	Chevaux.
EN HIVER.	

Charroi des grains à 3 milles de distance.

Le produit net, après déduction de la semence, s'est élevé à, seigle 1181 scheffels.
De cette quantité sont à déduire
a) le salaire des batteurs, le 16e scheffel de 1350 sch. . . . $84\frac{1}{2}$ scheffels.
b) La consommation de 8 domestiques hommes, à 12 scheff.
9 ————— femmes, à 10 ——— } 186

$270\frac{1}{2}$ scheffels.

Il reste ainsi à faire le charroi de $910\frac{1}{2}$ scheffels = 38 charrois à 24 scheffels . .   3o4

Orge, 1181 scheffels, dont à déduire
a) Le salaire des batteurs, le 16e scheffel, de 1350 scheffels . $84\frac{6}{10}$ scheffels.
b) Pour farine, orge mondé, gruau, etc. 20

$104\frac{6}{10}$ scheffels.

Il reste à faire le charroi de $1076\frac{4}{10}$ scheffels = 34 charrois, à 32 scheffels . .   272

Avoine, 993 scheffels, dont à déduire
a) Le salaire des batteurs, le 16e scheffel, de 1200 scheffels   75 scheffels.
b) La consommation de 12 chevaux, à 70 scheffels par année . 840

915 scheffels.

Il reste à faire le charroi de 78 scheffels en 2 charrois   16

Outre cela

Le charroi de 36 moules de bois, à la distance d'un mille, à 1 moule par jour .   144
Charrois divers pour transport d'objets nécessaires à la consommation, etc. .   52

  788

Le ⅓ du journalier employé à hâcher la paille, 70 journées d'ouvriers.
Les travaux d'hiver doivent être accomplis en 72 journées de travail, il faut
avoir, pendant cette période,
11 chevaux et 1 ouvrier.

RÉCAPITULATION.

SOMMAIRE général des journées d'ouvriers, hommes . $1890\frac{1}{12}$
femmes . $835\frac{10}{12}$

Comme il est reconnu que si, au printems, on peut suffire aux travaux avec les attelages, et, en été, avec les ouvriers; le même nombre d'attelages et d'ouvriers suffit pendant toute l'année: je pense qu'afin de pouvoir satisfaire à tout, on devrait tenir habituellement 12 chevaux, et fournir un établissement à neuf familles d'ouvriers.

Si même on supposait ce domaine exploité avec des bœufs, on ne pourrait cependant pas réduire le nombre des chevaux au-dessous de 8, à cause du grand nombre de charrois de fourrages et de grains qui doivent y avoir lieu: les quatre autres seulement, pourraient être remplacés par 4 attelages de bœufs de rechange.

III.

ÉVALUATION DE TRAVAUX

pour un domaine,

composé de

150 journaux de prairies.
1200 journaux de terres arables, partie sabloneuses et partie
argileuses, divisés en sept soles.

AVEC

nourriture du bétail à l'étable.

ASSOLEMENT.

1. Récoltes sarclées, (pommes de terre, fèves).
2. Orge après les pommes de terre, froment après les fèves.
3. Trèfle.
4. Trèfle.
5. Grains d'automne.
6. Pois et vesces.
7. Grains d'automne.

ÉVALUATION DES TRAVAUX.

N.bre de jour-naux.	TRAVAUX.	JOURNÉES DE TRAVAIL			
		d'un cheval.	Deux bœufs de rechange.	d'un ouvrier.	d'une ouvrière.
	AU PRINTEMS, en 64 journées.				
90	En pommes de terre donner le 2.^d labour, à 2⅓ journaux par charrue. . .	—	78	38	—
	Hersage, à 16 . . . . . par attelage . .	22½	—	—	—
	3.ᵉ labour pour planter, . à 2⅓.	—	78	39	—
	Hersage, à 16	22½	—	—	—
81½	En Fèves, labour de semailles, à 2	—	81½	40⅓	—
	Semaille en lignes	—	—	18	18
171½	En pois et vesces, labour, . . . à 2⅓.	170	—	73½	—
	Hersage, ... à 12	57	—	—	—
90	En pommes de terre, culture au grand extirpateur, avant qu'elles lèvent, à 18 journ. .	20	—	5	—
	Hersage en long, ... à 24	15	—	—	—
81½	Froment, hersage pour couvrir la semence de trèfle . . . . à 20	16	—	—	—
81½	Fèves en ligne, donner la 1re. culture, à 6 .	14	—	12	12
90	P^r. Orge, passer le grand extirpateur, à 18 .	20	—	5	—
	Hersage . . . . à 22	15	—	—	—
	Enterrer la semence avec le petit extirpateur.	18	—	—	—
	Hersage . . . . à 18	15	—	—	—
	Passer le rouleau	18	—	—	—
90	Planter les pommes de terre	—	—	—	225
171½	Pr Pois, transporter 4 chariots de fumier par journal	229	—	—	—
	Charger et épandre soigneusement . . .	—	—	200	60
	P^r des petits ouvrages	—	—	200	100
	P^r divers charrois accessoires	72	—	—	—
	SOMMAIRE des travaux du printems . . .	724	237½	631	415

ÉVALUATION DES TRAVAUX.

Nbre. de journaux.	TRAVAUX.	JOURNÉES DE TRAVAIL.			
		d'un cheval.	Deux bœufs de rechange.	d'un homme.	d'une femme.
	EN ÉTÉ, en 80 journées.				
171½	CHAUME DE POIS. Labour, à 2½ jx. par charrue	—	138	69	—
	Herser, à 18	38	—	—	—
90	POMM. DE TERRE. Cultiver 3 fois	45	—	45	45
81½	FÈVES . . . . . Buter	14	—	14	14
171½	TRÈFLE . . . . Rompre avec la charrue tran-				
	chante (voy. § 184), à 1½ journ. par jour.	—	229	114	—
	berser, à 16	43	—	—	—
	RÉCOLTES.				
424½	GRAINS D'AUT. Faucher, à 2½ jx. par saulx .	—	—	170	—
	Ramas. et lier, à 2 . . . par person.	—	—	—	213
	Charrier . . . à 12 . . .par attelag.	141	—	—	—
	Charger et râteler	—	—	32	32
	Mettre en tas à la grange	—	—	24	90
171½	POIS ET VESCES. Faucher, à 1½ jl. par saulx.	—	—	115	—
	Charrier	76	—	—	—
	Charger et râteler	—	—	24	24
	Mettre en tas	—	—	24	60
90	ORGE. . . . Faucher . . à 3 journ. par saulx.	—	—	30	—
	Ramasser et lier	—	—	—	45
	Charrier	24	—	—	—
	Charger et râteler	—	—	6	6
	Mettre en tas dans la grange . . .	—	—	12	50
117	TRÈFLE. . Faucher . . à 2 journ. par saulx.	—	—	58½	—
	Charrier	39	—	—	—
	Charger et râteler	—	—	10	10
	Mettre en tas au fenil	—	—	10	10
	Porté à page suivante . . .	420	367	[illegible]	629

ÉVALUATION DES TRAVAUX.

N.bre de journaux.	TRAVAUX.	JOURNÉES DE TRAVAIL			
		d'un cheval.	Deux bœufs de rechange.	d'un ouvrier.	d'une ouvrière.
	Transport . . .	420	367	$757\frac{5}{6}$	629
150	Prairies. Faucher, à $1\frac{1}{2}$ journal par faulx . .	—	—	100	—
	Faner	—	—	—	100
	Charrier	50	—	—	—
	Charger et râteler	—	—	12	12
	Mettre en tas	—	—	12	50
	Pour ouvrages accessoires, durant cette pé-riode	160	—	340	120
	A quoi il faut ajouter que le trèfle en vert doit être charrié avec une paire de bœufs destinée à cet usage particulier.				
	Sommaire des travaux d'été . .	630	367	$1221\frac{5}{6}$	911

AUTOMNE, en 76 journées.

N.bre	TRAVAUX.	d'un cheval.	Deux bœufs de rechange.	d'un ouvrier.	d'une ouvrière.
90	Pommes de terre. Donner le 1.er labour pour l'orge de printems.	—	103	52	—
	Herser	18	—	—	—
90	Pommes de terre. Labourer profondément, à $1\frac{1}{2}$ journal	—	120	60	—
	Herser en long	$22\frac{1}{2}$	—	—	—
$81\frac{1}{2}$	Chaum. de fèves. Rompre p.r semer froment, à $2\frac{1}{4}$ journaux	—	73	37	—
$81\frac{1}{2}$	Ch. grains d'aut. Labourer profondément p.r fèves, à $1\frac{1}{2}$ journal . .	—	109	55	—
	Herser, à 16 journaux . .	21	—	—	—
124	Grains d'automne. Enterrer la semence au petit extirpateur. . . .	85	—	—	—
	Herser	74	—	—	—
117	Trèfle . . . . . Faucher la 2.e coupe . . .	—	—	$58\frac{1}{2}$	—
	Faner	—	—	—	30
	Charrier	20	—	—	—
	Charger et râteler	—	—	10	10
	Mettre en tas	—	—	5	22
	Porté à page suivante . . .	$240\frac{1}{2}$	405	$277\frac{1}{2}$	62

ÉVALUATION DES TRAVAUX.

N.bre des journaux.	TRAVAUX.	JOURNÉES DE TRAVAIL			
		d'un cheval.	Deux bœufs de rechange.	d'un ouvrier.	d'une ouvrière.
	Transport . . .	$240\frac{1}{2}$	405	$277\frac{1}{2}$	62
150	PRAIRIES. Faucher le regain.........	—	—	100	
	Fauer...............	—	—	—	100
	Charrier...............	50	—	—	--
	Charger et râteler	—	—	8	8
	Mettre en las	—	—	8	50
90	POM. DE TERRE. Charrier p.ᵣ l'orge, 10 char. de fumier par journal.....	240	—	—	—
	Charger...............	—	—	30	60
81	Pour FÈVES, charrier 10 chariots de fumier par journal..........	326	—	—	—
	Charger et épandre........	—	—	110	110
90	POOM. DE TERRE, récolter, 1 hom. et 8 fem. par journal..........	—	—	90	720
	Charrier, 1 attelage et 1 ouvrier p.ᵣ 3 journaux........	120	—	30	—
	Divers travaux à bras durant cette période ..	—	—	300	80
	Divers charrois accessoires..........	48	—	—	—
	Sommaire des travaux de l'automne ..	$1004\frac{1}{2}$	405	$953\frac{1}{2}$	1170

EN HIVER.

		d'un cheval.	Deux bœufs de rechange.	d'un ouvrier.	d'une ouvrière.
	C'est dans cette saison qu'ont principalement lieu les charrois pour la vente des blés. Si l'on admet qu'il faille 2 journées pour une voiture, il faudra pour cela, d'après une estimation de la récolte faite sous déduction de la semence et de ce qui doit être consommé	1400	—	—	—
	Cependant, dans cette période, comme dans les autres, une partie des travaux peut être renvoyée à un autre tems, si cela est plus opportun				
	Les charrois de bois et autres voitures accessoires pourront très-bien être faits dans cette période par des bœufs bien nourris et qu'on aura eu soin de tenir en haleine; on peut mettre en compte pour cela	—	400	—	—
	Le battage a lieu dans cette saison au scheff. 16; mais il faudra p.ᵣ divers travaux accessoires.	—	—	140	—
	Sommaire des travaux d'hiver ...	1400	400	140	

ÉVALUATION DES TRAVAUX.

RÉCAPITULATION.	JOURNÉES DE TRAVAIL			
	d'un cheval.	Deux bœufs de rechange.	d'un ouvrier.	d'une ouvrière.
Travaux de Printems	724	$237\frac{1}{2}$	631	415
d'Été	630	367	$1221\frac{5}{6}$	911
d'Automne	$1005\frac{1}{2}$	405	$953\frac{1}{3}$	1170
d'Hiver	1400	400	140	
SOMMAIRE . . .	$3758\frac{1}{2}$	$1409\frac{1}{2}$	$2946\frac{1}{6}$	2496

Outre les ouvriers ci-dessus il doit y avoir encore

    1 Maître-valet chargé tant d'inspecter les travaux dans les cours et bâtimens que de semer,

    4 Charretiers.

    1 Aide.

    1 Vacher.

    1 Bouvier.

    1 Berger pour soigner les cochons.

    6 Servantes pour soigner le bétail, (servantes de basse-cour).

    1 Servante de maison.

IV.

ÉVALUATION DES TRAVAUX

pour

un domaine composé de

150 journaux de prairies.
100 ————— de pâturages séparés.
1200 ————— de terres arables, divisées en 11 soles de 109
journaux $\frac{1}{11}$ chacune.

ASSOLEMENT.

1 Récoltes jachères avec 10 chariots de fumier par journal.
2 Orge.
3 Trèfle.
4 Trèfle arrosé en hiver avec des eaux de fumier.
5 Colza avec 6 chariots de fumier.
6 Froment.
7 Pois fumés par dessus, à 5 chariots de fumier par journal.
8 Seigle.
9 Vesces fumées par dessus, à 4 chariots de fumier par journal.
10 Seigle.
11 Avoine.

ÉVALUATION DES TRAVAUX.

ÉVALUATION DES TRAVAUX.

Soles.	N.bre de journaux.	TRAVAUX.	PRINTEMS, de 64 jours de tr[avail]. un cheval.	2 bœufs de rechange.	ouv[riers] hommes.	ÉTÉ, [de] 80 jours de travail. [2 bœufs de re]change.	OUVRIERS. hommes.	femmes.	AUTOMNE, de 76 jours de travail. un cheval.	2 bœufs de rechange.	OUVRIERS. hommes.	femmes.	HIVER, de 80 jours de travail. un cheval.	2 bœufs de rechange.	OUVRIERS. hommes.	femmes.
I	$109\frac{1}{11}$	SOLE des récoltes jachères. Labourer profondément en en automme, à $1\frac{1}{2}$ j.l par charrue attelée de 2 chevaux	—	—	—	—	—	—	$145\frac{5}{11}$	—	$36\frac{4}{11}$					
		Herser . . . . . à 16 j.x par attel. de 4 chev.	—	—	—	—	—	—	$27\frac{3}{11}$							
		Charrier le fumier $1090\frac{10}{11}$ char., ce qui fait 10 chariots par j.l, à 8 chariots par attelage.	—	—	—	—	—	—	—	—	—	—	$545\frac{5}{11}$			
		Charger, par attelage, $\frac{1}{2}$ homme et 1 femme.	—	—	—	—	—	—	—	—	—	—	—	—	$68\frac{3}{11}$	$136\frac{4}{11}$
		Lier, par journal, 1 homme	—	—	$109\frac{1}{11}$											
		Labourer, p.r la 2.e fois, $2\frac{1}{3}$ j.l par charrue. Herser . . . . . 16 par attelage.	$27\frac{3}{11}$	$93\frac{6}{11}$	$46\frac{3}{11}$											
	$49\frac{1}{11}$	Labourer, p.r la 3.e fois, p.r planter les pom. de terre . . . . . à $2\frac{1}{2}$ journaux	—	$39\frac{3}{11}$	$19\frac{7}{11}$											
		Planter les pom. de terre, $2\frac{1}{2}$ fem. par journal.	—	—	—											
		Herser, à 18 journaux par attelage	$10\frac{10}{11}$	—	—											
		Cultiver avec l'extirpateur, à 18 journaux par journée de 4 chevaux	—	—	—	—	$2\frac{8}{11}$									
		Herser en long . . . . . à 24	—	—	—											
		Cultiver 3 fois à la houe et au cultivateur à cheval, 1 chev. et $1\frac{1}{2}$ hom. 6 j.x par jour	—	—	—	—	$36\frac{8}{11}$									
		Récolter, par journal, 1 homme et 8 femmes.	—	—	—	—	—	—	—	—	$49\frac{1}{11}$	$392\frac{8}{11}$				
		Charrier, p.r 4 j.x un attelage et 1 journalier.	—	—	—	—	—	—	$49\frac{1}{11}$	—	$12\frac{3}{11}$					
	60	Donner le 3.e labour p.r des rutabagas, à $2\frac{1}{2}$ j.x	—	48	24											
		Herser . . . . . à 18	$13\frac{3}{11}$	—	—											
		Passer le marqueur, 2 hommes et 1 cheval en font, d'un jour, 20 journaux	3	—	6											
		Semer des rutabaga en lignes avec le petit semoir, 1 homme 6 journaux	—	—	10											
		Eclaircir avec les houes du grand semoir, 1 cheval, et $1\frac{1}{2}$ homme p.r 12 journaux	—	—	—	—	$7\frac{5}{11}$									
	60	Cultiver 2 fois les rutabaga au ratissoir à cheval, 1 chev. et $1\frac{1}{2}$ homme p.r 6 journaux	—	—	—	—	25									
		Arracher, par journal, $\frac{1}{2}$ homme et 4 femmes	—	—	—	—	—	—	—	—	30	240				
		Charrier, par journal, $\frac{1}{2}$ attelage et $\frac{1}{2}$ homme.	—	—	—	—	—	—	120	—	30					
II	$119\frac{1}{11}$	SOLE de l'Orge. Labourer la sole des récoltes jachères, p.r l'orge du printems suiv., à $1\frac{3}{4}$ journal.	—	—	—	—	—	—		$124\frac{6}{11}$	$62\frac{3}{11}$					
		Herser en long . . . . . à 20 journ.	—	—	—	—	—	—	$21\frac{9}{11}$							
		Enterrer la semence au petit extirpateur, 2 chevaux, 10 journaux par jour	$21\frac{9}{11}$	—	$16\frac{4}{11}$											
		Herser en long . . . . . à 24 journ.x	$18\frac{2}{11}$	—	—											
		Cultiver au printems avec l'extirpateur, 18 journaux par attelage	$24\frac{5}{11}$	—	$6\frac{1}{11}$											
		Porté à page suivante	$118\frac{9}{11}$	$180\frac{6}{11}$	$237\frac{10}{11}$	—	$72\frac{1}{11}$	—	$363\frac{7}{11}$	$124\frac{8}{11}$	220	$632\frac{8}{11}$	$545\frac{5}{11}$		$68\frac{2}{11}$	$136\frac{4}{11}$

ÉVALUATION DES TRAVAUX.

Soles	N.bre de journaux	Culture	TRAVAUX	PRINTEMS, de 61 jours de travail — un cheval	2 bœufs de rechange	ouvriers hommes	ÉTÉ — un cheval	2 bœufs de rechange	hommes	femmes	AUTOMNE, de 76 jours de travail — un cheval	2 bœufs de rechange	hommes	femmes	HIVER, de 80 jours de travail — un cheval	2 bœufs de rechange	hommes	femmes
			Transport . . .	$118\frac{2}{11}$	$180\frac{2}{11}$	237	—	—	$72\frac{1}{11}$	—	$363\frac{1}{11}$	$124\frac{8}{11}$	220	$632\frac{8}{11}$	$545\frac{8}{11}$	—	$68\frac{2}{11}$	$136\frac{8}{11}$
			Herser en long, à 24 journaux	18	—	—												
			Pass. le roul. p.r enter. la gr. de trèfle, à 18 j.x	12	—	—												
III.	$109\frac{1}{11}$	Jachère	Herser au printems . . . . à 16 j.x	$27\frac{1}{11}$	—	3												
IV.	$109\frac{1}{11}$	Trèfle vieux	Arroser avec des eaux de fumier, 2 chevaux et 1½ homme par journal . . .	—	—	—	—	—	—	—								
V.	$109\frac{1}{11}$	P.re Colza	Après une première coupe rompre le trèfle à la charrue tranchante, à 1½ journal	—	—	—	—	—	—	—	—	—	—	—	$38\frac{8}{11}$	180	$99\frac{8}{11}$	—
			Herser . . . . . . à 16 journaux	—	—	—	$16\frac{5}{11}$	—	$72\frac{8}{11}$	—								
			Charrier 6 chariots fumier par journal = $653\frac{4}{11}$, à 10 chariots par journée	—	—	—	$26\frac{8}{11}$	—	$65\frac{4}{11}$	—								
			Charger, par attelage, ½ homme et 1 femme	—	—	—	—	—	$32\frac{1}{11}$	$65\frac{4}{11}$								
			Épandre, par journal 1 homme	—	—	—	—	—	$109\frac{1}{11}$	—								
			Labourer superficiellem.t p.r enterrer, à 2½ j.x	—	—	—	6	—	$34\frac{1}{11}$	—								
			Herser . . . . à 18 j.x	—	—	—	—	—	—	—								
			Faire les raies au marqueur . . à 20 j.x	—	—	—	—	—	$10\frac{10}{11}$	—								
			Semer le colza avec le petit semoir, 1 hom. 6 j.x	—	—	—	—	—	$18\frac{8}{11}$	—								
			Passer le rouleau . . . . . à 18 j.x	—	—	—	—	—	3	—								
			Herser après qu'il est levé . . à 18 j.x	—	—	—	—	—	—	—								
			Buter avec la houe à cheval, 1 cheval et 1½ hom. pour 6 journaux	$18\frac{3}{11}$	—	—	—	—	—	—	$24\frac{1}{11}$	—	$22\frac{8}{11}$	—				
			Buter de rechef	18	—	$22\frac{1}{2}$	—	—	$22\frac{8}{11}$	—	$18\frac{8}{11}$	—	—	—				
VI.	$109\frac{1}{11}$	P.re Froment	Donner le 1.er lab. à 2½ journaux	—	—	—	—	—	—	—	—	$96\frac{10}{11}$	$48\frac{8}{11}$	—				
			Herser . . . . . à 16	—	—	—	—	—	—	—	$27\frac{1}{11}$	—	$16\frac{1}{11}$	—				
			Enterrer la semence au petit extirpateur, 2 chevaux p.r 10 journaux	—	—	—	—	—	—	—	$27\frac{1}{11}$	—	—	—				
			Herser . . . . . à 16 journaux	—	—	—	—	—	—	—	$21\frac{1}{11}$	—	—	—				
			Herser de rechef, à 16 journ.x	$27\frac{1}{11}$	—	—	—	—	—	—	—	—	—	—				
VII.	$109\frac{1}{11}$	P.re Pois	Donner le 1.er lab. à 2½ journ.x	$27\frac{1}{11}$	$93\frac{4}{11}$	46												
			Herser . . . . . à 12 journ.x	36	—	—												
			Charrier 5 chariots de fumier par journal = $545\frac{3}{11}$, à 12 chariots	181	—	—												
			Charger, par attelage, ½ homme et 1 femme	—	—	$21\frac{1}{7}$												
			Épandre, par journal, 1 homme	—	—	$109\frac{1}{2}$												
VIII.	$109\frac{1}{11}$	P.re Seigle	Labour. le chaume des pois, à 2½ journaux	—	—	—	—	—	—	—	—	$87\frac{1}{11}$	$43\frac{8}{11}$	—				
			Herser . . . . . à 18 journaux	—	—	—	—	—	—	—	$24\frac{1}{11}$	—	—	—				
			Enterrer la semence au petit extirpateur, à 10 journaux	—	—	—	—	—	—	—	$21\frac{1}{11}$	—	$16\frac{1}{11}$	—				
			Herser . . . . . à 18 journaux	—	—	—	—	—	—	—	$24\frac{1}{11}$	—	—	—				
			Herser de rechef, à 16 journaux	$27\frac{1}{11}$	—	—												
			Transporté à pages suivantes . . .	$167\frac{3}{11}$	$274\frac{1}{11}$	419	$40\frac{2}{11}$	—	$440\frac{1}{11}$	$65\frac{4}{11}$	$552\frac{8}{11}$	$308\frac{8}{11}$	$367\frac{8}{11}$	$632\frac{8}{11}$	$583\frac{3}{11}$	180	$167\frac{8}{11}$	$136\frac{1}{7}$

Soles	N.bre de journaux	TRAVAUX	PRINTEMPS-ÉTÉ, de 65 jours de 20 jours de travail.					AUTOMNE, de 76 jours de travail.				HIVER, de 80 jours de travail.			
			un cheval	2 bœufs de rechange	ouvriers de l'attelage, hommes	OUVRIERS hommes	OUVRIERS femmes	un cheval	2 bœufs de rechange	OUVRIERS hommes	OUVRIERS femmes	un cheval	2 bœufs de rechange	OUVRIERS hommes	OUVRIERS femmes
		Transporté de page précédente ...	467 3/11	274 4/11	442 9/11	440 3/11	65 3/11	552 8/11	308 8/11	367 6/11	632 4/11	583 7/11	180	167 8/11	136 4/11
IX.	109 1/11	P.r Vesces. Rompre le chaume de seigle, à 2½ journaux	—	93 6/11	46 4/11	—	—								
		Herser .... à 12.	36 4/11	—											
		Charrier p.r chaque journal 4 chariots fumier, à 12 chariots par journée d'attelage	145 1/12	—	18 2/11										
		Charger, ½ homme et 1 femme par attelage .	—	—											
		Epandre, 1 homme par journal	—	—	10 9/11										
X.	109 1/11	P.r Seigle. Labourer le chaume des vesces, à 2½ journx.	—	—	—	—	—	—	87 4/11	43 7/11					
		Herser .... à 18	—	—	—	—	—	24 3/11	—	16 4/11					
		Enterrer la semence au petit extirpateur, à 10 j.	—	—	—	—	—	21 9/11	—						
		Herser .... à 18 j.	—	—	—	—	—	24 3/11							
		Herser de rechef au printems ..... à 16 j.	27 1/11	—	—	—	—								
XI.	109 1/11	P.r Avoine. Rompre le chaume de seigle .... à 2 j.	—	—	—	—	—	59 1/11	50	39 2/11					
		Herser .... à 12 j.	—	—	—	—	—	36 4/11							
		Enterrer la semence, au printems, avec le petit extirpateur, à 10 journx. par attel. et par jour	21 3/11	—	16 1/4										
		Herser .... à 18 j.	24 3/11	—											
		Curer les raies d'écoulement et les fossés . .	—	—	—	—	—	—	—	250	—	—	—	200	
		Prairies. Charrier 150 chariots fumier, à 8 chariots par journée d'attelage	—	—	—	—	—	—	—	—	—	75	—		
		Charger, par chaque attel. ½ hom. et 1 femme .	—	—	—	—	—	—	—	—	—	—	—	9 4/11	18 4/11
150		dites. Epandre, ¼ homme par journal	—	—	—	—	—	—	—	—	—	—	—	27 6/11	
		Faucher .... à 1½ j. par faulx .	—	—	—	100	—								
		Faner .... à 1½ j. par femme ...	—	—	—	—	100								
		Serrer, 62½ chariots foin, à 7 char. par journée d'attelage	—	—	—	—	—								
		Charger, par journée d'attel. 1 hom. et 1 fem. ...	—	—	—	9 2/4	9								
		Mettre en tas, par jour, 1 hom. et 4 fem. ...	—	—	—	—	9								
III. IV.	218 2/11	Trèfle. Faucher, à 2 journaux par faulx	—	—	—	109 7/11	—								
		Faner, pour 4 journaux 1 femme	—	—	—	—	54 8/11								
		Charrier 145 4/11 char. fourrage, à 8 char. par jour.	—	—	—	—	—								
		Charger, par attelage, 1 homme et 1 femme .	—	—	—	18 7/11	18 2/11								
		Mettre en tas, par jour, 1 homme et 4 femmes .	—	—	—	4 4/11	18 0/11								
IX.	90	Vesces. Faucher en fleur, à 1½ journal par faulx. .	—	—	—	60	—								
		Faner ...... à 2 journaux par femme ...	—	—	—	—	60								
		Serrer, 75 chariots fourrage sec à 9 chariots par attelage	—	—	—	—	—								
		Charger, par attelage, 1 homme et 1 femme .	—	—	—	8 4/11	8 4/11								
		Mettre en tas, par jour 1 hom. et 4 femmes .	—	—	—	2 7/11	8 4/11								
VI. VIII. X.	327 1/11	Grains d'aut. Faucher ..... à 2½ journx. par faulx .	—	—	—	130 10/11	—								
		Ramasser et lier ... à 2 journx. par femme. .	—	—	—	—	163 7/11								
		Porté à page suivante .	722 3/11	367 10/11	782 7/11	885 5/11	514 8/11	718 1/11	446	717 4/11	632 8/11	658 7/11	180	404 7/11	155 4/11

ÉVALUATION DES TRAVAUX.

PRINTEMS ÉTÉ, de 64 jours de [travail] / [..] jours de travail. — AUTOMNE, de 76 jours de travail. — HIVER, de 80 jours de travail.

Soles.	N.bre de journaux.	TRAVAUX.	un cheval.	2 bœufs de rechange.	ouvriers hommes.	ouvriers femmes.	OUVRIERS hommes.	OUVRIERS femmes.	un cheval.	2 bœufs de rechange.	OUVRIERS hommes.	OUVRIERS femmes.	un cheval.	2 bœufs de rechange.	OUVRIERS hommes.	OUVRIERS femmes.
		Transporté de page précédente . . .	$722\frac{4}{11}$	$367\frac{10}{11}$	$782\,[?]$	$[?]\frac{7}{11}$	$885\frac{3}{11}$	$514\frac{8}{11}$	$718\frac{7}{11}$	446	$717\frac{4}{11}$	$632\frac{8}{11}$	$658\frac{7}{11}$	180	$405\frac{7}{11}$	$155\frac{1}{11}$
II. XI.	$218\frac{4}{11}$	Serrer, par journée d'attelage, le blé de 18 journx. avec l'aide d'un chargeur et d'une râteleuse . . .	—	—	—	—	$32\frac{8}{11}$	$32\frac{8}{11}$								
		Mettre en tas, 2 hommes et 8 femmes par jour . .	—	—	—	—	$16\frac{4}{11}$	$65\frac{7}{11}$								
		Orge et avoine. Faucher, à 3 journx. par faulx, lier à 3 journx. p.r une femme	—	—	—	—	$72\frac{9}{11}$	$72\frac{8}{11}$								
		Serrer, à 20 journx. par attelage, 1 chargeur et une râteleuse	—	—	—	—	$10\frac{10}{11}$	$10\frac{10}{11}$								
VII. IX.	$128\frac{21}{11}$	Mettre en tas, 2 hom. et 8 fem. chaque jour . . .	—	—	—	—	$5\frac{3}{11}$	$21\frac{1}{11}$								
		Pois et vesces. Faucher, à 1½ journal par faulx	—	—	—	—	$85\frac{4}{11}$	—								
		Serrer, par journée 9 journx. par attelage, 1 chargeur et 1 râteleuse	—	—	—	—	$14\frac{3}{11}$	$14\frac{7}{11}$								
V.	$109\frac{1}{11}$	Colza . . Mettre en tas, chaque jour 2 hom. et 8 fem. . . .	—	—	—	—	$7\frac{7}{11}$	$28\frac{8}{11}$								
		Faucher et arracher, à 2 journx. p.r 1 homme et 1 femme	—	—	—	—	$54\frac{6}{11}$	$54\frac{6}{11}$								
		Battre sur le champ, par jour, 2 porteurs et 2 porteuses	—	—	—	—	$218\frac{4}{11}$	$218\frac{7}{11}$								
		Serrer, par attelage 9 j.x, 1 chargeur et 3 râteleurs.	—	—	—	—	$12\frac{4}{11}$	$12\frac{4}{11}$								
		Mettre en tas, par jour, 1 hom. et 4 fem.	—	—	—	—	3	$12\frac{4}{11}$								
	150	Prairies . Faucher et faner le regain, à 1½ journl. p.r 1 homme et 1 femme	—	—	—	—	—	—	—	—	100	100				
		Serrer 31½ chariots, à 7 chariots par journée d'attelage, 1 chargeur et 1 râteleuse	—	—	—	—	—	—	18		$4\frac{6}{11}$	$4\frac{6}{11}$				
III.	$109\frac{1}{11}$	Mettre en tas, par jour 1 homme et 4 femmes . . .	—	—	—	—	—	—			$1\frac{2}{11}$	$4\frac{5}{11}$				
		Trèfle . Faucher la 2.e coupe et faner, par faulx 2 hommes et ½ femme	—	—	—	—	—	—			$54\frac{6}{11}$	$27\frac{3}{11}$				
		Serrer 36 chariots, à 7 chariots par journée d'attelage, 1 chargeur et 1 râteleuse	—	—	—	—	—	—	$20\frac{8}{11}$		$5\frac{2}{11}$	$5\frac{8}{11}$				
		Mettre en tas 1 hom. et 4 fem. par jour . . .	—	—	—	—	—	—			$3\frac{2}{11}$	$5\frac{8}{11}$				
		Transport des grains à la vente, à 3 mètres de distance, 2 journées par charroi, 1517½ chevaux	$117\frac{1}{11}$	—	—	—	—	—	350	—	—	—	500			
		Charroi de bois de réparations et bonifications, à la ville et autres, de plus chaque jour 1 journalier extraordinaire	$184\frac{4}{11}$	—	64	—	80	—	$108\frac{4}{11}$	—	76	—	$121\frac{1}{11}$	—	80	—
		SOMMAIRE . . .	1024	$367\frac{10}{11}$	$846\,[?]$	$46[?]\frac{7}{11}$	$1498\frac{4}{11}$	$1058\frac{1}{11}$	$1215\frac{8}{11}$	446	$960\frac{1}{11}$	$779\frac{4}{11}$	1280	180	$484\frac{7}{11}$	$155\frac{1}{11}$

ÉVALUATION DES TRAVAUX.

CALCUL DE LA QUANTITÉ DE GRAINS A TRANSPORTER.

	COLZA.		FROMENT.		SEIGLE.		POIS.		VESCES.		ORGE.		AVOINE.
	sch.	met.	sch.	met.	sch.	met.	sch.	met.	sch.	met.	sch.	met.	sch.
D'après ce Tableau le produit total est de	1090	$14\frac{6}{11}$	1090	$14\frac{6}{11}$	2072	$11\frac{7}{11}$	654	$8\frac{8}{11}$	114	$8\frac{8}{11}$	1309	$1\frac{5}{11}$	981
De cette quantité il y a déduire													
Les semences	6	$14\frac{6}{11}$	122	$11\frac{7}{11}$	243	$7\frac{5}{11}$	122	$11\frac{7}{11}$	109	$1\frac{5}{6}$	122	$11\frac{7}{11}$	150
Le salaire des batteurs	—	—	68	$2\frac{10}{11}$	129	$8\frac{6}{11}$	40	$14\frac{6}{11}$	7	$2\frac{6}{11}$	81	$13\frac{1}{11}$	61
La consommation; 17 personnes à 12 scheffels seigle, ½ scheffel froment, ¼ scheffel pois et orge	—	—	8	12	204	—	12	12	—	—	12	12	
17 chevaux à 3 metzen avoine par jour, ou l'équivalent en seigle	—	—	—	—	214	$13\frac{4}{11}$	—	—	—	—	—	—	770
	6	$14\frac{6}{11}$	199	$10\frac{6}{11}$	791	$13\frac{2}{11}$	176	$6\frac{2}{11}$	116	4	217	$4\frac{8}{11}$	981
Il reste à transporter au marché	1084	—	891	4	1280	$14\frac{5}{11}$	478	$2\frac{6}{11}$	—	—	1091	$12\frac{8}{11}$	
Au contraire, à en ramener	—	—	—	—	—	—	—	—	1	$11\frac{3}{4}$	—	—	

Il faut pour exécuter ces charrois, à deux jours par voyage,

P. 1084 scheffels Colza, un chariot à 4 chevaux en transporte 24 scheff. $361\frac{1}{5}$ journées de chevaux.

    891 —— Blé froment . . . . 24 —   297

  1280 —— Blé seigle . . . . 24 — $426\frac{2}{3}$

    478 —— Pois . . . . 24 — $159\frac{1}{3}$

  1091 —— Orge . . . . 32 — $272\frac{3}{4}$

                                             $1517\frac{1}{12}$ journées de chevaux.

DIRECTION DE L'ÉCONOMIE RURALE.

§ 201.

La direction de l'économie rurale étant étroitement liée au travail, c'est ici le lieu de traiter ce sujet.

Diriger, c'est donner à chaque mesure et à chaque espèce de forces, l'emploi le plus étendu, le plus durable et le plus propre à atteindre le but.

Nous avons déjà parlé sur ce sujet dans un sens général, aux §§ 151 jusqu'à 159, à l'occasion de l'évaluation des travaux agricoles, et nous en examinerons les détails dans l'enseignement de la culture; nous ne devons donc nous occuper ici que des personnes qui ont part à la direction des travaux, et des considérations et maximes qui les ont pour objet.

§ 202.

La première personne de laquelle tout dépend ou doit dépendre, mais sur laquelle aussi pèse toute la responsabilité, c'est le *directeur de l'établissement.*

Ou ce directeur est lui-même propriétaire, ou bien il gère pour le compte d'autrui; dans ce dernier cas, le régisseur doit prendre la place du propriétaire, pour ce qui a rapport à la direction; il doit s'envisager lui-même, et être envisagé par ses subordonnés, comme exerçant à cet égard les droits de ce propriétaire.

Si le directeur régit pour le compte d'autrui, sa tâche est toujours plus difficile que lorsqu'il agit pour son propre compte; dans ce dernier cas il n'est responsable de ses entreprises qu'à lui-même et à sa raison, tandis que, dans le premier, il l'est au propriétaire, à celui qui l'a mis à sa place. Comme régisseur il est obligé non-seulement de se soumettre au plan convenu avec le propriétaire, mais encore, le plus souvent, de procurer à celui-ci une rente de son domaine, sûre, fixe et disponible; tandis que, comme|propriétaire il peut, s'il le juge à propos, appliquer à la bonification de son fonds, la totalité ou une partie de sa rente.

Sa liberté dans l'exercice de la direction ne saurait être resserrée dans des bornes plus étroites; autrement il cesserait d'être directeur, et serait dégagé de la responsabilité du succès.

Si le propriétaire qui a confié à un autre la direction de l'économie, veut agir par lui-même, plutôt que veiller à l'exécution du plan convenu et à ce que le directeur remplisse ses devoirs; s'il veut se mêler lui-même de l'exécution et y faire les changemens, même les plus petits; alors le directeur cesse d'avoir une volonté libre, il n'est plus qu'un aide subordonné au propriétaire.

Celui-ci je l'appellerai *inspecteur*; celui au contraire qui dirige l'économie avec la liberté et l'indépendance nécessaires, est un *régisseur*, ou *administrateur,* quoi-qu'on attache ordinairement à cette dernière dénomination l'idée d'un rang plus élevé.

Mais, dans ce cas, on ne peut lui imputer que la réussite ou la non-réussite dans *l'exécution* de chacune des choses qui lui ont été commises par son chef, et nullement le succès de l'ensemble. Il ne saurait y avoir deux directeurs dans une affaire qui part d'un point pour se concentrer à un autre, ou bien il en naîtrait inévitablement le désordre et la confusion la plus fâcheuse; à moins que, dans chaque acte spécial de la direction, ces directeurs ne réunissent d'une manière absolue leur jugement et leur volonté; qu'ainsi le mot de l'un ré-pondît complètement à l'idée de l'autre, ou que tous les deux n'employassent les mêmes termes. Mais cela même est impossible dans les divers incidens qui exigent un prompt changement de résolution; et l'expérience nous apprend en effet, que lorsqu'une même exploitation est soumise à deux directeurs, quelque rapprochement qu'il y ait d'ailleurs dans leurs idées, il s'y commet cependant des fautes qui eussent pu être évitées, s'il y eut eu une unité absolue de comman-dement et de vues.

§ 205.

Si un propriétaire, que je suppose capable, ou croire l'être, vit éloigné de son fonds, ou seulement s'en absente de tems en tems, et qu'il charge un autre de la conduite de son économie, mais en lui traçant pour cela des règles générales; celui-ci ne peut pas être envisagé comme directeur de l'éta-blissement, et le succès de l'entreprise en général ne saurait lui être attribué. Dans des relations de ce genre il importe beaucoup aux deux parties, que les rapports dans lesquels elles doivent être, soit personnellement, soit quant à l'exploitation, aient été fixés d'une manière précise, et que chaque cas parti-culier ait été déterminé avec soin. On peut alors exiger de *l'inspecteur*, la meilleure exécution possible de la disposition faite par un autre, mais on ne saurait le rendre responsable des suites qu'elle a eue, puisque cette disposition peut avoir été vicieuse, et avoir porté avec elle la cause du non succès. Cette manière d'exister a des inconvéniens infiniment grands pour les deux parties et si ces inconvéniens ne sont pas tempérés par de la bienveillance personnelle et une généreuse indulgence, ils peuvent devenir extrêmement pénibles. Des accidens imprévus mettent souvent de l'impossibilité à ce que l'exécution ait lieu de la manière prescrite ou convenue. Le délégué doit-il alors faire des modifications qui s'éloignent plus ou moins des instructions qu'il a reçues? Peut-il se les permettre lorsque les circonstances en indiquent clairement la nécessité?

Cette

Cette question ne peut être décidée que par le degré de confiance que le directeur réel de l'entreprise donne à son délégué. Si celui-ci n'apporte à ces instructions que le moins de changemens possible, de ceux nécessités par les circonstances, il fait ce qu'endroit rigoureux on peut exiger de lui; mais peut-être fait-il fort peu de chose pour le bien de l'ensemble; peut-être même fait-il, suivant sa propre conviction, quelque chose de réellement nuisible et d'inconvenant, en sorte que s'il étoit indépendant il agirait d'une manière toute différente.

Si, d'un autre côté, il fait ce que les circonstances indiquent, et qu'un fâcheux hasard en empêche le succès, quoique la modification apportée ait cependant paru indispensable; ou si peut-être un mouvement d'amour propre s'empare du chef; alors cet inspecteur est exposé à des reproches qu'il eût pu éviter, en s'écartant moins des ordres qu'il avait reçus.

Les rapports de ce genre sont tellement délicats, qu'il est infiniment rare de les voir subsister long-tems, sans qu'ils soient troublés par des dissidences et par le mécontentement; et dans ce cas le besoin peut bien en commander la continuation, mais il ne saurait empêcher que la lenteur et l'indifférence ne se glissent dans toutes les branches de l'économie.

§ 204.

Il présente encore plus de difficultés, le cas où le propriétaire, sentant son manque de connoissances et de capacité, remet la direction de l'établissement à un régisseur, dont les lumières et les talens ont obtenu sa confiance la plus entière. Ce propriétaire peut bien, il est vrai, conserver la persuasion qu'en général son délégué entend cette matière beaucoup mieux que lui; cependant cette idée lui viendra facilement, si elle ne lui est communiquée par d'autres personnes, que l'une ou l'autre partie du tout pourrait être perfectionnée et avoir un beaucoup plus grand succès. Alors il faudra de part et d'autre, beaucoup de fermeté de caractère, unie à beaucoup d'indulgence et de support, pour que l'exploitation ne soit pas en souffrance et qu'il ne s'y mêle pas du désordre ou du découragement. Le propriétaire devra se dire que son régisseur a non-seulement les connaissances nécessaires, mais encore la volonté de diriger tout pour le mieux; sans cela il eût commis une extrême imprudence, en lui donnant sa confiance, et si alors il avait été dans l'erreur, il y aurait maintenant de la folie à conserver un tel délégué.

Cependant souvent ce propriétaire ne pourra pas renfermer au-dedans de lui le sentiment que quelqu'opération pourrait être mieux faite d'une autre manière; c'est là une de ces inconséquences qu'il faut pardonner à l'humanité. Dans ce cas il faut que le régisseur ait autant de douceur que de fermeté, pour écouter de telles observations et pour y satisfaire dans la juste mesure de ce qui est nécessaire ou utile, sans se laisser détourner de ce qu'il croit décidément être mieux.

Mais si le régisseur a affaire à de ces gens dont la présomption est d'autant plus grande qu'ils ont peu de connaissances et de réflexion, il ne recueillera guères que de l'ingratitude; ceux-ci se diront toujours, s'ils ne le disent à d'autres, que toutes choses seraient allées beaucoup mieux, si l'on avoit écouté leurs propositions ou leurs ordres.

Si un régisseur à la fois loyal et sûr des principes d'après lesquels il agit, se trouve dans ce cas, il répondra à de telles observations avec tranquillité et modestie, mais aussi avec dignité, et il n'en sera ni moins actif, ni moins conséquent dans ce qu'il aura entrepris : si ces remarques lui sont faites par un tiers, il s'en inquiètera moins encore.

Mais si, après avoir donné au régisseur des pleinpouvoirs absolus, le propriétaire voulait cependant se mêler de la direction, faire des dispositions, et donner des ordres aux sous-régisseurs et maître-valets; alors sans doute un homme d'honneur ne pourrait se plier à une telle manière, il préférerait renoncer à sa place, et on ne pourrait lui en contester le droit, si sa convention avait été sagement rédigée.

§ 205.

Les qualités que le directeur d'une grande exploitation doit posséder, sont précisément celles que j'ai exigées de l'agriculteur éclairé, de celui qui ne doit pas être guidé par la simple pratique. Il s'entend que celui qui gère pour autrui et non pour lui-même, doit ajouter à ces qualités une probité distinguée et un sentiment du devoir qui résiste à toutes les séductions. Les hommes de cette trempe sont rares, ils n'ont pu être formés jusqu'ici, au sein de l'état ou végétait l'agriculture et avec le peu de développement qui lui était donné dans sa partie intellectuelle et scientifique; cependant il s'en trouve de tels, qui, entraînés par un enthousiasme auquel ils ont long-tems sacrifié toute considération personnelle, ont atteint une masse de lumières et de connaissances rare, et qui préfèrent se charger de l'administration de grands domaines, à entreprendre une ferme d'une plus petite étendue. On doit regretter que d'autres sujets distingués, au contraire, préférant avoir une exploitation rurale qui leur appartienne en propre, reserrent leur activité et leurs talens dans une sphère disproportionnée à leurs connaissances.

Il est très-juste, au reste, que des hommes de ce mérite soient payés, et veuillent l'être de manière, non-seulement à pouvoir vivre avec cette aisance que la tension d'esprit rend nécessaire, mais encore à pouvoir donner à leurs enfans une éducation soignée. Aussi celui qui voudra épargner sur la rétribution qu'un tel homme exige, pour ne pas sentir les avantages qu'il peut en retirer, celui-là n'en obtiendra jamais qui réunisse ces qualités.

§ 206.

Le salaire des régisseurs est fixé de différentes manières. Le plus souvent on a cru avantageux d'assigner à ceux-ci, comme principale indemnité, une part au produit net de l'entreprise, ou bien au produit qu'elle rend en sus d'une certaine somme. Considérée sous un point de vue, cette institution a beaucoup en sa faveur; lorsque l'administrateur est à la fois habile et honnête, elle tourne au profit des deux parties; mais elle rencontre des difficultés dans les réparations et bonifications. Celles-ci diminuent toujours le résidu de la caisse, et si c'est d'après lui que la quotepart du régisseur doit être réglée, elles lui deviennent onéreuses, de sorte que, s'il n'a pas une façon de penser extrêmement noble, il en néglige qui eussent été très-avantageuses. C'est pour cela qu'aujourd'hui, dans les conventions de cette nature, on insère ordinairement quelque clause relative aux améliorations, et que la valeur des frais qu'elles ont occasionnés, est le plus souvent jointe au produit net; au reste, par là, on ne fait à beaucoup près pas assez, car les améliorations les plus importantes ont lieu dès les premières années, tant par le sacrifice du produit, que par l'application d'une plus grande masse de force à la culture; deux choses qui difficilement peuvent être démontrées d'une manière évidente. Cette difficulté ne saurait être levée que par un contrat à long terme, peut être à vie, en conséquence duquel le régisseur, par des sacrifices faits dans les premières années et dont il supporte aussi sa part, assure pour la suite, à lui-même et au propriétaire, un produit d'autant plus élevé. Mais personne ne contracte volontiers des engagemens de cette nature. Je conviens donc que j'incline pour les salaires fixes, mais avec espoir d'une gratification, dans le cas où, après un certain nombre d'années, les produits seraient augmentés d'une manière durable.

Je tiens pour une très-mauvaise institution que le directeur de l'établissement reçoive une partie de son salaire en denrées, avec droit de vendre l'excédent de sa consommation. Rien plus que cela, peut-être, ne saurait entraîner dans l'indélicatesse un homme faible et d'une vertu chancelante. Il n'y a que le premier pas qui coûte, et, de cette manière, l'occasion de le faire se présente trop facilement. Ainsi donc il faut donner au régisseur tout ce dont il a besoin, des produits de l'établissement; mais aussi ne pas lui permettre la plus légère spéculation pour son propre compte.

§ 207.

Dans les grands domaines le régisseur ou directeur de l'établissement a ordinairement sous ses ordres un caissier ou teneur de livres et un secrétaire des grains et vivres, autrement appelé *magasinier*. L'un et l'autre sont subordonnés au directeur en ceci, que c'est en vertu de ses ordres seulement, que le caissier peut faire des paiemens, et que, chaque jour, celui-ci est obligé de l'informer de sa recette ; en revanche le régisseur n'a à s'occuper de l'entrée et de la sortie de l'argent, que pour inspecter la caisse et, lorsqu'il y a de trop fortes sommes, les en sortir contre des quittances.

Il en est de même du magasinier qui reçoit et délivre tous les produits du domaine et qui est également chargé de se procurer ce qui manque. Il doit dans toutes ces choses suivre les directions du régisseur, recevoir des directions par écrit, et joindre ces billets à son compte, comme pièces justificatives.

On a cru se garantir d'autant mieux de la fraude et de la tromperie, en augmentant ce personnel d'un ou plusieurs contrôleurs et sous-secrétaires *. Mais l'exemple de divers établissemens qui me sont connus, me persuade que toutes les affaires en sont compliquées et retardées d'une manière infiniment nuisible, et que la culture en souffre à un point, qui peut difficilement être balancé par les infidélités qu'on redoute. D'ailleurs il me semble que toutes ces précautions prises contre la fraude, donnent de l'attrait à l'infidélité, plutôt qu'elles n'en éloignent. Des personnes qui doivent toujours être en garde contre la tromperie, ou qu'on est toujours prêt à en accuser, s'y accoutument au point de perdre l'horreur qu'a d'elle tout homme honnête, et lorsque, dans une association de ce genre, on en est venu à devoir passer quelque chose aux autres, cela ne tarde pas à être réciproque ; bientôt il n'y a pas de bande de voleurs mieux organisée que cette société de contrôle, et alors il est presque impossible d'avoir la plus légère preuve de fraude, parce que les employés attestent réciproquement leur loyauté, et que leur culpabilité même les unit et leur donne un intérêt commun. En revanche il faut qu'un homme soit à la fois bien vil et bien entièrement dépravé, pour commettre des infidélités dans une chose confiée à sa bonne foi, et il est des signes auxquels on reconnaît bientôt les gens de cette sorte.

§ 208.

Lorsqu'une propriété est composée de plusieurs domaines ou métairies, ordinairement chacune de celles-ci a son inspecteur particulier, lequel est subordonné au directeur général, et reçoit de lui, dans tous les cas, les directions

---

* On conçoit qu'il s'agit ici de domaines d'une très-vaste étendue ; puisque seuls ils pourraient supporter des frais d'administration aussi considérables. *Trad.*

nécessaires. Suivant que ces métairies ont à part leur ménage, leur bétail de trait et de rente, et les gens nécessaires pour les soigner, ou qu'elles sont pour toutes choses dans un rapport particulier avec l'établissement principal, duquel elles reçoivent ce qui leur est nécessaire, et auquel elles livrent leurs produits; suivant aussi qu'elles sont plus ou moins éloignées, leur régisseur ou inspecteur y habite, ou bien il demeure à l'établissement principal, d'où, chaque jour, il se rend à ses occupations.

Les régisseurs de cette espèce n'ont, pour l'ordinaire, reçu qu'une instruction mécanique, ils ne peuvent que suivre la règle positive qui leur est tracée pour tous les cas, et qu'ils sont obligés de réclamer. Activité, attention, probité, un certain tact pratique, une certaine justesse dans le coup-d'œil et une docilité absolue, sont les qualités nécessaires à de tels employés; ils n'ont nul besoin de connaissances fondamentales; un demi savoir dans tout ce qui sort de leur sphère d'activité ordinaire, pourrait plutôt être nuisible qu'avantageux. Le mieux est de prendre ceux qu'on destine à cet emploi, dans la classe des paysans, et de choisir à cet effet, déjà dans leur jeunesse, des sujets distingués par leur activité, leur attachement à l'honneur et leur probité; de chercher à se les attacher, et de leur donner peu à peu de l'avancement, en les élevant au grade de maître-ouvrier ou maître-valet, et en les chargeant comme tels de l'inspection sur les autres domestiques et de la direction de quelques affaires particulières; de leur faire enseigner plus particulièrement l'écriture et l'arithmétique; et ainsi de les préparer, pour le moment où ils auront acquis plus d'aplomb, à pouvoir surveiller les affaires d'une exploitation distincte et à pouvoir entreprendre la direction de l'ensemble si cela devenait nécessaire. C'est chez des hommes qu'on se sera attachés de la sorte et qu'on aura éprouvés dans l'état de domesticité, que l'on rencontrera cette fidélité et cet attachement à leurs maîtres, si nécessaires chez des régisseurs et qu'on trouve si rarement dans cette classe de gens. Du reste, il faut autant que possible leur conserver leurs mœurs et leur manière de vivre et de se vêtir; pour cet effet il faut leur ôter les moyens de se lier avec des hommes de la classe ordinaire des sous-régisseurs ou des secrétaires, et, par des raisonnemens qui ne manquent pas de fondemens, les garantir de la sotte et ridicule manie de vouloir s'assimiler aux classes supérieures de la société. Il faut même nourrir chez eux un certain orgueil de leur qualité de *paysan*, en leur montrant que l'estime dont ils jouissent sous leur vêtement campagnard, ne ferait que s'atténuer sous des habits à la mode.

Dès qu'on leur a remis l'inspection de quelque métairie particulière, le mieux est de faire qu'ils se marient, en ayant soin de les disposer à un choix raisonnable et en les préservant d'une alliance avec des femmes de chambre ou des demoiselles de ville.

Les gens de cet état doivent être placés de manière à vivre avec aisance, et à pouvoir élever convenablement leurs enfans, à l'éducation desquels on doit soi-même porter des soins et de l'intérêt.

Cette manière de se procurer des inspecteurs fidèles et suffisamment instruits pour leur état, n'est, en réalité, point aussi difficile qu'on est disposé à le croire; là où les domestiques ne sont pas absolument gâtés, on en trouve facilement qui, en une année, et presque dans les heures de loisir, acquerront la capacité nécessaire pour remplir la profession d'inspecteur ou de sous-régisseur.

Des paysans qui ont servi comme, soldats et qui, après avoir été faits bas-officiers, ont obtenu leur congé, conviennent quelquefois beaucoup à des emplois de ce genre.

Mais il ne faut jamais permettre que des gens de cette sorte dépassent selon leur bon vouloir les limites qui leur ont été tracées, parce qu'ils ne sont guères capables de saisir les choses dans leur ensemble, et surtout d'entrevoir et de calculer l'effet qu'elles doivent avoir dans un avenir éloigné. Rarement ils sont en état de voir dans le lointain, et toujours ils ne pensent qu'au profit et à l'épargne de l'année agricole courante. Souvent même, par attachement à leur maître, ils se croient obligés de l'augmenter, en négligeant des considérations d'un intérêt éloigné. Ils doivent donc être tenus à suivre ponctuellement les directions qui leur ont été données, et, pour prévenir toute exeuse d'oubli et de mésentendu, il est bon de les accoutumer à inscrire, suivant l'usage établi dans le militaire, immédiatement sur un livre de poche, l'ordre qu'ils ont reçu, et même de tirer de ce livre, dans lequel ils auront soin d'inscrire tout ce qui se passe, le rapport qu'ils auront à faire au directeur de l'établissement. A mesure que leur capacité augmente et qu'ils saisissent le but et l'ensemble de ce qui leur est confié, on peut alors éloigner les bornes mises à leur libre arbitre et à leur volonté; seulement il ne faut jamais approuver qu'ils les aient dépassées, ou qu'ils aient, sur quelque sujet que ce soit. agi différemment de ce qui leur étoit ordonné; lors même que par là ils auraient réellement procuré un avantage, et que le succès aurait justifié leur mesure; car l'avantage qui, par un effet du hasard, aurait pu en résulter une fois, serait probablement contre-balancé par de plus grandes pertes, si, prenant une grande opinion d'eux-même, et entraînés par les éloges qu'ils auraient obtenu, ils se permettaient de modifier les directions qui leur auraient été données.

La lecture d'ouvrages agronomiques, que plusieurs personnes recommandent si fortement pour l'instruction des cultivateurs ordinaires, et même du peuple des campagnes, doit être, ou totalement écartée, ou dirigée avec une grande circonspection, chez tous ceux qui n'ont pas reçu une éducation soignée; il ne faut leur donner à lire que des livres, ou plutôt des parties de livres, qui, dans leur position, ne puissent leur donner aucune idée fausse, et qui ne courrent pas le risque de les entraîner dans l'erreur.

En particulier ils ne leur conviennent pas, ces livres qui contiennent le bon et le mauvais, le vrai et le faux, mêlés ensemble d'une manière décousue, quoique, sous le nom d'*almanachs*, de *feuilles hebdomadaires*, ou de *gazettes*, on cherche à les multiplier et à les donner pour guide aux cultivateurs sans instruction, et qu'on croie par là leur être fort utile. Nulle espèce d'écrits ne demande plus de choix et de circonspection, et sans doute aussi plus de soins et d'art, que ceux qu'on appelle populaires.

Tout observateur se rappellera des cas où des lectures mal choisies ont fait naître la curiosité et l'erreur chez des personnes de cette classe, qui d'ailleurs étaient douées de beaucoup de sens.

§ 209.

On est ordinairement dans l'opinion que l'apprentissage d'un bon économe doit se faire en parcourant successivement la carrière d'élève, de secrétaire, de sous-régisseur, d'inspecteur et de régisseur, ou de telle autre place qu'on voudra imaginer. C'est ainsi que souvent on est prié de vouloir admettre dans un établissement un jeune homme d'une éducation plus soignée, et que plusieurs personnes s'imaginent pouvoir l'employer avec avantage. Ce jeune homme est alors associé, comme élève, à un secrétaire, qui lui donne la direction d'un nombre d'ouvriers pour une affaire quelconque, dont il ne connaît point le but, avec charge de les voir travailler. Il remplit là tout au plus les fonctions d'un épouvantail de chenevière, ce qui ne peut faire naître chez lui que l'ennui et le dégoût. Après qu'il est resté quelque tems dans cette place, et qu'il a acquis quelque connaissance de la localité, on le charge de diriger l'exécution de quelque chose qu'il avait à la vérité aperçue, mais que, faute d'en connaître les motifs, il avait à peine considérée. Après que, durant quelque années d'apprentissage, il aura ainsi exercé sa patience, et pris un grand dégoût pour sa vocation ; après que, suivant les dispositions qu'il aura montrées, il aura été suffisamment tourmenté par les autres inspecteurs et secrétaires, ou qu'il aura été initié dans le ton du métier, lequel, chez ces gens, tient le milieu entre les manières des compagnons et celles des étudians ; lors peut-être qu'il aura appris à bien jouer à l'ombre ; il obtiendra une place de régisseur et se qualifiera d'*économe* ; il se procurera quelques livres que le hasard ou la succession d'un collègue aura mis à sa disposition, ou que peut-être il trouvera à la ville chez un libraire ou chez un bouquiniste ; outre cela il tiendra quelque gazette d'agriculture... Il sentira alors qu'il est bon d'avoir de la science, et cela fera naître chez lui une extrême soif de *recettes*. A son avis, dans l'ensemble, l'exploitation ne pourrait être mieux ordonnée, que de la manière qui lui a été enseignée ; mais quant aux parties et au détail, les savans peuvent bien faire de bonnes choses au moyen de leurs *secrets.*

C'est ainsi que se forment ordinairement ceux qu'on appelle *économes*, dont le caractère, les prétentions et surtout la ridicule manie de vouloir s'assimiler aux classes supérieures et aux gens instruits, ont attiré aux personnes de leur vocation le mépris et la méfiance qu'on leur témoigne souvent; et tel est le préjugé qu'ils ont fait naître, qu'il est difficile même à ceux qui se distinguent par leur mérite et par leurs connaissances, d'échapper à cette défaveur.

Cette manière de procéder a pris sa source dans ces tems, où chaque profession ne reconnaissait d'autre instruction, que celle qui avait suivi les règles des maîtrises ; avec elle on ne formera que rarement un bon agriculteur. Si l'on veut élever un jeune homme pour l'agriculture, il est sans contredit avantageux qu'il apprenne à exécuter lui-même tous les travaux ; dans ce but il faut lui faire exercer sous la direction d'un domestique habile, tous les divers ouvrages de l'intérieur et des champs. Outre cela il faut qu'il soit sous l'inspection immédiate de ce directeur de l'exploitation, dont l'éducation a été soignée ; il faut qu'il vive avec lui, et qu'il n'ait aucune communication habituelle avec les subordonnés, aussi long-tems que ceux-ci conserveront les mœurs qu'ils ont eues jusqu'ici; qu'ainsi il soit, ne fut-ce que comme copiste, employé dans toutes les affaires de direction, et successivement à l'examen des travaux, lors toutefois qu'il saura bien positivement quel est l'objet de chacun d'eux. Souvent, après cela, il peut être utile d'associer un tel jeune homme à un inspecteur de métairie déjà âgé et d'un caractère assis, afin de soulager celui-ci dans la rédaction du journal, du registre et du rapport. Un jeune homme de génie peut, souvent avec un grand avantage, être placé auprès d'un homme roide et routinier, qui modère son imagination et lui donne une marche plus lente et plus compassée.

§ 210.

En revanche dans toutes les grandes exploitations rurales, et même dans celles d'entre les moyennes qui sont soumises à une agriculture vigoureuse; le choix des surveillans appelés *inspecteur des travaux dans les cours et bâtimens rustiques*, *inspecteur des champs*, *et maître valet*, est d'une grande conséquence. Ces employés peuvent être formés comme je l'ai dit plus haut à l'occasion des sous-régisseurs, et avec le tems ils peuvent aussi être employés comme tels.

Ils ne doivent jamais hésiter de mettre la main à tout ce qui le demande, et de travailler eux-mêmes à la tête des ouvriers ; mais un travail suivi n'est pas ce qu'on doit surtout en exiger * ; on doit plutôt en attendre une bonne exécu-

---

* On sent que ceci est écrit pour des exploitations de très-grandes dimensions, des domaines d'une étendue médiocre ne suffiraient point à la dépense d'un nombre de surveillans dont le tems ne serait pas effectivement employé aux ouvrages rustiques. *Trad.*

tion

tion du travail, autant d'épargne que possible dans la distribution du tems et des forces, et le maintien de l'ordre parmi les ouvriers.

Il y a ordinairement un trop petit nombre de domestiques de cette espèce dans les grandes économies rurales, soit parce qu'on ne sent pas assez leur utilité, soit aussi parce que les hommes tels qu'il les faut pour cela, peuvent, dans quelques contrées, difficilement être trouvés dans la classe des ouvriers. Ce n'est sans doute pas sans peine qu'on les forme soi-même; cependant ils sont d'une si grande importance, et les services qu'on en retire sont d'une si grande utilité, qu'on ne doit point regretter les soins que leur instruction exige.

S'il y a plusieurs domestiques de ce genre, il faut répartir les affaires entr'eux d'une manière fixe, et commettre à l'un la direction des ouvriers aux champs, à l'autre celle des travaux dans les cours rustiques, et peut-être à un troisième celle du bétail, si l'étendue de l'exploitation le demande ainsi; cependant cela doit être établi de manière que, au besoin, ces valets se remplacent l'un l'autre.

§ 211.

Une surveillante, femme de charge ou maîtresse servante, est d'une grande importance dans une partie des travaux intérieurs, dans le ménage, et en général dans tout ce qui est ordinairement exécuté par des femmes exclusivement. Si l'on rencontre pour cela une personne qui ait toutes les qualités nécessaires, des connaissances, de l'activité, de l'amour pour l'ordre et de l'économie, cette personne est inappréciable. Il est rare qu'il ne s'unisse pas à ces avantages un peu d'entêtement et de préjugés; mais on doit supporter ces défauts, s'ils ne proviennent pas d'une mauvaise source; il faut alors ne pas imposer à cette personne trop de gêne dans sa volonté, et cependant la tenir dans une soumission convenable; du reste, et surtout, il faut lui donner une disposition absolue sur les domestiques femmes.

Il est plusieurs choses qui sont faites par des femmes beaucoup mieux que par des hommes, parce que ceux-ci tombent facilement dans les extrêmes, en y donnant trop peu d'attention, ou en y mettant une sorte de pédanterie étroite qu'ils ne peuvent pas soutenir jusqu'au bout.

§ 212.

Dans le personnel d'une grande exploitation rurale, il faut nécessairement qu'il y ait une séparation absolue des affaires commises à chacun, et qu'il ne puisse, sous aucun prétexte, y être apporté des changemens, sans l'assentiment du directeur de l'établissement. Il ne faut pas souffrir que, sans un consentement positif de celui-ci, personne se charge de faire ce qui devait l'être par un autre, parce qu'autrement la responsabilité cesse, et que dans le cas où l'on aurait commis des fautes, l'un la rejetterait sur l'autre. Du reste il faut établir parmi ceux qui sont employés à la même affaire une subordination militaire absolue ; dans la distribution des ordres, dans la demande d'informations et dans les plaintes qu'on a à faire, il ne faut jamais sauter un grade. Les ordres doivent toujours être donnés par celui qui est chargé de les faire exécuter, et alors même que le directeur voit faire quelque chose de mauvais à un des ouvriers, s'il n'y a pas urgence, il ne doit pas le relever ; il doit l'observer à l'inspecteur dont l'ouvrier dépend, parce que, sans cela, il y a trop facilement des ordres contradictoires qui embrouillent la tête des ouvriers, et leur fournissent des prétextes pour commettre des désordres, ou tout au moins pour ne pas obéir à leur chef immédiat.

Lorsque le directeur ou régisseur de l'établissement ordonne quelque chose d'extraordinaire, qui change l'ordre établi, ou qui lui est en opposition, il doit le faire d'une manière claire et précise et plutôt par écrit ; et en se faisant rapporter l'ordre par celui qui l'a reçu, il doit se le faire répéter et expliquer, afin de s'assurer par là qu'on l'a bien compris.

§ 213.

Le directeur de l'établissement ne doit s'attacher de préférence à aucune branche, à aucune partie de la culture, pour y porter une attention plus particulière ; sans cela beaucoup de choses échapperont à sa surveillance, et il ne parviendra point à maintenir toutes les parties en rapport avec l'ensemble. Cependant il faut qu'il porte successivement, et autant que possible sans être aperçu, une attention plus particulière, tantôt sur un objet, tantôt sur l'autre, afin de pouvoir y faire les modifications nécessaires, et obvier aux défauts et aux désordres qui pourraient être survenus. Il doit toujours savoir faire naître l'occasion de pousser l'examen jusqu'aux plus petits détails.

Il n'est pas bien que pour l'exercice de sa surveillance il ait une règle et des heures fixes, en telle sorte que chacun sache quand il viendra, et où il est à un moment donné ; il faut qu'il n'y ait aucun instant où l'on puisse être sûr de ne pas le voir arriver. Afin de conserver à ses préposés l'estime de leurs subordonnés, il ne doit jamais leur faire, en présence de ceux-ci, de graves remontrances ; il doit au contraire, les faire seul à seul, ou, s'il le juge nécessaire, en présence de ceux qui ne sont pas sous leurs ordres. Jamais il ne doit blâmer quelqu'un en son absence, sans le lui dire ensuite à lui-même. Un chef qui se permettrait cela trahirait une faiblesse impardonnable.

Il doit toujours exiger que dans tous les cas, et lors même que ce serait au détriment de quelqu'un de ses gens, on réponde à ses questions avec une véracité absolue. Si cela ne se fait pas, il doit soupçonner que l'on trame un complot contre lui, et ce complot, il doit savoir le déjouer sur-le-champ, en déplaçant ou en renvoyant ceux qui y prennent part.

Il ne doit pas attacher une idée d'honneur à avoir expédié quelque opération, plus vite qu'elle ne l'est dans le voisinage ou suivant la coutume ; cette avance ne mérite des éloges, que lorsque l'ouvrage a été également bien exécuté.

§ 214.

On trouve dans l'ouvrage de Gueriken sur la conduite des affaires d'économie *, d'excellentes directions sur l'établissement de la police domestique, et sur la manière d'en user avec les valets. J'invite les personnes que cette matière intéresse à recourir à ce traité.

Je conviens que les domestiques ont assez généralement le caractère que cet auteur leur attribue, et qu'il est bon d'en user avec eux de la manière qu'il indique ; cependant il est des gens de cette classe qui ne sont point étrangers à la morale et aux sentimens d'honneur, et qui, si l'on sait tirer parti de leurs bonnes dispositions, au lieu de les comprimer par des procédés avilissans, peuvent devenir d'excellens sujets.

§ 215.

Après avoir donné son attention à obtenir avec le moins d'avances qu'il est possible, la plus grande masse de produits utiles, le directeur doit donner ses soins à en réaliser le produit pécuniaire le plus élevé. Ceci peut avoir lieu soit par l'épargne, soit par la vente la plus avantageuse.

§ 216.

La somme des épargnes qui, dans une grande économie rurale, peuvent être faites sur une foule de bagatelles, s'élève dans sa totalité à une valeur considérable. L'économe doit donc se faire une règle d'éviter avec soin toute profusion, c'est-à-dire, tout emploi qui ne tourne pas à un avantage réel, et ainsi de chercher à obtenir toutes choses avec le moins de dépenses qu'il est possible.

Cependant il faut établir une ligne de démarcation entre l'épargne et la parcimonie ; l'épargne devient avarice dès qu'elle fait manquer le produit à la fois le plus haut et le plus durable ; toute épargne qui tend a diminuer ce produit pour la suite, doit également être envisagé comme appartenant à l'avarice.

Il faut donc bien peser les suites que doit avoir une épargne momentanée,

---

* Gerikens Anleitung zur Fuhrung des Wirthschaftsgeschäfte, 1 Band, neue Auflage.

et voir si , en la faisant, on n'occasionne pas à toute l'exploitation, ou à quelqu'une de ses parties, un dommage beaucoup plus considérable. Dans une exploitation compliquée, il se présente chaque jour des cas de ce genre qui demandent la plus grande réflexion, et leur juste appréciation est ce qui met en évidence la sagesse et le jugement de l'économe. Une des épargnes les plus importantes est celle qu'on fait dans le choix des produits pour sa propre consommation.

Il arrive fréquemment que diverses conjonctures font que le prix des denrées au marché n'est pas en rapport avec leur valeur réelle, et qu'en particulier une espèce de grain est proportionnément beaucoup plus chère, ou à meilleur marché qu'une autre. Dans ce cas il faut employer à sa propre consommation, l'espèce dont le prix est relativement le plus bas, afin d'épargner celle qui peut être mieux vendue au marché. Lorsque le scheffel de blé-froment est presque au même prix que le seigle, ou que tout au moins il n'en a qu'un légèrement plus élevé, il faut alors employer autant que possible cette première espèce, laquelle est incomparablement plus nourrissante et meilleure que le seigle ; car on peut adopter en principe que, à bonté égale, 5 scheffels de blé-froment égalent en faculté nutritive 4 scheffels de seigle. Si, au marché, l'avoine s'élève à un taux plus élevé que son rapport avec le seigle (comme 5 est à 9), aucun agriculteur sage ne donnera de l'avoine à ses bêtes, mais il y substituera du blé-seigle, ou , si cela était encore plus avantageux, du blé-froment ou de l'orge. Nous n'indiquons cela que comme exemple, nous traiterons ailleurs plus au long de la convenance de ces substitutions, et des règles qu'on doit observer à leur sujet. Ce choix est encore plus important pour les grains qu'on emploie à la brasserie et à la distillerie d'eau de vie. Ici l'épargne que l'on obtient par un bon choix est si frappante, elle est d'une si grande importance, qu'on ne pourrait croire qu'elle échappe à beaucoup d'économes, si d'ailleurs l'expérience de tous les jours n'en donnait pas la preuve.

La variation de valeur des divers comestibles, tels que les grains et autres produits alimentaires, la chair de différentes espèces, la graisse, le beure, le fromage, le lait, les œufs, les harengs, dans la proportion de leur prix avec leur faculté nutritive, peut souvent rendre profitable un changement dans leur consommation , si d'ailleurs les domestiques ne tiennent pas trop fortement à un genre de nourriture fixe, et si, par caprice, ils ne se préviennent pas contre une nourriture nouvelle, quelque meilleure qu'elle puisse être.

En général il faut avoir la *loi de l'épargne* toujours devant les yeux. Dans le cours de cet ouvrage et lorsque nous en aurons l'occasion, nous en montrerons l'application spéciale à divers objets.

§ 217.

Il est de grande importance de faire à tems un calcul exact des besoins de l'exploitation dans toutes ses parties, et de le comparer à l'état de ce qu'on a à sa disposition, afin de se réserver les provisions nécessaires; celles-ci une fois fixées, il ne faut se permettre d'y retrancher sous aucun prétexte, pas même pour le prix le plus élevé. Dans la bonne règle, il convient d'avoir de chaque chose une provision qui puisse porter à deux mois au-delà du tems où l'on en doit avoir de la nouvelle. Lorsque les prix sont démesurément élevés, et que l'apparence d'une très-belle récolte semble en présager la chute, on peut raccourcir ce terme de quelque chose; mais, pour devoir s'y décider, il faut que le profit soit bien assuré, parce qu'on peut facilement éprouver des interruptions nuisibles aux affaires rurales, en étant obligé ou de hâter la préparation des nouveaux produits ou de s'en proeurer au-dehors.

Dans aucun cas et pour aucun prix, on ne doit rester au-dessous de ses besoins, en se reposant sur une accélération de la récolte; parce que malgré toutes les apparences, celle-ci pourrait être retardée et qu'on pourrait ainsi tomber dans un grand embarras. Il est donc essentiel d'avoir dans tous les tems un aperçu clair de la quantité de denrées qu'on a en magasin.

§ 218.

La vente des produits exige une très-grande circonspection; elle demande un examen approfondi tant des circonstances de la contrée et de la localité, que de celles des marchés et du commerce en général. Tout économe doit chercher à acquérir la connaissance de celles-ci et ne jamais les perdre de vue.

Vendre aussi cher que possible et tirer parti des plus hauts prix, quoiqu'en puissent dire les moralistes, est un devoir de celui qui gère une exploitation agricole; c'est le seul moyen qu'il ait de contrebalancer les conjonctures fâcheuses et les accidens auxquels l'agriculture est en butte.

Cependant le plus souvent il ne serait pas possible à l'agriculteur de ne vendre aucune partie de ses denrées, avant d'avoir atteint le prix que les apparences désignent comme le plus haut, et de n'en céder aucune partie au-dessous. Le plus souvent il a besoin d'argent avant que ce plus haut prix arrive; et lors même qu'il pourrait obtenir cet argent par son crédit, dans le plus grand nombre de cas, en calculant exactement les frais et les intérêts, il trouverait qu'il n'a réellement pas gagné à cette attente, surtout s'il mettait en compte les distractions nuisibles à ses autres affaires dans lesquelles de pénibles négociations d'argent l'ont entraîné, et l'embarras dans lequel le rembours aurait pu le jeter. Indépendamment des cas nombreux où de telles spéculations peuvent tourner au détriment de ceux qui les ont entreprises, chacun se rappellera facilement des exemples où, en agissant ainsi, des économes d'ailleurs pleins de capacité, se sont arriérés. Et si même l'agriculteur pouvait suffire à tout avec son capital en circulation, ou avec l'argent qu'il conserve en caisse, tout au moins se paraliserait-il souvent, et perdrait-il les moyens de faire d'autres entreprises avantageuses, dont l'occasion ne manque pas de se présenter, lorsqu'il a beaucoup d'argent à sa disposition.

En outre, dans la plupart des établissemens ruraux, il manque de place pour faire de grands amas, surtout d'un local qui soit de nature à préserver les grains de toute détérioration et de tout accident.

Il importe beaucoup de faire une grande attention à la commodité du transport, là où il doit se faire par charroi, et où l'on ne vient pas chercher les denrées sur les lieux mêmes. Rarement le prix des grains est le plus haut, lorsque le tems est le plus favorable à leur transport; et en revanche, lorsque le renchérissement vient, les labeurs les plus importans arrivent et doivent être négligés, si l'on ne peut pas faire opérer le charroi à prix d'argent. Souvent on aimerait assez à vendre, mais on n'a pas d'attelages dont on puisse disposer pour les transports; ainsi des provisions accumulées deviennent fort à charge, en même tems qu'on court le risque de passer pour un accapareur de grains. C'est pour cela que, sous un petit nombre d'exceptions et de conditions, on doit prendre pour règle générale de choisir pour débiter les produits, le tems où les autres affaires rurales souffrent le moins du charroi.

Sans doute aussi il faut prendre en considération la perte qui, dans une longue conservation des grains, résulte de la dessication, et les dommages inévitables, occasionnés par les souris ou les insectes; enfin les risques auxquels ces grains sont exposés.

§ 219.

Les probabilités de hausse ou de baisse dans les prix, sont toujours plus ou moins trompeuses, et quoique, dans certaines contrées, on puisse se faire à ce sujet une sorte de système, il y a cependant toujours quelques variations, parce que les causes qui influent sur les prix sont infiniment nombreuses, et qu'elles sont reproduites par une foule d'incidens qu'on ne saurait prévoir.

Le prix du marché dépend, comme on le sait, de la proportion des demandes avec les offres. Si les premières ne peuvent être remplies par les produits qu'on offre à vendre, alors les acheteurs renchérissent les uns sur les antres, et le prix hausse, même quelquefois au-delà de toute proportion avec les besoins et la quantité existante. Il suffit qu'à deux ou trois marchés il y ait quelques scheffels de grains de moins qu'on n'en demande, pour que les prix haussent considérablement. Au contraire le prix baisse aussitôt qu'il y a surabondance de denrées, parce qu'alors les vendeurs sont obligés de céder à plus bas prix, afin de se procurer des chalands qui, sans cela, n'eussent point acheté.

Si l'on pouvait connaître les besoins des marchés et la quantité de denrées qui doit y suffire, il serait peut-être possible de calculer d'avance quel sera le prix des grains pendant toute l'année. Si cette quantité ne surpasse pas de beaucoup les besoins, on peut être sûr que les prix seront élevés, et peut-être d'autant plus, que d'abord ils auront été plus bas.

Il est des momens cependant, où la hausse et la baisse de prix, ont pour cause, bien moins une surabondance ou une disette réelle, que l'opinion qui se répand à ce sujet dans le pays. Si l'on a pris de l'inquiétude, si l'on en est venu à craindre de manquer des denrées de première nécessité; si l'alarme a été répandue, chaque consommateur cherche à se procurer la provision qui lui est nécessaire jusqu'à la récolte suivante; tandis qu'au contraire le cultivateur qui se croit assez sûr de pouvoir toujours vendre avantageusement, ne se presse pas de s'en occuper. Alors l'excédent de demandes qui ne peut être satisfait détermine une hausse des prix. Dans ce cas, le plus souvent, toutes les mesures de police par lesquelles on cherche à s'assurer momentanément de la quantité de denrées absolument nécessaire, ont pour suite immédiate une hausse des prix; parce que chacun croit que le gouvernement a des inquiétudes fondées sur la subsistance du peuple. Si d'un autre côté l'opinion se répand qu'il y aura une très-riche récolte, ou qu'il y a de grands amas dans les greniers; personne n'achète qu'à mesure de ses besoins; les cultivateurs craignent de ne pouvoir écouler leurs produits, et en conséquence ils les offrent à meilleur marché. Souvent il arrive que de part et d'autre on a été dans l'erreur, et qu'à la fin de l'*année de récolte*, les prix sont d'autant plus élevés qu'ils ont été bas au commencement, parce que les consommateurs n'ont fait aucune provision; en revanche souvent ces prix baissent, lorsque la crainte d'une disette ayant d'abord engagé chacun a acheter son nécessaire, le cultivateur ne trouve ensuite plus guères d'acheteurs, et redoute à son tour de ne pouvoir réaliser ses denrées.

§ 220.

Le marché où se fait l'écoulement des produits, en particulier celui des grains, peut être de deux espèces.

a) Ou il est borné à la consommation du pays et de ses habitans ; dans ce cas, le prix y est réglé principalement par le succès de la récolte dans les contrées qui l'approvisionnent ; lorsqu'on connaît ce succès, on peut prévoir avec quelque certitude, si les prix seront bas ou élevés. Cependant si ce marché devait être pourvu par des transports à de longues distances, ou par des exportations de l'étranger, et que les lieux qui le fournissaient habituellement, vinssent à avoir de nouveaux débouchés ; il pourrait se faire que les besoins de pays éloignés, ou d'autres conjonctures encore, eussent une grande influence sur le prix du marché. Des prohibitions de sortie émanées dans l'étranger, une guerre déclarée ou imminente, qui obligerait à remplir les magasins, pourraient produire une hausse inattendue.

b) Ou bien ce marché a un concours d'acheteurs étrangers ; c'est le cas au bord des fleuves navigables et surtout dans les ports de mer. Là on ne saurait prévoir avec quelque certitude, les circonstances qui doivent influer sur les prix ; il peut y survenir les changemens les plus inattendus, suivant que les acheteurs étrangers donnent la préférence à ce marché, ou qu'ils trouvent plus d'avantage à faire ailleurs leurs emplettes.

Indépendamment des besoins réels, plusieurs conjonctures peuvent déterminer les spéculateurs à se tourner d'un côté plutôt que de l'autre. La possibilité d'échanges, celle de ne prendre qu'en retour les denrées qu'ils vont acheter ; des facilités dans le paiement, un cours de change avantageux, les engagent quelquefois à se rendre à un marché, quoique les prix y soient un peu plus élevés que dans d'autres. Enfin la guerre, des entraves mises aux communications avec les ports, peuvent, ou retenir ces acheteurs, ou donner à leurs spéculations une direction inattendue.

§ 221.

Dans tous les marchés, le moment où les prix sont les plus bas, est celui où le cultivateur a le plus besoin d'argent, et en général celui où le taux de l'intérêt est le plus élevé ; ainsi aux échéances des intérêts et du paiement des quartiers, surtout aux environs du nouvel an, où tous les gens peu moyennés sont obligés de vendre.

De là vient que sur les marchés où il y a un concours d'acheteurs étrangers, rarement dans ce tems, il y a déjà des commissions, soit parce que les spéculateurs ne connaissent point encore les besoins des contrées où ils doivent

mener

mener ces grains, soit parce qu'ils n'ont pas encore pu recevoir des informations, et déterminer le lieu où ils espèrent faire leurs emplettes avec le plus d'avantage, si, d'ailleurs, ils ont un libre choix entre diverses places de commerce. Au printems, les prix ont coutume de hausser, parce que le nombre des vendeurs diminue, et que celui des acheteurs augmente.

Dans les contrées qui doivent tirer leur nécessaire de lieux assez éloignés, c'est le cas surtout dans la dernière moitié de janvier et en février, lorsque la détérioration des routes, ou la congélation des rivières, rendent les transports plus difficiles. C'est par cette raison que, dans le relevé des prix d'une longue série d'années, celles qui suffisaient à peu près à la consommation, sont celles qui présentent les prix les plus hauts. Cependant, encore à cet égard, il est des exceptions; ainsi, par exemple, lorsqu'au battage, le produit des blés surpasse ce qu'on avait espéré, les cultivateurs sont disposés à transporter beaucoup au marché, malgré le mauvais état des routes. On a coutume de dire que lorsque les grains baissent de prix sous le fléau, ils viennent à très-bon marché. Alors il arrive fréquemment que les grains sont à plus bas prix au printems qu'en automne, et que cette baisse va en augmentant jusqu'à la récolte, surtout si cette dernière a une bonne apparence.

§ 222.

Celui qui pèsera avec attention ces différentes circonstances, celui surtout qui saura connaître et évaluer le montant de la récolte dans la contrée qui approvisionne un marché, sera rarement jeté dans l'erreur sur le prix que les grains doivent y avoir pendant l'année courante.

Cependant, comme il n'est personne qui ait assez de pénétration pour ne pas se tromper quelquefois, on ne doit pas conseiller au cultivateur d'étendre sa spéculation sur la totalité des denrées qu'il a à vendre. D'ailleurs si même sur cinq fois il en réussissait quatre, les mécomptes d'une seule pourraient déranger son économie, et même dépasser considérablement tous les bénéfices qu'il aurait fait auparavant. Mais pour une partie de ces denrées, tout agriculteur qui a quelque confiance en ses propres lumières, peut se permettre de spéculer, parce que le cas même du non-succès, ne saurait le déranger beaucoup. Je dis à ses propres lumières, parce que, en ceci moins qu'en toute autre chose, on peut se fier aux renseignemens d'autrui.

§ 223.

Si le cultivateur a l'option de plusieurs marchés, il lui importe beaucoup de faire un bon choix. Souvent de vendre ses denrées sur un marché rapproché, quoique à un prix considérablement plus bas, lui tourne mieux à compte que de les transporter à un marché éloigné, lors même qu'il serait remboursé des frais de charroi, au prix moyen ordinaire. En effet, il est des tems où le travail des attelages est inappréciable, et où un plus haut prix des grains ne saurait indemniser du retard de travaux essentiels.

Du reste, il ne faut pas négliger de prendre, dans ces différens marchés, des renseignemens sur les prix et sur la quotité des demandes; quelquefois, sur un marché, le prix d'une espèce de grain est hors de toute proportion avec celui des autres espèces, ou avec le prix courant des autres places de vente; mais pour l'ordinaire cela n'est pas de durée. Le grand nombre des demandes est toujours l'avant-coureur d'une hausse, et l'on peut bien moins compter de voir un prix déjà fort élevé se soutenir, qu'on ne peut attendre une augmentation de prix, d'une demande abondante et continue.

Il faut éviter autant que cela est possible les lieux où, sur les marchés, on est exposé à de fréquentes chicanes, et où de fausses mesures de police entravent le commerce; c'est aussi ce que font tous les agriculteurs prudens; aussi dans les années où il n'y a pas surabondance, ces lieux, pour l'ordinaire, souffrent infiniment de la répugnance qu'on a à y transporter des denrées.

Souvent la perspective d'avoir des charrois en retour, détermine le cultivateur à donner la préférence à un marché sur un autre. C'est pour cela qu'ordinairement les villes dans lesquelles le cultivateur peut se procurer à un prix raisonnable les choses dont il a besoin, et où il les trouve d'une qualité satisfaisante, obtiennent aussi les denrées en abondance et par conséquent à meilleur marché.

§ 224.

Pour être bien et régulièrement informé des circonstances mercantiles, il est très-utile de visiter fréquemment les principaux marchés, et de se réunir souvent avec les hommes les plus éclairés d'entre les agriculteurs des environs. Ces réunions, d'ailleurs, ont plusieurs autres avantages, lorsqu'elles ne dégénèrent pas en société de jeu et de bonne chère. Des sociétés réglées d'agriculteurs, formées dans des districts particuliers, et présidées par un homme estimable, pourraient aider beaucoup aux succès de l'industrie agricole.

Les spéculations de commerce ont, souvent avec avantage, été réunies à l'agriculture, cependant pas autant chez de grands cultivateurs, que chez ceux dont l'exploitation était bornée. Lors même que le bénéfice résultant de ces spéculations dépasserait les pertes qu'un défaut d'inspection occasionnerait dans l'économie rurale, l'effet naturel de cette occupation accessoire serait de détacher l'agriculteur de son exploitation. Cette conséquence n'est cependant pas sans exceptions, quoique l'expérience démontre qu'elle s'est fréquemment réalisée et que d'ailleurs elle ne soit que trop en rapport avec les dispositions de l'humanité. Il en est de ceci comme de l'amour du jeu, qui comprime toute autre disposition. Au reste, pour les spéculations de ce genre il faut bien connaître la matière; si l'on veut réussir toujours et ne pas se contenter d'un seul succès; il faut aussi avoir des capitaux disponibles, et ne pas se laisser entraîner à ôter à l'exploitation ce qui est nécessaire à sa marche.

MANIÈRE DE TENIR LES LIVRES D'EXPLOITATION AGRICOLE.

§ 225.

Une comptabilité claire, précise et qui s'étende à toutes les parties de l'économie rurale, est la condition nécessaire d'une exploitation parfaitement bonne et avantageuse. La routine la plus complète et la pratique la plus longue, quoique acquises dans le lieu même où l'on cultive, sont rarement suffisantes pour démontrer d'une manière incontestable tous les rapports, tous les vrais résultats. Pour acquérir la certitude d'avoir atteint ou de pouvoir atteindre la perfection, il faut avoir sous les yeux le tableau que des livres bien tenus présentent nécessairement. Dans une exploitation un peu compliquée, les impressions des sens et le souvenir qu'elles laissent, n'indiquent jamais d'une manière assez claire et assez sûre, quelles sont les combinaisons qui conduisent le mieux au but, et par conséquent quelles sont celles qui doivent seulement être modifiées, et enfin celles qui doivent subir un changement total.

§ 226.

Nous distinguons la comptabilité en deux parties, la comptabilité permanente et la comptabilité annuelle.

A la première appartient ce qu'on appelle le *livre foncier*. Ce livre doit contenir un plan du domaine dans sa totalité et dans chacune de ses parties utiles, et présenter l'énumération complète, claire et précise de toutes les circonstances qui y ont rapport.

C'est là que doivent, avant tout, être placés les plans avec leurs explications. On distingue trois sortes de plans. 1.° *le plan géométrique* contenant la mesure de la superficie. 2.° *le plan géologique*, 3.° *le plan de la distribution des soles*.

Avec le tems ces trois espèces de plans peuvent être réunies ; cependant elles ont pour but des objets différens quoique rentrant les uns dans les autres; aussi n'est il pas sans utilité, de les conserver distinctes et séparées.

1 Dans *le plan géométrique,* on n'a égard qu'à la surface, à ses divisions permanentes et naturelles, et à ses limites. Cependant rien n'empêche d'y laisser quelques notes, quelques remarques, qu'on répugnerait à en retrancher; on peut aussi y marquer les bornes et les principaux arbres isolés.

2.º *Le plan géologique,* celui des variations dans la nature du sol. Les diverses espèces de terrains peuvent y être indiquées au moyen de couleurs distinctes, qui en marquent l'étendue, et qui montrent la place où ils changent de nature, soit complètement, soit par un mélange insensible. Là où les variations dans la nature du sol sont considérables et où il y a des changemens très-rapprochés, il convient de dresser ce plan sur une échelle beaucoup plus grande que celle du plan de surface et de celui de la distribution des soles, et ainsi de donner à chaque pièce de terre sa feuille séparée. Des plans de cette nature, peuvent aider beaucoup à la mémoire, dans la disposition de la culture; mais, pour cela, il faut avoir particulièrement égard au degré d'humidité du sol, et y indiquer de quelque manière, tant les places où cette humidité se concentre, que celles qui sont exposées à la sécheresse. Ils doivent présenter aux yeux, d'une manière sensible et mathématiquement juste, la nature du sol et ses propriétés physiques, dans chaque partie du domaine.

3.º *Le plan de la distribution des soles.* Il contient la division du domaine et de ses différentes parties, relativement au genre de culture qui doit y être suivi. Il est bon que cette indication ne se borne pas à la division des soles, mais qu'elle comprenne aussi les sous divisions, surtout si elles doivent avoir quelqu'influence sur le genre des produits. Peut-être même devrait-on y désigner de simples arpens, ou des bandes de terre, dont on voudrait calculer à part les frais de culture, d'engrais et de semailles. Les numéros des principales divisions ou soles, peuvent y être tracés avec des chiffres romains, et ceux des divisions secondaires ou des pièces de terre, seulement avec des chiffres italiques, ou de simples lettres. On peut à volonté faire une nouvelle série de numéros pour les fractions de chaque sole, ou continuer les nombres pour toutes les pièces comprises dans l'étendue du domaine.

Si l'on veut réunir ces trois espèces de plans en un seul, il faut que cela ait lieu à une échelle assez grande, pour que chaque espèce de divisions y tombe facilement sous les yeux.

Dans bien des cas, surtout dans une position très-montueuse, où l'on a à lutter contre les eaux, il peut être extrêmement utile d'avoir un nivellement des terres dans leurs principales directions, et de le consigner dans un tableau.

On peut aussi indiquer sur ce tableau la nature des couches sur lesquelles repose la terre végétale, et même celle des plus remarquables d'entre les couches inférieures.

§ 227.

A ces plans sont jointes des tables, qui indiquent la contenance et la nature du sol de chacune des parties, et la distribution des soles. Ces choses peuvent être réunies dans un seul tableau, qui en donne ainsi une idée claire et précise. Si les terres sont divisées en soles, d'une manière fixe et durable, chaque sole doit avoir son tableau. Dans la première colonne verticale viennent les sous-divisions de la sole, avec ses n.ᵒˢ et ses dénominations. Autant d'espèces de terrain il y a, autant on y consacre de colonnes, dans lesquelles on indique le nombre des journaux et fractions de chacune de ces espèces. Quant aux motifs de la classification des différens sols, ils doivent être donnés au moyen de renvois.

Si dans les soles ou dans leurs subdivisions, il y a des places basses qui ne puissent pas être semées, des mares, des fossés, des chemins et autres places qui ne doivent pas être mises en culture, il faut en indiquer l'étendue ; ensuite on additionne les sommes dans le sens vertical et dans le sens horizontal.

Outre ce tableau il est utile d'avoir encore pour chaque champ distinct une description de sa nature qui en indique les particularités.

§ 228.

Si l'on taxe chaque espèce de terrain, afin de mettre à chaque sole et à chacune de ses subdivisions, un prix proportionné à sa valeur relative, il en résulte un aperçu très-utile pour l'évaluation du produit effectif. Ainsi, après avoir auparavant déduit du capital la valeur de tous les droits et revenus accessoires indépendans de ces fonds, on fait, d'après la nature du sol et les règles que nous donnerons dans l'agronomie, et autant que possible en nombre proportionnels, une estimation du journal de chaque classe de terre ; on met, par exemple, le terrain de première classe à 10, celui de seconde à 8, celui de troisième à 6, celui de quatrième à 4, celui de cinquième à 2, et celui de sixième à 1, si telle est la proportion de valeur qui existe entr'eux.

On détermine ainsi la valeur de chaque sole ou de chaque subdivision de sole, d'après la quantité de terrain qu'elle contient de l'une ou de l'autre espèce, et l'on peut, à la manière des Anglais, se servir ensuite de cette fixation de valeur, pour faire avec précision le compte du produit net rendu par chaque pièce de terre. On sait qu'un produit est d'autant plus avantageux qu'il croît sur un sol de moindre nature.

Si l'on veut, dans cette estimation des terres, ou plutôt dans cette répartition du capital sur toutes celles dont le domaine est composé, on peut aussi avoir égard à des considérations étrangères à la nature du sol, et ainsi, à fertilité égale, estimer un champ éloigné des bâtimens, moins qu'un rapproché.

On peut aussi ajouter au tableau, dans une colonne particulière, la valeur ainsi réglée de chaque pièce de terre ou de chaque sole.

L'on comprend que les prairies, les pâturages, les bois, les marais à tourbe et tous les autres fonds utiles, doivent entrer dans cette estimation tout comme les champs, et qu'ils sont chargés de leur part du capital.

Quant aux bâtimens d'économie rurale, dont on a coutume de joindre la valeur au capital du fonds, j'envisage comme plus convenable, si on leur avait donné une valeur séparée, de la reverser sur les terres qui sont en culture, parce que c'est elles qui les rendent nécessaires, et que ces bâtimens sont une des conditions de leur rente. La spécification complète des bâtimens et leur estimation doivent être insérées dans le *livre foncier*.

Cela sera mieux expliqué au moyen du tableau ci-joint.

§ 229.

Le *livre foncier* contient de plus, une spécification exacte, de tous les droits utiles du domaine, et des revenus tant fixes que casuels, qui lui sont attachés tels que corvées, dîmes, fermes de moulins et de cabarets, rentes de brasserie et de distillerie, c'est-à-dire, du droit d'avoir de tels établissemens et peut-être de fournir exclusivement par leur moyen, à la consommation d'un district. Les revenus sont estimés d'après leur produit moyen, et les droits seulement d'après la rente qu'ils pourraient produire, sans risques, en affermant leur jouissance à autrui sans l'exercer soi-même. Car le profit qu'on peut retirer d'une brasserie, d'une distillerie, d'un moulin, en les dirigeant soi-même, n'est pas tant la rente du fonds, que le produit de l'industrie. Si l'on administre soi-même un tel établissement, il doit avoir son compte particulier dans le grand livre, et il ne faut attribuer au capital du fonds, que la rente qu'on pourrait en retirer, sans lui consacrer des soins.

Le capital du domaine se compose de la valeur réunie de ces divers objets. Si ce capital était déjà connu auparavant, il doit être réparti sur ces diverses appartenances, en proportion de leur valeur relative; cependant après qu'on en a préalablement déduit les charges du domaine, évaluées d'après leur rente fixe ou moyenne.

§ 250.

Il est très-utile d'ouvrir dans le livre foncier tant un compte de capital, qu'un compte annuel de culture, afin de voir par-là ce que le capital a rapporté

NOMS	Mares à o.		Sommaire TOTAL.		VALEUR moyenne.	
	Jour.	Perc.	Jour.	Perc.	par Jour.	en total.
1) Le cha.	.	.	23	45	$8\frac{22}{31}$	$202\frac{1}{2}$
2) Le hai.	.	.	32	135	$6\frac{22}{31}$	$225\frac{1}{2}$
3) Le coi.	1	20	16	155	$9\frac{4}{5}$	$157\frac{1}{2}$
4) La pla.	.	.	32	70	$7\frac{4}{5}$	$250\frac{1}{2}$
5) La pla.	.	.	30	45	$9\frac{3}{121}$	273
			135	90		1109
1) Le cha	.	.	50	45	8	402
2) La lor	.	.	40	90	6	243
3) Prés d	.	.	42	135	4	171
			133	90		8.6

Les produits de la *Sole II* doivent
ètre plus frappant qu'on a supposé ici une
in des champs.

SOLE I.

NUMÉROS et NOMS DES CHAMPS.	Terrain de 1re classe à 10.		Terrain de 2de classe à 8.		Terrain de 3e classe à 6.		Terrain de 4e classe à 4.		Terrain de 5e classe à 1.		Prairies à 3.		Chemins, fossés et haies. à o.		Mares à o.		Sommaire TOTAL.		VALEUR moyenne.	
	Jour.	Perc.	Jour.	Perc.	Jour.	Perc.	Jour.	Perc.	Jour.	Perc.	Jour.	Perc.	Jour.	Perc.	Jour.	Perc.	Jour.	Perc.	par Jour.	en total.
1) Le champ des gazons	10	45	12	90	.	.	.	.	.	.	.	.	.	90	.	.	23	45	$8\frac{22}{31}$	$202\frac{1}{2}$
2) Le haut bloc. . .	.	.	10	90	18	45	.	.	.	.	.	.	.	.	.	.	32	135	$6\frac{29}{31}$	$225\frac{1}{2}$
3) Le coin.	15	135	.	.	.	.	.	.	.	.	.	.	.	.	1	20	16	155	$9\frac{4}{5}$	$157\frac{1}{2}$
4) La planche supérieure.	.	.	31	20	.	.	.	.	1	20	.	.	.	30	.	.	32	70	$7\frac{4}{5}$	$250\frac{1}{2}$
5) La planche inférieure.	15	90	14	135	.	.	.	.	.	.	.	.	.	.	.	.	30	45	$9\frac{3}{121}$	273
																	135	90		1109

SOLE II.

NUMÉROS et NOMS DES CHAMPS.	Terrain de 1re classe à 10.		Terrain de 2de classe à 8.		Terrain de 3e classe à 6.		Terrain de 4e classe à 4.		Terrain de 5e classe à 1.		Prairies à 3.		Chemins, fossés et haies. à o.		Mares à o.		Sommaire TOTAL.		VALEUR moyenne.	
1) Le champ des pierres.	.	.	50	45	.	.	.	.	.	.	.	.	.	.	.	.	50	45	8	402
2) La longue pièce. .	.	.	.	.	40	90	.	.	.	.	.	.	.	.	.	.	40	90	6	243
3) Prés du vieux étang.	.	.	.	.	.	.	42	135	.	.	.	.	.	.	.	.	42	135	4	171
																	133	90		816

La *Sole II* est à peu près de même grandeur que la *I*, mais d'une valeur fort inférieure. Les produits de la *Sole II* doivent être chargés d'une rente d'autant moindre. Au reste, c'est seulement pour rendre cet exemple plus frappant qu'on a supposé ici une inégalité de valeur beaucoup plus grande qu'elle ne devrait l'être dans une bonne distribution des champs.

chaque année et de combien, par son moyen, on a augmenté sa fortune. D'après la manière de tenir les livres en parties doubles, on porte dans ce *livre foncier* au *débit* de l'exploitation annuelle, tant les intérêts annuels du capital du domaine et du cheptel, que ce qui peut avoir été avancé en argent; et à son *crédit,* ce qui a été livré au propriétaire tant en argent qu'en denrées, et ce qui a été employé en améliorations durables, ou la valeur dont, par ce moyen, le capital a été augmenté. Dans bien des cas, ce dernier objet pourrait n'être pas si facile à déterminer, c'est pour cela que, le plus souvent, on se contente de porter en compte les frais occasionnés par ces améliorations, ou la valeur des travaux qui leur ont été consacrés, lors même qu'ils auraient été exécutés avec les moyens ordinaires de l'exploitation.

Et comme ces améliorations augmentent le capital appliqué au domaine, l'intérêt de l'année suivante doit être augmenté de celui de leur valeur, mais à un taux plus élevé. Si l'intérêt du fonds est compté à 4 p.⁰/₀ celui de ces améliorations doit l'être à 6. Ce compte du *livre foncier* doit être en harmonie avec le compte capital porté aux grands livres annuels. Il peut se faire de la manière suivante.

DOIT l'Administration du domaine	Rixdal.	gros.	AVOIR.	Rixdal.	gros.
1803 à 1804.			**1803 à 1804.**		
Intérêt de 100000 rixdalers, prix d'achat, à 4 p.⁰/₀	4000		Livré au propriétaire	1200	
1804 à 1805.			Employé à des améliorations .	3800	
Intérêt du prix d'achat, 4 p.⁰/₀ .	4000		**1804 à 1805.**		
dito des améliorations, à 6 p.⁰/₀	228		Livré au propriétaire	3500	
1805 à 1806.			Employé à des améliorations .	2000	
Intérêt du prix d'achat, à 4 p.⁰/₀	4000		**1805 à 1806.**		
dito des améliorations, 5300 rixdalers, à 6 p.⁰/₀	318		Livré au propriétaire	4200	
1806 à 1807.			Employé à des améliorations .	1600	
Intérêt du prix d'achat, à 4 p.⁰/₀	4000		**1806 à 1807.**		
dito des améliorations, 7400 rixdalers, à 6 p.⁰/₀	444		Livré au propriétaire	6550	
1807 à 1808.			Employé à des améliorations .	800	
Intérêt du prix d'achat, à 4 p.⁰/₀	4000		**1807 à 1808.**		
dito des améliorations, 8200 rixdalers, à 6 p.⁰/₀	502		Livré au propriétaire	8500	
	21522		Employé à des améliorations .	500	
Solde, dû à l'Administration . .	11128				
	32650			32650	

§ 251.

Enfin le livre foncier contient une histoire ou chronique du domaine, à laquelle, chaque année, on ajoute tout ce qui peut avoir trait à sa valeur et à ses droits. En particulier, on y indique dans le plus grand détail les améliorations qui ont été faites et qui ont été jointes à la valeur capitale du fonds comme cela s'est vu au § précédent. On peut y ajouter des notes sur le prix des produits, sur la température et la fertilité des années, et en général sur tout ce qui concerne le domaine et dont il est intéressant de conserver le souvenir.

On y inscrit soigneusement tous les changemens sensibles faits, tant à la division des terres, qu'aux bâtimens, aux revenus et aux droits attachés au domaine, en observant cependant pour ces derniers, de renvoyer aux titres qui les concernent.

On peut également y consigner des notices ou des expériences remarquables et qui ont rapport à la culture du domaine, si d'ailleurs on n'a pas un livre particulièrement destiné à ces choses.

Un livre de cette espèce est une sorte de trésor qu'on laisse à ses successeurs.

§ 252.

La seconde partie des livres ruraux comprend la comptabilité annuelle de l'exploitation; elle embrasse le compte annuel d'économie rurale et les divers renseignemens qui s'y rapportent. Cette comptabilité est d'autant plus parfaite qu'elle s'étend sur toutes les parties, qu'elle n'est étrangère à aucun des détails qui peuvent influer sur l'ensemble, et qu'elle présente avec plus de clarté et de précision chaque objet particulier. Elle doit donc, non-seulement indiquer la disposition de l'argent et des denrées, en recette et dépense, mais encore contenir les détails de l'emploi du travail et de toutes les choses qui influent sur le succès, comme, par exemple, des engrais, des semences, etc.

La perfection de cette comptabilité est une condition essentielle de celle de l'exploitation; sans cet aide on ne saurait atteindre le mieux possible, ou du moins on ne saurait avoir ni preuve qu'il ait été atteint, ni direction sur la manière de s'en rapprocher davantage.

§ 253,

La manière de tenir ces livres peut être très-variée; jusqu'à présent il n'est point encore décidé laquelle est préférable, probablement parce que nous n'avons pas encore atteint la meilleure possible. En conséquence il n'en est encore aucune qu'on puisse recommander généralement et sans réserve, chacun peut avoir des raisons pour en adopter une, qui, plus que celle qu'on recommanderait, serait en rapport avec ses circonstances personnelles et celles de sa propre exploitation.

exploitation. Depuis quelque tems il a paru sur ce sujet plusieurs essais et plusieurs modèles : ce n'est pas ici le lieu d'en faire l'examen ; cependant, je dois dire que, parmi des idées heureuses et très-utiles, j'ai toujours cru y rencontrer des lacunes, des difficultés et du vague. Au reste, cela ne doit pas nous étonner, lorsque nous considérons combien d'attention et de perspicacité il a fallu, pour porter la comptabilité du commerce à sa perfection actuelle, et que pourtant les opinions sont encore partagées à son sujet. Cependant, l'art de tenir les livres de comptabilité agricole a des difficultés qui n'existent point pour la comptabilité mercantile, dans laquelle tout est plus facilement réduit à une mesure commune, l'argent. On ne peut guère attendre d'un homme instruit qui pratique l'agriculture, qu'il veuille s'appliquer à l'étude que ce travail exigerait nécessairement pour atteindre la perfection; et les personnes qui ont voué leur tems et leurs talens aux matières de comptabilité, ne possèdent, du moins n'en connais-je point encore d'exemple, pas des connaissances agricoles bien étendues; elles n'embrassent point l'ensemble de l'économie rurale; elles n'ont point une idée claire de l'exercice de l'agriculture avec l'extension que la science lui donne, ou enfin elles n'ont pas la pratique de cet art, sans laquelle on peut d'autant moins inventer un mode de comptabilité applicable à des cultures diverses et compliquées, que, dans l'exécution, on rencontre souvent des difficultés que la simple théorie n'avait point prévues.

Puisque nous manquons encore d'une méthode accomplie, je donnerai ici un aperçu de plusieurs, et des diverses parties dont elles se composent, afin que chacun puisse choisir et s'approprier celle qu'il croira le plus adaptée à ses circonstances et à son but.

Souvent, dans la pratique, une moins parfaite est préférable, lorsque d'ailleurs elle remplit suffisamment le but qu'on se propose, et qu'à côté de cela elle est plus facile. Beaucoup mieux vaut quelque chose d'imparfait qui soit exécuté d'une manière accomplie, qu'un plan plus relevé qu'on laisserait sans l'achever *.

§ 234.

La méthode la plus ordinaire est la suivante :
Outre le *Journal* et la *main courante* on a trois *grands livres*.

---

* Je n'ose point me flatter d'avoir atteint le meilleur mode de comptabilité agricole possible; cependant je m'en suis créé un qui, sans être inférieur en précision et en exactitude à ceux dont l'auteur parle ici, me semble plus simple et plus facile. Mais ce n'est point ici le lieu d'en donner le détail dans des notes. Si le tems et mes circonstances le permettent, je pourrai en faire le sujet d'un petit ouvrage, à la suite de celui-ci. *Trad.*

I.   25

N.° 1. Pour la comptabilité en argent.

2. Pour l'entrée et la sortie des denrées.

3. Pour celles . . . . . . du bétail.

§ 235.

N.° 1. Ordinairement la première partie de la comptabilité en argent contient la recette, et la seconde la dépense.

Pour toutes deux les pages sont rayées de manière que la première colonne à gauche contienne le mois et le jour; la seconde, le n.° des pièces justificatives, lorsqu'il y en a; au milieu, la spécification des objets; et à droite, une double colonne pour l'argent. Dans la première des deux colonnes pour l'argent, sont inscrits tous les articles séparés; dans la seconde on ne porte que le sommaire de la recette et de la dépense du mois.

Afin de rendre la chose plus claire je vais transcrire ici la recette d'un mois, provenant tant des revenus en argent que de la vente du seigle.

Dates.	Pièces justifi- catives.	RECETTE EN ARGENT.	Rixd.	Gr.	Pf.	Rixd.	Gr.	Pf.
Juillet 1		Solde en Caisse	210	16	8			
		Pour foin naturel vendu au . . . . . de . . .	64	13				
		Pour rente foncière du meunier N.	4	18				
		dite . . . . du maréchal.	3					
		Pour location de terrain p.ʳ pommes de terre, à-compte, selon le liv. tenu pour cet objet .	12	12				
		Rembours fait par le meunier et le maréchal de ce qui avait été livré pour leur compte à la caisse d'assurance contre les incendies . .	6	18				
		Pour Juillet . . .	. .	.	.	300	3	

Dates.	wspl.	sch.	metz.	POUR DU BLÉ-SEIGLE.	Rixd.	Gr.	Pf.	Rixd.	Gr	Pf.
Janv.ʳ 1	3	—	—	Au meunier N. à N., à 3 rixd.	216					
— 7	—	16	—	Au bailli N. à N., à 3 rixd. 4 gros.	56	16				
— 15	8	—	—	Au blatier N. à N., à 4 rixd.	768					
— 23	—	1	—	Au journalier N. à 4 rixd.	2		.			
								1036	16	

Les articles de la recette en argent varient suivant la nature de l'exploitation ; on les réunit ou on les sépare, suivant qu'on veut les avoir sous les yeux plus ou moins distincts les uns des autres. Au reste, chacun à son titre à part : ce sont ordinairement les suivans.

1). Revenus en argent.

2). Vente de grains, chaque espèce séparée, comme blé-froment, blé-seigle, orge, avoine, pois, lentilles, millet, blé-noir, etc.

3). Graine de trèfle, lin ou autres espèces, et produits destinés à la vente.

4). Fruits et jardinages.

5). Ventes de bétail, chevaux, bœufs, vaches, veaux, cochons, bêtes à laine, volaille, chacun sur un folio à part.

6). Vente de produits animaux.

    a) De la laiterie et fromagerie ; beurre, fromage, lait.

    b) De la bergerie ; laines, agneaux.

    c) Du rucher ; miel et cire.

7). Objets divers ; recettes accidentelles, qui n'appartiennent à aucun des comptes ci-dessus, comme dédommagemens, etc.

    Si quelque petite brasserie ou distillerie d'eau de vie est liée à l'économie rurale, et qu'on vende de leurs produits, elle doit aussi avoir son compte ouvert ; mais s'il existe des établissemens de ce genre exploités en grand, on a coutume de leur donner leur comptabilité et leur caisse à part.

La seconde partie ou la dépense en argent, comprend ordinairement les titres ci-après.

1). Paiemens au propriétaire ou pour son compte.

2). Pour matériaux de bâtisse.

3). — travaux d'idem.

4). — travail au jardin.

5). — travaux de culture.

6). — travaux d'améliorations.

7). — gages de domestiques.

8). — fer et cloux.

9). — bois de service.

10). — bois de chauffage et tourbe.

11). — rétribution en bois.

12). — chevaux.

13). — bétail à cornes.

14). — cochons.

15). — bêtes à laine.

16). — travaux du maréchal.

17). — travaux du charron.

18). — travaux du serrurier.

19). — travaux du bourrelier.

20). — travaux du tonnelier.

21). — travaux du charpentier.

22). — frais de bureau et ports.

23). — messages et frais de voyages.

24). — péages, accises, octrois.

25). — impôts directs et indirects, contribution pour les pauvres.

26). — assurances contre les incendies.

27). — denrées consommées dans le ménage.

28). — objets divers, ceux qui ne peuvent être compris sous aucune des dénominations ci-dessus.

La récapitulation annuelle de la recette et de la dépense de chaque mois, pour chaque espèce d'objet, se fait mieux en forme de tableau, comme cela se voit dans le modèle ci-contre.

§ 236.

N.° 2. *Le grand livre d'entrée et de sortie pour les grains et denrées*, a des colonnes distinctes pour chaque espèce de grains, dans lesquelles, à la fin de chaque mois, on oppose la recette à la dépense, afin de connaître les quantités qui restent en magasin. On trouvera cette opération indiquée dans le tableau ci-joint, A.

De cette manière ce tableau tient aussi lieu de registre de grange ; cependant on porte également dans la recette, les denrées qui ne proviennent pas de la moisson, comme par exemple les grains des cens, ceux achetés, etc.

Après cela viennent, sous différens titres, les dépenses en grains de diverses espèces. Elles peuvent très-bien être portées en forme de tableau, comme cela a lieu dans celui ci-joint B, qui présente la dépense en grains pour le ménage ou la consommation.

Les grains destinés à la vente sont également portés en forme de tableau, d'après le modèle ci-joint, C.

L'argent n'est indiqué ici que par forme de renseignement ; d'ailleurs il est porté avec plus de précision dans la comptabilité en argent.

Viennent ensuite les autres dépenses en grains sous leurs diverses dénominations. Puis les rétributions fixes en grains, telles que celles du médecin et du chirurgien,

de
se.

DÉPENSE EN BLÉ-SEIGLE.

	Mois.	DÉPENSE.	Sche.
Metz.	Sept. 3	Pour le pain du ménage .	24
4		Rétribution au maître-valet.	3
7		Semé.	140
11		Sommaire.	167
11			

ménage.

	Lentilles.		
	Schell	Metz.	
3		2	
7		1	
4		1	
2		1	
4			
3		5	

r	Millet.			
en	M.		Metz.	G. Gr.
—		payé.	89	
—		payé.	220	
—		portés sur son compte. . . .	—	
—		de même.	—	
12		payé.	500	
—		payé.	200	
—		sur son compte. . . . , . . .		
12				

A.

RECETTE EN BLÉ-SEIGLE.									RECETTE de chaque mois et Bilan de la recette et de la dépense.			DÉPENSE EN BLÉ-SEIGLE.		
Mois.	BATTAGE	Gerbes.	Mesuré Scheff.	Mesuré Metz.	Rétribut. des batteurs. Scheff.	Rétribut. des batteurs. Metz.	Porté au grenier. Scheff.	Porté au grenier. Metz.	RECETTE.	Scheff.	Metz.	Mois.	DÉPENSE.	Sche.
Sept. 6	par Jean et Curth....	225	18		1	2	16	14	Reste en magasin du mois d'Août.	160	4	Sept. 3	Pour le pain du ménage.	24
10	— Schoulze et Bruning.	255	2.		1	6	19	10	Recette du Sept.	7.	7		Rétribution au maître-valet.	3
15	— des corvéables ..	210	18		—	—	18	—					Semé............	140
20	— Jean et Curth...	180	17		1	1	15	15						
		870	75		3	9	70	7	Sommaire.	23.	11		Sommaire.	167
									Déduisant la dépense ci-contre.	16.				
									Il reste en magasin	63	11			

B.

Dépense en grains faite chaque mois pour le ménage.

Mois.	Froment. Scheff.	Froment. Metz.	Seigle. Scheff.	Seigle. Metz.	Orge. Scheff.	Orge. Metz.	Orge mondé et grué. Scheff.	Orge mondé et grué. Metz.	Avoine pour gruau. Scheff.	Avoine pour gruau. Metz.	Pois. Scheff.	Pois. Metz.	Millet. Scheff.	Millet. Metz.	Blé noir. Scheff.	Blé noir. Metz.	Lentilles. Scheff.	Lentilles. Metz.
Juillet ..	2			18	6		3	2	2	4	1	4		4		8		2
Août ...	3			20	7	2	2	8	2		1	2		5		7		1
Septembr.	2	4		19	5	6	2	5	2	2	1			6		4		1
Octobre .	2	2		18	4		2		2		1			4				
Novembr.	2			18	4	2	1	8	2		1	2		3		2		1
Décembre, et ainsi de suite.	1	14		18	4	6	1	14	2		1	4		5		4		
Sommaire.	13	4		111	31		13	5	12	6	6	12	1	11	1	9		5

C.

Grains vendus pendant l'année 180⁴⁄₅.

Date.	A qui et où.	Froment. Scheff.	Froment. Metz.	Froment. Scheff.	Froment. N.	Orge. Scheff.	Orge. M.	Avoine. Scheff.	Avoine. M.	Pois.		Lentill.		Blé-noir. Scheff.		Millet.	M.		Laub.	G.	Pf.
Décembre 14	au Meunier N. à N.	127	—	255		—		—		—		—		—		—		payé...........	89		
24	au marché à N ...	—		—		—		160		—		20		—		—		payé...........	226		
Janvier.. 18	au Bailli N. à N.	—		—		50		—		—		—		30		—		portés sur son compte....	—		
Février.. 5	au Blatier N.....	—		180		—		—		64		—		—		—		de même........	—		
17	au marché à N....	130		—		42		—		—		—		—		12		payé.........	500		
28	au Boulanger N. à N.	—		100		—		—		—		—		—		—		payé.........	200		
28	au Brasseur......	—		—		70		—		—		—		—		—		sur son compte.......	—		
		257	535	162		162		160		64		20		30		12					

T. I. page 196, vis-à-vis la fin § du 235.

DÉPENSE.

DÉPENSE.	Juillet.			Août.			Septembre.			Octobre.			Novembre.			Décembre.		
	Rixd.	G.	Pf.	Rixd.	G.	Pf.	Rixd.	G.	Pf.	Rixd.	G.	Pf.	Rixd.	G.	Pf.	Rixd.	G.	Pf.
Au propriétaire.																		
Paiement de travaux de culture.	112	16		214	8		96	12		142			56	12		36	18	
Paiement de travaux d'amélioration.							64	8		30	6		30	8				
Gages et salaires							125	8								130	12	
Fer							74	4										
Pour la Bergerie.	8	12								7	18					4	6	
Ouvrage du Maréchal.	10	8		6	4		17	6					15	8		4	10	
—— du Charron.	18	4								20	6		9	10				
Divers objets pour la consommation, etc.				32	6		9	10		10	12		4	6				
SOMMAIRE.	149	16		252	18		387			210	18		115	20		175	22	

DÉPENSE.	Janvier.			Février.			Mars.			Avril.			Mai.			Juin.			SOMMAIRE.		
	Rixd.	G.	Pf.	Rixd.	G.	Pf.	Rixd.	G.	Pf.	Rixd.	G.	Pf.	Rixd.	G.	Pf.	Rixd.	G.	Pf.	Rixd.	G.	Pf.
Au propriétaire.																7000			7000		
Paiement de travaux de culture.	32	12		40	18		52	6		49	12		62	16		54	6		950	16	
Paiement de travaux d'amélioration.				45	12		50	10		33	4		40	2					294	2	
Gages et salaires							125									130			510	20	
Fer				52	6														126	10	
Pour la Bergerie.							8	12					3	4		22	10		54	14	
Ouvrage du Maréchal.				12	6		14	9		5	6		18	2		4	9		107	20	
—— du Charron.				15	6					4	4					28	2		95	8	
Divers objets pour la consommation, etc.	33	8					16	12					28	10					134	16	
SOMMAIRE.	65	20		166			267	1		92	2		152	10		7239	3		9274	10	

RECETTE.

RECETTE.	Juillet.			Août.			Septembre.			Octobre.			Novembre.			Décembre.		
	Rixd.	G.	Pf.	Rixd.	G.	Pf.	Rixd.	G.	Pf.	Rixd.	G.	Pf.	Rixd.	G.	Pf.	Rixd.	G.	Pf.
Comptant	302	5	8	200			300											
Pour blé-froment.							56	8								172	4	
Pour blé-seigle.																1036	16	
Pour orge.										280	12		120	8		210	4	
Pour pois.	20									320	16		176	4				
Pour bœufs gras.																		
Pour moutons.																		
Pour laine.																		
Pour beurre	18	4		15	12		20	8		25	16		28	14		30	6	
Pour veaux, etc.										30	12					20	4	
SOMMAIRE.	340	9	8	215	12		376	16		657	8		325	2		432	18	
La dépense monte à	149	16		252	18		387			210	18		115	20		175	22	

RECETTE.	Janvier.			Février.			Mars.			Avril.			Mai.			Juin.			SOMMAIRE.		
	Rixd.	G.	Pf.	Rixd.	G.	Pf.	Rixd.	G.	Pf.	Rixd.	G.	Pf.	Rixd.	G.	Pf.	Rixd.	G.	Pf.	Rixd.	G.	Pf.
Comptant	76	8																	878	13	8
Pour blé-froment.				330						66	16								625	4	
Pour blé-seigle.							540			730	12		440	18					2747	22	
Pour orge.										260	12		510	16		220			1602	4	
Pour pois.				312	16											164	8		993	20	
Pour bœufs gras.	890						750						320						1960		
Pour moutons.										630	12								630	12	
Pour laine.																1320			1320		
Pour beurre	24	4		27	6		43	8		40	4		45	6		60	8		379		
Pour veaux, etc.				40	8														91		
SOMMAIRE.	2027	4		710	6		1333	8		1728	8		1316	16		1764	16		11228	3	8
La dépense monte à	65	20		166			267	1		92	2		152	10		7239	3		9274	10	
Il reste en caisse.																			1953	17	8

	D Février.			Mars.			Avril.			Mai.			Juin.			Sommaire.		
	Rixd.	G.	Pf.	Rixd.	G.	Pf.	Rixd.	G.	Pf.	Rixd.	G.	Pf.	Rixd.	G.	Pf.	Rixd.	G.	Pf.
Au propr													7000			7000		
Paiemen ture.	40	18		52	6		49	12		62	16		54	6		950	16	
Paiemen liorat	45	12		50	10		33	4		40	2					294	2	
Gages et				125									130			510	20	
Fer .	52	6														126	10	
Pour la				8	12					3	4		22	10		54	14	
Ouvrage	12	6		14	9		5	6		18	2		4	9		107	20	
———	15	6					4	4					28	2		95	8	
Divers ol matic				16	12					28	10					134	16	
	166			267	1		92	2		152	10		7239	3		9274	10	

	R Février.			Mars.			Avril.			Mai.			Juin.			Sommaire.		
	Rixd.	G.	Pf.	Rixd.	G.	Pf.	Rixd.	G.	Pf.	Rixd.	G.	Pf.	Rixd.	G.	Pf.	Rixd	G.	P
Comptar																878	13	8
Pour bl	330						66	16								625	4	
Pour bl				540			730	12		440	18					2747	22	
Pour or							260	12		510	16		220			1602	4	
Pour po	312	16											164	8		993	20	
Pour b				750						320						1960		
Pour m							630	12								630	12	
Pour lai													1320			1320		
Pour be	27	6		43	8		40	4		45	6		60	8		379		
Pour ve	40	8														91		
etc.																		
	710	6		1333	8		1728	8		1316	16		1764	16		11228	3	8
La	166			267	1		92	2		152	10		7239	3		9274	10	
Il reste en caisse.																1953	17	8

du vétérinaire, du ramoneur; enfin les denrées assignées, pour leur consommation, à divers employés tels que maître-valet, vacher, berger de moutons, et au maréchal, si l'on s'est abonné avec lui pour l'entretien des charrues.

Les grains pour les chevaux de labour peuvent également être inscrits en forme de tableau. S'il s'agit de l'économie rurale du propriétaire lui-même, les chevaux de carosse et de luxe, ceux des personnes en visite, doivent avoir leur colonne à part. Les grains donnés aux autres bêtes doivent également être mis en compte, sous la dénomination d'engrais des cochons ou de la volaille.

Un titre particulier est consacré à l'important objet des semailles de différens grains, avec indication du jour où elles ont eu lieu et des pièces de terre où elles ont été faites. Chaque espèce de grain a de même ici son folio particulier.

Ordinairement le compte des grains est terminé par l'indication, tant du nombre des gerbes qui ont été récoltées, que des granges et des tas dans lesquels elles ont été placées.

Après la recette et la dépense en grains, suivent celles des autres produits végétaux, tels que foins des prairies naturelles et artificielles, pommes de terre, raves, carottes, choux, chanvre, lin, pavots, etc.

§ 257.

Le grand livre d'entrée et de sortie du bétail contient premièrement une spécification détaillée de chaque pièce de bétail, avec son N.° et son nom, l'espèce ou la race à laquelle elle appartient, son âge, ses qualités et ses défauts, et la valeur qu'elle a au renouvellement de l'année de comptabilité. Cela a lieu pour les vaches de la manière suivante :

N.°	NOM	ESPÈCE OU RACE.	AGE.	QUALITÉS OU DÉFAUTS.	ESTIMATION.	QUAND ONT VÊLÉ.
1	La Caille.	Race du pays.	7 ans.	Abondante en lait, mais ne se soutient pas.	40 Rixdalers.	le 28 Décembre.
2	Le Serin.	Race de Hollande.	8 ans.	Extrêmement bonne.	70 Rixdalers.	le 6 Février.

La page opposée reste ouverte pour recevoir les observations sur chaque bête, qu'on peut avoir à faire dans le cours de l'année.

L'état des autres espèces de bétail est fait, autant que cela est possible, de la même manière.

Ensuite vient le compte d'augmentation et de diminution du bétail, dressé dans la forme du modèle ci-après ; les numéros s'y rapportent à ceux de l'inventaire du cheptel.

N.ᵒˢ	Il y avait dans les écuries à la fin de Juin	Pièces.	Augmentation	Pièces.	Diminution.	Pièces.	Il reste à la fin de Juillet.	Pièces.
1	Chevaux	16	. .	.	. .	.	.	16
2	Poulains de 1806	2	. .	.	. .	.	.	2
3	Poulains de 1807	3	. .	.	. .	.	.	3
4	Bœufs	29	. .	.	Vendu les n.ᵒˢ 2 et 5.	2	.	27
5	Vaches	40	. .	.	Péri n.ᵒ 40	1	.	39
6	Taureaux	2	. .	.	. .	.	.	2
7	Génisses de 1806.	5	. .	.	. .	.	.	5
8	Génisses de 1807.	6	. .	.	. .	.	.	6
9	Cochons adultes.	24	. .	.	. .	.	.	24
10	Cochons moyens.	16	. .	.	Tué p.ʳ le ménage.	1	.	15
11	Cochons jeunes .	30	. .	.	. .	.	.	30
12	Oies	50	. .	.	. .	.	.	50
13	Canards	30	. .	.	. .	.	.	30
14	Poules	60	. .	.	. .	.	.	60

La bergerie a ordinairement son compte à part, afin qu'on puisse d'autant mieux voir les diminutions et les augmentations de chaque espèce. Cela doit surtout avoir lieu lorsque le troupeau est composé de bêtes de différentes races, ou qu'il y a des métis de générations différentes.

Après cela viennent la recette et la dépense des divers produits animaux ; par exemple de ce qu'on a obtenu, consommé ou vendu en beurre, fromage, lait, et en laine, œufs, miel et cire, etc. Les peaux du bétail tué pour le ménage, celles des bêtes à laine péries, doivent également avoir leur titre à part.

Le compte de la laiterie peut être dressé de la manière suivante ;

MOIS.	Totalité du lait produit	Lait employé.		Lait vendu.		Beurre battu.	Fromage fait.	Beurre consommé.	Fromage consommé.	Beurre vendu.	Fromage vendu.
	quarts.	gras. quarts.	écrémé. quarts.	gras. quarts.	écrémé. quarts.	liv.	Nombre	liv.	Nombre.	liv.	Nombre
du 3 au 9	980	60	80	110	80	$38\frac{1}{2}$	105	20	105	18	
10 16	1010	54	84	86	90	44	120	18	90	25	$22\frac{1}{2}$
17 23	1004	62	90	76	108	38	120	22	$82\frac{1}{2}$	17	$37\frac{1}{2}$
24 30	1008	50	80	94	116	40	135	16	90	23	45
	4002	226	334	366	394	$160\frac{1}{2}$	480	76	$367\frac{1}{2}$	83	105

§ 258.

Cette manière de tenir les livres est susceptible de beaucoup de modifications. Chacun peut l'arranger suivant le but qu'il se propose et ses convenances personnelles.

Au reste c'est aujourd'hui la plus connue et la plus usitée, et elle suffit à une exploitation ordinaire. Elle présente à la fin de chaque mois une idée claire de l'ensemble, et comme on doit croire qu'elle est plus ou moins connue de toute personne qui est appelée à inspecter une comptabilité agricole ; c'est par son moyen qu'un régisseur pourra le mieux justifier sa gestion.

Quant à la préférence que quelques personnes lui donnent, en prétendant qu'elle est plus simple et plus facile ; elle me paraît fondée bien plus sur l'habitude et la pratique que ces personnes en ont, que sur la réalité. D'ailleurs ce mode de comptabilité ne se distingue nullement par sa simplicité, puisqu'il exige des livres divers, que la plupart des objets doivent y être portés deux fois, et que les recherches y sont difficiles. Outre cela il ne donne nullement une idée claire des détails de l'économie et de la culture.

§ 259.

Ce qui lui manque en particulier, c'est un mode simple et précis de comptabilité pour l'un des plus importans objets de l'économie rurale, pour l'emploi et la répartition du travail ; on peut cependant y consacrer un livre particulier : quant à la manière de faire le compte des travaux, nous ne tarderons pas à nous en occuper.

§ 240.

Avant d'en venir à d'autres manières de tenir les livres, il convient d'examiner la question sur le moment de l'année auquel on doit commencer ou finir la comptabilité. On a choisi pour cela des époques très-variées. La meilleure est sans contredit celle où il y a une sorte de repos, une interruption des affaires, et où la plus grande partie des productions ayant été consommée , ce qu'il en reste peut d'autant mieux être connu. Le commencement de l'année civile ne convient point sous ce rapport. Le printems et l'automne me paraissent tout aussi peu convenables. Dans la contrée que j'habite c'est le 1.ᵉʳ Juillet qui est le plus en usage, et à divers égards cela me paraît plus convenable. Cependant je n'aime pas que la récolte des foins soit ainsi partagée en deux; je préfère donc le commencement de Juin , parce qu'alors la plupart des choses qui demandent une attention particulière , sont dans une espèce de repos et que c'est dans ce tems qu'on a le plus de loisir pour vérifier l'état des provisions , du chepteil et de toute l'économie rurale. Cependant on peut avoir des motifs de suivre en cela les usages de la contrée qu'on habite , et en particulier de se conformer à l'époque à laquelle les baux à ferme commencent et finissent le plus ordinairement.

Là où l'on sème encore de petites orges en Juin, le commencement de Juillet paraît préférable *.

§ 241.

La seconde manière de tenir les livres d'économie rurale est celle qui a lieu en forme de tableaux. Plus que toute autre, elle peut donner une idée succinte de l'exploitation et présenter, sur un petit nombre de feuilles, un compte détaillé et pourtant complet , de toute l'économie rurale et de ses circonstances. Mais elle demande beaucoup de précision et d'habitude. Sans cela il peut s'y glisser des erreurs qu'on ne saurait redresser sans commencer ces tableaux de nouveau. En particulier les difficultés m'en paraissent augmentées par les renvois de dates qu'on y rencontre ; et si le rapport d'une date à l'autre doit y être suffisamment indiqué , ces tableaux deviennent alors extrêmement compliqués. J'avoue que je n'ai pas une idée claire de ce que devraient être de tels tableaux de l'économie rurale pour qu'ils répondissent à tout ce qu'on devrait en attendre. Nous aurons peut-être l'ouvrage de Gyllenbourg dont j'ai donné par anticipation quelqu'idée dans les Annales d'Agriculture; et ce sera , sans contredit, le plus parfait que nous ayons sur cette matière. Cependant je conviens que, d'après l'essai de quelques tableaux qui y ont été imprimés, cette manière de tenir les livres

---

* Dans notre climat je préférerais de beaucoup le 15 février ou le 1.ᵉʳ mars, c'est-à-dire le moment où l'on a fini de battre les grains, et où l'on a consommé la plus grande partie des fourrages, sans que pourtant les labours et les semailles du printems aient déjà commencé. Il me semble plus facile d'estimer les semailles d'automne que celles de printems, lesqu'elles ont une marche infiniment moins régulière, et influent davantage sur la masse de nourriture d'hiver qu'on doit avoir pour le bétail et par conséquent sur les engrais. Il ne paraît pas douteux du moins que ce ne soit là l'époque à laquelle il est le plus convenable de fixer l'entrée des baux. *Trad.*

A.

Tableau des semailles.

BLÉ-SEIGLE.

NUMÉRO ou nom des pièces de terre.	Etendue. Jour.	Perch.	La quant. récolte depuisqu'on a fumé la dernière fois	Charriots de fumier.	Nombre des labours.	DATE de la semaille.	Quantité de semence.		OBSERVATIONS.
Sole 5, champ du moulin.	22	45	3		3	Septembre 18	24		
Sole 5, plateau supérieur.	35		3		2 ½	——— 19	38	10	La semence a été enterrée au petit extirpateur à la profon-
Sole 5, plateau inférieur.	38	80	3		3	——— 27	42	12	deur d'un labour superficiel.
Sole 2, champ de l'étang, et ainsi de suite.	42	30	1	260	1 ½	——— 28	44	10	Le fumier a été conduit sur les pois. La semence a été enter- rée à l'extirpateur.

B.

Tableau des Moissons.

BLÉ-SEIGLE.

NUMÉRO des pièces de terre.	Etendue ou quotité de semence. journaux ou scheffels.	Perches ou metzen.	JOUR où l'on a fauché	où l'on a serré.	JOURNÉES de fau-cheurs.	de mois-sonneurs.	d'ou-vriers de grange.	gerbes.	rateliers en gerbes environ.	NUMÉROS. de la grange	du tas.	OBSERVATIONS.
Sole 5, champ du moulin.	22	45	Juillet 30 et 31	Août 5.	7 ½	8	6	1945	30	1	B et C.	La gerbe pèse 28 liv.; bien grené
Sole 5, plateau supérieur.	35		31 et Août 1.er	——— 6.	10	11	9	3128	45	1	A et B.	——— 27 ½; bien grené.
Sole 5, plateau inférieur, et ainsi de suite.	38	80	Août 2 et 3.	——— 8.	10	12	9	3225	60	1	C et D.	——— 24 était versé; pas très-grené.

C.

Tableau de la distribution des engrais.

JOURS.	Fumier de bœufs et vaches. (Charriots.)	Fumier mêlé des chevaux et cochons. (Charriots.)	Fumier de bêtes à laine. (Charriots.)	Compost et boues. (Charriots.)	Limon.	Limon. (Char.)	Marne. (Charriots.)	Chaux. (Tonneaux.)	Plâtre. (Quintaux.)	Lieu, où et pour quelle destination.
Août 3 à 12.	260	—	—	—	—	—	—	—	—	Sole 2, plateau du milieu.
Novembre 8. à 20.	—	200	—	50	—	—	—	—	—	Sole 3, pour des récoltes jachères.
Février 24.	210	—	—	—	—	—	—	—	—	Sole 3, pour des récoltes jachères.
Mars 4 à 12.	—	120	—	—	—	—	—	—	—	Sole 3, pour des récoltes jachères.
Avril 5 à 20.	—	—	250	—	—	—	—	—	—	Sole 3, pour des récoltes jachères.
Avril 1 à 12.	—	—	—	—	—	—	330	—	—	Sole extérieure 8, pour du blé noir.
——— 13 à 28.	—	—	—	—	de l'étang vidé.	420	—	—	—	Sole extérieure 8.
Mai 1 à 5.	—	—	—	—	—	—	—	210	210	Sole 6, sur du trèfle.

Ces Tableaux ne doivent être considérés que comme des modèles ; les sommes en sont purement idéales.

NUMÉRO ou nom des pièces de terre.	Etendue.		´ATIONS.
	Journ.	Perch	
Sole 5, champ du moulin.	22	45	
Sole 5, plateau supérieur.	35		u petit extirpateur à la profon-
Sole 5, plateau inférieur.	38	80	erficiel.
Sole 2, champ de l'étang,	42	30	es pois. La semence a été enter-
et ainsi de suite.			

NUMÉRO des pièces de terre.	Etendue ou quotité de semence.		OBSERVATIONS.
	journaux ou scheffels.	Perche ou metzer	
Sole 5, champ du moulin.	22	45	? gerbe pèse 28 liv.; bien grené
Sole 5, plateau supérieur.	35		————— 27 $\frac{1}{2}$; bien grené.
Sole 5, plateau inférieur,	38	80	————— 24 était versé; pas
et ainsi de suite.			très-grené.

JOURS.	Fumier de bœufs et vaches.	Fumier mêlé des chevaux et cochons.	et pour quelle destination.
	Charriots.	Charriots,	
Août 3 à 12.	260	—	ι du milieu.
Novembre 8. à 20.	—	200	es récoltes jachères.
Février 24.	210	—	es récoltes jachères.
Mars 4 à 12.	—	120	es récoltes jachères.
Avril 5 à 20.	—	—	es récoltes jachères.
Avril 1 à 12.	—	—	8, pour du blé noir.
——— 13 à 28.	—	—	8.
Mai 1 à 5.	—	—	trèfle.

Ces Tableaux ne doivent être c

me paraît excessivement difficile, surtout parce que l'auteur veut d'abord réduire tout en argent, et que cette estimation ne peut être faite d'une manière exacte, jusqu'à ce qu'on puisse avoir connaissance des rapports et des circonstances de l'année, ce qu'on ne peut obtenir qu'à la clôture de la comptabilité annuelle.

Dans les livres de main courante, cette forme de tableaux me paraît très-convenable, surtout lorsqu'elle est appliquée à quelques branches ou affaires particulières.

Je donnerai ici, comme exemples, des modèles de tableaux pour quelques sujets, en laissant toutefois à chacun le soin d'y faire les changemens que ses circonstances particulières et le but qu'il se propose rendent nécessaires. Si le grand livre doit être tenu en parties doubles, surtout, ces tableaux sont très-commodes, parce qu'alors ils tiennent lieu de journal.

§ 242.

Le tableau ci-joint A, qui comprend une partie des semailles en seigle, servira de modèle pour toutes les autres espèces de grains, et la réunion de tous ces tableaux, qui pourra bien avoir lieu sur une feuille, présentera l'ensemble des diverses semailles avec indication de l'étendue des champs, du nombre de récoltes qu'ils ont produites depuis qu'ils ont été fumés, ou des engrais qu'ils ont reçus récemment, du nombre de labours qui leur ont été donnés pour cette récolte, du jour où ils ont été ensemencés, de la quantité de semence qu'ils ont reçue, et enfin des particularités qui peuvent s'y rapporter.

§ 243.

Le tableau de moisson ci-joint B contient le nom ou le numéro de chaque pièce de terre et son étendue, ou précise si elle est connue, ou en scheffels de semence, si la surface n'en a pas été mesurée. De plus, le jour où l'on a fauché et celui ou l'on a serré ; les journées de faucheurs, ramasseurs et ouvriers de grange, le nombre des gerbes récoltées, la quantité de ratelures aussi évaluée en gerbes, enfin le numéro de la grange et du tas dans lesquels chaque produit a été placé. On y ajoute des observations sur la grandeur et le poids approximatif des gerbes, lequel souvent dans un même domaine, surtout si l'on a différentes manières de faire la moisson, varie infiniment ; de même aussi des remarques sur la nature du grain, s'il est bien nourri et de bonne qualité. On y suit pour tous les grains la méthode tracée pour le seigle.

Si l'on veut avoir sur un seul tableau un résumé général de la culture des grains de l'année, on peut fort bien réunir les deux dont nous venons de parler ;

I. 26

alors, après la colonne du tableau des semailles destinée à la quantité de semence, on place celle du tableau de moisson, qui indique le jour où l'on a fauché.

§ 244.

Le tableau de la distribution des engrais C contient, d'abord, le jour où le transport a été effectué, puis les diverses espèces de fumier; on suppose que le fumier de tout le bétail à cornes a été mis au même tas, et que celui des chevaux et des cochons a été convenablement mêlé et déposé à une autre place. Le fumier des bêtes à laine est, suivant la coutume, conduit immédiatement de la bergerie au champ.

J'entends par boues et compost les engrais ramassés hors des places à fumier dans les cours, devant les granges et ailleurs, lesquels sont composés en plus grande partie de pailles pourries, mais qui, cependant, contiennent aussi des excrémens d'animaux.

Viennent ensuite des colonnes pour le terreau, la marne, la chaux, le plâtre, peut-être pour les cendres et autres matières destinées à l'amendement des terres, lesquelles toutes sont comprises dans la dénomination d'engrais.

La dernière colonne est consacrée à l'indication du lieu où le fumier a été conduit.

De ce tableau on peut, si on le juge à propos, porter sur celui des semailles, la quantité d'engrais mise à chaque champ, et ce dernier tableau est complété par là.

§ 245.

Quoique le travail soit un des principaux objets de l'agriculture, cependant on a trop souvent négligé d'en prendre note et d'en calculer les frais. Si même on évalue en général les frais des labours exécutés tant par ses propres domestiques et attelages, que par journées et à la tâche, et si la réunion des gages et de l'entretien des domestiques, de la valeur des fourrages dont le bétail de trait a été nourri, et enfin des débours, présente l'ensemble de ces frais; cependant on ne sait que rarement à quoi ils montent pour chaque objet, pour chaque produit, pour chaque champ; et pourtant il est de la plus grande importance de le savoir, puisque c'est par là seulement qu'on peut avoir des résultats certains sur les profits et les pertes de chaque branche de la culture ou de l'économie en général. C'est aussi de cette manière seulement, qu'on voit si les forces dont on a disposé pour le travail ont été employées de la manière la plus utile, ou si elles pouvaient l'être plus avantageusement. On en obtient un contrôle du travail qu'on ne pourrait se procurer d'aucune autre manière et qui conduit à des mesures bien plus sûres, qu'une inspection même continuelle des différens labours.

A.

Journal des travaux de la semaine.

Ouvrages de main.	Lundi.				Mardi.				Mercredi.				Jeudi.				Vendredi.				Samedi.				Sommaire.				Montant en argent.		
	6 Gros.	5 gr.	4 gr.	3 g.	6 gr.	5 gr.	4 gr.	3 gr.	6 gr.	5 gr.	4 gr.	3 gr.	6 gr.	5 gr.	4 gr.	3 gr.	6 gr.	5 gr.	4 gr.	3 gr.	6 gr.	5 gr.	4 gr.	3 gr.	6 gr.	5 gr.	4 gr.	5 gr.	Risd.	g.	Pf.

Ouvrages de main.	Lundi.				Marc			Montant en argent.		
	6 Gros.	5 gr.	4 gr.	3 g.	6 gr.	9 gr.	45 gr.	Rixd.	g.	Pf.

Pour cela il faut avant tout qu'il soit pris note des divers ouvrages , tant de main que d'attelages, qui ont été faits, avec indication du sujet auquel ils ont été appliqués. La manière dont cette inscription a lieu n'est point indifférente, elle importe infiniment , soit afin de donner plus de facilité à l'inspecteur, soit et surtout afin qu'on puisse obtenir un résumé plus clair du travail appliqué à chaque objet, et le porter ensuite en son lieu, sans courrir le risque de commettre une erreur. J'ai essayé diverses formes d'un tel journal des travaux, et il m'a paru que le tableau hebdomadaire ci-joint A était ce qui convenait le mieux. On y voit des colonnes pour quatre espèces d'ouvriers, lesquels reçoivent une rétribution journalière de 6, 5, 4 et 3 gros ; au reste, d'une saison à l'autre, ces prix varient. Dans la première colonne viennent l'espèce et le lieu des travaux qui ont été exécutés pendant cette semaine. Dans l'indication du lieu ou de l'objet auquel le travail a été appliqué, il faut avoir soin de se conformer au titre même du compte du grand livre sur lequel il doit être porté. Ainsi les travaux dont on désire un résumé à part, doivent être inscrits ici séparément, tandis que tous ceux qui doivent être portés au même compte peuvent être réunis en un seul article. Cette réunion demande quelque instruction de la part de l'inspecteur, et jusqu'à ce qu'il l'ait acquise, il vaut mieux qu'il tombe dans l'excès des distinctions que dans celui d'une trop grande cumulation des objets. Déjà au commencement de la semaine, il inscrit dans la première colonne, les travaux qu'il prévoit avec certitude devoir être faits ; quant à ceux qu'il n'a pu prévoir il les y porte à mesure qu'ils surviennent. Il est sans contredit avantageux qu'il fasse d'avance le tableau de ce qui doit être exécuté, alors il lui suffit d'inscrire chaque jour, dans la colonne qui lui est destinée, le nombre de journées de chaque espèce qui ont été appliquées à chaque opération. Le mieux est de consacrer à ce journal un livre particulier avec 52 feuillets, qui soit arrangé de manière que l'inscription en tête ne doive y être portée qu'une fois au commencement de chaque trimestre et que les divisions ou colonnes soient faites à l'avance. D'autres personnes préféreront, peut-être, d'avoir et de suspendre à la parroi une table noire, avec des rayes verticales et horizontales en rouge, faites de manière à ne point s'effacer, et d'y inscrire chaque jour, avec de la craie, les travaux qui ont été faits et le nombre d'ouvriers qui y ont été occupés.

Dans la colonne du sommaire, on porte le nombre d'ouvriers de chaque espèce qui, pendant la semaine, ont été employés à chaque ouvrage ; et dans celle de l'argent, on indique ce que chaque travail a coûté. Le sommaire des journées de toutes espèces et celui de l'argent, doivent alors balancer celui des journaliers qu'on a tenus et la somme qu'on a livrée pour leur salaire.

Si l'on a eu des journées en corvée, ou des services gratuits, il faut également les porter dans la classe des journées auxquelles elles peuvent être assimilées , et joindre leur valeur à celle des autres ; ensuite, et à la fin de la semaine , on distingue les journées de ce genre, de ce qui a réellement été payé. On attribue à ces corvées les journées qu'on en a reçues, et on les porte en déduction de ce qu'on a droit d'en attendre.

Le journal des travaux d'attelage se fait de la même manière. En place des colonnes pour chaque prix de journées, les chevaux, les bœufs et les domestiques qui travaillent avec eux ont les leurs. C'est à chacun à voir s'il lui convient de faire une distinction entre les domestiques qui pansent les chevaux, et ceux qui soignent les bœufs. Si les journaliers travaillent avec les chevaux et les bœufs, ils sont portés sur le tableau des travaux manuels et non ici. Il vaut mieux inscrire le travail des bêtes de trait par têtes, que par attelages. A la fin de la semaine, on fait le sommaire des journées qui ont été appliquées à chaque ouvrage ; mais ici , ce me semble, on peut omettre la colonne de l'argent.

Ces tableaux hebdomadaires peuvent ensuite, avec facilité , être portés dans un résumé du mois, ainsi qu'on le verra dans le tableau que je joins ici. On n'est d'ailleurs point assujetti à un nombre fixe de semaines, si l'on veut se donner la peine de rayer pour une période plus longue. Sur une feuille ouverte on a toujours de la place pour huit semaines. Dans le tableau ci-joint B, on a réuni la période des moissons, qui ont été en majeure partie exécutées en cinq semaines.

Afin de rendre la chose d'autant plus claire et de montrer des travaux d'un autre genre et dans une autre période , et aussi afin de dissiper la crainte qu'on a de trouver à cette méthode de grandes difficultés , je joins ici un tableau C, qui comprend la période d'hiver, dès le commencement de novembre au milieu de février.

Il ne me semble pas que des explications ultérieures soient nécessaires. Il est évident combien , dans des livres tenus en parties doubles , le rapport des résumés du mois doit se faire avec facilité.

On trouvera dans les Annales d'agriculture de Basse-Saxe , 4.ᵉ année, 4.ᵉ fragment, un excellent article sur l'évaluation des journées agricoles.

Il n'y a pas de doute que presque tous les détails de l'économie rurale , tous les produits distincts et ceux de chaque champ en particulier ne puissent très-bien être présentés en forme de tableaux. On peut voir à ce sujet dans les Annales d'agriculture, 4.ᵉ vol., pag. 164; quelques modèles, tirés de l'ouvrage de Gyllenbourg ; on y trouve entr'autres un tableau très-complet pour les travaux intérieurs des cours et de l'économie rurale.

au 27 Août.

Lieu et sujet.	Genres à	Août.		22 à 27 Août. Journées à Gros				Montant en argent.		
	s	4	3	6	5	4	3	Rixd.	G.	P.
Sole 2. Blé-froment.	F							3	13	
	ramasse							2	4	
Sole 5. Blé-seigle.	F							8	12	
	ramasse							5	10	
Sole 7. Blé-seigle.	F							9		
	ramasse							5	6	
Sole extérieure 8. Blé-seigle.	F							3		
	ramasse							1	16	
Dans les Granges.	Met 20							10	18	
Sole 2. Orge.	F							6		
	ramasse							5	8	
Sole 6. Pois.	F							8		
	ramasse							2	20	
Dans les Granges.	Mettre 1							15	13	
Economie du bétail.	Faire			3				3	3	
Dépenses générales.	Travail et d 3	6				4	5	4	10	
Sole 3.	Houer 36	22				35	18	16	20	
Au champ fleuri.	Passer							2	2	
Sole 4.	Fauch			32	16			21	8	
	Fanne 15					20		5	20	
Et ainsi de suite.										
		74	28	32	19	59	23	140	15	
		14 Gr.		24 Rixd. 16 Gr.				140	15	

B.

Tableau des journées des cinq semaines de Moissons dès 26 Juillet au 27 Août.

Tom. I. page 204.

Lieu et sujet.	Genre du travail.	25 à 30 Juillet.				1 à 6 Août.				8 à 13 Août.				15 à 20 Août.				22 à 27 Août.				Montant en argent.		
		Journées à Gros				Journées à Gros				Journées à Gros				Journées à Gros				Journées à Gros						
		6	5	4	3	6	5	4	3	6	5	4	3	6	5	4	3	6	5	4	3	Rixd.	G.	P.
Sole 2. Blé-froment.	Faucher,		5																			3	13	
	ramasser, lier, charger.						2	6	6													2	4	
Sole 5. Blé-seigle.	Faucher,	34																				8	12	
	ramasser, lier, charger.			28	6																	5	10	
Sole 7. Blé-seigle.	Faucher,					36																9		
	ramasse., lier, charger.											27	6									5	6	
Sole extérieure 8. Blé-seigle.	Faucher,					12																3		
	ramasser, lier, charger.							10														1	16	
Dans les Granges.	Mettre en tas.						6	16							10	20						10	18	
Sole 2. Orge.	Faucher,									24												6		
	ramasser, lier, charger.										2	25	6									5	8	
Sole 6. Pois.	Faucher,									32												8		
	ramasser, lier, charger.										4	12										2	20	
Dans les Granges.	Mettre en tas, faire des liens, etc.		4	12	6		6	30			5	28										15	13	
Economie du bétail.	Faire la pâture.		3				3				3				3				3			3	3	
Dépenses générales.	Travail pour le ménage et dans la cour.				4				5				6		3	6				4	5	4	10	
Sole 3.	Houer les raves.															36	22			35	18	16	20	
Au champ fleuri.	Passer le grand râteau.										5				5							2	2	
Sole 4.	Faucher le trèfle.													30	12			32	16			21	8	
	Fanner le trèfle.															15				20		5	20	
Et ainsi de suite.																								
	Sommaire.	44	14	46	16	48	17	62	11	56	19	92	18	30	30	74	28	32	19	59	23	140	15	
		23 Rixdal. 14 Gros.				27 Rixd. 6 Gr.				35 Rixd. 13 Gr.				29 Rixd. 14 Gr.				24 Rixd. 16 Gr.				140	15	

18 Février 1811.

Tom.

Lieu		9 à 21 Janvier. Journées à Gros.				23 Janv. à 4 Févr. Journées à Gros.				6 à 18 Février. Journées à Gros.				Montant en argent.		
	2	5	4	3	2	5	4	3	2	5	4	3	2	Rixd.	G.	P.
Dépens				4	4		5	18	10		8	3	12	23	1	
Gre			2				1				1			2	12	
Fum				2				2				2		2	22	
			1				1				1			1	8	
Cha			3	2			2	1			1	2		4	15	
Etable			6	2			6	3			6	1		10	3	
Provisi							8				6			2	8	
Pomm								6	8					3	16	
Raves														6	21	
Jard											18	10		8	22	
Feni			2				2				2			2	16	
Cult														4	7	
Répara truct														1		
Amé														3		
Sole											18	6		9	6	
Sole							2	6 18			12 6	16		15 4	4 6	
Sole			8	6										2	2	
6			20	16	4		49	54	18		73	46	12	108	1	
		6 Rixdalers.				16 Rixd. 10 Gr				18 Rixd. 22 Gr.				108	1	

C.

Tableau des journées de la période d'hiver, dès 31 Octobre 1810 au 18 Février 1811.

Lieu et sujet.	Genre du travail.	dès 31 Oct. à 12 Nov. (Journées à Gros)				14 à 26 Novembr. (Journées à Gros)				28 Nov. à 10 Décemb. (Journées à Gros)				12 à 24 Décembr. (Journées à Gros)			
		5	4	3	2	5	4	3	2	5	4	3	2	5	4	3	2
Dépenses générales.	Pour diverses bagatelles.		2	33	12		4	14	8		3	18	10		5	6	8
Grenier.	Remuer les grains.		2				2				2				2		
Fumiers.	Transporter hors des étables et remuer.		1	2				3			2	3			1	2	
	Transporter les matières fécales à la place à fumier.		1				1				1				1		
Chauffage.	Couper du bois.		1	2			1	2			2	2			2	3	
Étable des vaches.	Hâcher de la paille et des pommes de terre.		6	2			6	1			6	2			6	3	
Provision du Maïs.	Battre.																
Pommes de terre.	Trier et remuer.			6							4	6					
Raves de la 3.e Sole.	Arracher et nettoyer.			16	18							17	15				
Jardin.	Défoncer et faire d'autres ouvrages.		5	8							8	12					
Fenils.	Botteler et pesser.		2				2				2				2		
Culture du lin.	Battre et vanner.			9	12							8	14				
Réparations et constructions.	Creuser et charrier de la glaise.		6														
Améliorations.	Curer l'étang en enlever le limon.										18						
Sole 3.	Labourer avec des bœufs.		12	6							14	6					
Sole 5.	Labourer avec des bœufs, charger et épandre du fumier.		18	4							22	4					
Sole 7.	Curer les raies d'écoulement.																
	Sommaire.		56	88	18		76	71	47		18	25	10		19	14	8
		27 Rixd. 8 Gros.				25 Rixd. 3 Gr.				6 Rixd. 23 Gr.				5 Rixd. 14 Gr.			

Lieu et sujet.	Genre du travail.	26 Déc. à 7 Jan. (Journées à Gros)				9 à 21 Janvier. (Journées à Gros)				23 Janv. à 4 Févr. (Journées à Gros)				6 à 18 Février. (Journées à Gros)				Montant en argent.		
		5	4	3	2	5	4	3	2	5	4	3	2	5	4	3	2	Rixd.	G.	P.
Dépenses générales.	Pour diverses bagatelles.		2	3	6			4	4		5	18	10		8	3	12	23	1	
Grenier.	Remuer les grains.		3				2				1				1			2	12	
Fumiers.	Transporter hors des étables et remuer.			2				2				2				2		2	22	
	Transporter les matières fécales à la place à fumier.		1				1				1				1			1	8	
Chauffage.	Couper du bois.		3	3			3	2			2	1			1	2		4	15	
Étable des vaches.	Hâcher de la paille et des pommes de terre.		6	3			6	2			6	3			6	1		10	3	
Provision du Maïs.	Battre.										8				6			2	8	
Pommes de terre.	Trier et remuer.										6	8						3	16	
Raves de la 3.e Sole.	Arracher et nettoyer.																	6	21	
Jardin.	Défoncer et faire d'autres ouvrages.										18	10						8	22	
Fenils.	Botteler et pesser.		2				2				2				2			2	16	
Culture du lin.	Battre et vanner.																	4	7	
Réparations et constructions.	Creuser et charrier de la glaise.																	1		
Améliorations.	Curer l'étang en enlever le limon.																	3		
Sole 3.	Labourer avec des bœufs.														18	6		9	6	
Sole 5.	Labourer avec des bœufs, charger et épandre du fumier.										2 —	6 18			12 6	6 16		15 4	4 6	
Sole 7.	Curer les raies d'écoulement.						8	6										2	2	
	Sommaire.		17	11	6		20	15	4		46	51	18		73	46	12	108	1	
		3 Rixd. 17 Gros				6 Rixdalers.				16 Rixd. 10 Gr				14 Rixd. 22 Gr.			108 Rixdalers	1	

§ 246.

Quant à moi je trouve, à la méthode de tenir les livres en parties doubles, un avantage si décidé sur celle en forme de tableaux, que je dois tout au moins laisser à d'autres le soin de perfectionner celle-ci.

J'ai parlé au long de cette première méthode dans le 4.e volume des Annales d'agriculture, page 467 et suivantes. J'ai ensuite trouvé qu'elle pouvait être simplifiée bien plus encore, et qu'on pouvait très-bien tourner les difficultés qu'il était impossible de vaincre.

Je ne dirai que peu de chose sur cette matière en renvoyant mes lecteurs à ce traité.

Il est sans doute absolument nécessaire que tout soit réduit à une mesure commune, et l'on ne pourrait guères en adopter une autre que l'argent, puisque c'est à cette espèce que viennent se réduire tous les résultats d'une industrie quelconque. Cependant, dans le cours de la comptabilité, on est souvent dans le doute sur le prix qu'on doit assigner à des choses qui ne peuvent pas être immédiatement réalisées. A la vérité, une estimation fautive n'apporterait aucun changement au résultat final de la comptabilité, puisque ce qui serait perdu pour le crédit d'un chapitre serait gagné par le débit de l'autre ; mais cela mettrait de l'inexactitude, tout au moins dans le résultat des articles partiels. Le prix moyen de la plupart des objets, par exemple, des grains et fourrages consommés dans l'exploitation même, ne peut guères être fixé dans le cours de l'année et au moment même de l'emploi, et cependant de ce prix dépend l'évaluation d'autres choses, qui ne peuvent être acquitées immédiatement en argent, telles que le travail des domestiques et du bétail de trait employé à chaque objet particulier ; tandis qu'à la fin de l'année, si l'on pèse mûrement toutes les circonstances et leurs rapports, on doit pouvoir avec quelque certitude, connaître la valeur en argent de chaque article. Par exemple lorsque je sais à combien je dois imputer au bétail de trait, l'avoine et le foin qu'il a consommé, et que tous les frais accessoires qu'il a occasionnés sont connus, je vois ce que me coûte la journée de travail d'un cheval ou d'un bœuf, et je puis alors en porter la valeur au débit des comptes auxquels ce travail a été apppliqué, pourvu toutefois que le nombre de ces journées ait été préalablement déterminé avec exactitude. Pour l'estimation, il faut seulement admettre certains principes et y demeurer fidèle. Si par exemple on veut, pour l'évaluation des grains, prendre pour base le prix moyen du marché, je n'ai rien à y objecter, pourvu que, de ce prix, on déduise tous les frais de transport, à leur valeur réelle, laquelle comprend non-seulement la dégradation des harnois et des chevaux eux-mêmes, mais encore un certain dérangement des domestiques, et divers incidens que l'expérience seule peut indiquer. Mais si, par une suite de conjonctures accidentelles, le prix du marché s'élève considérablement au-dessus du taux naturel, c'est-à-dire de ce qu'il eût dû être d'après l'abondance de la récolte, alors je fixe le prix de consommation d'après celui que cette plus ou moins grande abondance de la récolte devait donner aux denrées, parce que les circonstances qui ont modifié le prix naturel, n'ont aucun rapport avec mon exploitation. J'en use de la même manière pour le foin. A l'égard des végétaux, cultivés uniquement pour la nourriture du bétail, tels que les pommes de terre et les raves, j'en porte le prix à une fois et demi la valeur de ce qu'ils coûtent, c'est-à-dire à une fois et demi la valeur réunie de la rente du sol, de l'engrais qu'ils ont réellement consommé et du travail qui leur a été consacré. Si, dans le voisinage, le prix venait à en hausser même jusqu'au sextuple, comme depuis quelques années, au printems, ça été ici le cas pour les pommes de terre, cela n'apporte chez moi aucun changement au prix fixé pour la consommation, parce que je ne puis guère profiter de cette hausse de prix.

Quant au prix du fumier, jusqu'à présent j'en ai estimé la charge de 20 quintaux à un rixdaler et $\frac{1}{2}$; j'en répartis la valeur totale entre le bétail qui l'a produit et la paille de litière qui lui a été appliquée; j'attribue $\frac{1}{3}$ au bétail et $\frac{2}{3}$ à la paille *.

---

* C'est une grande question de comptabilité agricole que celle du prix auquel les fumiers doivent être évalués et portés en compte.

Il me semble que ce prix ne peut être que celui qui court dans la contrée où l'on exerce l'agriculture, ou celui que ce fumier peut valoir relativement à son emploi, et relativement à l'effet qu'il produit dans la culture.

Partout où le cultivateur peut facilement vendre ses fourrages et se procurer des engrais à un prix modéré, je pense que les fumiers doivent être portés en compte au prix courant auquel les achats et les ventes ont lieu ; parce que, s'il en a la volonté, le cultivateur peut s'en procurer à ce prix, et que s'il ne le fait pas, c'est la suite d'un calcul qui doit probablement lui procurer des avantages, et être envisagé plutôt comme une spéculation que comme une chose de règle ; en effet, le prix des engrais, tout comme celui des fonds, est plus ou moins une suite de la localité ; l'un est l'autre doivent être soumis à ses circonstances ; au reste ce premier cas ne peut guère avoir lieu que dans le voisinage des grandes villes.

Dans les lieux, au contraire, où l'on chercherait en vain à se procurer des engrais à prix d'argent, du moins en quantité suffisante, il serait absurde de vouloir régler le prix des fumiers d'après celui d'une chétive quantité qui en aurait été vendue. Le cultivateur ne peut se passer d'engrais dans son exploitation ; il doit donc s'en procurer à quelque prix que ce soit, bien entendu cependant que ce prix ne surpasse pas l'avantage réel procuré par le fumier, puisque, dans ce cas, il vaudrait mieux y renoncer.

Ce sont là les principes que je me suis tracés pour la fixation des prix ; mais chacun sans doute demeure libre d'y apporter telles modifications que les circonstances rendent nécessaires. Lors donc qu'il n'y a point de recette ou de dépense en argent, les denrées sont provisoirement imputées à chaque compte, seulement en poids et mesure, et à la clôture du compte seulement, on en porte la valeur dans la colonne de l'argent.

Le plus grand nombre de ceux qui établissent un compte à part à des produits distincts, réunissent cependant ceux d'une même espèce, quoique cultivés sur des champs séparés ; mais cela ne me suffit point, je veux savoir ce que chaque champ a coûté et produit. Ainsi chaque champ a son compte séparé, et si, sur le même champ, il y a des produits de différentes espèces, chacun d'eux est également mis à part. Si le journal des travaux est bien tenu, cela n'a aucune difficulté. Cependant, la plupart des frais d'une récolte entrent dans la comptabilité de l'année qui la précède, puisque la nouvelle année commence au 1.er juin ou au 1.er juillet. Comme toutefois les frais et le produit doivent être opposés les uns aux autres dans le même compte, les premiers sont extraits du compte de l'année précédente en somme, ou tout au plus sous leurs principales divisions ; ainsi ils sont portés au débit du compte de l'année courante et au crédit de la précédente.

Le produit en grains des divers champs, est d'abord porté au débit des granges en gerbes ; mais je ne taxe ces gerbes que lorsque le battage est achevé, lorsque je puis savoir ce qu'elles ont rendu de grain, et quel est le prix qui doit être fixé à celui-ci. Ce compte de grange doit se faire ainsi, pour qu'il puisse tenir

---

Nous verrons dans la suite qu'un chariot de 20 quintaux de fumier donne à la terre une quantité de sucs nourriciers égale à celle qui rend 2 scheffels de seigle, ou le $\frac{1}{5}$ du produit moyen d'un journal de terrain . . . . $+$ 16

De cette valeur il faut déduire les frais de culture, semailles, récolte, rente du sol et risque de $\frac{1}{5}$ de journal . . . . $+$ 11

La charge de 20 quintaux (myriagram. 92,89) de fumier vaudrait donc environ $+$ 5

Ce prix, du reste, ne doit être envisagé que comme approximatif, car plus la quantité d'engrais employée est considérable, pourvu qu'elle n'aille pas jusqu'à faire verser la récolte, plus la valeur relative du fumier doit être grande, puisque la récolte augmente sans multiplier les frais de culture.

Il ne me semble pas convenable d'attribuer ainsi un tiers de la valeur du fumier au bétail, et les deux autres tiers à la paille ; je trouve beaucoup plus exact de *débiter* les animaux de la valeur de la paille qu'ils consomment, tant pour nourriture que pour litière, et de les *créditer* ensuite de la valeur du fumier ; de cette manière on est sûr de demeurer dans la juste proportion, soit que le bétail mange beaucoup de paille, soit qu'il n'en mange pas du tout. *Trad,*

lieu de registre de grange, et je ne saurais pas d'autre moyen de distinguer le produit de chaque champ, si d'ailleurs il me convient de le connaître d'une manière précise : d'ailleurs il peut être superflu pour les personnes qui ne veulent avoir connaissance du produit qu'en bloc. Le produit du battage est alors porté au crédit des granges, et au débit de l'espèce de grain à laquelle il appartient. Il est mieux aussi de ne porter d'abord que le nombre des scheffels, et d'attendre, pour en inscrire la valeur en argent, que le prix des grains puisse être déterminé; au reste ce montant devra être porté au prix général qui, cette année-là, aura été adopté pour l'économie rurale; prix que j'appellerai *prix de culture*, pour le distinguer du *prix courant* des marchés.

Lors de la vente, le prix qu'on a réellement obtenu du grain est porté en compte, et le solde du compte de grains montre alors ce qu'on a gagné ou perdu par suite des circonstances commerciales.

Les frais occasionnés par les grains, dès le moment où ils sont entrés au grenier jusqu'à celui où ils ont été consommés ou vendus, ne peuvent guère être imputés à chaque espèce de grain en particulier; on ouvre en conséquence au grenier un compte dans lequel on porte, par exemple, les frais de remuage, de nettoiement et surtout de transport. Si l'on veut, on peut ensuite répartir ces frais sur les différentes espèces de grains, en proportion de leur quantité et de leur valeur en argent.

Il est encore d'autres objets qui ont également leur compte particulier de culture et de provision. Au débit du premier sont les divers frais de culture, et au crédit, le produit tel qu'il est amené du champ. Ce produit est à son tour porté au débit du compte de provision, dont le crédit enfin contient l'emploi qui en a été fait pour différens sujets. Cependant, lorsque certains produits ont été consommés à leur sortie même du champ, comme par exemple le trèfle et les vesces donnés en vert, et une partie des raves, ils sont immédiatement portés au crédit du champ et au débit du bétail qui les a consommés. Dans ce cas, sans doute, la valeur en argent est un peu douteuse; mais je l'estime d'après une évaluation approximative des frais que ces produits m'ont coûté; d'autres personnes croiront au contraire devoir plutôt l'estimer d'après l'utilité et l'emploi du produit. Je pense que les motifs pour la première de ces deux manières sont prépondérans dans la plupart des exploitations rurales *.

---

* Je regrette de ne pouvoir pas partager entièrement l'opinion de l'auteur sur ce sujet, mais il me semble qu'il n'est ni juste ni convenable de charger, par exemple, le compte de nourriture de vaches, des frais peut être excessifs de culture d'une récolte jachère mal réussie, tandis que ces bêtes eussent pu être nourries à meilleur compte avec du foin sec ou du trèfle

Le

Le chepteil vivant et mort est taxé à la fin de chaque année de comptabilité ; on en fait alors un nouvel inventaire, ou bien on fait les changemens nécessaires à celui de l'année précédente. La valeur que le chepteil a à cette époque est imputée à l'année suivante, sous les titres qui lui sont propres. De cette manière toute amélioration du chepteil, durant une année, retombe au crédit de celle-ci, tandis que toute détérioration, au contraire, demeure à sa charge. Le prix du bétail acheté est porté au débit du chepteil vivant, et au crédit de la caisse, s'il a été payé en argent ; celui du bétail vendu est porté au débit de celle-ci et au crédit du chepteil vivant. Si une pièce de bétail périt, sa valeur est imputée au débit de l'espèce de bétail à laquelle elle appartient ; si, par exemple, c'est une vache, le dommage en est mis à la charge de la vacherie ; si c'est un cheval, cette perte tombe à la charge du compte des attelages. C'est là une des choses qui heurtent le plus les commençans ; il paraît absurde à ceux-ci que le chepteil vivant doive être crédité pour une perte de bétail ; et en effet, cette perte tombe au détriment de ce chepteil, en ceci, que par-là à la fin de l'année, sa valeur totale est diminuée d'autant. Pour ce cas, comme pour tous les autres, il ne faut que se faire une juste idée de cette manière de tenir les livres, et de sa composition, pour se tirer sans peine de ces difficultés et de quelques autres semblables. L'expression *doit*, qui est en tête du débit, est là synonyme de *il a reçu*, ou bien *il a été employé pour lui* ; l'expression *avoir*, qui est en tête du crédit, veut dire au contraire *a livré* ou bien *a fourni*.

A la clôture du compte, la somme de tous les *débits* et celle de tous les *crédits* doivent être semblables. Mais le débit et le crédit du plus grand nombre des comptes sont très-différens ; il est même de ceux-ci qui n'ont rien au débit ou rien au crédit. Ce qu'un compte a de plus au crédit ou au débit, autrement dit, la somme qui manque d'un côté pour balancer celle qui est de l'autre, s'appelle en terme de commerce *le solde*. On peut aussi l'appeler *perte* ou *profit*, *moins* ou *plus*. Si donc le *profit* de tous les comptes qui en ont donné, est mis d'un côté et que de l'autre on porte la *perte* de tous ceux qui en ont, la somme des deux côtés doit être la même. Mais pour découvrir le produit que l'entreprise a donné pendant l'année écoulée il faut porter au *débit général* du compte ; 1.° la perte de tous les comptes qui étaient nécessaires au mouvement de l'économie rurale, ou, ce qui revient au même, la dépense de l'exploitation ; 2.° le crédit de l'année précédente.

En revanche au *crédit général* du compte à balancer, viennent ; 1.° le *débit*

vert. Il me semble que le prix et la valeur relative des fourrages et des grains sont la mesure d'après laquelle tous les produits consommés dans l'économie, doivent être évalués. *Trad.*

I.

du propriétaire, ce qu'il a reçu de l'établissement soit en argent comptant, soit en denrées; 2.º le *débit* des dépenses en améliorations; 3.º celui de l'année suivante; 4.º et enfin le *débit* des accidens qui doivent être supportés, non par l'entreprise, ou, ce qui est synonyme, par le fermier, en cas que le domaine soit affermé, mais par le fonds lui-même ou par le propriétaire, et auxquels il a du être ouvert un compte particulier.

Ce qui reste après qu'on a déduit le débit du crédit, est alors le véritable produit net.

§ 247.

Ce petit nombre de directions suffiront à ceux qui auront lu mon traité sur la manière de tenir les livres dans le 4.ᵉ volume des Annales d'Agriculture, et les divers articles qui ont rapport à cette matière, avec les observations que j'y ai jointes, par exemple volume V. page 553, 609. Vol. VI page 587, 415. Vol. VII, page 321; je croirais donc superflu de traiter ce sujet de nouveau quoique j'aie le sentiment de n'avoir pas présenté toutes choses d'une manière assez claire dans ce premier ouvrage. Au reste il me paraît que, même avec toute la clarté et la précision possibles dans la manière de s'expliquer, on ne saurait sauver toutes les difficultés aux personnes qui commencent à s'occuper de cette matière; mais ces obstacles ne sont point tels qu'avec de la réflexion et un peu d'exercice, on ne les surmonte aisément.

Je conseille à celui qui veut adopter cette manière de tenir les livres, d'en faire l'essai durant une année, pendant laquelle il continuera cependant la méthode à laquelle il est accoutumé, afin que sa comptabilité ne soit pas embrouillée par des erreurs qu'il ne découvrirait peut-être pas dans les premiers momens.

Celui qui l'aura une fois entreprise et qui sera entré dans son esprit, n'y renoncera certainement jamais, et ne regrettera point les peines qu'elle lui aura données dans les commencemens. La démonstration qu'on lui doit de résultats clairs, précis, non-seulement sur chaque partie de l'économie rurale, mais encore sur les rapports qu'elles ont entr'elles; les idées qu'elle donne pour la rectification des plans d'économie et de culture; la facilité qu'elle procure de tenir, dès son appartement, et même en cas d'absence, un contrôle exact des travaux agricoles et de la consommation; enfin l'éveil qu'elle donne à l'attention sur les divers objets où elle doit se porter, dédommageront abondamment des peines qu'on devra lui consacrer, surtout dans la première année. En cela le plus difficile et pourtant l'indispensable, c'est d'établir et de tenir convenablement les livres journaux, encore ici la difficulté ne gît-elle point dans la chose elle-même, mais seulement dans les principes et les idées qu'il faut donner à la personne chargée de tenir ces livres.

PROPORTION DES ENGRAIS AVEC LE FOURRAGE ET LE BÉTAIL. *

§ 248.

Le principe qui contribue le plus à la formation des plantes que nous cultivons; celui qui les fait végéter et rapporter la semence destinée à les reproduire, c'est le fumier ou le terreau produit par sa décomposition.

La quantité et la qualité des végétaux que nous voulons propager, dépendent donc de la quantité et de l'activité des engrais que nous pouvons leur consacrer. Ainsi, après le travail et la manière de le faire exécuter, les choses qui se présentent le plus naturellement à notre examen, sont les fumiers, les moyens de se les procurer, et les rapports proportionnels de ces engrais avec les produits.

§ 249.

On a voulu remplacer les engrais par l'augmentation du travail, et le travail par l'augmentation des engrais; mais cela n'a pu avoir lieu que d'une manière apparente, et pour un court espace de tems. Jethro Tull crut pouvoir se passer tout-à-fait d'engrais, au moyen d'une culture fréquemment réitérée, appliquée à ses récoltes semées en lignes, et en divisant ainsi toutes les parties du sol de la manière la plus complète. Cela réussit d'abord à lui et à ses successeurs, sur un sol fertile, et qui, depuis long-tems, avait été abondamment pourvu d'engrais; en effet, par une culture fréquente et par l'exposition du sol aux influences de l'air, toutes les particules nutritives qui y étaient renfermées étaient transformées en matière extractive propre à alimenter les plantes, et étaient mises à la portée des racines et de leurs suçoirs.

Mais cela ne dura que peu d'années; par-tout où l'on continua à retrancher le fumier, la fécondité du sol fut détruite à tel point, que des engrais réitérés purent à peine rendre à la terre une fertilité médiocre.

D'autres voulurent opérer le même effet, au moyen du labour à la bêche, ou du défoncement des terres, croyant que la couche enfouie par ce moyen gagnerait de nouvelles forces par le repos, et ramenée à la surface, pourrait ensuite donner de belles récoltes; ils crurent qu'en changeant ainsi chaque année la couche de terre en végétation, ils obtiendraient toujours les mêmes

---

* Pour entrer dans les vues de l'auteur, et à sa demande, j'ai refondu ce chapitre afin d'y introduire les observations et les modifications insérées à la tête du second volume de l'édition originale allemande. *Trad.*

produits, sans pour cela être obligés de donner au sol de nouveaux sucs nutritifs.

Dans quelques terrains où la couche ramenée à la surface était composée d'un heureux mélange de terres, et contenait des combinaisons de carbone et d'hydrogène susceptibles de décomposition, cette méthode parut aussi avoir des succès ; mais il fallut également bientôt y renoncer, parce que, après avoir rendu quelques récoltes sans engrais, cette couche inférieure surtout, refusait toute nourriture aux plantes.

Si un petit nombre de personnes seulement sont tombées dans ces extrêmes, on voit en revanche très-souvent que le cultivateur incline trop pour l'un ou l'autre de ces systèmes, suivant la nature des moyens qu'il a à sa portée. Dans le voisinage des villes où l'on peut avoir des engrais à bas prix, et dans les contrées où beaucoup de pâturages et de prairies fournissent à l'entretien d'une grande quantité de bétail, ordinairement on travaille peu les terres, on ne donne point de jachère, et l'on ne cultive pas de ces récoltes qui en tiennent lieu ; on se borne à semer tous les ans des grains, et souvent de la même espèce. Là, au contraire, où, faute de fourrages, on fait peu de fumier, on cherche à améliorer les champs, tant au moyen de travaux assidus et surtout de la jachère, qu'en leur donnant du repos, ou en les transformant en herbages. Les systèmes de culture, d'ailleurs assez semblables, du Holstein et du Mecklembourg, se distinguent en ceci, que, dans le premier, on fume fortement, et qu'afin de pouvoir le faire, on emploie une grande partie des champs à des récoltes destinées à la nourriture du bétail, mais qu'aussi l'on donne à ces champs bien moins de labeurs pour les récoltes de grains ; tandis que dans le Mecklembourg, où le système de culture ne permet de fumer que médiocrement, le défaut d'engrais est remplacé par des jachères fréquentes, soignées et complètes. Quoique cette substitution soit possible à certains égards, on ne peut cependant jamais en attendre des résultats entièrement semblables, puisque, sans aucun doute, l'on ne peut obtenir le plus haut produit que là où le sol, le travail, l'engrais, et l'espèce de grain qu'on aura choisie, seront réciproquement dans les rapports les plus convenables.

On ne sauroit douter qu'il n'y ait des espèces de terrains, lesquels, de leur nature, soient assez riches, et qui, depuis qu'ils sont en culture, aient été assez peu appauvris, pour que, de long-tems, ils n'ayent pas besoin d'engrais ; mais ces sols particuliers font des exceptions rares, dont, cependant, nous ne laisserons pas de nous occuper dans la suite. Au reste, on attribue souvent à la nature du sol, une fertilité qui n'est due qu'à ce qu'il a été long-tems en prairie, et fortement chargé de bétail.

§ 250.

Quoique la nature nous présente plusieurs substances qui vivifient ou accélèrent la végétation, soit en augmentant les principes vitaux, soit en aidant à la décomposition du terreau ; ce n'est proprement que le terreau (l'*humus*) qui est à un degré convenable de décomposition, ou les engrais *végéto-animaux*, qui fournissent aux plantes les parties les plus essentielles et les plus nécessaires de leur nourriture. Je dis les plus essentielles ; car il n'est pas douteux que, d'ailleurs, elles ne puissent tirer quelque nourriture, tant de la décomposition de l'eau et des substances gazeuses contenues dans l'atmosphère, que de leur combinaison réciproque, et que, par la coopération de ces principes, la masse des produits végétaux ne s'augmentât sur la surface de la terre * et sur celle de chaque champ en particulier, si, au lieu d'en éloigner les plantes qui y ont végété, on les laissait se décomposer sur place et se résoudre en terreau. Cette vérité paraît démontrée par l'étonnante fertilité des sols qui n'ont pas encore été cultivés, et par celle des anciennes forêts.

Quant à cette partie de la terre qui ne peut point être décomposée, et qui résiste à l'action du feu, les expériences de De Saussure et de Schrader ont

---

* Si rien ne produit rien, ce qui ne paraît pas un problème, la masse des principes *reproducteurs* qui existent sur la surface de notre globe doit demeurer toujours la même, à moins 1.° qu'il n'y ait, par le moyen d'agens inconnus, d'agens qui aient jusqu'ici échappé à l'œil du naturaliste ; une vibration, une communication de principes, dès notre globe au soleil et aux corps célestes en général, ou de ceux-ci à notre globe : 2.° que par l'action de ces corps célestes, ou par un effet de cette loi de la nature qui conduit toutes choses vers leur fin, des principes constituans et jusque-là renfermés dans les entrailles de la terre, ne soient amenés à sa superficie pour y être mis en action et fournir ainsi des alimens à la population croissante de notre planète : 3.° que par l'action des hommes, par des défoncemens, ou par l'extraction de fossiles, la masse des principes de végétation ne soit augmentée dans la circulation, et ce dernier cas, quoique le plus probable, ne peut produire que des changemens très-lents et très-peu sensibles sur l'ensemble de la surface du globe.

Il me paraît plus naturel de croire que l'homme met en action, par la culture, une masse de principes qui, sans son intervention, demeureraient inactifs dans la terre ; qu'ainsi ces principes sont transformés en alimens, qui à leur tour sont changés en matière animale, laquelle, soit par la décomposition des corps, soit par les émanations qu'ils jettent dans l'atmosphère, va servir de nouveau à l'alimentation des végétaux. De cette manière les sols auxquels on n'enlève rien de leurs produits doivent, non-seulement conserver leur fécondité primitive, mais encore y ajouter, aussi long-tems qu'ils ne sont pas saturés de sucs nourriciers, au point de ne pouvoir plus absorber ceux contenus dans l'atmosphère qui les environne. Ainsi il se ferait un reversement insensible de sucs d'un lieu à l'autre, sans que pour cela la masse générale des sucs existans fut réellement augmentée. *Trad.*

récemment confirmé, qu'elle n'entre pour rien de sensible dans la végétation , et qu'ainsi elle n'y contribue qu'en protégeant et recevant les racines des plantes, en conservant les sucs nutritifs, et nullement comme matière nutritive elle-même.

§ 251.

Mais comme les plantes tirent de *l'humus* ou de la décomposition des matières animales et végétales, les substances nécessaires à leur nourriture, ces matières doivent être diminuées, et enfin épuisées par la végétation des plantes sur le sol, et cela dans la proportion des sucs que ces plantes absorbent, ou, ce qui revient au même, des sucs qu'elles contiennent; en supposant cependant qu'elles sont récoltées et emportées hors du champ.

§ 252.

La force de la végétation et la quantité de chaque produit est déterminée par la proportion des sucs nourriciers contenus dans le sol, toutefois dans ses rapports avec l'espace où la végétation s'opère. Par *sucs nourriciers* nous entendrons dorénavant cette partie du terreau qui se trouve en état de passer dans les suçoirs des plantes ; celui qui constitue la *fertilité*, la *fécondité*, la *richesse*, ou la *vigueur du sol*, et nous admettrons que la quantité de ces sucs soit modifiée , augmentée ou diminuée par chaque produit qui est sorti du sol, sans être remplacé par un équivalent.

§ 253.

La dissipation des sucs nourriciers varie , non-seulement suivant le volume, mais encore suivant la nature des produits. D'après l'expérience générale et des épreuves faites dans des cas particuliers, elle est , dans les céréales et dans le plus grand nombre des produits, en proportion directe de la substance nutritive que ces produits eux-mêmes contiennent, surtout dans leur grain.

On sait que le blé-froment épuise plus que le seigle, le seigle plus que l'orge, et l'orge plus que l'avoine. — Les expériences commencées par plusieurs personnes et qui, à la vérité, ne sont point encore achevées, démontrent l'existence de cette proportion mieux qu'on ne devait s'y attendre.

Suivant l'analyse plus précise qu'Einhof a faite des diverses espèces de grains, la quantité de sucs nourriciers, c'est-à-dire de principe glutineux , d'amidon et de mucilage sucré qu'ils contiennent, y est dans la proportion suivante :

Dans le blé-froment . . . 78 sur cent.

le blé-seigle . . . . 70 —

l'orge . . . . 65 à 70 sur cent, suivant l'espèce et sa bonté.

l'avoine . . . . . . 58 sur cent, mais il n'avait pas encore fini son analyse.

les lentilles . . . . 74 sur cent.

Dans les pois . . . . 75½ sur cent.

    les haricots 85   ——

    les fèves de marais . 68½   ——

    les fèves de cheval . 75   ——

Ainsi un scheffel froment . . . à 92 liv. contiendrait liv. 71,76 sucs nourriciers.

    seigle . . . . à 86 60,2   ——

    orge . . . . à 72 48,6   ——

    avoine . . . à 52 30,16   ——

    pois. . . . . à 100 75,5   ——

    fèves de cheval à 103 75,19   ——

Le poids du scheffel est pris sur des grains extrémement bien nourris et très-propres.

§ 254.

D'après cette donnée, et en ayant égard tant à quelques différences dans la nature même des sucs nourriciers, qu'à la paille et à l'ensemble des expériences faites sur cette matière, desquelles cependant nous ne nous occuperons que lorsque nous traiterons de chacun des produits végétaux en particulier ; nous admettons en principe que les récoltes de grains proprement dits, sont dans les rapports proportionnels suivans, relativement à leurs parties nutritives, et à la propriété qu'ils ont d'épuiser le sol

    le blé-froment = 13.

    le blé-seigle   = 10.

    l'orge   = 7.

    l'avoine   = 5.

De cette manière, 6 scheffels de seigle sont égaux à 4,61 de froment.

                      8,58 d'orge.

                  12, d'avoine.

Ainsi nous devrions pouvoir attendre d'une quantité égale de sucs nourriciers, répandue sur un terrain qui, d'après sa composition et ses qualités physiques, serait également propre à ces diverses espèces de céréales, un produit de grains qui fut en rapport avec cette proportion ; si, d'ailleurs, nous pouvions admettre l'existence de cette égalité, réunie à la culture et à la température la plus propre à chaque espèce. En général cette proportion existe dans le produit, et si nous cultivons du blé-froment au-delà de ce qu'elle admet, les récoltes suivantes seront diminuées proportionnément.

§ 255.

Ce rapport du produit à la propriété épuisante, ne peut jusqu'ici être fixé

avec quelque précision, que pour les espèces de grains les plus usuelles.
Quant aux autres produits des champs, nous demeurons encore dans l'incertitude ; les résultats sont sans doute bien différens, lorsque ces récoltes ont lieu fréquemment, au lieu de ne revenir que de tems en tems comme produits intermédiaires, pour séparer les récoltes de graminées céréales. Au reste, nous ne pourrons nous étendre sur cette matière que lorsque nous traiterons des assolemens : ici nous observerons seulement que, jusqu'à présent, on a envisagé les légumes, les pois, les fèves, les vesces, comme des récoltes améliorantes, et qu'on a attribué cette qualité à leur ombre, à l'ameublissement du sol, à l'influence des molécules de l'air qu'elles pompent, au chaume et aux grandes racines qu'elles laissent dans le sol ; que plusieurs personnes les ont en conséquence assimilées à la jachère morte, bien entendu toutefois qu'elles ne reviennent pas trop souvent à la même place, et que les plantes en soient non-seulement vigoureuses, mais encore serrées les unes contre les autres, ce qu'on ne peut obtenir que sur des champs mis en bon état. D'après la théorie et l'expérience, il paraît qu'on va trop loin lorsqu'on compare ces récoltes à la jachère morte, à laquelle on doit attribuer une augmentation réelle de la faculté nutritive du sol ; l'ensemble des essais qui, sur ce sujet, ont été faits dans des terrains soumis à l'assolement triennal, a donné lieu au plus grand nombre d'agriculteurs de penser que, en supposant d'ailleurs la même quantité d'engrais et le même nombre de labours, la récolte de grains d'automne et celle de grains de printems qui lui succèdent, demeurent d'un scheffel en sous de ce qu'elles eussent été après une jachère morte. Or 10 degrés de fécondité de moins n'expliquent point encore ce déficit, mais bien 17 à 20 degrés ; car de 17 degrés le seigle en absorbe 5 avec lesquels il produit un scheffel ; par conséquent si la fécondité du sol est diminuée de 17 à 20 degrés, le produit en seigle doit de même être diminué d'un scheffel, et la récolte de grains de printems doit éprouver une réduction proportionnée aux 12 ou 15 degrés qu'il reste à déduire. Par cette raison je mets l'épuisement positif, occasionné par les récoltes de légumes, à 10 degrés, et cela en moyenne, sans m'arrêter au plus ou moins de produit, parce que l'expérience enseigne qu'elles épuisent d'autant moins le sol, qu'elles ont une plus belle végétation. Quelques observateurs attentifs ont remarqué que, lorsque la récolte de grains d'hiver réussissait bien après des pois, celle de grains de printems était d'autant plus faible ; par cette raison alors ils ne semaient pas de l'orge, mais de l'avoine.

Des observations superficielles ont encore plus divisé les opinions, sur la propriété plus ou moins épuisante d'autres produits. Quelques cultivateurs prétendent que les pommes de terre sont fort épuisantes, et donnent pour preuve

de

de cela, la mauvaise réussite des grains d'automne qui leur succèdent ; cependant cette opinion n'est soutenue que par ceux-là seulement qui sèment cette espèce de grains immédiatement après, et qui, par conséquent, prennent le champ dans un moment et un état très-défavorables à ce genre de produits. En revanche nous voyons d'autres personnes qui cultivent des grains de printems, après les pommes de terre, ne demeurer en dessous des récoltes de grains d'automne préparées par la jachère, ni pour ces grains de printems, ni pour les récoltes qui leur succèdent dans notre assolement, et à peine pour les grains d'automne qui viennent en quatrième récolte. D'après diverses expériences récentes, ces tubercules et d'autres récoltes racines cultivées à diverses reprises, sans addition d'engrais, n'ont qu'infiniment peu épuisé une terre qui, auparavant, avait été mise en bon état *. Cependant cela me semble poussé trop loin ; d'après mes propres observations, je dois croire que, deux chariots de fumier par journal, balancent l'épuisement occasionné par une récolte de pommes de terre ; du moins lorsque j'ai donné à cette récolte, cette quantité d'engrais de plus qu'à la jachère morte, je n'ai remarqué aucune diminution sur les deux récoltes de grains qui suivaient, l'orge et le seigle. Je prie les personnes qui en auront l'occasion, de vouloir y faire attention. Ici encore il doit y avoir une différence entre une récolte très-abondante et une qui l'est moins ; si l'on plante les pommes de terre rapprochées, elles produisent sans doute davantage ; mais alors elles ne peuvent point être aussi bien cultivées, l'influence fertilisante de la culture est considérablement diminuée, et le sol demeure plus appauvri. Je me borne donc à un produit de 80 scheffels, pour la petite quantité de 5 scheffels de semence par journal. Ainsi je mets l'épuisement qu'elles occasionnent à 50, en leur attribuant, en revanche, la même influence fertilisante qu'à la jachère, c'est-à-dire 10 degrés.

§ 256.

L'épuisement occasionné par les récoltes de grains est réparé de trois manières.

1. Par le transport et l'incorporation des engrais proprement dits. La faculté nutritive du sol est plus ou moins augmentée, suivant la quantité et la qualité de ces engrais, et les récoltes suivent la progression de cette faculté, toutefois seulement jusqu'à une certaine proportion, au-delà de laquelle l'engrais devient lui-même nuisible, en faisant verser les blés, ou en occasionnant d'autres inconvéniens de ce genre. Dans l'évaluation de l'amélioration ou de la détérioration du sol, nous envisageons une charge de fumier, prise au point

---

* Voyez les observations de Staudinger dans la feuille économique de 1808. A.

convenable de fermentation, et pesant 2000 liv., comme égale à 10 degrés sur un journal de terre; ainsi un amendement de 5 chariots de fumier serait égal à 50.

Au reste, il faut prendre en considération la nature du fumier ; nous supposons ici du fumier ordinaire fait avec les excrémens de bêtes à cornes, ou de chevaux et de cochons, les-uns et les autres mêlés avec de la paille. Il en est autrement pour le fumier des bêtes à laine, et surtout pour le parcage qui entre plus promptement dans la végétation, mais qui aussi est plus vite épuisé *.

2. Par ce qu'on appelle *repos*, ou plutôt par la transformation du champ en pâturage. La putréfaction des herbages qui y ont cru naturellement, celle des vers et insectes qui s'y logent, et les excrémens du bétail qui y pâture, communiquent au champ une *force de nutrition*, qui est plus ou moins grande, suivant que le sol était en meilleur état, lorsqu'il a été abandonné à lui-même, que la végétation des herbages y a eu lieu avec plus de vigueur, et que le bétail y a déposé plus d'engrais **.

On pourrait fixer cet avantage,

a. D'après une proportion inverse de l'étendue nécessaire pour la nourriture complète d'une vache,

---

* Il est évident d'ailleurs que le fumier est d'autant plus actif, qu'il contient d'autant plus de parties fertilisantes, c'est-à-dire que le bétail qui l'a produit a reçu une nourriture plus succulente. *Trad.*

** Il me semble que pour que l'état d'être en herbage *améliore* un sol, c'est-à-dire qu'il lui communique des sucs qui n'étaient pas en lui, il faut ou que le bétail, en pâturant, y dépose tant les excrémens produits par la nourriture tirée de ce pâturage lui-même, que d'autres sucs encore tirés d'une nourriture étrangère. — Ou que les plantes dont ce sol est couvert puisent dans l'atmosphère une nourriture qu'elles communiquent ensuite à la terre dans laquelle elles végètent. Les terrains qui ont été en repos ou en herbage pendant plusieurs années sont évidemment plus propres aux récoltes de grains, c'est un fait incontestable; mais qu'elles sont les causes qui produisent cette disposition? c'est ce qui n'est encore connu que d'une manière très-imparfaite.

Il ne me paraît pas douteux qu'un grand nombre de végétaux, tels surtout que le pêcher et d'autres arbres à fruit, les plantes à siliques, le trèfle rouge ordinaire, les graminées céréales et beaucoup d'autres, non-seulement n'absorbent les sucs appropriés ou assimilés à leur nature, qui sont contenus dans le sol où ils végètent; mais que, de plus, ils ne déposent dans ce sol des sucs nuisibles à leur reproduction, desquels, à la longue, la terre peut être purgée ou par l'exposition aux influences de l'air, ou par l'action des herbages qui y croissent. Cette circonstance pourrait bien expliquer une partie de l'effet dont il s'agit ci-dessus; mais elle est absolument insuffisante pour le produire dans sa totalité. Il y a encore ici un vaste champ donné aux découvertes. *Trad.*

Si 3⅓ journaux suffisent, cette amélioration peut être jugée égale à 10 degrés.

3 . . . . à 11

2⅔ . . . . à 12

2⅓ . . . . a 13

2 . . . . à 14

En revanche, s'il faut 3⅔ journaux pour une vache 8

4 6

4⅓ . . . . . . , ... 4

b. Ou d'après l'état de fécondité dans lequel le sol se trouve lorsqu'il est laissé en herbage.

Si le sol contient alors 40 degrés de fécondité, il gagne annuellement 10 degrés.

50 11

60 12

70 13

80 14

90 15

En revanche, s'il ne contient que 30 degrés de fécondité seulement 8 degrés.

20 6

10 4

Lorsque nous traiterons plus particulièrement des herbages, nous verrons avec plus de détail comment on peut fixer la valeur du pâturage, d'après le degré de fécondité du sol.

L'addition de fécondité, occasionnée par le trèfle, varie également, suivant que ce trèfle a été plus ou moins épais, et suivant qu'il a eu une plus longue nouvelle pousse lorsqu'il a été enterré par le labour; cette dernière circonstance apporte une très-grande différence dans l'amendement que produit le trèfle; il est évident, en effet, qu'un trèfle épais et haut de huit à neuf pouces, doit donner à la terre un engrais végétal très-sensible. Mais plus le trèfle est épais, plus cet avantage est grand, parce qu'alors un seul labour suffit. On peut poser en principe, qu'un trèfle qui a été semé sur un terrain de 60 degrés de fécondité, améliore celui-ci de 10 degrés; si ce terrain en avait 70, de 12 degrés; s'il en avait 80 de 14 degrés, s'il en avait 90 de 16 degrés, etc.

La même chose aurait lieu pour les vesces fauchées en vert, si, avant de les enterrer, on pouvait également les laisser repousser un peu, ce qui ne saurait avoir lieu que lorsqu'elles sont épaisses, d'une grande vigueur, et qu'elles ont été fauchées au moment où la floraison commençait. S'il n'en est pas ainsi, il faut se hâter de rompre, et par cette raison, on ne peut guère supposer qu'il en résulte plus de 10 degrés d'amélioration, lors même que le sol aurait contenu au-delà de 60 degrés de fécondité.

3. Par une jachère morte d'été avec les cultures convenables, laquelle non-seulement nettoie le terrain, mais encore lui procure de véritables sucs nourriciers, tant en soumettant successivement ses différentes parties aux influences fertilisantes des gaz de l'atmosphère, qu'en favorisant la putréfaction des plantes et des racines enterrées par le labour. La jachère a une plus grande efficacité, si elle est donnée au sol lorsqu'il est dans sa plus grande vigueur ; elle procure des récoltes d'autant plus abondantes qu'elle a été plus complète, qu'elle a mieux divisé les parties du sol, et par conséquent qu'elle a mieux mis en mouvement les parties nutritives qu'il renferme. A la vérité, de cette manière elle occasionne aussi un plus grand épuisement.

Au reste, sans aucun doute, la jachère absorbe ou attire des sucs fertilisans de l'atmosphère, et la quantité de particules nutritives ainsi absorbée, est d'autant plus grande que le sol est dans un état plus prospère ; outre cela, plus le sol est riche, plus grande est la quantité des mauvaises herbes qui y poussent, et dont la putréfaction concourt également à l'améliorer. Nous tirons de ces considérations cette conséquence, que, si le terrain a 40 degrés de fécondité, la jachère y en ajoute 10 ; que si cette fécondité est poussée à 50, l'augmentation doit être de 11 ; si elle est poussée à 60, de 12, et ainsi de suite.

Chacun doit calculer, d'après sa position individuelle, lequel de ces trois moyens il doit employer. Lorsqu'on est parvenu au point de pouvoir se procurer de sa propre exploitation une abondance d'engrais, le premier moyen est sans aucun doute le plus efficace ; mais jusqu'à ce qu'on soit arrivé à ce point, les deux autres peuvent être employés avec succès.

§ 257.

Un champ n'est guères tellement appauvri par les récoltes qu'il a successivement rapportées, que l'on ne puisse en attendre encore quelques produits. Cependant il peut être poussé à un degré dépuisement tel, qu'il ne puisse plus donner de récolte, dont la valeur surpasse les frais de culture. Cette faculté de produire, que le sol conserve encore, nous l'appelons sa *fécondité naturelle*. Cette fécondité peut avoir différens degrés ; lorsqu'elle est telle que le journal de terre dut encore rapporter 2 scheffels de seigle en sus de la semence, mais que cependant on ne puisse plus ensemencer ce terrain sans trop l'épuiser, à moins d'y mettre de nouveaux engrais, de le laisser reposer, ou de lui donner une jachère ; alors sa *fécondité naturelle* est supposée égale, à 40 degrés ; c'est là le dernier point d'appauvrissement auquel on doive

laisser tomber un champ de terre moyenne. Une bonne terre à orge, qui
ne contient pas au-delà de 60 pour cent de sable, qui a un peu de chaux,
et peut-être 2 pour cent d'*humus*, ne tombera pas à ce point d'appauvrissement, à moins qu'on ne l'ait épuisée à dessein. Lorsqu'elle aura été fumée
une fois en 6 ans, et quoiqu'on en ait tiré 4 récoltes de grains, nous lui attri-
buerons toujours 60 degrés de fécondité ; et si nous voulions l'épuiser davantage,
nous pourrions encore en attendre des récoltes, qui supposent une quantité
de sucs proportionnée à ce nombre de degrés. L'on conçoit d'ailleurs que
plus les parties constituantes du sol seront favorables à la reproduction des
végétaux, plus cette *fécondité naturelle* sera considérable, et que plus un sol
sera argileux, plus difficilement il tombera dans cet état d'épuisement que nous
désignons par 40 degrés, parce qu'il retiendra mieux les sucs nourriciers,
parce qu'il donnera des récoltes moins satisfaisantes, et que d'ailleurs il aura
en lui-même une fécondité qui ne demandera qu'à être mise en action par la
division des parties intégrantes qui renferment ces sucs. Il faut beaucoup
d'art pour épuiser complétement ce dernier terrain, mais aussi, lorsqu'il est
totalement appauvri, il faut d'autant plus de frais pour lui rendre la fécondité
nécessaire.

Cette fécondité du sol, que nous appelons *naturelle*, parce quelle y
demeure lorsque nous redonnons à la terre de nouvelles substances, et en
particulier lorsque nous recommençons l'assolement, en donnant le principal
amendement, cette fécondité, dis-je, hausse et baisse sur un même champ,
suivant la proportion des engrais qu'on y a mis, ou des récoltes qu'on en a
retirées pendant le cours de l'assolement ; de cette manière elle passe à la
rotation suivante.

C'est ainsi que si une terre reçoit 5 chariots de fumier. . . == 50 degrés.
Une jachère morte. . . . . == 10
Et que sa fécondité naturelle soit . . . . == 40
____

Sa richesse totale peut-être évaluée. . . . . . . == 100 degrés.
Et si l'on déduit de cette somme la valeur de l'appauvrissement occasionné
par les récoltes produites dans le cours de la rotation, la somme de degrés
qui restera, indiquera alors la *fécondité naturelle* du sol à la fin de ce cours
de récoltes, celle avec laquelle la rotation suivante commence de nouveau.

§ 258.

Il existe, nous n'en saurions douter, une certaine régularité, une certaine
proportion dans l'épuisement occasionné par les récoltes. C'est ainsi qu'après

une belle récolte de grains d'automne, rarement on en voit une très-belle de grains de printems, et que, dans l'assolement triennal avec jachère, deux ans après une récolte remarquable de grains de printems, on n'obtient guère une très-belle récolte de grains d'automne ; c'est également ainsi qu'ou voit cette succession de récoltes tantôt abondantes, et tantôt insuffisantes ; lorsque ces premières, favorisées par la température, appauvrissent le sol d'une manière extraordinaire, et que celles-ci, au contraire, retenues par un tems défavorable, laissent dans la terre où elles ont végété, plus de sucs qu'elles ne le devraient naturellement. Un examen de cette loi de la nature pourrait nous conduire à des mesures, qui nous procureraient des récoltes abondantes, précisément dans les années où la marche ordinaire de la culture en produit de mauvaises ; il nous apprendrait à réserver à ces dernières années, ces forces qui surmontent même l'influence défavorable de la température. De cette manière une année généralement mauvaise pourrait devenir infiniment profitable à un cultivateur distingué. C'est là aussi une raison pour laquelle il est réellement profitable au public, qu'un même système de culture ne soit pas établi partout.

D'après les expériences qui ont été faites, et en attendant que de plus nombreuses et de plus probantes aient jeté sur cette matière toute la lumière dont elle est susceptible, nous devons croire que sur un terrain chaud (sur un terrain froid moins) une récolte de froment appauvrit le sol de 40 dégrés, tandis qu'une récolte de seigle ne produit cet effet que jusqu'à la concurrence de 30 degrés, et une récolte de grains de printems jusqu'à 25 degrés *.

Le blé froment, lorsqu'il est semé sur un terrain qui lui est propre, donne le plus souvent une quantité de grain aussi grande que le seigle et non-seulement il pèse davantage, mais encore il contient une plus grande quantité de parties nutritives, dans la proportion de 13 à 10 ; ainsi la proportion qui existe entr'eux pour l'épuisement du sol devrait être comme 59 est à 50 ; mais comme l'appauvrissement occasionné par le froment paraît plus grand encore, nous le supposons égal à 40. Quant aux grains de printems, le peu de durée de leur végétation, indique qu'ils épuisent moins ; et en effet, il est rare qu'ils rendent en produit, une quantité de matière nutritive égale à celle donnée par les grains d'automne. Depuis long-tems les opinions sont partagées sur la

---

* Ici l'auteur ne comprend sans doute point les récoltes de froment de printems, qui, suivant toutes les apparences, enlèvent au sol une quantité de sucs plus grande que ces 25 degrés, et proportionnée, non-seulement à la quantité de mesures de grain qu'elles ont rendues, mais encore à la quantité très-variable de substances alimentaires que ce grain contient. *Trad.*

question, si c'est l'orge ou l'avoine qui sont les plus épuisantes, et cela dépend, sans doute, de l'état du sol, de la préparation qu'il a reçue, et de l'abondance des récoltes de l'une ou de l'autre espèce qu'il a produites. Sur une terre forte et moins travaillée, l'avoine qui a une plus grande force de succion, épuisera plus que l'orge, mais aussi elle donnera une récolte d'autant plus forte ; par cette raison nous la mettrons en moyenne au même taux.

Ces données ne sont point uniquement fondées sur la théorie des sucs nourriciers, elles sont encore déduites de l'ensemble des résultats fournis par l'expérience en grand, et elles sont en harmonie avec ceux qui, dans des exploitations bien dirigées, et dans des années moyennes, sont admis pour les terres d'une fertilité médiocre. La théorie n'aide ici qu'à former une mesure d'après laquelle le produit, eu égard aux diverses circonstances auxquelles il est soumis, puisse être évalué en moyenne ; et la réalisation de cette mesure prouve à son tour la réalisation de la théorie.

Si la température lui est favorable, une espèce de grain plus épuisante pourra, à la vérité, donner un produit plus grand que celui qui lui est assigné ici ; mais alors elle épuisera d'autant plus le sol, et les récoltes suivantes en seront d'autant moins fortes. Ici il ne s'agit que de découvrir le produit total et le plus ou moins de fécondité que le sol conserve.

Au reste, dans cette évaluation hypothétique, autant que je l'ai pu, je n'ai porté que des nombres ronds, en laissant en dehors les fractions, parce que celles-ci n'eussent fait que rendre les calculs plus difficiles, sans apporter aux résultats des changemens sensibles.

Si nous voulons calculer le produit probable de la récolte de chaque espèce de grains, d'après la quantité des sucs que le sol contient, nous devons avoir égard à plusieurs circonstances accessoires. En effet, un végétal rendra, sur des terrains de même nature et de même fécondité, un produit plus grand, lorsque ces circonstances accessoires l'auront favorisé. A ces circonstances appartiennent, outre la température que nous ne pouvons ni dominer ni prévoir, une culture ou une récolte préparatoire qui opèrent la destruction de celles des mauvaises herbes qui sont les plus nuisibles à ce produit. Nous devons donc avoir ces circonstances devant les yeux, lorsque nous voulons faire une évaluation du produit qu'on peut attendre d'après la fécondité du sol et la force attractive du grain ; car cette force attractive ne produit un effet complet que lorsqu'elle ne rencontre aucun obstacle.

Nous avons porté la force moyenne d'absorption du seigle à 50 pour 100 des sucs contenus dans le sol, et nous portons le produit moyen de ce grain à 6 scheffels en sus de la semence ; cela met à la charge de chaque scheffel 5 degrés d'appauvrissement.

D'après le même principe, et en suivant la proportion de la faculté nutritive des grains indiquée à § 254, nous devons attribuer.

Au scheffel de froment, 6 degrés $\frac{1}{2}$ d'appauvrissement.

A celui   d'orge,   3 $\frac{1}{2}$

A celui   d'avoine, 2 $\frac{1}{2}$

et pouvoir calculer en conséquence le nombre de scheffels probable d'une récolte de chaque espèce de grain, sur un terrain d'une fécondité donnée, ainsi que l'épuisement du sol qui en aura été la suite. En effet, nous devons distinguer la force d'épuisement d'une espèce de grain, des sucs du terrain qu'un scheffel de cette espèce de grain emploie à sa formation ; car ces deux choses ne paraissent pas dans un rapport absolu. Mais la quantité des sucs qu'un scheffel de grain emploie à sa formation, est égale à la quantité de ceux que cette mesure enlève au sol.

Pour éclaircir par des exemples, ce que nous avons dit plus haut sur la proportion dans laquelle chaque espèce de grain épuise le sol, nous supposerons que le terrain ait 140 degrés de fécondité.

Le froment appauvrit de 40 pour cent.

$$100:40::140\times=56.$$

1 scheffel froment demande $6\frac{1}{2}$ degrés de fécondité

$$6,5:1::56:\times=8,6 \text{ scheffels},$$

lesquels peuvent être donnés par ces 140 degrés de fécondité.

Le seigle appauvrit de 50 pour cent.

$$100:50::140:\times=42.$$

1 scheffel seigle demande 5 degrés de fécondité,

$$5:1::42:\times=8,4 \text{ scheffels}.$$

L'orge appauvrit de 25 pour cent.

$$100:25::140:\times=35.$$

1 scheffel orge demande $3\frac{1}{2}$ degrés de fécondité,

$$3,5:1::35:\times=10 \text{ scheffels}.$$

L'avoine appauvrit de 25 pour cent,

$$100:25::140:\times=35,$$

1 scheffel d'avoine demande $2\frac{1}{2}$ degrés de fécondité,

$$2,5:1::35:\times=14 \text{ scheffels}.$$

(Toutes ces quantités prises en sus de la semence.)

Ou si le produit est connu, et s'il ne s'agit que de découvrir la quantité de sucs absorbée, nous procéderons en sens inverse.

Nous supposerons 8 scheffels froment en sus de la semence : 1 scheffel

demande

et demande 6½ degrés; ainsi il a été absorbé 52 degrés, et des 140 qu'il y avait précédemment, il en reste 88.

Si nous supposons 8 scheffels de seigle à 5 degrés, ces 8 scheffels absorberont les sucs jusqu'à la concurrence de 40 degrés, et il en restera ainsi 100.

Si nous supposons 11 scheffels d'orge à 3 ½ degrés, ces 11 scheffels appauvriront le sol de 38,5 degrés, et il en restera ainsi 101,5.

Si nous supposons 14 scheffels d'avoine a 2 ½ degrés, cette quantité épuisera le sol de 55 degrés, et il en restera 105.

Il tient à des circonstances, dont quelques-unes dépendent de nous, et dont les autres sont hors des limites de notre influence, que ce nombre de scheffels déterminé par la fécondité du sol et la propriété épuisante des grains, soit en effet réalisé, ou que même il soit plus considérable ; mais, que le produit soit plus grand ou qu'il soit moindre, l'appauvrissement du sol demeure toujours en rapport avec la quantité de scheffels produite en sus de la semence ; à moins que, dans ce sol, il ne soit venu à maturité une quantité de mauvaises herbes telle, qu'une grande partie des sucs qui y étaient contenus n'aient été absorbés par elles, au détriment de la récolte de grain.

Comme tout ce qui se rapporte à la doctrine que je viens de présenter, me paraît assez important pour mériter une explication claire et précise, qui obvie à tous les mésentendus, je joindrai ici comme exemples, des calculs de l'augmentation ou diminution de fécondité qui résulte de divers assolemens.

§ 259.

Si un terrain a, de fécondité naturelle . . . . = 40.
Qu'on y mette 5 charriots de fumier. . . . . = 50.
degrés 90.

Et que, sans être fumé de nouveau, il soit soumis pendant neuf ans à l'assolement triennal avec jachère morte ; il présentera les résultats suivans :

> C'est avec intention que dans les calculs qui vont suivre je déduirai la semence du produit ; ensorte que si l'on veut avoir la somme totale de ce produit, il faille ajouter le montant de cette semence à la quantité indiquée. Il est vraisemblable, en effet, que la semence contient autant de sucs nourriciers qu'il en faut pour qu'elle se reproduise une fois, et qu'ainsi l'augmentation, jusqu'à un certain point, de la quantité de semence, donne toujours un plus grand produit brut, quoiqu'elle ne donne pas un produit net plus considérable.

COURS DE RÉCOLTES.	Produit de la récolte, en sus de la semence.	Sucs absorbés en proportion de l'espèce et de la quantité de grains.	Fécondité ajoutée.	Fécondité restante.
		degrés	degrés	degrés
1 Année jachère	—	—	10	100
2 — seigle . . . . *	6 scheffels.	30	—	70
3 — orge . . . . **	5	17,5	—	52,5
4 — jachère . . . . ***	—	—	11	63,5
5 — seigle	3,81	19,05	—	44,45
6 — avoine . . . . ****	4,44	11,11	—	33,54
7 — jachère	—	—	10	43,34
8 — seigle	2,6	13,	—	30,54
9 — avoine	3,03	7,58	—	22,76

La fécondité naturelle du sol, qui, au commencement de ce cours de récoltes était de 40 degrés, est ainsi tombée à 22,76 ; par conséquent elle a perdu 17,24. Résultat qu'aura toujours une culture, qui, après un amendement de 5 chariots de fumier par journal, prendra 6 récoltes de grains. Pour que l'épuisement du sol n'épuisât pas, la rotation eût déjà dû être interrompue après la cinquième récolte ; cependant, au moyen d'un parcage, la sixième récolte eût encore pu avoir lieu, bien entendu, cependant, qu'on ne l'eût pas dépassée, sans fumer de nouveau.

§ 260.

Si, dans cet assolement, on veut introduire des pois sur la jachère fumée, sans cependant ajouter des engrais, et que les pois, comme nous l'avons dit plus haut, rendent quelque chose de ce qu'ils absorbent, sans cependant remplacer l'effet de la jachère morte, le résultat sera le suivant.

---

* Suivant la règle donnée à § 258, cette récolte doit absorber 30 pour cent des sucs contenus dans le sol, c'est-à-dire ici 30 degrés; et comme 5 degrés produisent 1 scheffel de seigle, elle doit être de 6 scheffels, sauf l'intervention de causes accidentelles. *Trad.*

** Le 25 pour cent des sucs laissés dans le sol par la récolte de seigle, 17 degrés et $\frac{1}{2}$ qui, à 3,5 par scheffel d'orge, doivent produire 5 scheffels. *Trad.*

*** 11 au lieu de 10, parce que le sol a 52 degrés de fécondité, au lieu de 40 qu'il avait lors de la première jachère. *Trad.*

**** Le 25 pour cent, de 44,45, c'est-à-dire 11,11 qui, à raison de 2,5 par scheffel, font 4,44 d'avoine. *Trad.*

COURS DE RÉCOLTES.	Produit de la récolte.	Sucs absorbés en proportion de l'espèce et de la quantité de grains.	Fécondité ajoutée.	Fécondité restante.
1 Pois	5 scheffels.	20 degrés	10 degrés	80 degrés
2 Seigle.	4,8	24	—	56
3 orge	4	14	—	42
4 jachère	—	—	10	52
5 seigle.	3,12	15,6	—	36,4
6 avoine	3,64	9,1	—	27,3
7 jachère	—	—	10	37,3
8 seigle	2,23	11,9	—	26,11
9 avoine	2,6	6,52	—	19,59

Ici le sol a perdu de la fécondité qu'il avait en commençant l'assolement 20,41.

Si dans cet assolement, et sans augmenter la quantité de fumier, on veut avoir une récolte de pommes de terre en place de la première jachère, et que ces tubercules effritent le sol comme une récolte de seigle, cependant en lui rendant par leur culture les avantages de la jachère, le résultat devra être le suivant :

COURS DE RÉCOLTES.	Produit de la récolte.	Sucs absorbés, en proportion des produits.	Fécondité ajoutée.	Fécondité restante.
1 pommes de terre	80 scheff.	30 degrés	10 degrés	70 degrés
2 orge.	5	17,5	—	52,5
3 avoine	5,24	13,12	—	39,38
4 jachère	—	—	10	49,38
5 seigle	2,96	14,81	—	34,57
6 avoine	3,45	8,64	—	25,93
7 jachère	—	—	10	35,93
8 seigle	2,15	10,77	—	25,16
9 avoine	2,51	6,29	—	18,87

Par cet assolement le sol perd de sa fécondité naturelle 21,13 ; il demeure encore plus appauvri. Il est sans doute contre l'usage de l'assolement triennal de semer à la seconde année de l'orge en place de seigle, cependant la nature des choses veut que cela soit ainsi.

On voit par là combien, avec ce système de culture, le reproche d'effriter la terre qu'on fait aux pommes de terre, est fondé, puisque leur introduction, non-seulement appauvrit toutes les récoltes de grains qui viennent ensuite, mais encore augmente l'épuisement du sol.

Si cependant en faisant consommer ces pommes de terre par le bétail on les transformait en engrais, et que cet engrais fut rendu au terrain à la première jachère, les résultats seraient bien différens. Mais dans l'assolement triennal, on cultive ordinairement les pommes de terre pour un tout autre usage.

§ 261.

Supposé qu'au commencement d'un assolement de 7 ans avec pâturage * le sol ait en fécondité naturelle . . . . = 40

Qu'on lui donne la même quantité d'engrais. . . . . . . = 50

Et qu'il se repose en herbage pendant 5 ans. . . . . . . = 30

degrés 120

Le résultat en sera comme suit :

COURS DE RÉCOLTES.	Produit de la récolte.	Sucs absorbés, en proportion des produits.	Fécondité ajoutée.	Fécondité restante.
1 jachère	—	—	13 deg.	133 deg.
2 seigle	7,98 scheff.	39,9 deg.	—	93,1
3 orge	6,64	23,27	—	69,83
4 avoine	6,98	17,45	—	52,38

Ici le sol a gagné en fécondité 12,38, et il entre avec cet avantage dans le cours de récoltes suivant.

§ 262.

Un assolement de neuf ans avec pâturage.

Fécondité naturelle . . . . = 40

5 chariots fumier . . . . = 50

Pâturage de quatre ans . . . . . . = 40

degrés 130

COURS DE RÉCOLTES.	Produit des récoltes.	Sucs absorbés, en proportion des produits.	Fécondité ajoutée.	Fécondité restante.
1 jachère	—	—	14 deg.	144 deg.
2 seigle	8,64 scheff.	43,2 deg.	—	100,8
3 orge	7,2	25,2	—	75,6
4 seigle	4,53	22,68	—	52,92
5 avoine	5,29	13,23	—	39,69

* *Siebenschlägige Koppelwirthschaft*. En Allemagne l'on entend par Koppelwirthchaft une culture dans laquelle les récoltes de grains sont suivies ou précédées de deux ou plusieurs années de pâturage, comme cela a ordinairement lieu dans le Holstein et dans le Mecklembourg.

Ici le sol s'est appauvri de 0,31, c'est en apparence seulement qu'il a donné un produit plus élevé ; aussi cet assolement pour lequel on montrait autrefois tant de préférence, est aujourd'hui presque abandonné.

§ 263.

L'assolement de 11 ans avec pâturage ne fume ordinairement pas sa première jachère, ainsi il commence son cours avec sa fécondité naturelle et l'amélioration résultant de 4 années de pâturage. . . . . — 80.

Les résultats en sont comme suit :

COURS DE RÉCOLTES.	Produit des récoltes.	Sucs absorbés, en proportion des produits.	Fécondité ajoutée.	Fécondité restante.
1 jachère sur pâturage rompu . . .	—	—	14 deg.	94 deg.
2 seigle	5,64 sch.	28,2 deg.	—	65,8
3 avoine , ...	6,58	16,45	—	49,55
4 jachère, avec 6 chariots de fumier.	—	—	71	120,35
5 seigle	7,22	36,1	—	84,25
6 orge	6,01	21,06	—	63,19
7 avoine	6,31	15,79	—	47,4

Ici le sol gagne en 11 ans 7,4 degrés.

§ 264.

Si nous voulons donner aussi des exemples d'assolemens *alternes perfectionnés* * *avec nourriture du bétail à l'étable,* nous devons nécessairement supposer que la quantité des fumiers appliqués aux récoltes soit plus considérable, lors même que la fécondité naturelle du sol serait toujours la même ; en effet, sans s'être procuré de quelque manière un supplément d'engrais pour le moment du passage, il y aurait de la folie à vouloir introduire un tel assolement, parce que le sol serait bientôt épuisé par les récoltes jachères.

Nous admettons donc que, dans un assolement quatriennal de cette espèce, l'on commence par donner, la première année, au moins 8 chariots de fumier par journal, ensorte qu'avec sa fécondité naturelle, le sol se trouve contenir 120 degrés.

---

* *Assolemens alternes ;* nous appelons ainsi ceux dans lesquels une partie des récoltes est destinée à l'entretien du bétail, et l'autre plus particulièrement à la nourriture de l'homme. Ainsi les assolemens avec pâturages sont, à proprement parler, aussi des assolemens alternes, quoique la succession des récoltes de grains qu'on y voit ordinairement ne soit pas réglée d'après les principes qui doivent servir de bases aux *assolemens alternes perfectionnés.* Trad.

COURS DE RÉCOLTES.	Produit des récoltes.	Sucs absorbés, en proportion des produits.	Fécondité ajoutée.	Fécondité restante.
1 pommes de terre	80 sch.	30 degrés	10 degrés	100 degrés
2 orge	7,11	25	—	75
3 trèfle	—	—	13	88
4 seigle	5,28	26,1	—	61,6
la seconde rotation peut donner en fumier 10 chariots	—	100	—	161,6
1 pommes de terre	100	37,5	10	134,1
2 orge	9	33,52	—	100,58
3 trèfle	—	—	18	118,58
4 seigle	7,11	33,57	—	83,01

Le sol gagne donc en fécondité pendant ces huit années, et durant le cours de deux assolemens, 43,01.

Prenons maintenant pour exemple un fonds soumis à un assolement alterne de même nature mais divisé en 7 soles, dont la fécondité naturelle soit. $= 40$.

Et auquel on applique 8 chariots de fumier . . . . . . $= 80$.

$$\text{degrés } 120.$$

COURS DE RÉCOLTES.	Produit des récoltes.	Sucs absorbés, en proportion des produits.	Fécondité ajoutée.	Fécondité restante.
1 pommes de terre	80	30	10	100
2 orge	7	25	—	75
3 trèfle	—	—	13	88
4 trèfle	—	—	13	101
5 seigle	6,06	30,3	—	70,7
6 pois, avec 4 chariots de fumier .	—	20	50	100,7
7 seigle	6,04	30,21	—	70,49

Le sol a ainsi gagné en fertilité, 30,49.

§ 265.

Afin de pouvoir comparer avec d'autant plus de facilité l'augmentation de fertilité ou l'appauvrissement du sol qui résulte de ces divers assolemens, nous réduisons leur cours à 10, et nous trouvons le résultat suivant :

ASSOLEMENS.	Augmentation de fertilité.	Diminution de fertilité.
L'assolement triennal avec jachère morte et un amendement de cinq chariots de fumier en 9 ans	—	17,24
Le même . . avec des pois sur la première jachère . .	—	22,67
Le même . . avec des pommes de terre, *idem.* . . .	—	23,17
L'assolement de 7 ans, avec pâturage	17,67	
Celui . . . . de 9 ans, *idem.*	—	0,34
Celui . . . . de 11 ans, *idem.*	6,75	
L'assolement alterne de 4 ans, avec nourriture à l'étable .	53,76	
Celui . . . . de 7 ans, *idem.*	43,55	

A cela il faut ajouter l'augmentation progressive des engrais qui a lieu à chaque rotation, dans les assolemens où la fertilité augmente, et la diminution des fumiers qui, dans les assolemens où cette fertilité diminue, se fait chaque jour plus sentir. Ainsi, les deux derniers assolemens avec pâturage dont nous avons parlé, lesquels demeurent dans une sorte d'équilibre, pourraient seuls subsister à la longue; tandis que les autres péchant, les uns par le manque d'engrais et de fertilité, les autres par l'excès contraire, demanderaient tout au moins le concours de terrains soumis à un autre assolement et qui pussent, dans le premier cas, leur fournir le supplément d'engrais nécessaire, et dans le second employer l'excédent de fumiers que ces assolemens ne sauraient employer.

Pour l'assolement triennal tel que nous l'avons décrit, il faudra absolument se procurer ailleurs un supplément d'engrais, ou bien n'exiger de la plus grande partie des champs qu'une récolte en trois années, afin de donner dans l'intervalle à la terre une année de repos et une jachère complète. Quant à l'assolement alterne perfectionné, l'on sera obligé de le modifier, en substituant à une partie des plantes à fourrage des végétaux destinés à la vente, qui en absorbant sa surabondance d'engrais, l'élèvent ainsi au plus haut produit auquel il puisse atteindre.

La quantité d'engrais portée ici l'est hypothétiquement, sans doute; mais nous montrerons dans la suite quelle est la quantité de ceux dont on peut disposer pour la seconde rotation. Dans l'assolement triennal avec jachère l'on ne peut donner une quantité de fumier plus grande que celle qui a été indiquée, si l'on ne possède aussi des prairies à demeure, si l'on ne dispose pas d'autres moyens de se procurer des engrais; ou enfin si l'on n'a pas recours à la culture du trèfle et à la nourriture du bétail à l'étable. Les assolemens avec pâturage peuvent, en divers cas, donner des amendemens plus abondans que ceux qui ont été portés dans ces calculs. Les assolemens alternes perfectionnés, tant ceux liés à la nourriture au pâturage, que ceux associés à la nourriture à l'étable, peuvent également fournir une quantité d'engrais encore plus grande que celle indiquée dans les aperçus que nous venons de donner.

§ 266.

Comme le système que je viens d'admettre me paraît assez important pour mériter une explication claire et précise, qui obvie à tous les mésentendus; je joindrai encore ici comme exemples, des calculs de l'augmentation et diminution de fertilité des exploitations rurales désignées dans les tableaux qu'on trouvera vers la fin de ce volume.

Je dois observer ici que dans ces tableaux, les produits en grains ont été portés, non d'après les règles que j'ai données ci-devant, mais d'après les résultats effectifs de l'expérience; cependant on verra que le plus souvent dans leur ensemble, ils sont assez en rapport, pourvu qu'on ne commence ce parallèle qu'à la seconde rotation de l'assolement, lorsque le sol a atteint le degré de fécondité auquel il doit être porté par cette culture.

Afin d'éviter des fractions inutiles, je supposerai la quantité de semence d'un scheffel par journal seulement, et je la déduirai ensuite du produit, pour calculer d'après la quotité de l'excédent, le degré d'appauvrissement qui a dû s'ensuivre.

N.° 1. *Assolement triennal* (système des jachères) *dans toute sa pureté.* [*]

	Augmentation de fécondité.	Diminution de fécondité.
a. Jachère	10 degrés	—
6$\frac{7}{10}$ chariots fumier	67	—
b. Seigle, 6 scheffels	—	30
c. Orge, 6 scheffels	—	21
d. Jachère	10	—
e. Seigle 5$\frac{1}{2}$ scheffels	—	17,5
f. Avoine, 4 scheffels	—	10
g. Jachère légèrement parquée	28	—
h. Seigle, 4 scheffels	—	20
i. Orge, 3 scheffels	—	10,5
	115 degrés	109 degrés.

Il gagnerait 6 degrés en 9 ans, si en effet les fumiers produits par cet assolement

* Afin de faciliter à mes lecteurs le parallèle entre ces résultats de l'expérience, et les calculs sur le même sujet, faits d'après les règles données par notre auteur, je vais présenter ici le tableau de l'augmentation et diminution de fécondité, dressé de cette dernière manière, pour les assolemens n.°^{s} 1, 2, 3, 4, et au § 397 je donnerai également le tableau des résultats de ces assolemens, basé sur les mêmes principes.

On voudra bien observer que chacune de ces exploitations tire des secours assez considérables en engrais; 1.°, de 150 journaux de prairies; 2.°, aux n.°^{s} 1 et 2.e de 300 journaux de pâturages séparés, et aux n.°^{s} 3 et 4 de 100 journaux seulement.

N° 1.	Augmentation de fécondité.	Diminution de fécondité.	Fécondité restante.
Je suppose la fécondité naturelle du sol	—	—	40
a. Jachère	10	—	50
7$\frac{1}{4}$ chariots fumier	72,5	—	122,5
b. Seigle, 7 scheffels	—	35	87,5
c. Orge, 6 scheffels	—	21	66,5

n'était

n'étaient pas composés essentiellement de paille, par conséquent de mauvaise qualité. *

N°. 2. *Assolement triennal perfectionné.*

a. 6 chariots fumier	60 degrés	— degrés.
Pois	—	10
b. Seigle, 5 scheffels	—	25
c. Orge, 5 scheffels	—	17,5
d. Jachère avec 6 char. fum. et un léger parcage 90		—
e. Seigle, 7 scheffels	—	35
f. Orge, 7 scheffels	—	24,5
g. Trèfle	12	—
h. Seigle, 6 scheffels	—	50
i. Avoine, 7 scheffels	—	17,5
	162	159,5

Gagne $2\frac{1}{2}$ degrés en neuf ans.

	Augmentation de fécondité.	Diminution de fécondité.	Fécondité restante.
d. Jachère	12	—	78,5
e. Seigle, $4\frac{1}{2}$ scheffels	—	22,5	56
f. Avoine, $5\frac{1}{3}$ scheffels	—	13,75	42,25
g. Jachère légèrement parquée	28	—	70,25
h. Seigle, 4 scheffels	—	20	50,25
i. Orge, $3\frac{1}{2}$ scheffels	—	12,25	38

Perd 2 degrés en neuf ans.

	Augmentation de fécondité.	Diminution de fécondité.	Fécondité restante.
N.° 2. Fécondité naturelle du sol	—	—	40 [**]
a. $6\frac{1}{10}$ chariots fumier	61	—	101
Pois	—	10	91
b. Seigle, $5\frac{2}{5}$ scheffels	—	27	64
c. Orge, $4\frac{1}{3}$ dits	—	15,75	48,25
d. Jachère	10	—	58,25
$6\frac{1}{10}$ chariots et un léger parcage	80	—	138,25
e. Seigle, 8 scheffels	—	40	98,25
f. Orge, 7 scheffels	—	24,5	73,75
g. Trèfle	12	—	85,75
h. Seigle, 5 scheffels	—	25	60,75
i. Avoine, 6 scheffels	—	15	45,75

Gagne $5\frac{3}{4}$ degrés en neuf ans.   *Trad.*

* Il est probable, au contraire, que dans cet assolement le sol perd de sa fécondité au lieu d'y ajouter, parce que le chariot du fumier qu'il produit, composé essentiellement de paille, ne contient qu'une petite proportion de sucs nourriciers, et ne devrait par conséquent pas être estimé à 10 degrés comme il l'est ici et dans le parallèle qu'on vient de lire dans la note de page précédente.   *Trad.*

** D'après l'opinion manifestée par l'auteur à § 257, j'eusse dû porter ici la fécondité naturelle du sol à 60; mais comme cela ne pouvait pas avoir lieu pour l'assolement n.° 1, je me suis abstenu de le faire pour les suivans, afin de laisser ces divers assolemens dans une parité de circonstances absolues, qui en facilitât la comparaison. *Trad.*

N.° 3. *Assolement de sept ans, avec pâturage.* *

		Augmentation de fécondité.	Diminution de fécondité.
a. Jachère		12 degrés	—
$5\frac{8}{10}$ chariots fumier		58	—
b. Seigle, $7\frac{1}{2}$ scheffels		—	37,5
c. Orge, $7\frac{1}{2}$ scheffels		—	26,25
d. Avoine, 7 scheffels		—	17,5
e. Trèfle à faucher		10	—
f. g. Pâturage		20	—
		100	81,25

Gagne en fécondité, pendant 7 ans, $18\frac{3}{4}$ degrés.

N.° 4. *Assolement de dix ans, avec pâturage.*

		Augmentation de fécondité.	Diminution de fécondité.
a. Jachère		10 degrés	—
5 chariots fumier		50	—
b. Seigle, 7 scheffels		—	35
c. Avoine, 9 scheffels		—	22,5
d. Jachère		10	—
5 chariots fumier		50	—
e. Seigle, 7 scheffels		—	35
f. Orge, 7 scheffels		—	24,5
g. Trèfle à faucher		10	—
h. i. k. Pâturage		50	—
		140	117 degrés.

En 10 ans, gagne de fécondité, 23 degrés.

---

* Continuation du parallèle indiqué dans la note page 232.

	Augmentation de fécondité.	Diminution de fécondité.	Fécondité restante.
N.° 3. Fécondité naturelle	40		
Celle provenant d'une $\frac{1}{2}$ année de trèfle à faucher, et de $2\frac{1}{2}$ années de pâturage	29	—	69
a. Jachère	13	—	82
6 chariots fumier	60	—	142
b. Seigle, $8\frac{2}{5}$ scheffels	—	42	100
c. Orge, 7 scheffels	—	24,5	75,5
d. Avoine, $7\frac{1}{2}$ scheffels	—	18,75	56,75
e. Trèfle une coupe, puis pâturage			
f. g. Pâturage		déjà ci-dessus.	

Gagne en 7 ans, 16,75 degrés.

N.° 5. *Assolement de 12 ans avec pâturage.*

	Augmentation de fécondité.	Diminution de fécondité.
a. Jachère.	10 degrés.	— degrés
3,⅛ chariots de fumier	31,25	—
b. Seigle , 6½ scheffels	—	32,5
c. Orge , 6½ scheffels.	—	22,75
d. Avoine, 5 scheffels.	—	12,5
e. Jachère.	10	—
6 chariots fumier.	60	—
f. Seigle, 7 scheffels.	—	35
g. Orge, 6 scheffels.	—	21
h. Avoine, 5 scheffels	—	12,5
i. Trèfle à faucher	10	—
k, l, m, pâturage.	30	—
	151¼ degrés	136¼ degrés.

En 12 ans, gagne 15 degrés.

N.° 6. *Assolement de 10 ans du Holstein.*

	Augmentation de fécondité.	Diminution de fécondité.
a. Avoine sur pâturage rompu, 11 scheff.	— degrés.	27,5 degrés
b. Jachère.	12	—
8 charriots de fumier.	80	—
c. Seigle , 9 scheffels.	—	45
Porté à page suivante	92	72,5

	Augmentation de fécondité.	Diminution de fécondité.	Fécondité restante.
N.° 4. Fécondité naturelle	40 }		
Celle provenant d'une année de trèfle à faucher , et de 3 années de pâturage .	40 }	—	80
a. Jachère	14	—	94
3 chariots de fumier	30	—	124
b. Seigle, 7⅔ scheffels	—	37	87
c. Avoine, 8⅔ scheffels	—	21,66	65,34
d. Jachère	12	—	77,34
5 chariots fumier	50	—	127,34
e. Seigle , 7½ scheffels	—	37,5	89,84
f. Orge, C½ scheffels	—	21,84	68

g. Trèfle à faucher }
h. }
i. } Pâturage.   } déjà ci-dessus.
k. }

Gagne en 10 ans 28 degrés.

Trad.

	Augmentation de fécondité.	Diminution de fécondité.
Transporté de page précédente	92	72,5
d. Orge, 9 scheffels.	—	51,5
e. Seigle, 4 scheffels.	—	20
f. Trèfle à faucher.	10	—
g, h, i, k. Pâturage.	40	—
	142 degrés. . . .	124 degrés

En 10 ans, gagne 18 degrés.

N.° 7. *Assolement de 8 ans, avec culture alterne et pâturage.*

	Augmentation de fécondité.	Diminution de fécondité.
a. 9 charriots fumier.	90 degrés. . . .	— degrés
Pommes de terre.	10	50
b. Orge, 9 scheffels.	—	51,5
c. Pois.	—	10
$5\frac{3}{4}$ charriots de fumier. . . .	57,5	—
d. Seigle, 8 scheffels.	—	40
e. Trèfle à faucher	12	—
f, g. Pâturage.	20	—
h. Avoine sur pâturage rompu, 11 scheff.	—	27,5
	$169\frac{1}{2}$ degrés	159 degrés

En 8 ans, augmente en fertilité de $50\frac{1}{3}$ degrés.

N.° 8. *Assolement de 8 ans, avec culture alterne et nourriture du bétail à l'étable.*

	Augmentation de fécondité.	Diminution de fécondité.
a. 9 chariots fumier.	90 degrés. . . .	—
Pommes de terre, 80 scheffels .	10	50 degrés
b. Orge, 11 scheffels	—	38,5
c. Trèfle	15	—
d. Avoine, 15 scheffels. . . .	—	52,5
e. $6\frac{2}{5}$ charriots fumier. . . .	66,66	—
Pois.	—	10
f. Seigle, 9 scheffels	—	45
g. Vesces en vert.	10	—
h. Seigle, 8 scheffels.	—	40
	$191\frac{2}{3}$ degrés	196 degrés

En 8 ans, perd en fertilité de 4 degrés $\frac{1}{3}$.

N.° 9. *Assolement de 10 ans avec culture alterne, nourriture du gros bétail à l'étable, et deux soles de pâturage pour les bêtes à laine.*

	Augmentation de fécondité.	Diminution de fécondité.
a. Avoine sur pâturage rompu, 13 scheff. — degrés.		32,5
b. Vesces en vert sur jachère.	10	—
Parçage de 1500 bêtes à laine, par journal.	40	—
c. Seigle, 9 scheffels.	—	45
d. Pois.	—	10
3 chariots de fumier.	30	—
e. Seigle, 8 scheffels.	—	40
f. Pommes de terre	10	30
10 charriots de fumier.	100	—
g. Orge, 11 scheffels.	—	58,5
h. Trèfle.	15	—
i, k. Pâturage	30	—
	255 degrés	196 degrés.

En 10 ans, gagne en fécondité 59 degrés.

L'agriculture qui repose sur ce dernier assolement est donc infiniment améliorante, et doit conduire à des récoltes de végétaux plus précieux, tels que le froment, le colza et les autres plantes destinées à la vente; outre cela, elle doit pousser les profits des bêtes à laine, lesquelles sans doute seront de race perfectionnée, beaucoup plus haut qu'ils n'ont été évalués (*).

§ 267.

Les cas où le cultivateur peut se procurer des fumiers autrement qu'en les faisant fabriquer lui-même, par le moyen du bétail, sont si rares, qu'il ne vaut presque pas la peine d'en faire mention dans ce calcul de l'économie en général.

---

* Comme le dit fort bien l'auteur, tout le système qui a été développé dès le § 248 demande encore la sanction de l'expérience; l'on comprend d'ailleurs combien d'exceptions doivent y faire les sols particulièrement favorisés de la nature, ou ceux qui sont sous le poids de circonstances très-défavorables. Cependant je dois convenir qu'il est assez concordant avec les résultats de ma propre exploitation. Je vais transcrire ici l'application de la même formule faite tant à l'assolement alterne que j'ai adopté sur mon domaine de Genthod, qu'aux exploitations rurales des environs de Berne, dans lesquelles on suit en général un assolement de 6 ans avec pâturage, qui a quelque rapport avec celui du Holstein.

Cependant comme l'on en parle souvent, quoiqu'ils ne puissent avoir lieu que dans le voisinage des villes; et comme le fumier est souvent estimé au taux

Année.	Assolement de Genthod. Sur un journal de Berlin.	Produit des récoltes en sus de la semence.	Fécondité naturelle, ou ajoutée.	Fécondité absorbée.	Fécondité restante.
	Fécondité naturelle	—	55 deg.		
1	Pommes de terre, rutabaga ou racine d'abondance, avec 5 chariots de fumier de moutons et chevaux	—	65	3o deg.	9o deg.
2	Froment fumé par dessus la semaille avec 5 chariots de fumier comme ci-dessus	8 sch.	55	52	93
	NB. *La récolte de froment est un peu plus faible qu'elle ne devrait l'être, parce que la semaille a lieu dans une saison avancée.*				
3	Trèfle	—	17	—	11o
4	Froment	6,75	—	44	66
5	Fèves d'hiver, avec 5 chariots de fumier de moutons et chevaux	—	65	18	113
6	Froment, fumé par dessus comme à la 2.ᵉ année	1o,3	55	67	101
7	Trèfle	—	18	—	119
8	Froment.	7,2	—	47	72

La fécondité augmente en 8 ans de 17 degrés.

Si je fumais avec du fumier de bêtes à cornes, la fécondité demeurerait à peu près au même point qu'au commencement de l'assolement.

Année.	Assolement des environs de Berne, également sur un journal de Berlin.	Produit des récoltes en sus de la semence.	Fécondité naturelle, ou ajoutée.	Fécondité absorbée.	Fécondité restante.
	Fécondité naturelle	—	6o		
	—— celle résultant d'une année et demie pâturage consommé sur place	—	22		
	—— 8 chariots de 20 quint. fumier, enterrés sous le gazon par un seul labour	—	8o	—	162
1	Epautre *mêlée d'une plus ou moins grande quantité d'herbe qui rapporte sa graine*	10	—	65	97
	—— 8 chariots fumier comme l'année précédente	—	8o	—	177
2	Epautre comme l'année précédente . .	11	—	71,5	105,5
	—— 4 chariots fumier sur le chaume .	—	4o	—	145,5
3	Pré fauché	—	—	20	195,5
4	Idem , ...	—	—	20	105,5
5	Idem. . . . . une coupe	—	—	8	97,5

Le pâturage est déjà compté ci-dessus.

auquel on le paie dans celles-ci, nous nous arrêterons un moment sur ce sujet.

Le prix du fumier dans les villes suit la proportion qui existe entre la population, la quantité de bétail et les entreprises qui produisent des engrais, d'un côté; et la culture des jardins et des champs autour de la ville, de l'autre. Dans plusieurs endroits où cette culture est poussée avec vigueur, et où l'on cultive aussi beaucoup de végétaux destinés à la vente, surtout de la chicorée; un charriot de fumier à quatre chevaux se paie souvent trois rixdalers et plus, et cependant la rente des terrains autour de la ville est à un taux si élevé, que les cultivateurs ne pourraient pas subsister, si ces engrais n'étaient pas encore à bon marché, proportionnellement à leur valeur intrinsèque.

Dans les lieux où l'on est moins avancé dans l'art de la culture des champs et des jardins, les engrais sont à plus bas prix; cependant si l'on compte tous les frais que leur transport occasionne, et les dommages presque inévitables que les charrois de ville occasionnent, le prix de ces engrais paraîtra plus élevé qu'on ne le croirait au premier abord. Quelques dispositions qu'on fasse pour le charroi d'une quantité considérable de fumier hors d'une grande ville et à $\frac{1}{3}$ de mille de la porte; quoique la plus grande partie de ce fumier soit de nature à ne pas permettre que le déblai en soit renvoyé, et que par conséquent, on puisse l'acheter sur place à très-bon compte, le charriot à 4 chevaux ne laisse pas de coûter en moyenne 2 rixdalers et plus. Au reste, ce prix est encore très-bas proportionnellement à valeur réelle du fumier.

Le seul moyen de découvrir la valeur effective des engrais, c'est de comparer ce qu'un journal de terrain fumé abondamment et à réitérées fois, produit et peut produire, en comparaison de ce qu'il produisait lorsqu'on ne lui donnait que la quantité d'engrais absolument nécessaire, et à des époques assez éloignées.

Dans le 5.ᵉ volume de mon *Agriculture anglaise*, page 461 et suivantes, j'en ai fait le compte d'après les données que j'avais obtenues des paysans, et le résultat a été que le charriot de fumier vaut en effet 6 rixdalers, 9 gros. Afin

---

Le sol devrait gagner en 6 ans 37,5 degrés; mais comme il est excessivement léger, et qu'au lieu de fumer par dessus la semaille, ainsi que cela devrait avoir lieu, on fume sous raie, il y a une déperdition de sucs très-grande et qui, probablement, s'élève à plus du cinquième de deux premiers amendemens.

Une récolte de 10,5 scheffels d'épautre dépouillée de sa balle, par journal de Berlin, est égale à une de 11⅔ muids d'épautre non dépouillée, par chaque juchart ou arpent de Berne (toujours outre la semence).

de nous assurer d'autant mieux de cela, après avoir calculé le produit de l'assolement triennal donné à § 259, supposons en échange que nous puissions nous procurer assez d'engrais pour donner, de trois en trois ans, un amendement de six charriots de fumier ; et afin de nous écarter le moins possible de l'assolement triennal, prenons pour base la rotation suivante :

1. Jachère, fumée.
2. Colza ou navette.
3. Froment.
4. Pois, fumés.
5. Seigle.
6. Orge.
7. Pommes de terre fumées.
8. Orge.
9. Seigle.

Calculons maintenant le produit de ces végétaux, d'après la proportion des sucs nourriciers que le sol contient, et déduisons en l'excédent de frais qu'occasionne leur culture ; la valeur du fumier paraîtra alors d'une manière frappante.

Mais la valeur réelle du fumier est d'autant plus grande, qu'il augmente progressivement par lui-même; en effet, indépendamment des denrées qu'elle procure, une plus grande quantité d'engrais, convenablement employée, ne manque jamais de produire des élémens pour de nouveaux engrais, en sorte qu'on arrive bientôt à la possibilité de cultiver d'une manière suivie, les végétaux qui rendent le plus haut produit en argent. En revanche, les engrais diminuent dans la même proportion, lorsqu'une fois la disette s'en fait sentir et qu'on n'y porte pas remède par des dispositions convenables. Un défaut de fumier a pour suite un manque de paille, et lorsqu'on n'a que peu de paille*, on n'obtient que peu de fumier ; ainsi les engrais diminuent progressivement jusqu'à ce que le sol soit totalement épuisé. Quelque coûteuse à acquérir que soit donc la première augmentation d'engrais sur un terrain effrité, il n'y a cependant aucun capital qui soit mieux employé, que celui destiné à se le procurer.

§ 268.

Afin de prévenir des mésentendus sur la quantité et la mesure des engrais, nous établirons ici quelques principes dans lesquels toutefois on ne doit attendre ni précision mathématique, ni uniformité absolue, quoiqu'ils soient pris sûr de grandes moyennes.

---

* Ou de fourrage. *Trad.*

La

La charge d'un chariot attelé de 4 chevaux est de 36 pieds cubes de fumier d'étable à moitié consommé, et tel qu'il est ordinairement lorsqu'on le transporte sur les champs. Dans cet état, c'est-à-dire lorsque la paille, sans être entièrement décomposée, est devenue molle et filamenteuse, et que le fumier a une humidité telle que, sans être sec, il ne laisse cependant plus dégoutter d'eau, un pied de Rhin cube de ce fumier pèse 56 livres ; ce qui, pour une charge de 36 pieds, fait la somme de 2016 liv. que, en somme ronde nous réduirons à 2000. Sur de bonnes routes et en tems favorable, l'on peut sans doute en charger davantage ; mais comme, pour le transport des engrais, on choisit rarement les plus beaux tems, cette donnée sera probablement assez exacte.

Si la paille est encore dans son premier état, un pied cube, passablement serré, pèse au plus 48 liv. , alors on charge un plus grand volume en se servant pour cela d'un chariot à échelles où l'on met de 45 à 46 pieds cubes.

Lorsqu'on distribue sur un journal de terre huit chariots de cette espèce , l'on dit qu'on a donné un amendement complet. Il y a alors sur chaque perche carrée 88,8 et à peu près liv. 0,6 sur chaque pied carré. Si, comme cela arrive le plus souvent, on n'y a conduit que 5 charges pareilles , on dit qu'on a fumé légèrement, alors il y a 55 liv. par perche carrée. Enfin si l'on a distribué 12 charges pareilles sur un journal, ce que, pour des céréales, l'on n'ose point faire sur un terrain qui n'est pas épuisé, on dit que l'on a fumé abondamment.

Il est de règle qu'on mette en poids un quart moins de fumier de bêtes à laine consommé, parce que l'effet qu'il produit est à la fois plus grand et plus prompt, mais aussi moins durable.

Cet amendement revient tous les trois, quatre , six , jusqu'à neuf ans; il est ordinairement d'autant plus faible qu'il revient plus souvent , et plus fort qu'il a lieu plus rarement, à moins que le manque d'engrais ne réduise à fumer médiocrement, même dans ce dernier cas. Ainsi donc, dans le calcul de la distribution des engrais, il ne faut pas avoir égard seulement à la quantité qu'on met chaque fois, mais encore à la réitération plus ou moins fréquente de cet amendement, à la quantité nécessaire pour un certain nombre d'années.

§ 269.

Comme il est rare que le cultivateur puisse se procurer des engrais d'une manière plus avantageuse que par le moyen de son propre bétail, on a cherché depuis long-tems à déterminer quelle devait être la proportion entre la quantité de bétail à entretenir, et la culture des grains, pour qu'il résultat de tous deux les plus grands profits qu'on puisse en attendre. La multiplication du bétail élève le produit de la culture par l'augmentation des engrais, et à son tour l'amélioration de la culture augmente la rente du bétail, en multipliant les produits destinés à la nourriture des animaux. Cette influence réciproque est le grand balancier de toute exploitation bien ordonnée, et l'accélération de son mouvement, dans quel tems que ce soit, se communique à toute la machine et en multiplie les forces et les résultats.

§ 270.

Pour trouver la meilleure proportion de l'un à l'autre dans chaque localité, on s'est d'abord attaché au nombre de pièces de bétail, et l'on a cherché à déterminer combien d'individus de telle ou telle espèce il convenait d'entretenir sur un espace donné. L'on a ordinairement envisagé comme égaux, une pièce de bétail à cornes, un cheval, 10 brebis, ou 6 cochons. Mais on a bientôt vu qu'il y avait de grandes différences entre les divers individus d'une même race, soit pour la grandeur de l'animal, soit pour la quantité de fourrage qu'il consommait, et il a bien fallu y avoir égard. On trouve sur ce sujet, dans l'ouvrage de *Borgstede* [*], une des évaluations les plus complètes qui ait été tirée de la moyenne de beaucoup de données.

Dans le tableau ci-après que nous en extrayons, l'auteur a d'abord égard à la paille et aux autres substances destinées à la litière, il y distingue

A. Les contrées où l'on a de la paille en surabondance, de manière qu'en général, sur chaque winspel de semence l'on puisse compter sur 1500 à 1800 gerbes et au-delà; un winspel de semaille est égal à environ 20 journaux, cela ferait donc de 75 à 90 gerbes par journal, et le poids d'une gerbe de paille de grains d'automne ou de printems, s'élève à environ 10 liv. $\frac{2}{3}$; le tout monterait ainsi à 800, jusqu'à 960 liv.

B. Les contrées où l'on compte de 1350 à 1500 gerbes par winspel; de $67\frac{1}{2}$ à 75 gerbes par journal, ainsi de 720 à 800 liv.

C. Les contrées où l'on n'obtient qu'une quantité inférieure à 1350 gerbes, et où, par conséquent, il manque de paille pour litière.

D. Les contrées où l'on peut suppléer par d'autres substances, au défaut de litière.

E. Les contrées où cela peut avoir lieu par des pailles achetées à bon compte.

Au N.° I, l'on suppose que le bétail n'entre au pâturage qu'à la mi-mai et ne rentre dans les étables qu'à la mi-novembre.

---

[*] Grundsätzen über die General verpachtungen der Domainen in den preussischen Staaten, Berlin, 1785.

Au N.° II l'on suppose que le bétail aille aux champs dès la fin de mars et qu'il rentre dans l'étable à la mi-décembre.

Au N.° III, l'on suppose que le bétail reçoive toute sa nourriture à l'étable.

Le N.° IV, indiq. le fum. résultant de 100 bêt. à laine, qu'on ne fait pas parquer.

Au N.° V, on suppose que l'on parque pendant 5 mois, et que pendant les 7 autres mois les bêtes passent la nuit à la bergerie.

	Lorsqu'il y a des fourrages en quantité suffisante, ensorte que chaque vache ait au moins 8 quint. de foin				Lorsqu'il y a des fourrages en surabondance.				Lorsqu'il n'y a pas une quantité suffisante de fourrages.				*
	Sur un terrain froid.		Sur un terrain chaud.		Sur un terrain froid.		Sur un terrain chaud.		Sur un terrain froid.		Sur un terrain chaud.		
	Etendue calculée en		Etendue calculée en		Etendue calculée en		Etendue calculée en		Etendue calculée en		Etendue calculée en		
	schef.	metz.	schef.	metz.	schef.	metz.	schef.	metz.	schef.	metz.	schef.	metz.	
A	1	2	1	4	1	$5\frac{3}{5}$	1	8	.	$14\frac{2}{5}$	1	.	N.° I.
B	.	$14\frac{2}{5}$	1	.	1	2	1	4	.	$13\frac{3}{5}$	.	15	
C	.	$10\frac{4}{5}$	.	12	.	$12\frac{3}{5}$	.	14	.	10	.	11	
D	.	$11\frac{7}{10}$	.	13	.	$14\frac{3}{5}$	1	.	.	12	.	14	
E	.	$14\frac{2}{5}$	1	.	1	2	1	4	.	13	.	15	
A	.	$14\frac{2}{5}$	1	.	1	.	1	2	.	14	.	15	N.° II.
B	.	$10\frac{4}{5}$	.	12	.	12	.	14	.	$9\frac{1}{2}$	.	11	
C	.	8	.	10	.	9	.	11	.	7	.	9	
D	.	$11\frac{7}{10}$	.	13	.	$14\frac{2}{5}$	1	.	.	12	.	14	
E	.	$14\frac{2}{5}$	1	.	1	2	1	4	.	13	.	15	
A	1	$5\frac{3}{5}$	1	8	1	8	1	12	1	4	1	6	N.° III.
B	1	3	1	5	1	4	1	6	1	2	1	3	
C	tombe	.	.	.	.	.	.	.	.	.	.	.	
D	.	$11\frac{2}{5}$	1	.	1	.	1	2	.	12	.	14	
E	1	2	1	4	1	4	1	6	1	2	1	3	
A	5	15	7	8	7	3	8	12	4	12	6	4	N.° IV.
B	4	12	6	.	5	15	7	.	4	7	5	.	
C	3	9	4	8	4	2	5	4	3	4	3	12	
D	3	$13\frac{1}{4}$	4	14	4	12	5	11	3	8	4	1	
E	4	12	6	.	5	15	7	.	4	7	5	.	
A	3	$7\frac{3}{4}$	4	6	4	$3\frac{1}{12}$	1	$1\frac{2}{3}$	2	$12\frac{1}{3}$	3	$10\frac{1}{2}$	N.° V.
B	2	$12\frac{1}{3}$	3	8	3	$7\frac{1}{2}$	4	$1\frac{1}{3}$	2	$9\frac{5}{12}$	2	$14\frac{2}{3}$	
C	2	$1\frac{1}{4}$	2	10	2	$6\frac{1}{2}$	3	1	1	$14\frac{1}{3}$	2	3	
D	2	4	2	$13\frac{1}{2}$	2	$12\frac{1}{3}$	3	$5\frac{1}{2}$	2	$0\frac{2}{3}$	2	$5\frac{11}{12}$	
E	2	$12\frac{1}{3}$	3	8	3	$7\frac{5}{12}$	4	$1\frac{1}{3}$	2	$9\frac{5}{12}$	2	$14\frac{2}{3}$	

On compte que chaque 100 de bêtes à laine au parc, fume 5 scheffels de semailles. Le parcage est compté pour la moitié d'un amendement de 6 ans, et seulement le tiers d'un de 9 ans, ou le quart d'un de 12 ans. Cet engrais n'est euvisagé comme suffisant que lorsqu'il revient tous les trois ans.

* Je crois nécessaire d'expliquer ici que ce tableau est destiné à indiquer l'étendue de terrain qui peut être amendée par le fumier produit à l'étable, en I, II, III, par une pièce de bétail à cornes, et en IV et V par 100 bêtes à laine, sous les conditions et modifications expliquées à page précédente. *Trad.*

Nicolaï, dans ses *principes pour la régie des domaines*, probablement d'a-près Benckendorf, pose en principe que

    1 pièce de bétail à cornes donne   10 chariots à 2 chevaux de fumier.
    1 —— de jeune   *dit* . . .   5
    1 cheval nourri à l'écurie. . . 15
    1 —— nourri au pâturage.   . $7\frac{1}{2}$
100 bêtes à laine. 100

Il admet de plus qu'on retire des cochons, de la volaille et de la cour, moyennant qu'on ait soin de garnir celle-ci de paille, une quantité d'engrais égale à la moitié de ce qu'on obtient du bétail à cornes.

    Il compte par journal,
    20 charges semblables de fumier de bêtes à cornes,
    18 *dites* de celui de cheval,
    25 *dites* de celui des cours,
    15 *dites* de celui de bêtes à laine.

Lorsque ce sont des charrois en corvée, il en compte une moitié en sus, et même le double.

Par conséquent une pièce de bétail à cornes fume $\frac{1}{2}$ journal.
    une jeune bête. . . . . . $\frac{1}{4}$
    un cheval nourri à l'étable.   . $\frac{5}{6}$
    100 bêtes à laine . . · . . $6\frac{2}{3}$

Ces chariots à deux chevaux ne peuvent pas même être portés à 1000 livres; car un amendement de 20,000 liv. par journal serait une chose extraordinaire. Au reste, la méthode de se procurer du fumier en répandant en abondance de la paille dans les cours, annonce une mauvaise économie; les champs ne retirent que bien peu d'avantage d'un fumier de cette espèce.

Frédersdorf, dans ses *évaluations des domaines*, compte par chaque vache bien nourrie et à laquelle on donne en litière environ 150 gerbes, 6 chariots à 4 chevaux de 25 quintaux l'un, et si cette vache est nourrie toute l'année à l'étable, 10 chariots à 4 chevaux; par chaque cheval qui a par jour une botte et $\frac{1}{2}$ de paille, 7 chariots et $\frac{1}{2}$; il envisage le fumier rendu par 15 bêtes à laine comme égal à celui d'une vache; de même celui de 4 à 5 cochons adultes.

Suivant *Karbe*, 65 vaches qui, en été, passent le jour au pâturage et la nuit à l'étable, fument 100 journaux; les chevaux et les génisses sont à ces vaches dans la proportion de 2 à 3, et les bœufs nourris à l'étable, comme 3 à 2; cent moutons tenus à l'engrais pendant l'hiver et l'été, fument 10 journaux.

Selon *de Pfeiffer*, une vache nourrie à l'étable donne 200 quintaux, un bœuf à l'engrais, pendant que cet engrais dure, 80 quintaux de fumier.

Suivant *Léopold*, 4 vaches nourries à l'étable ont donné 50 chariots de fumier, dont 6 ont suffi à un journal.

Dans une dissertation faite par un agriculteur plein d'instruction et d'expérience (*Annales de l'agriculture de Basse-Saxe*, année 5, Section 1.re, p. 129) d'après les motifs qui y sont indiqués, la proportion des engrais fournis par les divers animaux est fixée comme suit :

Si le fumier d'une pièce de bétail à cornes monte à 180,

 celui d'un cheval s'élève à 170,
 celui d'une bête à laine. 10,
 celui d'un cochon. 18,

C'est d'après cette proportion que fut reparti le fumier produit pendant l'espace de trois ans dans son exploitation, il s'en trouva

 par chaque pièce de bétail à cornes,   7,789 chariots à 4 chevaux.
  cheval. 7,357
  bête à laine 0,432
  cochon 0,778

qui, d'après la manière de charger dans l'exploitation où cela eut lieu, pesaient probablement de 22 à 24 quintaux chacun.

Le *comte Podewils*, dans ses *expériences d'agriculture*, 3.e volume, prend pour base, d'après des moyennes générales, 8 chariots par journal, et d'après une estimation certainement fautive, il ne porte le chariot à 4 chevaux qu'à 10 quintaux, ainsi 80 quintaux par journal. Il donne une mesure plus exacte lorsque à page 13, il attribue à chaque journal fumé 50 quintaux de gros fourrage, dont $\frac{1}{3}$ foin et $\frac{2}{3}$ dépouille de grains.

Dans des domaines dont le sol est de bonne qualité, l'on a admis que, sur 10 journaux, outre le bétail de trait, on puisse entretenir une pièce de bétail à cornes et 10 bêtes à laine, lesquels tous ensemble fournissent les engrais nécessaires. Mais on suppose qu'il y ait d'ailleurs des prairies dans la proportion de 1 : 5, et une quantité suffisante de pâturages séparés.

§ 271.

Le vague et les contradictions de ces données sont frappans. Sans parler même des variations considérables qu'il y a dans la charge d'un chariot de fumier, on ne saurait faire une évaluation exacte de la quantité des engrais, d'après le nombre des pièces de bétail, si, avant tout, on ne détermine la quantité de fourrage et de litière consommée, et la manière dont le bétail est entretenu.

On ne peut donner aucune proportion moyenne de la quantité de fumier que produisent les bestiaux, parce que, avec une nourriture abondante et composée de fourrages succulens, la quantité d'engrais qu'on obtient, tant des excrémens que de la paille nécessaire pour les contenir, surpasse de 7 ou 8 fois ceux que le même bétail donne nourri à la paille sèche. Si dans le premier cas, on ne peut pas donner au bétail assez de litière pour qu'il soit toujours couché proprement; si chaque jour on est obligé de transporter dehors les fumiers, ou tout au moins de les jeter en arrière, parce que sans cela les bêtes seraient toujours dans la fange; dans le dernier cas, au contraire, la paille qui a séjourné pendant un mois sous le bétail, en sort peu salie et presque seulement mouillée. Le plus ou moins de volume du bétail influe sans doute sur la quantité des engrais qu'on en retire, mais seulement lorsque le bétail reçoit une quantité de nourriture proportionnée à sa taille.

§ 272.

En revanche, il n'y a pas de doute que la quantité de fumier ne soit toujours en rapport avec la quantité de fourrage et avec celle des sucs qu'il contient, jointe à celle de paille nécessaire pour contenir les divers excrémens. Dans ce moment où nous ne nous occupons que des rapports généraux de l'économie, nous ne pouvons point nous étendre à d'autres espèces de litière.

Lors donc que nous parlerons de la quantité de fumier qu'on a obtenu, nous ne ferons aucune attention au nombre et à l'espèce des animaux qui l'ont produit.

Les bêtes ne peuvent être considérées que comme des machines, qui, suivant leur grandeur, mais surtout suivant qu'elles sont bien nourries, convertissent en leur propre substance la plus petite partie des fourrages qu'elles consomment, tandis qu'elles réduisent la plus grande en fumier; sous cette dernière dénomination nous comprenons, non-seulement les gros excrémens proprement dits, mais encore les urines et peut-être la partie de la transpiration qui est absorbée par la paille : ce fumier ne comprend pas seulement le résidu des fourrages, mais encore les parties du corps animal lesquelles, à mesure de leur action, sont détachées, emmenées et remplacées par de nouvelles. Ainsi ce fumier a perdu en plus grande partie sa nature végétale pour en prendre une animale. Nous nous bornons à indiquer ici ce fait, en nous réservant de développer cette matière, lorsque nous traiterons plus particulièrement des engrais et des productions animales.

Les essais faits jusqu'à ce jour sont encore insuffisans pour déterminer si la masse solide des fourrages consommés et digérés, se trouve augmentée ou diminuée lorsqu'en en extrayant le principe aqueux on réduit ces excrémens à

l'état de siccité. La diminution est plutôt probable , puisque l'augmentation
du corps, la croissance de la laine, la sécrétion du lait, absorbent une partie
des alimens. Cependant cette partie n'est que peu de chose , et il n'est pas décidé
si l'eau que l'animal s'approprie par la boisson, et si les substances gazeuses
qu'il absorbe ne sont pas décomposées dans le corps de l'animal au point de
former une matière solide. Tout au moins est-il sûr qu'au moyen de l'humidité
qui est ajoutée , le poids de la nourriture sèche est dépassé de bien plus d'une
moitié par celui des excrémens , si nous pesons ceux-ci dans l'état d'humidité
où nous les considérons et employons comme fumier.

L'humidité surabondante, surtout celle de l'urine, que nous ne devons point
considérer comme de l'eau simple, mais plutôt comme contenant un grand
nombre de particules animales solides et très-actives ; cette humidité, dis-je,
est absorbée par la litière et en augmente la masse.

§ 273.

Il y a de grandes difficultés à déterminer le rapport de proportion qui existe
entre le fumier d'un côté , les fourrages consommés et la litière employée de
l'autre. C'est pourquoi les résultats des expériences destinées à obtenir cette
fixation varieront toujours un peu. On trouverait encore plus d'incertitude en
voulant déterminer le volume de fumier par celui des fourrages , puisque ce
volume dépend , non-seulement, du plus ou moins d'humidité et de pression,
mais encore de l'état de décomposition où sont la paille et les autres substances
filamenteuses , lequel en altère le volume bien plus que le poids. Cependant les
épreuves faites jusqu'ici tant en petit, en pesant les gros excrémens quelquefois
à part, quelquefois réunis à l'urine absorbée par la paille , dans leurs divers
degrés de décomposition et à un point où le fumier, à moins d'être comprimé,
ne laissât pas dégoutter d'eau , qu'en grand , en déterminant par le poids et
avec l'exactitude dont la chose pouvait être susceptible, la quantité des fumiers
charriés, et en la comparant avec celle des fourrages et de la litière consommés,
l'eau non comprise ; ces épreuves, dis-je, ont été passablement concordantes
pour démontrer que la masse de la nourriture sèche et de la litière réunies ,
doublent de poids par leur transformation en fumier.

Mais pour cela il faut que le fumier ait été convenablement soigné , et qu'on
ait donné de la litière dans la juste proportion nécessaire pour qu'elle puisse absorber la matière liquide ; puisque si cette litière a été abondante, elle n'a pas dû
s'imprégner suffisamment d'humidité, et par conséquent atteindre l'augmentation
de poids ci-dessus , et que , si au contraire l'on en a mis trop peu , elle n'a pas
pu retenir toutes les urines. Au reste la quantité de litière ne peut pas davan-

tage être déterminée d'après le nombre des bêtes , elle doit dépendre de la quantité et de la qualité des fourrages consommés et des excrémens qui en proviennent.

Les alimens destinés au bétail , tant les secs que ceux qui ont conservé leur suc , varient en faculté nutritive , même à poids égal (voyez à § 275.) Ainsi l'on peut entretenir dans le même état un plus grand nombre de bêtes avec un poids moindre d'alimens plus nourrissans , qu'avec un poids égal de ceux qui le sont moins. Lors même donc que chez des bêtes également bien nourries , les gros excrémens de celles entretenues avec des alimens plus substantiels , paraissent moins volumineux que ceux des bêtes nourries avec une plus grande quantité d'alimens moins substantiels , la quantité des gros excrémens et de l'urine qui sont sortis du corps de l'animal , n'est cependant pas en proportion directe avec la plus ou moins grande quantité des alimens que cet animal a consommés. On ne retire pas tout à fait , mais presque autant de fumier d'un cheval nourri en plus grande partie avec des grains , que s'il consommait un poids double étant nourri simplement avec du foin. C'est pourquoi il ne faut pas avoir égard seulement au poids des fourrages secs , mais aussi à leur faculté nutritive , parce que ce qu'il y a de moins en quantité , lorsque les bêtes sont nourries avec des fourrages substantiels , est sans doute remplacé par la meilleure qualité du fumier , par le plus grand nombre de parties animales qui le composent.

§ 274. *

L'estimable *commissaire général Meyer* est le premier qui , se fondant sur des expériences positives , ait donné une mesure de la quantité de fumier qui résulte de celle des fourrages et de la litière. Il impute à la paille l'humidité que donne l'urine , et , guidé par des épreuves , il porte cette augmentation à 2,7 pour un , lorsqu'on ne donne en litière que le nécessaire seulement ; au reste , dans cette litière , il comprend la paille donnée en fourrage , parce qu'elle ne contribue que peu ou point à la nourriture de l'animal. Pour le foin consommé, il porte l'augmentation occasionnée par l'humidité qui y est ajoutée , seulement à 1,8 , parce que ce fourrage contribue davantage à la nourriture du corps. Il assimile au foin les végétaux qui ont conservé leurs sucs , mais seulement d'après le poids qu'ils ont étant réduits à l'état de siccité. Enfin il attribue aux grains dans leur transmutation en fumier , une augmentation plus grande qu'elle ne serait d'après cette proportion : il veut qu'on multiplie leur poids par 3 jusqu'à 3,7.

Mais ces proportions sont combattues dans la *Feuille économique* , où un

---

* J'ai refondu les § 274, 275 et 277 , afin de les rendre conformes aux modifications indiquées par l'auteur en tête du 11.ᵉ vol. de l'édition allemande. *Trad.*

auteur

auteur éclairé fait des observations fondées contre le système de Meyer, en disant que l'augmentation du poids de la paille ne peut être attribuée qu'au fourrage, parce que, sans lui, cette paille demeurerait de la paille toute pure. Il prétend, au contraire, que la paille perd par la décomposition; mais en cela il paraît aller au-delà de la réalité, car alors la paille aurait à l'augmentation du fumier, une part bien plus petite que l'expérience ne l'indique; quoiqu'il soit vrai en soi que l'augmentation de poids ait le fourrage pour cause, et que, à défaut de paille, le fumier pourrait être recueilli par d'autres matières, tout au moins par de la terre.

D'après les résultats d'essais grands et nombreux, et en particulier de plusieurs qui ont été faits avec beaucoup de précision pendant l'hiver de 1808 à 1809 sur des bœufs à l'engrais, on demeure très-près de la réalité lorsqu'on admet en principe, que le poids du foin et de la paille consommés en nourriture et celui d'une litière qui, en absorbant toute l'urine, n'excéde cependant pas les besoins; que ces poids, dis-je, sont doublés dans la transmutation en fumier *. Et d'après cette base, la quantité de fumier produite peut être calculée avec beaucoup plus de certitude qu'elle ne le serait d'après le nombre de pièces de bétail.

§ 275.

Nous sommes bien plus dans l'incertitude sur la quantité d'engrais qu'on obtient d'une quantité donnée des végétaux chargés de sucs, en la faisant consommer par le bétail, parce que sur ce sujet nous manquons encore d'expériences faites d'une manière satisfaisante, sur un nombre de bêtes suffisant, et continuées pendant un tems assez long; cependant, d'après les diverses observations qui me sont parvenues sur l'emploi des pommes de terre dans des exploitations où elles étaient consommées en grande quantité et comme principal fourrage, ces tubercules ne peuvent être comptés dans le fumier que pour les trois cinquièmes de leur poids; si, d'ailleurs, on attribue à la paille consommée avec eux, l'augmentation de poids que nous avons indiquée ci-dessus.

De cette manière on traite à coup sûr défavorablement les pommes de terre, car, au fond, la plus grande partie de l'augmentation de poids que la paille reçoit provient d'elles, et sans doute, sans le concours des pommes de terre, on tiendrait une beaucoup moins grande quantité de bétail, par conséquent on aurait une moins grande quantité de ces urines, auxquelles la paille réduite en fumier doit son augmentation de pesanteur.

---

* Je me réserve de m'expliquer sur ce sujet avec encore plus de précision, lorsque j'aurai connaissance des résultats d'expériences faites par divers zélés partisans de notre science, dans l'hiver de 180$\frac{9}{10}$. A.

I.　　　　　　　　　　　　　　　　　32

Quant à la fane, d'après un essai fait en 1809, celle d'un journal de pommes
de terre à fane mince en apparence, réduite à un état de siccité complète,
pesa.   .   .   .   .   907 liv.

Celle de pareille étendue de pommes de terre à fane grossière,
seulement.   .   .   :   605

————

La moyenne serait 756 liv.   1512 liv.

A cause de la quantité d'albumine que cette fane contient, elle est de beaucoup préférable à la paille en général.

Au reste, nous pouvons sans doute tirer de la faculté nutritive de ces
végétaux, des inductions sur la quantité d'engrais qu'ils rendent ; cette faculté
se trouve déterminée tant par des expériences faites sur du bétail à l'engrais,
que par l'analyse chimique, et avec d'autant plus de certitude que les résultats
de ces épreuves sont assez concordans. Je me propose, en conséquence, d'indiquer ici, dès ce moment, ce qu'il y a de plus essentiel sur la faculté nutritive
des végétaux les plus usuels, parce que cela nous sera nécessaire pour les comptes
que nous aurons à faire sur l'économie rurale ; et quoique je ne doive développer complétement cette matière, que lorsque j'examinerai plus particulier-
ment la culture et l'emploi de ces végétaux.

Comme, de tous les alimens destinés au bétail, le foin est le plus connu et
le plus employé, c'est lui qui le mieux peut être pris pour mesure de comparaison pour les autres.

D'après les recherches d'Einhoff, que cependant il n'envisageait pas comme
suffisamment achevées pour être communiquées au public, 100 parties de bon
foin en contiennent environ 50 de ces matières qu'on peut envisager comme
nutritives.

De 100 parties de pommes de terre , bonnes et non aqueuses ou spon-
gieuses , séchées au degré où le foin l'est ordinairement après la dessication, il
en reste 50, qui en contiennent 25 de substances qu'on peut envisager comme
très-nutritives , ainsi l'on pourrait assimiler pour la nourriture du bétail 100 liv.
ou 1 scheffel pommes de terre à 50 liv. de bon foin ; et presque toutes les observations faites en grand sur l'engrais des bœufs concordent avec cela. Car lorsqu'un bœuf à l'engrais reçoit chaque jour pour sa nourriture 60 liv. de pommes
de terre pas trop aqueuses , il fait autant de progrès qu'avec 30 liv. de foin.

La racine d'abondance n'avait que 8 pour cent de ces substances qu'on peut,
avec certitude , envisager comme nutritives, et 4 pour cent de filamenteuses
d'une décomposition difficile ; comme il est encore incertain jusqu'à quel point

ces dernières contribuent à la nutrition, nous portons la partie nutritive de cette plante à 10 pour $\frac{0}{0}$ *.

Les rutabagas contenaient 12 p.^{r} $\frac{0}{0}$ de parties décidément nutritives, et de plus 3 p.^{r} $\frac{0}{0}$ de substances filamenteuses d'une décomposition difficile. Le choux-rave est probablement de même qualité **.

Ainsi 100 liv. de foin, 200 liv. pommes de terre, 500 liv. d'abondance et 370 liv. rutabaga sont probablement égaux en facultés nutritives.

Mais ces deux dernières plantes donnent beaucoup de feuilles, qui servent également d'alimens au bétail ; celles de l'abondance sont en plus grande quantité, elles sont plus aqueuses et plus chargées de sucs. Celles des rutabagas, au contraire sont moins nombreuses, mais contiennent beaucoup d'albumine ***, et sont par conséquent plus nourrissantes. Si, dans l'évaluation de ces racines, nous laissons la fane sans en imputer le poids, nous pouvons, sans hésiter, admettre que 460 liv. racine d'abondance et 350 liv. rutabagas équivaillent à 200 livres pommes de terre à 100 liv. de foin.

Einhoff n'avait point achevé l'analyse des raves. Cependant, d'après un examen superficiel, et en les mettant en parallèle avec les rutabagas, il jugea que pour la faculté nutritive ils étaient réciproquement dans le rapport de 2 à 3. Ainsi 525 liv. raves seraient égales à 100 liv. de foin.

De même pour les carottes, lesquelles, à la vérité, contiennent beaucoup de parties aqueuses, mais aussi beaucoup d'albumine et de sucre, nous pouvons, tant d'après les expériences d'Einhof, que d'après les observations faites sur l'engrais

---

* J'ignore comment Einhoff a pu déterminer, autrement que par des expériences directes sur la nourriture des animaux, quelles étaient les parties réellement nutritives de celles qui constituent les végétaux ; j'ignore aussi s'il a pu distinguer le plus ou le moins d'intensité de leur force de nutrition, mais j'ai de fortes raisons de croire que la racine d'abondance est beaucoup plus nourrissante qu'on ne l'indique ici. Sans parler de l'assertion de l'abbé Rosier, qui est évidemment exagérée, d'après une expérience faite avec soin dans l'hiver de 180$\frac{9}{10}$ sur 24 bêtes à laine, je dois croire que 252 liv. de *racine* d'abondance équivalent à 100 liv. de foin. Voyez la *Bibliot. Brit.* n.º 338, pag. 42, où cette expérience est consignée. *Trad.*

** D'après l'expérience dont je viens de parler, je dois croire que 234 liv. de racine de rutabaga, qui ont cru en terre argileuse, équivalent en faculté nutritive à 100 liv. de foin. 239 liv. pommes de terre crues, ou 222 de cuites, m'ont également paru équivalentes à un quintal de foin, mais comme celles de 1809 étaient évidemment fort aqueuses, je pourrais me réunir sur ce point à l'opinion d'Einhoff. Pour les carottes, la luzerne et le trèfle, je suis parfaitement d'accord avec lui. *Trad.*

*** Substance de même nature que le blanc d'œuf. *Trad.*

du bétail, admettre qu'elles sont aux pommes de terre dans le rapport de 3 à 4. Ainsi 266⅔ liv. carottes seraient égales à 100 liv. de foin.

Le choux blanc n'a pas encore été analysé, mais d'après les expériences faites sur du bétail à l'engrais, il est aux pommes de terre dans le rapport de 1 à 3; ainsi 600 liv. choux blanc équivalent à 100 liv. de foin.

Le trèfle pris au point ou sa fleur commence à s'ouvrir, diminue en se séchant de 100 à 20; mais d'après l'expérience et notre analyse chimique, ce fourrage contient infiniment plus de sucs nourriciers que le foin des prairies naturelles, et en particulier, comme la fane de toutes les plantes appartenant à la diadelphie, beaucoup d'albumine et de sucre. On peut donc envisager 90 livres de jeune trèfle sec, comme égales à 100 livres de foin ordinaire de prés naturels.

Les vesces fauchées de bonne heure ont la même valeur; si elles sont plus avancées, le plus grand volume d'un côté, la formation des gousses et du grain de l'autre compense la diminution des sucs qui a lieu dans la tige et les feuilles.

Nous n'avons également pas de raison d'assigner une autre valeur au fourrage de luzerne et de sainfoin (esparcette). Il ne me paraît cependant pas encore démontré que ces plantes à fourrage ne perdent rien par la dessication, et que réduites en fourrage sec elles contiennent la même quantité de sucs nourriciers qu'elles ont étant vertes. Il ne semble, à la vérité, pas vraisemblable qu'il s'en évavapore aucune partie, excepté l'eau, mais il serait possible que la partie fibreuse qui auparavant pouvait facilement être décomposée, devint d'une dissolution plus difficile.

Ainsi donc pour la nourriture du bétail nous devons considérer comme égaux :

Foin	Pommes de terre.	Racine d'abondance	Rutabagas	Raves	Carottes	Choux blancs
100 liv.	200 liv.	460 liv.	350	525	266	600

Jeune trèfle sec.	Vesces sèches.	Luzerne et Sainfoin secs.
90 liv.	90	90

§ 276.

Afin de nous rapprocher davantage de notre but et de découvrir la proportion qui existe entre la quantité d'alimens qu'on peut obtenir et celle de fumier qui en résulte, il est nécessaire que nous déterminions ici par avance la quantité de ces végétaux, qu'en moyenne l'on peut obtenir sur un journal de terre, en supposant toutefois un sol qui leur convienne et une culture parfaite. Au reste, nous réservons de plus grands détails sur cette matière, pour la partie de cet ouvrage consacrée plus spécialement à traiter de ce qui a rapport à ces végétaux, où nous développerons aussi les motifs sur lesquels repose l'évaluation des facultés nutritives portée au § précédent.

Au § 78 nous avons divisé les prairies en 5 classes, en prenant leur plus ou moins grand produit pour base de leur classification; dans la suite ces classes seront déterminées d'une manière plus précise. Les prés de la première de ces classes se rencontrent rarement; et comme pour rendre par journal 1600 liv. en deux coupes, il faut qu'un pré soit déjà d'assez bonne qualité; nous prendrons cette quantité pour moyenne du produit.

On a souvent compté 3o jusqu'à 4o quintaux de trèfle par journal; cependant pour une telle moyenne, il faut un terrain particulièrement bon, riche, profond et chaud, quoique argileux. Dans une terre ordinaire argilo-sablonneuse, qui a été labourée avec soin et profondément, qui est soumise à un assolement judicieux, et où le trèfle a été semé convenablement, on peut compter, en moyenne de plusieurs années, sur 2400 liv. en 2 coupes, ou 1600 liv. en une coupe, et le quintuple en fourrage vert. Dans des années fertiles et humides ou les deux coupes réussissent également bien, le trèfle dépasse ce produit, mais dans les années sèches où une coupe manque souvent, il demeure en dessous.

Une bonne et épaisse luzernière doit donner 4000 liv. de fourrage sec, si le sol et le climat lui conviennent.

L'esparcette (sainfoin) donne sur un terrain approprié à sa nature 2000 liv. de fourrage sec par journal.

Les vesces ou le mélange dont elles font partie, lorsqu'elles ont été fumées rendent au moins 2000 liv. fourrage sec. Lorsqu'elles n'ont pas été fumées et que cependant le terrain est en bon état, ce produit se réduit à 1200 liv.

Sur un terrain chaud, labouré profondément, bien fumé et qui a reçu une culture accomplie, conditions que nous étendrons à tous les végétaux ci-après, les pommes de terre donnent par journal 8o scheffels ou 8000 liv. en sus de la semence. Ceci est presque une moyenne trop basse, pour une culture très-soignée, puisque, d'après mon expérience, 12000 liv. ne sont point une récolte rare dans les années ordinaires. Mais pour cette espèce de produit comme pour les autres récoltes racines, je préfère demeurer au-dessous de la réalité à la dépasser, afin de ne pas être soupçonné de m'abandonner à une prédilection en leur faveur, dont quelques personnes m'accusent.

La racine d'abondance rend par journal . . 20000 liv. de racines.
Les rutabagas et les choux-raves. . . . . 20000.
Les carottes. . . . . 18000.
Les choux sur un terrain qui leur convienne 56000.

Ainsi donc on peut envisager le produit d'un journal de pommes de terre comme égal en faculté nutritive à . . . . 4000 liv. foin naturel.

Celui d'un journal de racines d'abondance. . . 4347 ou 4300.

            Rutabagas. . . . . 5700.

            Raves. . . . . 5800.

            Carottes . . . . 6700.

            Choux. . . . . 6000.

            Trèfle en 2 coupes. . . . . . 2600.

            Luzerne. . . . . 4400.

            Sainfoin . . . . 2200.

            Vesces fumées. . . . . 2200.

            dites non fumées. . . . . . . 1300.

Tout ceci, je le répéte, sous la présupposition d'un sol qui convienne à ces végétaux, qui depuis long-tems ait été amélioré par une bonne culture, et qui soit convenablement fumé. Il est entendu, d'ailleurs, que ces produits doivent être calculés sur la moyenne de plusieurs années, puisqu'il y en aura toujours, où quelque plante n'arrivera point à sa perfection, et d'autres, au contraire, où elle dépassera de beaucoup le produit ordinaire; circonstance qui doit engager à en cultiver de plusieurs espèces, afin que le moins de l'une soit couvert par le plus de l'autre.

§ 277.

Si l'on recueillait à part les gros excrémens et l'urine des animaux nourris avec des plantes qui ont beaucoup de suc; ce fumier serait sans doute en rapport non avec le poids, mais avec la faculté nutritive de ces végétaux. Le moins grand poids des alimens plus solides serait compensé par la plus grande quantité d'eau que les bêtes auraient bu en les consommant. Ainsi 200 liv. pommes de terre, 350 rutabagas, 600 liv. choux ou 50 liv. d'avoine donneraient autant de fumier que 100 liv. de foin, puisque chacune de ces quantités peut nourrir un nombre égal de bêtes. Mais si ces excrémens sont recueillis par la paille et que l'augmentation de poids que celle-ci reçoit des parties liquides, lui soit imputée, la proportion des autres pourrait bien être modifiée; l'aliment qui aurait le moins de parties fibreuses indissolubles, pourrait donner moins d'excrémens par le canal des intestins. C'est pourquoi les végétaux chargés de sucs ne peuvent, pour leur produit en fumier, pas être entièrement assimilés au foin, dans le rapport où ils sont avec lui pour la faculté nutritive.

Sur la plupart de ces plantes, comme nous l'avons dit, nous manquons d'épreuves suffisantes et précises, à l'aide desquelles nous puissions déterminer avec certitude la quantité de fumier qu'on en obtient; les pommes de terre sont les seules sur lesquelles nous en ayons quelques-unes. D'après la moyenne des résultats dont j'ai donné le résumé à § 275, je dois croire que 100 liv. ou un scheffel de pommes de terre donnent 60 liv. de fumier, et qu'ainsi un journal de pommes de terre, qui produit en sus de la semence 80 scheffels ou 8000 liv. égaux à 4000 liv. de foin, rend en fumier le poids de 4800 liv, non compris celui produit par la fane, lequel s'élève à la quantité de 1512 liv. à raison du poids double de celle-ci réduite en un état de siccité complète, et cela, soit que cette fane soit donnée verte en nourriture au bétail, soit qu'elle soit jetée au fumier en place de paille. Ainsi, en réunissant ces deux quantités, nous admettons 6312 liv. comme la moyenne du fumier que doit produire un journal de pommes de terre.

Comme l'expérience n'a encore rien appris de positif sur les autres plantes à fourrage, nous mettrons leur produit en fumier au taux des pommes de terre calculé non au poids, mais d'après le nombre des journaux et sans rien ajouter pour la plus grande quantité de sucs nourriciers que peut contenir leur excédent de produit.

Nous laisserons également le trèfle et la luzerne au taux du foin naturel, malgré la supériorité qu'ils ont sur lui en faculté nutritive.

Nous comptons donc que

1 journal de pommes de terre ou de toute autre plante de ce genre

    donne. . . . . 6312 liv. fumier.

1 ———— trèfle en 2 coupes. . . . . . . 5200.

1 ———— trèfle en 1 coupe. . . . . . . 3200.

1 ———— luzerne . . . . 8800.

1 ———— sainfoin. . . . . 4400.

1 ———— vesces fumées. . . . . 4400.

1 ———— vesces non fumées. . . . . . . 2600.

Indépendamment de l'augmentation de poids qu'il ajoute à la paille.

En 1805 j'obtins par la consommation de 25 journaux de pois verts, avec environ 1500 gerbes de paille en litière et quelque peu de feuilles de pin, des engrais en suffisance pour fumer complétement, encore cette année là, 50 journaux de semailles d'automne.

§ 278.

Quant à l'autre partie du fumier, celle qui est produite par la paille, nous avons obtenu dernièrement un petit nombre de données précises à son sujet.

Jusque là, il est vrai, nous ne manquions pas de moyennes sur la quantité de gerbes produites par une certaine étendue de chaque espèce de terre, ni sur le nombre des bottes de paille que, dans une exploitation rurale, on devait retirer de chaque espèce de grain; mais il nous manquoit de données fixes sur le poids moyen des gerbes et des bottes. Tout cultivateur qui a jamais passé les bornes de sa propriété, sait qu'il y a en cela des différences incroyables, qu'ici l'on fait des gerbes de 8 liv., tandis que là elles vont jusqu'à 50, et que le poids des bottes de paille varie également entre 10 et 40 liv. Cependant jusqu'à présent chacun croyait avoir assez dit, lorsqu'il avait indiqué la moyenne de sa récolte d'après une mesure aussi arbitraire.

On croit généralement que l'expérience nous a appris d'une manière assez sûre, quel est le produit en grains qu'on peut espérer de certains terrains et de certaines cultures; et en effet on a pu recueillir là dessus des renseignemens plus précis, parce qu'on y a donné plus d'attention.

Mais le commissaire général Meyer est, à ma connaissance, le premier qui ait cherché à découvrir le produit en paille, d'après celui en grain.

Personne n'ignore, cependant, qu'il existe une proportion entre ces deux choses. Tout cultivateur qui a quelqu'expérience se fait une mesure de la quantité de grain que doit rendre une gerbe de la grosseur des siennes; dès son premier battage il se dit que, cette année, les gerbes graineront bien, passablement ou peu.

Les variations qui se représentent souvent dans une même culture et sur un même terrain, sont ainsi des exceptions à la règle. Si une température favorable au grain le fait taller fortement dans la première période de sa végétation, qu'ainsi il pousse un grand nombre de tiges, et qu'au tems de la fleur l'excès d'engrais le fasse tomber; ou que de mauvais tems et les maladies de divers genres qu'ils occasionnent aux blés, empêchent le développement du grain; ou qu'enfin, à la moisson, les blés soient fortement versés, la proportion du grain à la paille sera beaucoup plus faible qu'à l'ordinaire. Si en revanche une température fâcheuse empêche que le blé ne talle, ou si elle détruit un grand nombre de plantes; si les souris ou les insectes éclaircissent trop ces plantes, mais qu'un tems propice favorise le développement de l'épi, la fécondation de la fleur, la nourriture du grain et sa maturité; alors la proportion de la paille au grain est beaucoup plus faible. Mais dans l'évaluation générale des résultats de l'économie rurale, on ne saurait avoir égard à de telles exceptions.

§ 279.

Pour déterminer à l'avance la quantité de paille qu'on doit obtenir dans une exploitation, il faut également considérer et la nature du sol, et la manière

dont

dont il est cultivé. Il est des terrains où la richesse de végétation des plantes elle-même nuit à la formation du grain, où les blés se laissent toujours tomber et où ils ne viennent jamais à leur perfection, ou bien dans lesquels ils sont tellement mêlés de toutes sortes de mauvaises herbes que les épis en sont beaucoup moins nombreux, et que le grain y est privé d'une partie de sa nourriture. Là la proportion de la paille au grain est beaucoup plus forte que dans d'autres contrées où cette première devient moins grande, mais où les épis atteignent mieux leur perfection, et où il n'y a pas de mauvaises herbes. Cette dernière circonstance est due en plus grande partie à la culture ; là où, si l'on ne donne tous les trois ans une jachère complète, l'on prend du moins les soins nécessaires pour nettoyer les champs, on a, avec moins de paille, un produit en grain plus fort que dans les lieux où, négligeant la culture convenable et le choix de l'assolement, on donne une plus grande quantité d'engrais.

Cette différence dans le sol et la culture, il faut bien l'avoir devant les yeux lorsque, en suivant la méthode de Meyer, on veut découvrir la quantité de paille qu'on a obtenue, d'après la quantité connue du grain qu'elle a rendu. Dans des établissemens particuliers le plus sûr est de peser un certain nombre de gerbes, afin d'en découvrir le poids moyen, qu'on multiplie ensuite par la quantité de gerbes qu'on a récoltées, desquelles, sans doute, nul cultivateur n'ignore le nombre ; lorsqu'ensuite on a fait quelques essais de battage, ou qu'on a battu la totalité de la récolte, le poids du grain produit, calculé d'après celui d'un scheffel, et déduit de la somme totale du poids de la récolte, donne celui de la paille, de la balle et de la poussière qui s'en va lorsqu'on vane ; et ainsi, dans les années communes, sans recommencer ce procédé, l'on peut déterminer le produit en paille avec plus de précision que cela n'a lieu communément.

§ 280.

Les données sur la proportion entre la paille et le grain, que Meyer a recueillies dans des expériences réitérées, qu'il a publiées dans le 5.ᵉ volume de son ouvrage sur le partage des communes, et qu'il avait auparavant fait connaître dans les Annales de l'agriculture de Basse-Saxe, ont éveillé l'attention de plusieurs agronomes, et quelques-uns ont publié leurs observations à ce sujet. Dans ce nombre on compte jusqu'à présent le *conseiller Karbe* dans son *Introduction à la culture alterne*, le *comte de Podewils* dans ses *Expériences d'économie*, *de Blankensec* dans son *Manuel pratique*, l'assesseur de consistoire *Léopold* et quelques autres auteurs dans les Annales d'agriculture ; mais leurs diverses expériences sont faites trop en petit, et sur un trop petit nombre de gerbes, eu égard aux grandes variations qu'il y a dans les choses de ce genre.

I.   33

Plusieurs m'ont communiqué en particulier leurs observations à ce sujet, et je me réserve de les mettre en opposition les unes aux autres, et de les comparer à celles que mes élèves et moi nous avons faites ici pendant plusieurs années.

Qu'il nous suffise pour le moment de dire, que, si l'on en excepte les résultats de quelques sols d'une nature particulière, et malgré de grandes différences dans les produits, cette proportion est le plus souvent très-concordante dans les terrains soumis à une bonne culture. Les années 1805 et 1806 se sont distinguées, la première par une proportion extraordinairement petite du grain à la paille, la seconde par le contraire ; mais la nature du sol depuis le sable à l'argile, n'y a apporté que peu de différence. Cela paraîtra peut-être étonnant à cause de la grande inégalité qu'il y a dans la longueur et la force de la paille, mais la longueur des épis était remarquablement en rapport avec la quantité et la bonté des grains qu'ils contenaient. Lorsqu'on donne le même poids à des gerbes de blé à longs épis, et à d'autres qui les ont courts, le produit du battage en est très-semblable ; la différence est ordinairement en rapport avec celle qu'il y dans le poids des gerbes. Si la paille est plus mince, les épis sont aussi plus petits et contiennent d'autant moins de grain. Si l'on fait des gerbes d'une circonférence et d'une épaisseur parfaitement égale, on embrasse un nombre d'épis beaucoup plus grand, mais il n'y a pas plus de grain qu'au moins grand nombre d'épis des gerbes dont la paille est beaucoup plus forte.

§ 281.

D'après les plus considérables d'entre les observations qui me sont connues, la proportion du grain à la paille varie

dans le seigle	.	.	entre 38 et 42	.	à 100.
froment.		.	entre 48 et 52	.	à 100.
orge.	.	.	entre 62 et 64	.	à 100.
avoine..		.	entre 60 et 62	.	à 100.

Dans les pois elle est plus incertaine, et le nombre des gousses, comme l'on sait, est dans des rapports très-variés à l'égard de la plante. Il faut également prendre en considération le déchet que cette plante peut facilement éprouver à la moisson. Le comte de Podewils a trouvé que la proportion du grain à la paille y était comme 5 est à 21. Si l'on veut avoir une proportion, je crois qu'en moyenne, celle de 35 à 100 est la plus voisine de la réalité, lorsque les pois ont noué passablement. Mais on marchera plus sûrement si l'on porte à 2000 livres la paille d'un journal de pois fumé, parce que, dans cette récolte, le produit en paille est beaucoup moins casuel que celui en grain.

Il en sera de même pour les vesces.

Si donc un scheffel de bon seigle légèrement comble, comme on le mesure ordinairement pour le ménage et la vente, pèse 86 liv., et que, en moyenne, le grain soit à la paille comme 40 : 100, un journal de seigle rendra, sur

un produit de   3 scheff. 645 liv. paille, laquelle à son tour donnera 1290 liv. fumier.

4 . . 860	.	.	.	.	1720
5 . . 1075	.	.	.	.	2150
6 . . 1290	.	.	.	.	2580
7 . . 1505	.	.	.	.	3010
8 . . 1720	.	.	.	.	3440
9 . . 1955	.	.	.	.	3870
10 . . 2150	.	.	.	.	4300
11 . . 2365	.	.	.	.	4730
12 . . 2580	.	.	.	.	5160

Si un scheffel de froment pèse 92 liv. et que le grain soit à la paille comme 50 : 100, un journal rendra sur

un produit de   3 scheff. 552 liv. paille, qui à son tour donnera 1104 liv. de fumier.

4 . . 736	.	.	.	1472
5 . . 920	.	.	.	1840
6 . . 1104	.	.	.	2208
7 . . 1288	.	.	.	2576
8 . . 1472	.	.	.	2944
9 . . 1656	.	.	.	3312
10 . . 1840	.	.	.	3680
11 . . 2024	.	.	.	4048
12 . . 2208	.	.	.	4416

Si un scheffel d'orge pèse 68 liv., et que le grain soit à la paille comme 65 sont à 100, un journal rendra sur

un produit de   3 scheff. 324 liv. de paille, qui à son tour donnera 698 liv. fumier.

4 . . 432	.	.	.	.	864
5 . . 540	.	.	.	.	1080
6 . . 648	.	.	.	.	1296
7 . . 756	.	.	.	.	1512
8 . . 864	.	.	.	.	1728
9 . . 972	.	.	.	.	1944
10 . . 1080	.	.	.	.	2160
11 . . 1188	.	.	.	.	2376
12 . . 1296	.	.	.	.	2592

Si un scheffel d'avoine pèse 52 liv., et que le grain soit à la paille comme 61 sont à 100, un journal rendra sur

un produit de   3 scheff. 256 liv. de paille, qui donnera   .   512 liv. fumier.

4 . .	341	.	.	.	682
5 . .	426	.	.	.	852
6 . .	512	.	.	.	1024
7 . .	597	.	.	.	1194
8 . .	688	.	.	.	1366
9 . .	768	.	.	.	1536
10 . .	853	.	.	.	1706
11 . .	958	.	.	.	1876
12 . ,	1024	.	.	.	2048

§ 282.

Dans cette évaluation des proportions d'après lesquelles on obtient les fumiers, il est toujours sous entendu que la paille de litière, ou lorsqu'elle ne suffit pas, les matières qui la remplacent, soient mises sous le bétail en quantité telle, qu'elles puissent recevoir et absorber les divers excrémens, mais aussi qu'elles en soient assez imprégnées, pour que, sans autre humidité, elles puissent entrer en fermentation et subir la décomposition nécessaire ; que, de plus, toutes choses soient arrangées de manière qu'aucune partie des urines ne se perde, et que le fumier soit réuni de manière qu'il ne soit pas entraîné par les eaux de pluie. Ce fumier mêlé de substances animales et végétales est supposé pris au moment où il a subi sa première fermentation, où la paille est devenue tendre sans être encore décomposée ; en un mot, dans l'état où, d'après l'expérience de tous les agriculteurs pratiques, il est le plus avantageux d'en faire l'emploi. Si on le pesait tout frais, ou après sa décomposition complète, lorsque la paille serait absolument dissoute, cette proportion de pesanteur ne serait plus la même. La mesure de son humidité a déjà été indiquée au § 273.

§ 283.

Pour découvrir la quantité de fumier que la nourriture au paccage donne, l'on a pesé celui qu'une vache nourrie sur un pâturage abondant a donné en un jour, et l'on a trouvé qu'en 24 heures elle rendait en moyenne 57 liv., ou en 5 mois faisant 155 jours, 5561 liv. ; on a également pesé séparément le fumier du jour et celui de la nuit, et l'on a trouvé que celui-là allait de 21 à 23 liv., celui-ci de 15 à 15½.

Il est absolument perdu pour la culture, ce fumier que le bétail laisse tomber jour et nuit sur les paccages à demeure, en revanche il profite de quelque manière aux cultivateurs qui mettent alternativement leurs pâturages en champs et leurs champs en pâturages; toutefois jamais autant que s'il fût mêlé avec de la paille à l'étable, et s'il fût recueilli convenablement. Une grande partie s'évapore, tombe en poussière et est détruite par les insectes; cependant, comme le prouvent les touffes d'herbe qui poussent à ces places, et la plus grande végétation des parties des pâturages clos où le bétail s'est reposé et où il a été trait, pas aussi complétement que quelques personnes l'ont prétendu. Dans les assolemens avec pâturage, où l'on a coutume de laisser le bétail aux champs pendant le jour et la nuit, ce fumier est déjà compris dans la qualité améliorante que nous attribuons au repos.

Mais si le bétail rentre pour la nuit à l'étable ou dans les cours, les tas de fumier doivent nécessairement être augmentés par l'addition des excrémens du bétail nourri au pâturage; nous comptons pour cette partie du fumier qui provient d'une vache abondamment nourrie, 2500 liv., et pour celle d'une vache qui l'est moins, comme cela a ordinairement lieu pour celles qui vont au pâturage, 1500 liv.; la paille de la litière devant être comptée à part *.

§ 284.

A l'égard du fumier qui provient des fourrages consommés par le bétail et de la paille de litière, dans les évaluations générales, nous ne faisons aucune différence entre les diverses espèces de bétail par le moyen desquels ce fumier a été fait; cependant nous devons présenter sur ce sujet les observations suivantes:

Le fumier qui, d'une même quantité de fourrage, est produit par un bétail maigre et épuisé, n'est ni aussi abondant, ni aussi actif, ni autant *animalisé*, que celui qui a été rendu par des bêtes vigoureuses et bien nourries.

Avec la même quantité de nourriture, les bêtes à laine donnent un fumier qui étend davantage, mais qui aussi dure d'autant moins. Au reste cette espèce de bêtes paraît avoir un avantage décidé pour fumer un pâturage; l'engrais qu'elle dépose sur le paccage, non-seulement se répartit d'une manière plus égale, mais encore s'en va moins en poussière, s'amalgame mieux avec le sol et agit plus promptement sur la végétation.

Si lorsque les bêtes à laine sortent du pâturage, on les renferme pour la nuit dans un parc, ou dans une bergerie; l'engrais qu'elles rendent pendant cette nuit est plus considérable que le fumier produit par une quantité proportionnée de bêtes à cornes, si du moins les unes et les autres ont eu la même étendue de pâturage.

---

* C'est à dire en raison de 2 liv. de fumier pour 1 liv. de paille. *Trad.*

C'est par cette raison qu'en Angleterre on a remarqué que les paccages de bêtes à laine, dans lesquels, suivant la coutume de ce pays, on laissait le bétail pendant la nuit, s'amélioraient peu à peu, et pouvaient nourrir chaque année un plus grand nombre de bêtes, et que lorsqu'on les rompait, ils se trouvaient avoir acquis beaucoup plus de sucs que les pâturages de vaches, tandis que ceux-ci, dans un terrain chaud et sec, dès la troisième ou quatrième année, diminuaient plutôt que d'augmenter en végétation.

Lorsqu'on fait parquer les bêtes à laine, on compte que 1200 brebis donnent à un journal un demi engrais semblable à celui qu'on obtient d'une petite moitié de la quantité de fumier d'étable qu'on y met ordinairement; que 1800 brebis le fument passablement, et 2400 abondamment : ce dernier amendement serait trop fort pour la plupart des espèces de grains. Si 10 brebis au pâturage sont envisagées comme équivalentes à une vache, et si, dans la nuit, une vache donne 15 liv. de fumier, 180 vaches ne rendront que 2700 liv., et 240 vaches 3600 liv., ce qui est insuffisant pour fumer un journal, mais avec ce dernier genre d'engrais, les sucs du fumier se conservent plus long-tems dans le sol.

§ 285.

Afin d'éprouver jusqu'à quel point cette évaluation de la quantité de fumier, fondée immédiatement sur la quantité d'alimens et de paille consommée, est en rapport avec les évaluations qui ont pour base le nombre des pièces de bétail; nous mettrons ici en opposition quelques-unes de ces dernières évaluations, fondées sur l'expérience et prises sur de grandes moyennes, quoique sans doute point assez précises.

Le tableau joint au § 270, de la quantité d'engrais qu'on retire du bétail, se rapporte surtout au mode de nourriture adopté pour les estimations dans la Marche Electorale et dans la Nouvelle Marche. D'après ce mode, on attribue aux différentes espèces de bêtes ce qui suit :

	Paille de céréales d'hiver. liv.	Paille de céréales de printems. liv.	Foin. liv.
Pour un grand bœuf	3600	1680	1650
—— un bœuf de taille moyenne	3000	1400	1375
—— un petit bœuf	2400	1120	1100
—— une grande vache	1800	1260	1320
—— une vache moyenne	1500	1050	1100
—— un cheval qui est toujours nourri à l'écurie	4800	—	2640

D'après notre système la quantité de fumier qu'on en retirera sera la suivante :

	Quantité de fourrage et de paille. liv.	Fumier. liv.	Étendue de terrain qu'on peut fumer à raison de 10,000 liv. par journal.
Un grand bœuf	6930	13860	1,38
Un bœuf de taille moyenne.	5775	11550	1,15
Un petit bœuf	4620	9240	0,92
Une grande vache	4380	8760	1
Une vache de taille moyenne	3650	7300	0,73
Une petite vache	2865	5730	0,57
Un cheval nourri à l'écurie	7440	14880	1,48

Pour ce dernier nous laissons en dehors le grain qu'il consomme, en compensation du tems où il est hors de l'écurie.

Si maintenant, suivant que la contrée est plus ou moins abondante en paille et en fourrages, on prend pour exemple du bétail de grande taille, ou seulement du bétail de taille moyenne ou petite ; si, de plus, on admet en principe que sur un journal de terrain froid on sème de 20 à 22 metzen, et sur un de terrain chaud de 18 à 19 ; et si enfin on attribue à ce premier une quantité de fumier un peu plus forte, environ 12000 liv., et à ce dernier une un peu moindre, 9000 liv. ; on pourra facilement appliquer les données contenues dans ce tableau à des pièces de terres particulières, et à la quantité de fourrages qui leur est nécessaire. Mais si l'on veut compter la moyenne générale du bétail et de la nourriture, suivant qu'elle est portée dans ce tableau, on trouvera qu'une pièce de bétail produit l'engrais nécessaire pour fumer 1 journal $\frac{9}{100}$.

Dans l'instruction donnée pour l'estimation des rentes en grains des domaines royaux en Prusse, l'on a admis les bases suivantes, comme conformes à l'expérience en grand.

Pour une pièce de gros bétail, on compte le produit en paille d'une semaille annuelle de $2\frac{1}{4}$ jusqu'à $2\frac{1}{2}$ journaux de champs de 1.re ou 2.de classe, de $2\frac{1}{2}$ jusqu'à $3\frac{1}{2}$ de 3.me classe, et de 4 jusqu'à 5 journaux de 4.me classe. Mais sous la dénomination de gros bétail, ainsi que cela paraît par toutes les autres données, il faut entendre de petits chevaux de pâturage, de petits bœufs, de petites vaches. Il y a ainsi une moitié en paille de grains d'automne et une moitié en paille de grains de printems. Si donc pour la 1.re et la 2de classe nous admettons que le produit soit de 9 scheffels par journal, nous obtiendrons sur $1\frac{1}{4}$ journal en seigle, à raison de 1935 liv. par journal, un produit de . . . . . 2418 liv. paille.
de $1\frac{1}{4}$ journal en orge, à 972 liv. 1215
à quoi il faut ajouter le foin 1520

—————
4953

Ce qui donnera une quantité de 9906 liv. de fumier.

Mais si, pour la 5.me classe nous prenons 5 journaux à 7 scheffels de produit, il y aura sur $1\frac{1}{2}$ journal de grains d'automne . . . . 2257 liv.

et sur $1\frac{1}{2}$ de grains de printems 1154

à quoi il faut ajouter le foin 1320

——————
4711 liv.

Ce qui donnera une quantité de 9422 liv. de fumier.

Suivant les données qui ont servi de base à cette instruction, chaque pièce de bétail donne 10 chariots de fumier, traînés à 4 chevaux, lesquels dix chariots, dans la proportion des autres travaux que font ces chevaux, peuvent tout au plus être évalués à 10 quintaux l'un; et l'on compte que sur chaque journal il faut quinze charges pareilles pour que l'effet des engrais soit sensible pendant 9 ans. Ainsi donc $1\frac{1}{2}$ pièce de bétail fume 1 journal.

Plus nous comparerons aux bases que nous avons établies, un grand nombre de données sur le produit en fumier, tirées de moyennes grandes et d'une exactitude assurée, plus nous trouverons qu'elles concordent; mais aussi plus nous serons persuadés que l'évaluation de la quantité de fumier tirée de la quantité de fourrages et de paille employés, est plus précise, et s'adapte à un nombre infini de rapports, ce qui nous détermine à la prendre désormais pour règle dans toutes nos évaluations agricoles.

§ 286.

Dans cette évaluation de la quantité de fumier produite par les fourrages qui ont été consommés, nous ne nous sommes arrêtés ni au nombre, ni à l'espèce de bêtes qui consomment. Ce sera dans l'enseignement relatif aux produits animaux seulement, que nous verrons de quelle manière on peut faire consommer les fourrages avec le plus d'avantage, et se procurer les fumiers au plus bas prix possible, par le parti qu'on tire du bétail qui fait cette consommation. Cependant dans l'examen des rapports relatifs à l'économie, il est nécessaire de savoir, quelle est la quantité de bétail qui doit consommer ce fourrage, ou bien combien de machines vivantes il faut avoir pour le débiter convenablement. Cette question qu'on a coutume de faire précéder, vient chez nous seulement à la suite des précédentes, et même dans la pratique, il serait bon de s'occuper avant tout des moyens d'obtenir les fourrages, et après cela seulement de penser au bétail qu'on doit entretenir et qu'on se procure toujours beaucoup plus facilement que les fourrages eux-mêmes.

§ 287.

Les données sur les besoins en fourrages sont aussi nombreuses, qu'étonnam-
ment

ment variées. On croirait à peine qu'il s'agit des mêmes animaux. Mais aussi quelle différence n'y a-t-il pas entre une bête à cornes, petite, maigre, qui se traîne sur une aride jachère ou dans les bois, et une qui est abondamment nourrie à l'étable ou sur de riches pâturages. On a des bœufs qui, à la boucherie, ne rendent que 200 liv., tandis que d'autres en rendent 2000. Il serait absurde de prétendre nourrir ces deux espèces avec une quantité de nourriture égale ou approchante, ou d'en attendre une même quantité de fumier.

Nous avons déjà vu ce que, d'après les principes qu'on suit ordinairement dans les évaluations, on croit nécessaire pour la nouriture d'hiver du bétail de différentes espèces et grandeurs, il ne nous reste donc plus à considérer que les données de quelques auteurs qui ont traité cette matière.

De Bénékendorf compte pour un bœuf de trait, par jour, 1 scheffel ou 8 liv. de paille de grains de printems hâchée; pour une vache $\frac{5}{4}$ de scheffel; il pense qu'une semaille de 3 scheffels d'orge ou d'avoine donne 319 scheffels de paille hâchée, et qu'ainsi, comme la nourriture d'hiver dure 165 jours, sur une semaille de 3 scheffels de grains de printems on peut entretenir 2 pièces de bétail à cornes; il pense de même que la paille de seigle et de pois doit être destinée aux bêtes à laine; que la quantité du bétail doit être fixée d'après celle de la paille, puisque le pâturage d'été peut être remplacé par du trèfle vert donné à l'étable, et qu'au moyen des récoltes racines on peut se passer de foin. (Mais c'est justement une grande question, que celle de savoir quelle étendue de trèfle et de ces racines il faut se procurer). Sans cela il compte pour un bœuf de trait durant 5 mois, dès le 1.er janvier au 1.er juin, par jour 12 liv. de foin; pour une vache laitière, indépendamment de la soupe * et de la provende de grains, par année 13 quintaux; et sans provende 18 quintaux: pour les bêtes jeunes ou stériles, 4 quintaux outre la provende, et lorsqu'on ne donne pas celle-ci, 11 quintaux.

Suivant *Karbe*, un bœuf de trait reçoit par chacun des 240 jours d'hiver,

18 liv. paille hâchée,   }
2 — paille de litière,   } en paille 4800 liv.

4 — metzens de récoltes racines, = 60 scheffels par année.

Si les récoltes racines tendent à leur fin, par jour 30 liv. en balle, foin, et paille hâchée et de litière. Ainsi probablement une addition de 10 liv. de foin en place des racines, laquelle, si celles-ci étaient complétement retranchées, monterait ainsi à 2400 liv. par année.

---

* Espèce de potage composé de grains ou de pommes de terre cuits, souvent aussi d'eau mêlée de farine et versée sur de la paille hâchée. *Trad.*

I.   34

Une vache à lait, durant 190 jours d'hiver, reçoit par jour, en foin et paille pour fourrage 18 liv., et pour litière 2 liv. = 3800 par an ; et outre cela 4 metzens récoltes racines = 50 scheffels par an. En été, le pâturage sur 5 journaux de trèfle et d'herbage, réparti sur 175 jours, et la nuit en litière 2 liv. = 350 liv. par an.

Un bœuf à l'engrais reçoit par chacun des 112 jours qui suffisent ordinairement à accomplir cet engrais,

$$\left.\begin{array}{l}\text{10 liv. paille hâchée,}\\\text{2 ——— de litière,}\end{array}\right\} = 1344 \text{ liv. paille.}$$

8 foin . . . . ; . = 896.

8 à 9 metzens racines. = 60 scheffels.

Dans mon édition de l'*Introduction à l'économie du bétail, par Bergen*, j'ai communiqué un relevé des fourrages que mes vaches ont consommé pendant une année, dans un tems où mon bétail était de l'espèce la plus pesante. Cela revenait par bête à

		Réduits en foin.
Choux blancs	4890 liv.	815.
Pommes de terre	5900	1950.
Raves.	1830	343.
Carottes	1250	462.
Trèfle vert.	14080	3129.
Foin		1660.
Paille en fourrage.		2312.
Paille en litière.		5650.
		————
		14321 liv.

ce qui rendit 32938 liv. fumier, ou un peu plus de 16 chariots de 2000 livres.

Au moyen de cette nourriture, le bétail devait sans doute être complétement rassasié, cependant il ne souffrit point d'indigestion. Je citerai en preuve de cela que mon troupeau rendit en moyenne de toute l'année, chaque jour 10 quarts de Hanovre (égaux à 8 de Berlin) par vache, ou pendant l'année, par vache, 3650 quarts de Hanovre, qui en font 2920 de Berlin.

Ces variations dans les données peuvent suffire pour prouver que le bétail à cornes a besoin de peu pour subsister, mais aussi qu'il peut consommer beaucoup. Au reste une nourriture très-abondante est, jusqu'à un certain point, mieux payée par l'usage et le fumier qu'on retire du bétail, qu'une nourriture chétive ne peut l'être. Cependant l'expérience m'a démontré que, pour rendre

le plus grand produit, les bêtes de grande taille demandent à être nourries
aussi abondamment; je ne pense donc pas qu'il soit convenable de leur donner
la préférence; au reste je m'expliquerai ailleurs plus au long sur ce sujet. Pour
établir une mesure moyenne de la quantité de fourrage et de paille avec
laquelle une pièce de bétail à cornes, de taille moyenne, peut être entretenue
avec le plus d'avantage; j'admets qu'une bonne vache à lait ou un bœuf de
trait consomme annuellement, lorsqu'il est nourri à l'étable,

en paille de nourriture et de litière . . . . 4500 liv.

en foin, les diverses nourritures vertes étant réduites à cette espèce,

de même 4500

Mais lorsque ces bêtes sont mises pendant le jour au pâturage elles ont assez
à 4000 liv. de paille et à la quantité de racines qui, réduite en foin, ferait
l'équivalent de 2800 livres; au moyen de cela, on obtiendrait dans le premier cas 18000 liv., ou 9 chariots de fumier, et dans le second 13600 liv. ou
6¾ chariots de fumier.

Un cheval de labour nourri à l'écurie demande, outre du grain en suffisance,
7500 liv. de gros fourrage, dont un tiers en foin et deux tiers en paille.

Nous trouvons bien plus de variations encore dans la nourriture d'hiver nécessaire aux bêtes à laine. Dans les principes d'estimation dont nous avons parlé,
nous trouvons la nourriture de 100 brebis qui sortent peu pendant l'hiver, portée à
4950 liv.; et celle d'un même nombre qui sortent plus souvent, à 3850 liv. de foin.

En revanche, un troupeau de bêtes à laine, de race améliorée, a consommé

par 100.ᵉ de brebis portières   16600 liv. trèfle sec   5500 liv. paille de pois.

100.ᵉ d'antenois . . . . . 22000 . . . .   ———

100.ᵉ d'agneaux et agnelles 5500 16600

100.ᵉ de moutons 22000

44100 liv. trèfle sec   44100 liv. paille de pois.

Ainsi en moyenne, pour cent

bêtes . . . . 11025 liv. trèfle sec   11025 liv. paille de pois,

outre la paille de litière.

La bergerie de Kunersdorf, composée de 466 bêtes, consomma en 1804.

Foin . . . . 1200 quintaux.

Fèves de cheval . . . . . . 108 scheffels

Pois . . . . 46 scheffels

Avoine . . . . 7½ scheffels.

Gâteaux de colza . . . . . 350 pièces.

Quelle énorme différence!

§ 288.

Pour déterminer l'étendue de pâturage nécessaire à une vache, je prends pour base le tableau ci-après emprunté du commissaire général Meyer, et dans lequel les principales circonstances qui ont rapport à cet objet sont soigneusement distinguées.

Avant tout, je dois observer qu'il s'agit ici de pâturage sur des champs qui se reposent, et de vaches de la petite espèce, telles qu'on les trouve dans les vacheries du Mecklembourg.

Les champs sont classés d'abord suivant leur fertilité, et celle-ci est déterminée d'après le nombre de fois que la semence y est multipliée, depuis 6 fois en diminuant jusqu'à $2\frac{1}{2}$ Il est nécessaire d'observer que ce produit est indiqué d'après l'usage suivi dans le Mecklembourg de semer très-épais ; ensorte que le terrain qui est estimé rapporter quatre fois et demi la semence, appartient déjà à ceux de bonne qualité. Un terrain qu'on estime devoir rapporter six fois cette semence, doit être d'une nature excellente et assez rare. Et comme la végétation de l'herbe ne suit pas entièrement la gradation du produit en grain, mais qu'elle est plus forte sur du terrain plus humide, quoiqu'égal en fertilité, le sol est également classé d'après le plus ou moins de disposition qu'il a à rapporter de l'herbe, en bon, médiocre et mauvais.

L'abondance du pâturage dépend encore du nombre des récoltes de grains que le champ a produites depuis qu'il a été fumé, et enfin du tems qui s'est écoulé depuis que ce champ a été laissé en repos.

La première année où il est en pâturage, le champ rend moins, quoique la végétation des plantes y soit plus forte ; la seconde année il produit davantage, la troisième année le rapport demeure le même, la quatrième et surtout la cinquième il diminue.

Dans nos comptes de culture nous prendrons pour règle surtout les moyennes des colonnes du milieu.

TABLEAU DE L'ÉVALUATION DU PATURAGE.

Il faut pour pâturage d'une vache, sur des champs à blé qui sont en repos, lorsque la semence s'y multiplie par la végétation

Récoltes que le champ a produites depuis qu'il a été fumé la dernière fois. — Années de pâturages depuis la dernière récolte de grains.

Années	Années de pâturages	6 fois et plus et que le terrain est, pour le pâturage, bon (journ.)	6 fois — médioc. (j.)	6 fois — mauvais (j.)	5½ fois et pour le pâturage, bon (j.)	5½ — médioc. (j.)	5½ — mauvais (j.)	5 fois et pour le pâturage, bon (j.)	5 — médioc. (j.)	5 — mauvais (j.)	4½ fois et pour le pâturage, bon (j.)	4½ — médioc. (j.)	4½ — mauvais (j.)
2	1.re année de pâturage.	2	2⅓	2⅔	2½	2⅔	3	2⅔	3	3⅓	3	3⅓	3⅔
	2.e	1⅚	2⅙	2½	2⅓	2½	2⅚	2½	2⅚	3⅙	2⅚	3⅙	3½
	3.e	1⅝	2¼	2⅝	2⅙	2⅜	2⅝	2⅜	2⅝	3	2⅝	3	3⅜
	4.e	2	2⅓	2⅔	2⅙	2½	3	2⅔	3	3⅓	3	3⅓	3⅔
	5.e	2⅓	2⅔	3	3	3⅙	3⅓	3	3⅓	3⅔	3⅓	3⅔	4
3	1.re	2⅙	2⅙	3	2⅚	3	3⅓	3	3⅓	3⅔	3⅓	3⅔	4
	2.e	2⅙	2⅙	2⅚	2⅙	2⅚	3⅙	3⅙	3⅙	3⅓	3⅙	3⅓	3⅝
	3.e	2	2⅙	2⅚	2⅙	3	3⅙	2⅚	3⅙	3½	3⅙	3½	3⅚
	4.e	2	3	3	2⅚	3⅙	3⅚	3	3⅚	4	3⅚	4	4⅙
4	1.re	2⅙	3	3⅙	3	3⅙	3⅓	3⅓	3⅔	4	3⅔	4	4⅙
	2.e	2	2⅚	3⅙	2⅚	3⅙	3⅓	3⅙	3⅓	3⅝	3⅓	3⅝	4⅙
	3.e	2	2⅚	3⅙	2⅚	3⅙	3⅓	3⅙	3⅓	3⅝	3⅓	3⅝	4⅙
	4.e	2⅔	3	3⅓	3	3⅓	3⅔	3⅓	3⅔	4	3⅔	4	4⅓
5	1.re	3	3⅓	3⅓	3⅙	3½	4	3⅚	4	4⅓	4	4⅓	5
	2.e	2⅚	3⅙	3⅙	3⅙	3⅚	3⅚	3⅙	3⅚	4⅓	3⅚	4⅓	4½
	3.e	2⅚	3⅙	3⅙	3⅙	3⅚	3⅚	3⅙	3⅚	4⅙	3⅚	4⅙	4½

Années	Années de pâturages	4 fois et pour le pâturage, bon (j.)	4 — médioc. (j.)	4 — mauvais (j.)	3½ fois et pour le pâturage, bon (j.)	3½ — médioc. (j.)	3½ — mauvais (j.)	3 fois et pour le pâturage, bon (j.)	3 — médioc. (j.)	3 — mauvais (j.)	2½ fois et pour le pâturage, bon (j.)	2½ — médioc. (j.)	2½ — mauvais (j.)
2	1.re année de pâturage.	3⅓	3⅔	4	3⅔	4	4⅓	4	4⅓	4⅔	4½	5	5½
	2.e	3⅙	3½	3⅚	3½	3⅚	4⅙	3⅚	4⅙	4½	4¼	4¾	5¼
	3.e	3	3⅜	3⅝	3⅜	3⅝	4	3⅝	4	4¼	4¼	4¾	5¼
	4.e	3⅓	3⅔	4	3⅔	4	4⅓	4	4⅓	4⅔	4¼	5¼	5¼
	5.e	3⅔	4	4⅓	4	4⅓	4⅔	4⅓	4⅔	5	4¼	5¼	5⅓
3	1.re	3⅔	4	4⅓	4	4⅓	5	4⅓	5	5½	5	5⅓	6
	2.e	3⅓	3⅝	4⅙	3⅝	4⅙	4⅓	4⅙	4⅓	5⅓	4¼	5⅙	5⅓
	3.e	3½	3⅚	4⅙	3⅚	4⅙	4½	4⅙	4½	5½	4½	5¼	5½
	4.e	4	4⅙	4½	4⅙	4½	5⅓	4½	5⅓	5⅔	4¾	5¼	6¼
4	1.re	4	4⅙	5	4½	5	6	5	6	6⅓	5¼	6	6¼
	2.e	3⅝	4⅙	4½	4⅙	4½	5	4½	5	5⅓	5¼	5¾	6¼
	3.e	3⅝	4⅙	4½	4⅙	4½	5⅓	4⅔	5⅓	5⅔	5¼	6¼	6¼
	4.e	4	4⅓	5	4⅔	5	5⅓	5	5⅓	5⅔	5¼	6¼	6⅓
5	1.re	4⅓	5	5½	5	5½	6	5½	6	6¼	6	6¼	7
	2.e	4⅓	4½	5⅓	4½	5⅓	5⅓	5⅓	5⅓	6	5¼	6¼	6⅓
	3.e	4	4½	5	4⅔	5	5¼	5¼	5¼	6¼	6	6⅓	7

§ 289.

D'après ce tableau, l'on pourra également évaluer des pâturages d'un autre genre et déterminer quelle étendue en est nécessaire pour l'entretien d'une certaine quantité de bétail. Lorsque la terre demeure sans être jachérée jusqu'à la mi-juillet, et que le bétail y pâture, ce pâturage peut, suivant la nature du sol et le nombre de récoltes qu'il a produites depuis le dernier amendement, être estimé aux deux cinquièmes de celui de la première année de repos. Dans la règle alors ce sont des bêtes à laine qui broutent cet herbage, et l'on compte quelquefois deux brebis par journal de terre en jachère, lorque le champ n'est rompu qu'au milieu de l'été. On trouve également dans l'ouvrage de Meyer sur le pâturage des communes, page 33, un tableau du pâturage des chaumes, estimé d'après le tems durant lequel on peut en jouir, qui dure ordinairement dès la mi-août pendant les mois de septembre et octobre. Ici, l'on compte que si, pour une vache, il faut le pâturage de 3 journaux de terre en repos, il faudra pour la même bête 36 journaux de chaumes, bien entendu encore qu'ils puissent être pâturés déjà pendant tout le cours d'août. Au reste la nature du sol, son plus ou moins de disposition à rapporter de l'herbe, le plus ou moins de soin qu'on a pris de l'en débarrasser, apportent en cela de grandes différences. Souvent il s'est semé des graines d'où naissent des plantes qui bonifient considérablement le pâturage.

Les pâturages à demeure sont d'une nature si variée, qu'on ne peut rien établir de général à leur égard. Dans des terrains bas, fertiles et arrosés, 1 journal $\frac{1}{2}$ suffit à une pièce de bétail de grandeur moyenne ; mais souvent aussi il faut jusqu'à 10 journaux pour suffire au pâturage d'une bête de la plus chétive espèce.

Nous trouvons également dans cet ouvrage, page 28, un tableau relatif au pâturage des prés au printems et en automne. Dans le cas où, étant soumis au pâturage pendant toute l'année, 5 journaux suffisent à une pièce de bétail, on compte pour le pâturage complet d'une vache.

Dès le commencement d'août jusqu'au 12 mai.   9 journaux 40 perches carrées.
Dès le milieu. 11   40
Dès le commencement d'août jusqu'au 1.ᵉʳ mai. 10   60
——————— de septembre jusqu'au 12.ᵉ mai. 14   —
Dès St. Michel jusqu'au 12 de mai. . . . 25   56
——————— jusqu'au 1.ᵉʳ mai. 36   24
Dès St. Martin jusqu'au 1.ᵉʳ mai. 116   80
——————— jusqu'au 12 mai. 48   100

La différence entre le 1.er et le 12.e mai est frappante, mais elle est dans la nature des choses, parce que dans ces 11 jours la végétation est infiniment plus active, ce qui fait qu'alors le pâturage est d'autant plus nuisible aux prairies.

Cette différence devient bien plus frappante encore, si le pâturage est continué jusqu'au 24, ou jusqu'à la fin de mai.

Je renvoie également à cet ouvrage pour le pâturage dans les forêts et pour son évaluation. Le produit qu'on en retire, suivant l'espèce de bois dont ces forêts sont peuplées et l'état de végétation de ce bois, y est indiqué avec la plus grande précision.

Le journal d'après lequel l'ouvrage de Meyer est calculé, est celui de Calenberg, lequel est de 5 perches $\frac{3}{4}$ carrés plus grand que le journal de Berlin. Ce premier contient 120 perches de 16 pieds, mais le pied est plus court que celui du Rhin.

§ 290.

Suivant l'opinion du plus grand nombre des agriculteurs, au pâturage tout comme à la nourriture d'hiver, 10 bêtes à laine consomment autant qu'une vache; mais cela même dépend beaucoup de la nature de ce pâturage, car il est des herbages de montagne qui suffiraient très-bien à 10 moutons, et ne nourriraient cependant point une vache, tandis qu'au contraire il est des pâturages propres au bétail à cornes, qui ne conviendraient en aucune manière aux bêtes à laine. Au reste, le plus ou moins grand nombre de bêtes que peut nourrir un pâturage, dépend beaucoup de la race du bétail et de l'usage auquel on le destine. Là où des bêtes à laine de race améliorée doivent rendre un grand produit en laine, l'étendue qui nourrit *ordinairement* une vache suffira à peine à 7 brebis; tandis qu'une vache de grande race, ne donnera qu'une chétive rente, sur un pâturage qui suffirait toujours à 15 bêtes à laine. Comme ces différences ne peuvent être appréciées que sur un local donné, nous ne nous y arrêterons point dans nos évaluations moyennes, nous nous en tiendrons donc à la première estimation.

§ 291.

Le résidu d'établissemens accessoires associés à l'économie rurale *, peut être employé avec beaucoup d'avantage pour la nourriture du bétail, et il procure des engrais à très-bas prix; aussi les établissemens de ce genre ne donnent-ils jamais tant de profits, que lorsqu'ils peuvent être ainsi réunis à une exploitation rurale.

---

* L'auteur entend par là les brasseries de bière, les distilleries d'eau de vie et autres entreprises accessoires de ce genre. *Trad.*

Ce sera surtout le cas si pour fabrication des eaux de vie et de la bière, on choisit, non les grains qui peuvent facilement être transportés, mais plutôt ces récoltes racines, pleines de sucs qu'on peut se procurer en si grande quantité. Alors nul établissement dans les villes ne pourra soutenir la concurrence de ceux de la campagne, à cause du bas prix auquel ceux-ci obtiennent la matière première, et de l'emploi avantageux qu'ils peuvent faire de son résidu.

Le résidu de la distillation des pommes de terre, de l'abondance et des carottes, dont on a tiré de l'eau-de-vie, semble être, en proportion de la quantité de sucs nourriciers que ces plantes même contiennent, encore plus abondant et plus nutritif que celui de la distillation des grains.

§ 292.

Si l'on devait entretenir le bétail pour se procurer du fumier seulement, ce fumier et les productions végétales qui en proviennent, seraient d'une cherté inabordable. Si, d'un autre côté, le bétail de rente devait payer son entretien par ses produits animaux seuls, et ne pas coopérer par ses fumiers à la reproduction, tant de sa nourriture que des autres denrées; les produits animaux, dans une contrée cultivée, reviendrait à un prix tel, qu'on serait obligé d'abandonner l'entretien du bétail aux contrées incultes. Mais au moyen de cette action réciproque des produits animaux et végétaux, il nous est si facile de nous les procurer, que, pour les premiers, nous pouvons soutenir la concurrence même des pâturages sans culture, et nous procurer des fumiers à meilleur marché qu'on ne peut les y obtenir. Plus cet échange se fait avec vigueur et avec promptitude, plus il est avantageux, et plus la masse en circulation de ces alimens végétaux et animaux se trouve augmentée.

L'objet que l'agriculteur doit surtout avoir en vue, c'est donc de se procurer la quantité d'engrais au moyen de laquelle il doit obtenir les plus grands produits en substances végétales; de se les procurer au plus bas prix et en sacrifiant le moins qu'il lui est possible des produits d'une vente directe.

§ 293.

Il parvient à ce but,

1.º S'il sait obtenir de la plus petite partie de son terrain, la plus grande quantité d'alimens destinés à la nourriture du bétail.

2.º S'il y parvient avec le moins de travail et de frais que cela est possible.

3.º S'il se procure ces fourrages de la partie de son terrain qui apporte le moins d'interruption à la culture d'autres produits.

4.º S'il dispose la culture des récoltes à fourrages et choisit ces récoltes de manière que, par cette culture, le champ soit préparé pour celle d'autres produits;

duits; de sorte que les travaux qui y sont employés tournent aussi à l'avantage des récoltes suivantes.

5. Si, en les faisant consommer par le bétail, il sait se procurer la plus grande quantité ou la plus grande valeur en produits animaux.

6. S'il entretient ses bestiaux de manière que les excrémens qu'ils rendent, deviennent l'engrais le plus propre à son terrain et à ses récoltes, s'il mélange ces excrémens, et les place de la manière la plus convenable à ce but, et s'il leur procure le degré de fermentation le plus avantageux.

7. S'il emploie aussi promptement que cela se peut les engrais qu'il obtient, à la reproduction de denrées de vente, ou d'alimens destinés à procurer de nouveaux engrais, et si, dans son agriculture, il accélère autant que cela est possible, cette rotation par laquelle les sucs nourriciers sont communiqués de la terre aux plantes, de celles-ci au corps des animaux, et des animaux de rechef à la terre.

Toutes ces vues ne peuvent être accomplies que par un système de culture qui soit en rapport avec les circonstances de la localité et qui s'y adapte convenablement.

LES DIVERS SYSTÈMES DE CULTURE.

§ 294.

Les assolemens ont pour condition essentielle une proportion convenable du travail et des engrais, avec la quantité et la qualité du sol. Là où l'on peut obtenir du dehors et en aussi grande quantité qu'on en a besoin, du travail et des engrais; on n'a nullement besoin d'un système réglé de culture, tout l'art de l'agriculture se réduit à la manipulation et au choix des récoltes, que le champ peut le mieux produire, dans l'état où il est; on doit peu redouter qu'il soit épuisé ou infecté de mauvaises herbes, parce qu'on peut réparer ce premier inconvénient par une addition d'engrais, et le second par une addition de travail. Dans les établissemens qui ont ces deux avantages, la réunion des deux principales branches de l'agriculture, la culture proprement dite et l'entretien ou la propagation du bétail, ne sont point nécessaires; l'une et l'autre peuvent exister pour elles-mêmes, quelquefois même elles peuvent être séparées avec avantage ; Mais cela ne peut avoir lieu que dans quelques cas particuliers et seulement dans le voisinage de grandes villes ou dans des contrées extrêmement peuplées.

§ 295.

Dans les circonstances rurales ordinaires, la nécessité reconnue de l'engrais animal pour la culture des grains, a enseigné à toutes les nations et à tous les

I.   35

tems que la culture des terres et l'entretien du bétail doivent nécessairement être étroitement unis, pour qu'on puisse retirer de l'une et de l'autre tous les avantages dont ils sont susceptibles. Sur cela il n'y a qu'une seule opinion, mais, sur la nature de cette union, sur le rapport réciproque de ces deux choses et sur la fixation de la quantité de terrain qu'on doit attribuer à l'une ou à l'autre, les opinions sont encore partagées ; en particulier on est encore dans le doute sur les dispositions qui doivent assurer de toutes deux réunies, le plus haut produit qu'on puisse en attendre.

§ 296.

Comme lorsqu'on commença à traiter l'enseignement de l'agriculture d'une manière plus scientifique et plus méthodique, l'on n'avait point encore des idées justes sur les rapports que les parties ont avec l'ensemble ; non-seulement les opinions sur le système de culture le plus avantageux se divisèrent de plus en plus, ce qui était naturel, puisque les différences de position et de circonstances devaient en produire dans les résultats de la culture ; mais encore l'on disputa sur les avantages d'un système sur l'autre en général, avec un zèle qui quelquefois ressemblait à l'esprit de secte. Cette dispute devint d'autant plus compliquée que le plus grand nombre des contendans ne faisaient aucune attention à la position et aux circonstances particulières, et qu'ils ne voulaient point tenir compte des motifs sur lesquels chaque système de culture reposait.

Les principes, les rapports proportionnels et les évaluations que nous avons donnés ci-devant, nous fourniront les moyens, non-seulement de juger avec fondement les principaux d'entre ces systèmes, mais encore de déterminer les diverses modifications dont ils sont susceptibles, les lieux et les circonstances locales auxquelles chacun d'eux est le plus propre, et dans lesquelles il doit faire atteindre le but qu'on doit toujours avoir en vue, obtenir le produit net le plus haut qui soit possible.

§ 297.

Ces systèmes de culture peuvent être divisés en deux classes. Dans la première, chaque exploitation consacre la principale partie de ses terres exclusivement à la culture des grains ou d'autres produits végétaux qui sont immédiatement employés à la nourriture et aux autres besoins de l'homme, et la moindre partie à l'entretien du bétail. Elle a, séparés les uns des autres, des champs et des prés ; de ces derniers une partie est destinée à être fauchée, et l'autre à servir de pâturage.

Dans la seconde classe l'exploitation fait alterner successivement sur le même terrain l'un et l'autre de ces genres de produits, en les soumettant pour les proportions et les quantités, et pour l'époque de leur retour à diverses modifications plus ou moins en rapport avec la nature du sol. Nous comprendrons le premier système sous le nom générique de *culture des grains*, et le second sous celui de *culture alterne*. Nous indiquerons dans la suite leurs diverses sous-divisions et leurs déviations de la règle ordinaire.

Cependant ces deux systèmes sont quelquefois fondus l'un dans l'autre, puisque dernièrement on a commencé à introduire la culture des plantes à fourrages dans des assolemens qui auparavant étaient exclusivement destinés à la *culture des grains*.

CULTURE DES GRAINS.

§ 298.

Ainsi donc les champs soumis à ce système sont exclusivement consacrés à la culture des grains. Sous le nom de culture des grains nous comprendrons désormais toujours la culture des produits destinés principalement à la nourriture et aux besoins de l'homme, et qui, par conséquent, sont d'une vente plus facile. Avec un tel système de culture , pour fournir à la nourriture du bétail, on doit donc avoir d'autres terrains, des pâturages et des prairies naturelles ou artificielles, sur des espaces qui leur soient particulièrement consacrés. Si l'on a de ceux-ci en suffisance, autant du moins qu'il en faut pour entretenir d'une manière satisfaisante, la quantité de bétail qui doit fumer convenablement les champs, et si l'on ne peut employer ces terrains d'une manière plus avantageuse à l'ensemble ; sans contredit ce système remplit alors son but, celui *de rendre le produit net le plus élevé*, par conséquent on ne saurait rien y objecter. Il est de tels exemples, mais ils sont rares et de beaucoup moins généraux qu'ils ne paraissent l'être à plusieurs des défenseurs de ce système.

§ 299.

Suivant l'année où le cours de culture doit être renouvelé, ou bien suivant l'année où la jachère fumée doit revenir, ce système de culture reçoit la dénomination d'*assolement triennal, quatriennal, quinquennal*. Il y a aussi des assolemens de cette espèce qui durent six et neuf ans; mais, comme nous le verrons dans la suite, on les envisage comme des assolemens triennaux répétés.

L'assolement qui, de beaucoup, est le plus usité, c'est le triennal; c'est en conséquence de lui que nous nous occuperons avant tout, en l'examinant d'abord dans sa pureté primitive, puis avec les additions et les améliorations qu'il a éprouvées; ce sera seulement ensuite que nous traiterons des autres assolemens.

§ 300.

Le système d'assolement triennal tel que probablement déjà dès le tems des

Romains, il s'est étendu dans toute l'Europe, excepté dans l'Italie même, où il paraît n'avoir été introduit qu'au 14.me siècle par les Barberini, dont il y a pris le nom, consiste à

1. Jachère morte avec plusieurs labours pendant l'été.
2. Récolte de grains d'automne.
3. Récolte de grains de printems.

La jachère devrait toujours être fumée, et cela avait en effet toujours lieu autrefois que la proportion des pâturages et des prés aux terres labourables était beaucoup plus grande qu'elle ne l'est maintenant. Cependant, aujourd'hui cela n'a lieu avec régularité que dans un petit nombre de contrées fertiles ou riches en prairies, et peut-être là où la culture des plantes à fourrage artificiel, et la nourriture à l'étable réunies à ce système de culture, peuvent en donner la facilité. Ordinairement la jachère n'est fumée que lorsqu'elle revient pour la seconde fois; ainsi le champ n'est amendé que tous les six ans; souvent même il ne l'est que tous les neuf ans. Il n'est pas rare de voir des cultivateurs, qui ont rompu et transformé en terres arables des prairies ou des pâturages, se trouver réduits, par la diminution des fourrages et des pailles, à ne pouvoir pas même fumer suffisamment la neuvième partie de leurs champs, et à devoir laisser une partie de leurs terres arables sans engrais, ou tout au moins à ne lui donner qu'un léger parcage, afin de pouvoir donner à d'autres champs, naturellement meilleurs ou plus rapprochés des bâtimens, les fumiers qui leur sont nécessaires. Cette partie négligée est appelée soles ou champs extérieurs, ou bien, comme on ne peut s'y procurer qu'une seule récolte de seigle en 3, 6 ou 9 ans, on lui donne la dénomination de *terre à seigle de 3, 6 ou 9 ans.* Lorsque le terrain en est une glaise naturellement fertile, qui, convenablement cultivée, pourrait-être rangée dans la classe des terres à froment, on y cultive aussi du *blé épautre* ou *froment locar*, et on l'appelle alors *terre à épautre.*

§ 501.

Si le champ soumis à l'assolement triennal et fumé à chaque 5e année, produit par journal 10 scheffels de grains d'automne et de printems, et en paille des premiers 2000 liv. et des derniers 1000; il en résulte, suivant les principes émis à § 275, 6000 liv. fumier ou 3 chariots de 20 quintaux l'un; et comme il faut au moins 5 chariots pareils pour un amendement de 5 ans, il manque encore 2 chariots ou 4000 liv. de fumier, qu'on doit se procurer par le moyen du foin. Il faut donc un supplément de 2000 liv. de ce dernier fourrage, ou le produit d'un journal et quart pré de moyenne qualité. Toute exploitation rurale qui est arrivée au point de pouvoir suffire à cet amendement, et qui, par conséquent avec trois journaux de terres labourables , en a un et un quart de pré , outre la quantité de pâturage qui suffit pour entretenir pendant l'été son bétail en état de service, peut conserver cet assolement sans s'affaiblir en aucune manière; et comme, outre ce fumier, il y a encore celui que les bestiaux nourris au pâturage, surtout les bêtes à laine, donnent pendant la nuit, il en résulte que la fécondité du sol y augmente successivement, de manière qu'on peut y cultiver avec un grand succès les grains dont la vente est la plus avantageuse.

La même facilité existe partout où l'on a des ressources accessoires, comme, par exemple, des pailles de dîmes qu'on peut consommer et réduire en fumier, à l'aide de bétail engraissé à l'étable avec le résidu de la distillerie et de la brasserie. Dans ce cas, souvent on obtient des récoltes d'une grande beauté, lesquelles peuvent paraître à beaucoup de gens une démonstration de la bonté de cet assolement.

Lorsque l'amendement ne revient que tous les six ans , et que le produit des grains d'automne et de printems s'élève, sur du terrain de moyenne qualité, à 7 scheffels après la jachère fumée, et à $4\frac{1}{2}$ après celle qui ne l'a pas été, et que, par conséquent, on peut espérer en 6 ans 11 scheffels $\frac{1}{2}$ de grains d'automne , et autant de grains de printems, 2480 liv. paille de ces premiers, et 1150 liv. des derniers, ensemble 3630 liv. , qui rendent 7260 liv. ou $3\frac{5}{8}$ chariots de fumier, et qu'on doit donner au champ un amendement de tout au moins 5 chariots ; il manque encore 2740 liv. de fumier, pour lesquelles 1370 liv. de foin sont nécessaires. Cet assolement peut ainsi se soutenir et donner le médiocre produit qu'on doit en attendre, si , avec 6 journaux de terres arables , on possède $\frac{7}{8}$ journal de pré , si d'ailleurs on a des pâturages en suffisance, et si, à l'aide de ces ressources et du fumier que le bétail en pâture donne pendant la nuit, surtout de celui des bêtes à laine , on peut préserver le sol de l'épuisement dont il est d'ailleurs menacé. Voyez §§ 259 et 260.

La pauvreté des produits du cours de récoltes, où l'amendement ne revient que tous les 9 ans , est connue de tout le monde , et elle est démontrée aux §§ que nous venons de citer.

§ 302.

Nous avons supposé que les exploitations qui suivent cet assolement ont des pâturages en suffisance ; mais dans la réalité, rarement elles possèdent un tel avantage. Si, dans une exploitation soumise à l'assolement triennal, on doit avoir le bétail nécessaire pour réduire en fumier le foin et la paille dont on dispose, l'on doit posséder autant de pièces de gros bétail , que l'on a de journaux à fumer annuellement. Et pour que ce bétail puisse être conservé en santé, pour que sa rente ne soit pas de beaucoup inférieure à ce qu'elle doit être, il faut pouvoir lui consacrer, par chaque tête et selon la qualité du terrain, de 3 à 5 journaux de pâturage découvert, ou de 10 à 15 journaux de pâturage dans les forêts, suivant que celles-ci sont plus ou moins garnies d'arbres.

De cette quantité de pâturage on peut cependant déduire celle qui serait attribuée au bétail de trait, lequel, dans la bonne règle, doit être nourri entièrement à l'étable. Et comme il est extrêmement rare qu'on ait à sa disposition des pâturages dans une aussi grande proportion, on voit assez généralement que dans les exploitations soumises à cet assolement, le bétail à cornes ne donne que le plus chétif produit, lors-même qu'on lui donne les soins convenables, et qu'en hiver il a suffisamment de nourriture. Le produit qu'on retire du bétail se borne donc presque uniquement à ce que rendent les bêtes à laine, auxquelles d'ailleurs de tels établissemens fournissent rarement un pâturage assez abondant et assez sain pour qu'elles donnent tout ce qu'on devrait en espérer. Le plus souvent pour l'amour de ces bêtes, et faute d'autres pâturages, on doit attendre pour jachérer jusqu'au milieu de l'été, ce qui est en opposition avec les conditions essentielles de ce système de culture, et qui, dans une bonne terre argileuse, diminue considérablement le produit en grain et en paille.

§ 303.

Afin de juger, dans un cas donné, de la bonne ordonnance d'une exploitation soumise à l'assolement triennal, et de voir si elle peut se maintenir dans un état prospère, car sans cette dernière condition son inconvénient tombe sous les yeux ; il faut donc examiner avant tout, s'il existe cette proportion entre les terres labourables d'un côté, les pâturages et les prés de l'autre ; et si, étant alternativement mis en culture ceux-ci ne pourraient pas donner un produit beaucoup plus grand encore ; afin que, d'après cet examen, on puisse disposer toutes choses de la manière la plus convenable, et, ainsi se procurer d'abondantes récoltes de grains, ou tout au moins, sans diminuer les produits de cette espèce, obtenir du bétail une rente plus satisfaisante.

Dans les pays ou il y a une surabondance de pâturages incultes mais féconds, et à côté de cela des champs en suffisance pour fournir les grains nécessaires à la consommation, mais ou l'exportation est difficile et n'offre pas de bénéfices, comme par exemple dans la plus grande partie de la Hongrie ; il n'est peut-être pas de système de culture qui, en général, soit plus convenable que celui-là. Mais plus la culture du sol s'améliore, plus on enlève de terre à la nature, pour la soumettre à la charrue, plus la population, les besoins et les débouchés augmentent ; moins, si l'on en excepte quelques localités particulières, ce système de culture est convenable ; parce que ou il manque des pâturages nécessaires, ou ces pâturages peuvent être mis à profit d'une manière plus avantageuse, ou enfin le bétail peut être entretenu mieux et à meilleur marché, au moyen d'un autre assolement.

§ 304.

La culture liée à ce système, a par-dessus toutes les autres, le vice de décliner progressivement dès qu'elle a commencé à baisser, en effet, l'équilibre ne peut point y être rétabli par l'addition de ce qui y manque, mais seulement par un retranchement de récoltes. Il n'a en lui-même aucune ressource. Comme il tire de la paille la plus grande partie de son fumier, et que la diminution de celle-là suit immédiatement celle des engrais; il en résulte, que lorsqu'une fois les produits ont commencé à baisser ils déclinent de plus en plus. Aussi est-il arrivé que par suite de cet assolement, dans plusieurs contrées et précisément dans celles où l'on s'occupait le plus de la culture des grains, les champs étaient tombés dans un degré d'épuisement tel, que dans des années où la récolte avait été au-dessous du médiocre, on éprouvait aussitôt une disette de grains, et qu'on était obligé d'en faire venir de l'étranger.

§ 305.

Depuis long-tems on a envisagé comme un grand défaut dans ce système de culture, qu'une partie aussi considérable qu'un tiers des champs, surtout des terrains fertiles, dut rester presqu'entièrement inutile, et cependant exigeât autant de travail. Aussi depuis long-tems on demandait si la jachère était tellement indispensable qu'on ne put pas la remplacer par une récolte, lors-même qu'il devrait en résulter une légère diminution dans celles des années suivantes. On en appelait à l'exemple des jardins, qui produisent tous les ans, ou à celui des terrains des environs des villes, lesquels sont cultivés par des bourgeois, qui chaque année en retirent une récolte et cependant les maintiennent en bon état. On savait aussi que la même chose avait lieu dans la culture des Brabançons et dans celle des Anabaptistes qui se multiplient dans le Palatinat et d'autres contrées de l'Allemagne.

A ces exemples on opposait que des récoltes de grains non interrompues ne pouvaient pas se soutenir, et que ces récoltes, si même elles ne diminuaient pas en paille, devenaient cependant si chétives en grain, que bientôt elles ne rendaient pas en trois récoltes ce qu'elles donnaient auparavant en deux; qu'à la longue les champs s'infectaient de mauvaises herbes et devenaient stériles à tel point, que, pour les remettre en état, on était obligé de les laisser reposer pendant plusieurs années, et ensuite, pour les préparer à rapporter de nouveau des grains, de les soumettre à une jachère complète et bien soignée; observation que nous trouvons déjà consignée dans les plus anciens ouvrages sur l'agriculture et dans les chroniques de différentes villes.

On commença donc à cultiver sur la jachère des plantes d'un autre genre, et l'on obtint plus de succès. On introduisit successivement dans la sole des jachères, du colza d'automne et de printems, de la navette, des pavots, du pastel, du chanvre, du lin, du tabac et plusieurs autres plantes de commerce ou récoltes racines, et divers légumes pour la nourriture de l'homme. Mais on s'aperçut bientôt qu'il en résultait une diminution sensible dans les récoltes de céréales, lorsqu'on ne prévenait pas le mal par une augmentation d'engrais et par une culture plus soignée. On manquait aussi du tems nécessaire pour pouvoir préparer et ensemencer de bonne heure les grains d'automne, et après une jachère, cette semaille devait cependant avoir lieu : de bons cultivateurs se bornèrent donc à cultiver la quantité de ces plantes nécessaire à leur propre consommation. Ce dont on se trouva le mieux, ce fut de cultiver les légumes, les pois, les fèves, les lentilles, et les vesces sur la jachère, plutôt que dans la sole des grains de printems, comme cela se faisait auparavant. Ainsi cette méthode se propagea chaque jour davantage et même devint une règle dans quelques contrées ; en telle sorte qu'on y appela ces récoltes du nom de *récoltes jachères*.

Ces légumes ont sans contredit la propriété d'agir de quelque manière en sens contraire de l'effet nuisible que les céréales graminées produisent sur le sol, en ce que pénétrant au moyen de leurs racines creuses, plus avant dans la terre, ils l'améliorent en diminuant sa ténacité et sa compacité ; que par leur ombrage ils excitent une fermentation ou une action réciproque du sol avec la colonne d'air qu'ils recouvrent, et ainsi étouffent en partie les mauvaises herbes ; et qu'ils paraissent demander pour leur nourriture une combinaison des substances élémentaires, différente en quantité de ce qu'elle est pour les blés. Cependant jamais ils ne remplacent complétement l'effet de la jachère morte, ensorte que, toutes circonstances étant d'ailleurs égales, il faudra toujours s'attendre à quelque diminution dans la récolte de grains, lorsqu'on l'aura fait précéder par une de légumes.

On sait aussi que la culture ordinaire ne suffit point à ces derniers, s'ils reviennent trop souvent à la même place, que leur mauvaise réussite entraîne toujours après elle une détérioration sensible du champ, et une diminution des récoltes de grains qui doivent leur succéder jusqu'à la prochaine jachère, qui détruit la cause du mal.

Afin d'assurer la réussite des récoltes de légumes, on en a borné la culture à une partie du terrain en jachère seulement, et d'ordinaire à la partie la plus
fertile,

fertile, et, afin d'obvier à la diminution des récoltes de grains, on a eu soin
de fumer plus abondamment, peut-être aussi de ne mettre qu'une partie du
fumier avant la semaille des plantes sarclées, et l'autre partie après leur récolte,
ou bien d'y faire parquer les bêtes à laine. Mais de cette manière une autre
partie des champs devait être privée d'engrais; ce qui nous explique un fait que
nous trouvons consigné d'une manière frappante dans plusieurs archives agricoles;
que, depuis l'introduction de la culture des pois dans la jachère, le produit
total en grains avait diminué, et d'autant plus que cette culture avait été augmentée. C'est pour cela que bien des cultivateurs habiles suivent encore l'assolement triennal, et au lieu de semer dans la sole des jachères des récoltes de
ce genre, préfèrent les cultiver dans la sole des grains de printems; c'est pour
cela aussi que, même ceux de leurs voisins qui ont un avis différent du leur
sur les avantages de cette méthode, sont forcés de convenir que les récoltes
de grains des premiers surpassent de beaucoup les leurs propres.

Au reste la culture des légumes sur la jachère a évidemment cet avantage,
que la paille que cette espèce de végétaux contenant une plus grande proportion
de sucs nourriciers, on obtient ainsi non-seulement un supplément de nourriture
pour le bétail en général, et surtout pour les bêtes à laine, mais encore une
plus grande quantité d'engrais.

§ 306.

Mais sans que les anciennes formes de l'assolement triennal fussent violées, une
grande révolution, cependant, sembla s'être faite dans les domaines de l'agriculture,
lorsqu'on eut enseigné à semer parmi les grains de printems, et à récolter sur la
sole de jachère, le trèfle qu'auparavant on voyait dans quelques clos particuliers
seulement. Le trèfle, disait-on, n'épuisait nullement le sol, il l'améliorait au
contraire par ses racines et par les feuilles pleines de sucs que sa troisième
pousse rendait à la terre, et d'ailleurs il aidait au sol à absorber les sucs
nourriciers de l'atmosphère. Il tenait le terrain tellement meuble et propre,
qu'un seul labour y assurait aussi bien, si ce n'est mieux que ne l'eût fait
une jachère, la réussite d'une récolte de blé. Le fourrage abondant et suc-
culent qu'on obtenait ainsi de la jachère, procurait par la nourriture à l'étable
et par l'excédent de foin qu'on avait à sa disposition, une rente du bétail beaucoup plus élevée et une véritable surabondance d'engrais. On croyait pouvoir,
à l'avenir, se passer de prés, de pâturages, et de tous les autres moyens de
nourrir le bétail, dont on avait fait cas jusqu'à cette époque. Le trèfle était envisagé comme le tout de l'agriculture; sur lui et sur l'abolition du pacage
et de la jachère, reposait le bonheur du genre-humain.

I   36

On n'eût en effet guères exagéré, s'il eût été possible de faire revenir le
trèfle à chaque troisième année de cet assolement, à la suite de deux récoltes
de grains, et d'en obtenir des coupes de fourrage, toujours également abondantes et épaisses. Mais on vit bientôt que ces récoltes ne pouvaient pas se
soutenir, et que le trèfle, même sur le terrain qui lui convenait le mieux,
lorsqu'il revenait trop souvent, sans que le sol fût cultivé plus profondément
et avec plus de soin, allait successivement en déclinant et finissait par manquer
tout à fait; qu'alors il faisait place à toutes les mauvaises herbes, et donnait au
sol une compacité désavantageuse; qu'ainsi il était suivi de récoltes de grains
d'une très-mauvaise réussite. Le célèbre Schoubart, le plus chaud apôtre
du trèfle, lui qui dut à cette qualité d'être revêtu du titre de noble de
Kléefeld *, revint en arrière dans son opinion, et borna la culture de cette
plante, d'abord à la sixième, puis à la neuvième partie des champs, et finit
par recommander de consacrer aussi une partie de la jachère à la culture de
la racine d'abondance, du choux-rave et de la pomme de terre pour la nourriture du bétail, et sur une autre partie de cette jachère, de semer aussi des
pois. L'histoire de l'Allemagne pendant le dernier siècle, consignera son nom
en caractères ineffaçables parmi ceux des bienfaiteurs du genre-humain, quoique
sans doute, comme tous les mortels, il n'ait pas su se garantir entièrement de
l'erreur. Il travailla avec un zèle infatigable à l'abolition tant de la jachère que des
droits de pâturage et de parcours sur les champs, et c'est seulement long-tems après
sa mort et après une longue incertitude de la part des gouvernemens, que
ses vœux viennent enfin d'être exaucés par le roi Maximilien-Joseph de Bavière,
et par quelques princes d'Allemagne, lesquels, en pères éclairés de leurs peuples,
leur ont sacrifié les ménagemens dont on usait pour des droits abusifs et d'une
origine équivoque.

§ 307.

Ce système de Schoubart renouvella de la manière la plus vive la dispute si
long-tems soutenue sur la nécessité ou la superfluité de la jachère, et cette
question parut pendant long-tems la plus importante de toutes; on employa
des ballots de papier en discussions sur cette matière, sans pour cela arriver
à aucun résultat.

Comme cette question se rapporte principalement à ce système, nous en
prendrons occasion de la discuter ici.

---

* De champ de trèfle.

§ 308.

Elle a été obscurcie surtout par ceci, qu'on n'attachait à ce mot aucun sens précis. Dans l'origine on entendait par *jachère*, l'état d'un terrain qui, durant un été, ou mieux encore, durant une année, était remué, brisé et divisé, de manière à avoir la préparation la plus parfaite pour les récoltes suivantes.

Les auteurs agricoles romains avaient déjà enseigné cette opération, ils l'avaient prescrite comme nécessaire dans certaines circonstances, et ils avaient donné des noms particuliers à chacun des labours qui en faisaient partie; ainsi ils exprimaient l'action de ce que nous appelons rompre, par *fringere;* donner le second labour, par *vertere;* le troisième, par *infringere;* le quatrième, par *revertere;* le cinquième, par *refringere;* le sixième, ou labour de semailles, par *lirare;* tout comme nous avons nous-mêmes des expressions particulières pour distinguer ces travaux.

Mais on a aussi pris le mot *jachère* dans un tout autre sens. Comme, par négligence, par suite d'un mauvais système ou d'un manque de pâturage, et contre le but même de la jachère, on laissait le champ sans le rompre, jusqu'en juin, ou même jusqu'en août, et que cependant on l'appelait toujours le champ en jachère, peu à peu on attacha à ce mot un sens vicieux, et l'on donna le nom de *jachère* à un champ en repos; ce qui jetta du mésentendu dans la dispute.

Il faut donc rendre à ce mot le véritable sens qui lui appartient. Ainsi mettre en jachère, signifie préparer un terrain pour la récolte suivante, par des labours réitérés et faits dans le cours de l'été, sans en exiger de produit durant cette année. Un champ ne peut donc être appelé la jachère que lorsqu'il a reçu le premier labour, lorsqu'il a été jachéré; jusque-là il s'appelle *champ en repos;* lorsqu'il est consacré au pâturage du bétail, on distingue ce pacage sous le nom de *pâturage sur un champ en repos.*

§ 309.

L'utilité des labours de jachère ne saurait être méconnue, elle est d'autant plus grande que le sol est plus tenace et plus argileux.

Par un labour simple au printems ou en automne, la superficie du champ est à la vérité retournée et remuée, mais pas tellement divisée que les mottes en soient brisées et réduites en terre meuble. La terre réunie en mottes, se durcit plutôt en masses dures, lorsqu'elle est recouverte sans être brisée, et elle conserve même l'empreinte de la pression de la charrue; surtout lorsque le labour a eu lieu pendant que le sol était encore humide, la tranche exposée à l'ardeur du soleil, prend la dureté de la tuile.

La terre qui s'est ainsi agglomérée est infertile, parce que la plupart des plantes à racines fibreuses ne pouvant pas y pénétrer, sont obligées d'en faire le tour; au moyen de cela, cette partie du terrain se trouve enlevée à la végétation. Cela revient donc au même, que le sol soit composé en plus grande partie de pierres, ou de terre qui s'est ainsi agglomérée. Pour briser convenablement ces mottes, il n'y a guères d'autre moyen à employer qu'une jachère continuée pendant toute l'année, laquelle les ramène successivement toutes à la surface, et les expose à l'humidité de l'atmosphère, afin que lorsqu'elles ont été détrempées, elles puissent être brisées par la herse ou d'autres instrumens. Si cela peut avoir lieu dès la fin de l'été jusqu'aux semailles d'automne de l'année suivante, et chaque fois en prenant le sol à un degré convenable d'humidité, la terre est alors changée en une poudre homogène meuble, et toutes les parties fertiles qui y sont contenues sont mises en action, ce qui fait qu'un champ, en apparence épuisé, peut, au moyen d'une jachère donnée avec soin et sans nouveaux engrais, souvent être poussé à une fécondité étonnante.

Le second avantage que la jachère procure à la terre consiste dans la destruction des mauvaises herbes qui se sont propagées par semences ou par racines. Ces herbes fréquemment déchirées par la herse et écrasées par le rouleau, exposées à l'air, quelquefois par un soleil brûlant, finissent par périr, et tombant en pourriture aident à la végétation *. Quant aux semences de mauvaises herbes, elles sont ramenées à la superficie, elles sont détachées des mottes dans les-

---

* Je crois devoir présenter ici une légère modification à ce qui vient d'être dit. Il est un nombre considérable des plantes qui infectent nos champs, celles qui se multiplient par bulbes ou par drageons, lesquelles ne sont point détruites par la jachère; celle-ci les fatigue, les divise, en fait périr une partie, et empêche qu'elles ne prennent le dessus à la première récolte de grains qui lui succède; mais toujours elle laisse subsister quelques parties de leurs racines, par le moyen desquelles ces plantes sont reproduites en quantité assez grande, pour qu'après la seconde récolte des céréales, le terrain en soit aussi garni qu'il l'était avant la jachère. C'est donc à détruire les semences que la jachère doit être destinée; quant aux plantes elles-mêmes elles ne peuvent guères l'être complétement, que par des sarclages faits avec soin.

Pour produire le premier effet, le mieux me parait être de donner d'abord après la moisson, un labour aussi superficiel que cela est possible, afin d'enterrer les semences qui sont déposées sur le sol et de faire développer leur germe; puis, avec la herse, le rouleau et l'extirpateur, de détruire les petites plantes à mesure qu'elles végétent, et enfin de donner un labour profond qui recouvre la couche de terre remuée par le premier labour, et étouffe le peu de plantes qui auraient résisté aux premières opérations. Si ces procédés sont suivis avec soin, le cultivateur ne doit plus avoir à faire que peu de frais pour nettoyer entièrement son terrain, et de cette manière la culture des récoltes jachères lui devient beaucoup moins coûteuse et beaucoup plus profitable. *Trad.*

quelles elles sont contenues souvent en quantité incroyable ; elles sont mises dans une position qui en facilite la germination ; et, dans le commencement de leur végétation, les plantes qu'elles ont produites sont détruites par la charrue et la herse, et contribuent elles-mêmes à la fertilité du sol, par leur décomposition. Ainsi le champ en jachère est débarrassé de cette quantité de mauvaises herbes qui se multiplient à l'infini parmi les grains ; bien entendu cependant que la jachère ait été rompue assez tôt et qu'elle ait reçu des labeurs assez soignés, car la propreté du champ dépend du plus ou moins de perfection de ces opérations.

En troisième lieu, depuis long-tems l'expérience a enseigné, et de nouvelles découvertes en histoire naturelle, ont démontré, que la terre même la plus riche a besoin de recevoir les influences de l'atmosphère, pour devenir et demeurer fertile, et qu'elle en tire des substances qui doivent auparavant être combinées avec elle pour être transformées en sucs nourriciers des plantes. La superficie du sol durcie ne peut pas plus absorber ces substances, que les mottes elles-mêmes. C'est dans la terre meuble seulement que l'air atmosphérique peut pénétrer et se mettre en contact et en action avec chacune des particules qui la composent. Cette absorption des substances aëriformes n'a lieu que par une température élevée et ne paraît jamais être plus forte que dans la première chaleur du printems. Il n'y a qu'un sol fréquemment remué et dont la superficie soit souvent changée et exposée à l'influence de l'atmosphère et à la lumière, qui, puisse de cet avantage et c'est la jachère qui le mieux peut le disposer à en profiter.

Enfin c'est la jachère qui opère le mélange et l'incorporation les plus complets des parties constituantes du sol et des engrais qu'on y a mis. Pour que ceux-ci produisent tout leur effet, il faut qu'ils soient mis en contact avec chaque particule du sol et qu'ils la fécondent ; en effet, tous les laboureurs savent que du fumier mis en terre par gros morceaux, ne produit que peu d'effet. Ce mélange ne peut être opéré d'une manière plus complète qu'il ne l'est par une jachère, et surtout lors que le fumier y ayant été joint, la terre est encore labourée et remuée à plusieurs reprises.

A cela on doit ajouter que la jachère permet d'exécuter les travaux aratoires avec des forces moindres, parce que la préparation du sol et le transport des engrais peuvent avoir lieu dans un tems où il y a une sorte de stagnation dans les autres labeurs de charrue. Aussi dans les grands établissemens ruraux, à moins qu'on n'ait une surabondance d'attelages, on ne croit que les terres pourront être disposées assez tôt pour les semailles, que lorsqu'elles ont été préparées par la jachère ; sans cela on craint toujours, qu'au grand détriment de la récolte, ces semailles ne soient retardées.

§ 310.

Ainsi malgré les frais que la jachère coûte, malgré l'absence de rente qu'elle entraîne après elle, et qui est sensible, surtout lorsque le terrain est d'une qualité supérieure ; les avantages qu'on en retire sont tels, qu'à moins d'avoir à sa disposition des moyens de culture extraordinaires, on ne saurait s'en passer dans un assolement où les récoltes de grains se succèdent fréquemment.

Dans les champs abondamment fumés des environs des villes, lorsqu'on a voulu la retrancher, le terrain sali par les mauvaises herbes, n'a plus rendu que peu de grains, malgré la belle apparence que la semaille avait au printems ; et tels étaient les inconvéniens résultant de cette culture, qu'une jachère unique était ensuite insuffisante pour corriger les défauts que le sol avait contractés, et que le plus souvent on était réduit à abandonner pour quelques années ce terrain à la végétation spontanée des herbes, ou, à l'aide de beaucoup d'engrais, de le consacrer à produire du fourrage, jusqu'à ce qu'après quelques années de repos et au moyen de quelques travaux préparatoires, il put de nouveau être ensemencé en grains avec avantage.

On ne peut se passer tout à la fois de la jachère et du repos dont nous venons de parler, qu'au moyen d'une culture infiniment soignée, semblable, par exemple, à celle que les Belges donnent à leurs champs, en mettant leur superficie en planches étroites, après l'avoir préalablement bien travaillée et presque réduite en poudre, non-seulement avec la charrue, mais encore avec la herse, le rouleau et d'autres instrumens ; en ne semant que le dos des billons et laissant leurs bords exposés aux influences de l'atmosphère, puis, ce qui à la vérité n'est pas dans la règle de l'assolement triennal, mais qui cependant a lieu fréquemment et aussi souvent qu'ils le jugent utile, en cultivant d'autres espèces de plantes et les sarclant et houant à la main.

 Au reste la réitération de la jachère à chaque troisième année n'est point aussi nécessaire qu'on le supposait autrefois, le terrain peut, sous certaines conditions et en étant employé à la culture de différens végétaux destinés à la nourriture du bétail, par conséquent à produire une plus grande quantité d'engrais, souvent être entretenu en meilleur état, que par le moyen d'une jachère qui reviendrait tous les trois ans. Mais il faut pour cela une attention et des soins particuliers, de plus grands moyens d'exécution et un tems qui permette de donner à la terre une culture très-soignée, entre la récolte et les semailles. C'est ce que facilite surtout l'époque tardive où l'on sème l'orge à quatre coins, laquelle, dans tous les cas, permet de donner au champ trois labours de printems, indépendamment de celui qu'on a dû donner en automne. Et en vérité cette demi-jachère est plus efficace que la jachère régulière, lorsque, comme cela a lieu dans quelques endroits, celle-ci n'est commencée qu'après le milieu de l'été. C'est pourquoi cette orge tardive, qui souvent n'est semée qu'à la mi-juin, doit, malgré l'incertitude de sa réussite, être recommandée pour de tels assolemens. Si lorsque la jachère complète doit avoir lieu, on donne par un tems chaud et sec, au moins quatre labours bien soignés, le sol doit demeurer net et fertile, et l'on peut sans inconvénient lui demander sur l'une, peut être sur les deux jachères restantes, des récoltes de légumes et de trèfle, ou d'autres récoltes jachères.

§ 311.

Ce sont les motifs que je viens d'énoncer qui ont donné naissance aux systèmes d'*assolement triennal composé*, ou plutôt aux assolemens de 6, 9 et 12 ans, lesquels sont suivis d'une manière assez réglée dans plusieurs exploitations rurales. Ces assolemens comprennent les rotations suivantes :

1. Jachère, 2. grains d'automne, 3. grains de printems, 4. pois et trèfle, 5. grains d'automne, 6. grains de printems,

        Ou bien

1. jachère, 2. grains d'automne, 3. grains de printems, 4. trèfle, 5. grains d'automne, 6. grains de printems, 7. pois, 8. grains d'automne, 9. grains de printems.

        Ou bien

1. Jachère, 2. grains d'automne, 3. grains de printems, 4. trèfle, 5. grains d'automne, 6. grains de printems, 7. jachère, 8. grains d'automne, 9. grains de printems, 10. pois, 11. grains d'automne, 12. grains de printems.

Cependant on rencontre rarement des agriculteurs attentifs et observateurs, qui s'attachent servilement à ces rotations ; suivant l'état où se trouve leur terrain lors des semailles d'orge, suivant qu'il est plus ou moins meuble ou exempt de mauvaises herbes, ils y sèment du trèfle, ils le réservent pour une récolte de légumes, ou bien ils le destinent à être mis en jachère ; ils choisissent pour le trèfle et les pois la partie la plus propre du champ et ne s'assujettissent point à un cours de récolte réglé ; seulement ils se font une loi de ne pas ramener le trèfle à la même place avant la neuvième année, parce que l'expérience leur a appris qu'il ne réussissait point lorsqu'il revenait plus souvent. Et lorsqu'ayant semé des légumes, soit que le tems n'ait pas été favorable, soit qu'ils se soient trompés sur l'état de fertilité du champ, ils n'obtiennent pas une récolte assez bonne pour que la terre soit couverte de ses feuilles, ils emploient cette récolte en vert pour la nourriture des bestiaux, ou l'enterrent à la charrue et donnent alors au champ une jachère complète.

C'est de cette manière que ces exploitations peuvent maintenir leurs champs en bon état et obtenir de profitables récoltes de grains. En revanche, les mécomptes de celles qui veulent diriger leur culture avec trop d'épargne, sont bien plus fréquens qu'on ne le pense, et c'est pour cela qu'on voit tant de cultivateurs revenir au pur assolement triennal dans toute son *orthodoxie*, ou bien, avertis par l'exemple de voisins qui ne l'ont jamais quitté, semer même les pois et le trèfle dont ils ont besoin, dans la sole des grains de printems, et leur faire suivre la jachère.

Des propriétaires sages, guidés par des cultivateurs expérimentés mettent souvent pour condition à leurs fermiers, de ne faire aucune semaille sur la jachère, ou tout au moins de n'en ensemencer qu'une partie limitée; et c'est pour cela qu'il n'est pas d'usage dans les évaluations pour les baux à ferme, de porter quelque chose en compte pour jouissance de la jachère. Ainsi plusieurs agriculteurs circonspects envisagent encore la jachère comme la base d'une culture sûre et qui promette des bénéfices durables.

Nous ne pouvons nous arrêter ici à quelques portions de terrain privilégiées, chez lesquelles une heureuse combinaison d'argile, de chaux et de terre végéto-animale, est tellement favorable à la végétation des blés, que ceux-ci étouffent bientôt les mauvaises herbes, ensorte que le petit nombre de celles qui résistent peut facilement être arraché; à ces sols, où, par une fermentation naturelle qui peut facilement être renouvelée au moyen de nouveaux engrais, la terre tombe d'elle-même en poussière et peut ainsi, chaque année, produire une récolte. De tels terrains paraissent avoir échappé à la malédiction prononcée contre la terre, lorsque nos premiers parens durent sortir du paradis terrestre.

§ 312.

Quoique le système d'assolement triennal pur, doive laisser sans emploi le tiers ou à peu près, des champs qui lui sont soumis, cependant souvent on l'a présenté comme le meilleur, et même, comme le seul bon système de culture qui soit possible, et cela par les raisons suivantes :

1.° Que l'ancienneté et l'universalité de ce système de culture prouve sa bonté, puisqu'il ne saurait être croyable qu'un système vicieux put avoir l'assentiment de toutes les nations et de tous les tems, qu'il pût s'étendre et se soutenir d'une manière aussi générale.

2.° Qu'aucun système jusqu'ici connu et conçu ne produit une plus grande quantité de grain. Que le grain est la principale nourriture de l'homme et l'objet de la plus grande nécessité, ce qui fait qu'il est aussi le plus recherché, le mieux et le plus également payé. Que si cet assolement donne moins de produits

animaux,

animaux, c'est là justement une preuve de sa grande utilité, puisqu'un champ rend en produits végétaux au moins trois fois autant de nourriture pour l'homme, qu'il ne le ferait en produits animaux. Qu'il est ainsi également avantageux à la société, à l'État et au cultivateur.

3.º Que ce système de culture est celui dans lequel les travaux sont le mieux répartis. Qu'entre les semailles de printems et celles d'automne il donne le loisir de cultiver la jachère et de charrier les engrais. Que les champs peuvent ainsi être préparés d'assez bonne heure pour recevoir la semence des grains d'automne, desquels la récolte est à la fois la plus importante et la plus riche ; que par conséquent il demande moins d'attelages.

4.º Que tous les travaux y sont simples et sans art ; qu'ainsi ils peuvent être exécutés par des ouvriers ordinaires, sans distinction. Qu'ils ne demandent également que les instrumens les plus simples et les mieux connus.

5.º Qu'il repose sur une division des champs déjà établie ; que toutes les lois, ordonnances et coutumes relatives à l'agriculture, ses attributions extérieures et ses servitudes, sont liées étroitement à ce système, lequel ne saurait lui-même être changé, sans anéantir toutes ces institutions.

§ 515.

Mais ces motifs même s'évanouissent devant les considérations suivantes. Premièrement, l'ancienneté et l'universalité de ce système d'assolement ne sauraient être révoquées en doute. Il nous vient des Romains qui l'avaient introduit dans leurs provinces les plus éloignées, et surtout dans celles d'où ils tiraient les grains qui leur étaient nécessaires ; quoique dans les environs de Rome, et même dans les contrées les plus peuplées de l'Italie, ils eussent une culture semblable à celle des jardins et un assolement alterne bien plus avantageux. Les Ecclésiastiques romains qui propagèrent les arts et surtout l'agriculture parmi les peuples non civilisés, leur montrèrent ce système de culture comme le plus avantageux. Chez eux il y avait encore des champs en surabondance, quoique la culture des terres incultes non partagées, pour laquelle ils avaient auparavant tant de propension, et le parcours des troupeaux dans le pays, ne pussent plus avoir lieu.

Dans le capitulaire de Charlemagne de *villis et curtis imperatoris* la division en trois soles est positivement prescrite à ses administrateurs. Il n'est donc point étonnant que dans un siècle où l'autorité tenait lieu de tout, où l'entendement se soumettait aveuglément à toute ordonnance positive, ce système se soit répandu d'une manière si générale dans le monde chrétien et que les institutions légales qui se rapportent tant à la propriété qu'à la police rurale, aient eu cet assolement pour base.

Que dans les tems obscurs de trouble qui suivirent, où l'agriculture toute entière était entre les mains de paysans plongés dans la stupidité et l'esclavage, sous l'inspection de la plus basse classe des gens libres; qu'à cette époque on n'y ait apporté aucun changement, cela est naturel. Les institutions que l'usage avait consacrées dominèrent long-tems avec une puissance irrésistible sur les arts et les sciences, et le plus léger doute élevé sur leur conformité avec les règles de la raison, était envisagé comme une hérésie. Aussi est-ce dans ces derniers tems seulement, que la question sur la bonté de ce système a été agitée; il n'y avait que quelques portions de terrain dans les Pays-Bas, dans le Holstein et dans quelques comtés de l'Angleterre, où un autre système de culture eût été adopté précédemment. En voilà assez pour montrer combien peu l'ancienneté et l'universalité de cet assolement prouvent en sa faveur.

§ 514.

En second lieu on ne peut nier que cet assolement ne donne sur un même terrain, un plus grand nombre de récoltes de grains; sous ce rapport il ne le cède qu'aux assolemens de 4 et de 5 ans. Mais, si, aux champs soumis à l'assolement triennal, on joint l'étendue d'herbages, tant de prés que de pâturages, nécessaire à l'entretien du bétail qui doit fournir les engrais dont cet assolement ne peut se passer, et si l'on suppose alors que le tout, ou même seulement les pâturages, soient mis en labour, la question prendra alors une tout autre tournure, et l'on ne trouvera pas que la terre produise par cet assolement, plus de grains qu'on n'en obtiendrait d'une autre manière. Ainsi donc on ne peut admettre cette assertion qu'autant que ces herbages seraient suffisans, et d'ailleurs nullement propres à une culture alterne; et sous cette condition il y a sans contredit des cas et des localités, où la préférence doit être donnée à cet assolement.

Mais semailles et produits sont des choses très-différentes; c'est seulement ces derniers qui, sous déduction de la semence et des divers frais, donnent le profit-net, tant pour le cultivateur que pour la société en général; or pour ces produits, dans le plus grand nombre de cas, on trouvera que d'autres assolemens ont la supériorité; et si en outre nous considérons la quantité d'autres choses destinées à la nourriture de l'homme et à ses autres besoins, que d'autres systèmes de culture peuvent beaucoup mieux procurer, sans cependant nuire à la culture des grains, la supériorité de ce système nous paraîtra encore beaucoup plus frappante.

On convient bien qu'avec d'autres assolemens on peut entretenir une plus grande quantité de bétail, mais on attribue peu de valeur à ce dernier, et on l'envisage comme ayant peu d'importance soit pour le cultivateur, soit pour la société en général. Aussi long-tems que, dans des contrées non cultivées, il y avait une surabondance de pâturages naturels, consacrés exclusivement à l'entretien des bestiaux, le prix du bétail devait être bas proportionnément à celui des grains. Mais le prix du bétail augmente à mesure que la culture gagne et qu'à l'aide de la charrue, on tire un plus grand parti du sol ; soit parce que la quantité des pâturages diminue, soit parce que l'aisance augmente dans toutes les classes de la société et que chacune d'elles acquiert les moyens de payer une nourriture meilleure, mais plus chère. Alors la demande de produits animaux devient si forte, que non-seulement on peut consacrer au bétail du terrain cultivé et des récoltes dues au secours de l'art, mais encore, par ce moyen, retirer de son champ un produit tout aussi grand que celui qu'on obtient de la culture des grains ; parce qu'on a appris à nourrir le bétail au moyen d'une beaucoup moins grande étendue de terrain. Le cultivateur calcule ce que, indépendamment du revenu en argent qu'il retire de son bétail, le fumier lui vaut par l'augmentation qu'il procure dans ses récoltes de grains, et le résultat de cet examen le dispose à rechercher une quantité de produits animaux toujours plus grande, jusqu'à ce que la multiplication de ces produits remplisse tellement les demandes, que le prix des produits animaux commence à baisser de nouveau ; alors il se jette davantage sur la culture des grains, et d'autres produits, d'une vente facile et immédiate ; et cela peut avoir lieu avec d'autant plus de succès que l'augmentation des bestiaux lui a fourni les moyens de mettre ses champs en meilleur état. Telle est la marche que, partout où la force ne trouble pas l'ordre de la nature, ont prise et prendront nécessairement les variations de proportion entre l'entretien du bétail et la culture des grains, et cette marche est également utile à la nation dans les différens degrés de richesse par lesquels elle passe, et au cultivateur. En Angleterre il parut pendant un tems qu'on avait atteint la juste proportion entre la culture des grains et l'entretien du bétail, et alors le prix des produits animaux y tomba presque au-dessous de sa proportion avec celui des grains. Chez nous on est encore bien éloigné de ce point, nous pouvons encore augmenter de beaucoup les produits animaux, et avec eux le produit de nos récoltes de grains, avant d'avoir une surabondance de ceux-là. Nous devrons, au contraire, à cette augmentation, d'être indépendans de nos voisins pour divers objets de consommation immédiate et de première nécessité. Un système de culture qui a de tels résultats, sans diminuer d'une manière sensible la quantité de grains produite par le sol, et qui d'ailleurs augmente encore la fertilité du sol, me paraît avoir des avantages incontestables.

§ 315.

En troisième lieu, si l'on suit dans toute sa pureté et sa simplicité le système de culture lié à l'assolement triennal, on peut exécuter commodément les travaux, si, d'ailleurs, on dispose d'assez de forces pour accomplir les semailles et la récolte. Mais hors de ces momens l'on n'a guères les moyens d'employer ces forces, ce qui, dans de grandes exploitations tout comme dans de petites, oblige à avoir recours à des entreprises accessoires, afin de faire gagner aux attelages les frais d'une nourriture suffisante. Si, au contraire, par un plus grand emploi de la jachère, cet assolement est sorti de sa simplicité primitive ; le nombre des bras et des attelages doit immédiatement être augmenté, si l'on ne veut courrir le risque qu'à l'époque des grands travaux, les ouvrages ne s'accumulent et qu'il n'en résulte divers dommages. Les avantages qu'un emploi plus égal des attelages et des hommes donne aux autres assolemens, frapperont toute personne qui peut, d'un coup-d'œil, saisir l'ensemble de la répartition des travaux entre les diverses saisons.

§ 316.

En quatrième lieu, on ne saurait faire à un système de culture, un mérite d'encourager la paresse et l'indolence ; et il n'est pas d'homme simple et maladroit, auquel, si l'on sait le vouloir et si l'on y met un peu d'activité, on ne puisse bientôt donner autant d'habileté qu'il en faut pour les opérations des autres assolemens. Le succès montrera, combien l'intérêt que chacun prend aux récoltes qu'il a préparées, surtout lorsqu'il croit y avoir mis un peu plus d'art, augmente son activité et son application. Quant aux instrumens nous nous sommes expliqués ailleurs sur ce qui a rapport à leur emploi. Sans doute cette habileté et cette connaissance de leur usage ne sont point encore générales ; mais de ce qu'une chose reconnue pour bonne n'est point encore répandue, ce n'est point une raison de s'opposer à ce qu'elle se répande en effet.

§ 317.

En cinquième lieu, ces institutions mettent sans doute de la difficulté à ce que dans plusieurs pays, chaque cultivateur isolé puisse changer ce système de culture contre un autre ; souvent même elles peuvent y mettre un obstacle absolu. Il ne faut donc pas savoir mauvais gré à l'agriculteur, même le plus habile et le plus actif, s'il ne veut pas s'exposer aux ennuis sans nombre inséparables de ce changement. Mais lorsqu'il s'agit de l'utilité et du bien général, on ne considère que les lois de la nature et nullement celles des hommes, puisque la raison semble vouloir que celles-ci se soumettent aux autres, et se mettent en harmonie avec elles ; et cette modification peut et doit avoir lieu par tout où des idées claires sur l'économie politique et l'agriculture auront pénétré dans le sanctuaire de la législation.

§ 318.

Une circonstance qui met de la difficulté au changement de l'assolement triennal, et qui pour le particulier le rendent souvent impossible, c'est l'extrême division des propriétés, division qui a pour cause ce système lui-même, et qui en a si long-tems prolongé l'existence. Non-seulement chaque domaine a une étendue égale de terrain dans chacune des soles entre lesquelles la totalité des champs est divisée, mais encore cette étendue est répartie dans chaque sole sur une infinité de pièces distinctes et de plus ou moins grande étendue. De la naît pour chacun la nécessité de suivre l'assolement usité dans ces soles ; soit parce qu'il n'y a pas de chemins pour chaque pièce et que ces champs sont distribués de manière qu'en tournant la charrue dans l'un, on endommageât la semaille du voisin, si chacun voulait ensemencer son fonds au moment où cela lui plairait ; soit et surtout parce que jusqu'au moment où les semailles ont généralement lieu, et immédiatement après la récolte, souvent même lorsque les gerbes sont encore sur le champ, toute la sole est pâturée par le bétail des intéressés, quelquefois même par celui de communes voisines et d'autres particuliers qui ne possèdent pas de terrain. Cette institution aussi ancienne que ce système de culture, était fondée sur ce que chaque propriétaire particulier, n'eut pas pu jouir du pâturage de son propre champ sans endommager celui de son voisin. L'augmentation des champs et la diminution des pâturages naturels a rendu ce parcours des chaumes et de la jachère chaque jour plus nécessaire, puisque sans lui on ne pourrait entretenir le bétail pendant l'été. Aussi chacun des intéressés et les préposés des communes veillent-ils scrupuleusement à ce qu'il ne soit point diminué, et à ce qu'on n'empiète point sur lui.

Ainsi donc, lors-même qu'on accorderait une juste préférence à un autre système de culture, cette institution née dans l'enfance de l'agriculture et qui s'est généralement répandue, ne pourrait que difficilement être abolie, là où de petits propriétaires ont la disposition libre et franche de leurs fonds *.

* Tout ceci est particulier à l'Allemagne ; la législation de la France et d'une grande partie celle de la Suisse, ont assuré à l'agriculture toute la liberté nécessaire à son libre exercice. Dans quelques lieux seulement l'extrême division des fonds et la continuation de l'usage du parcours en commun, sont encore des obstacles à vaincre au moyen de sacrifices pécuniaires. *Trad.*

§ 519.

On a cherché un palliatif à ce mal en enlevant au parcours une partie de la sole en jachère, le plus souvent celle qui étoit le plus rapprochée du village, et en favorisant par là la culture des plantes à fourrage et d'autres récoltes; mais cela n'a pu être opéré que par un acte d'autorité des gouvernemens ou de la puissance législative, sollicité par la pressante voix de Schoubart; encore cela n'a-t-il point eu lieu sans de vives réclamations des particuliers intéressés au parcours. Mais cette disposition toute bienfaisante qu'elle fut, était cependant insuffisante.

Dans quelques États la puissance souveraine a récemment, et avec la plus grande énergie, coupé le mal par la racine, en défendant sans exception, tout parcours sur le champ d'autrui que le propriétaire ensemençait; les gouvernemens ont ainsi rendu complète une propriété qui n'étoit que limitée. Si l'on admet en principe que personne n'a droit au parcours que les propriétaires eux-mêmes, l'abolition de cet usage se trouve réciproquement compensée; nul n'a été molesté dans ses droits, seulement on a mis fin à l'abus qu'il en faisait au détriment des autres et du bien général. Au reste, le plus souvent cela rend la nourriture du bétail à l'étable d'une nécessité absolue; puisqu'aucun propriétaire n'est tenu à clore le champ qu'il a ensemencé, mais que le particulier et la commune qui mettent leurs bêtes au pâturage sont responsables, non-seulement de leurs dommages, mais encore de tous ceux qui peuvent avoir été faits par des bestiaux, lors-même qu'il ne serait pas prouvé que les leurs y ont eu quelque part.

Il est encore douteux, sans doute, si une brusque introduction de la nourriture à l'étable peut être praticable, et si, au grand détriment de l'agriculture, la quantité de bétail ne serait pas momentanément diminuée par la rigoureuse observation de ce règlement; cette question ne peut être décidée que pour chaque cas particulier, d'après une connaissance approfondie de la localité. Au reste, cela même ne lève point encore toutes les difficultés que présente l'introduction d'un bon système de culture.

Un moyen plus difficile, mais sans doute bien plus efficace, c'est cet échange général des champs, par lequel on donne à chacun, en une ou plusieurs pièces attenantes, ce qui lui vient en terrain, sous une juste compensation de la quantité par la qualité, et avec le plein droit d'en disposer à sa volonté. C'est par ce moyen seulement que l'agriculture nationale et celle de chaque particulier peuvent s'élever à la perfection, et qu'on peut introduire dans chaque exploitation rurale, le système de culture qui conduit à cette perfection. Mais sans doute, dans un pays où la possession illimitée est assurée à toutes les classes de propriétaires, cet échange général, cette nouvelle répartition des champs doit rencontrer des obstacles difficiles à vaincre, plus encore sous des rapports politiques et moraux, que sous des rapports physiques.

J'imagine un autre moyen qui, à la vérité, n'est qu'un palliatif, mais qui pourrait recevoir diverses modifications, suivant les lieux où il serait employé. Je suppose donc qu'on divise en neuf parties égales une étendue de champ soumise à l'assolement triennal, et que pendant six ou sept ans, suivant que le droit de parcours était plus ou moins étendu, on laisse au propriétaire la libre jouissance de ce qu'il possède dans chaque sole, sans qu'il puisse être troublé par aucun parcours avant les semailles ou sur le chaume ; seulement qu'on l'oblige de fumer à la cinquième ou sixième année pour l'avant dernière récolte, et de semer du trèfle blanc sur la dernière. Si pendant les deux ou trois années restantes, le champ est laissé en pâturage commun, ce pâturage devra alors surpasser de beaucoup en qualité le paccage de la jachère et du chaume qu'on avait auparavant, et après l'écoulement de ces années de pâturage, la décomposition des plantes, et la plus grande concentration des excrémens du bétail, devra avoir rendu les champs infiniment plus propres à rapporter des grains. Ainsi, après divers essais faits sans contrainte, le laboureur s'approprierait bientôt la rotation qui serait la plus avantageuse, d'après la nature du sol et les circonstances rurales de la localité, et cet assolement serait, sans aucun doute, adopté par le plus grand nombre. Je ne vois pas quelle difficulté cette institution pourrait rencontrer, si l'on s'en occupait sérieusement, et si l'on mettait de la réflexion dans la division des soles, surtout à l'égard des chemins, lesquels autant que cela se peut, doivent conduire à toutes les pièces.

§ 520.

Au reste, avec le consentement général des intéressés, on a déjà souvent entrepris des changemens au cours des récoltes de l'assolement triennal, même sur des étendues de champs du parcours desquelles on jouissait en commun. C'est ainsi que je connais plusieurs villages où les champs sont aujourd'hui soumis à l'assolement suivant: 1. jachère, 2. orge, 5. pois, 4. seigle, 5. avoine, 6. seigle, et après de nouveau jachère. Ou bien où l'on fume pour 1. orge, 2. seigle, 5. jachère, 4. seigle, 5. pois, 6. orge, 7. seigle, 8. avoine, 9 jachère.

Dans les terres très-fortes l'on craint qu'en semant du froment sur une jachère fumée, ce blé ne verse, c'est pourquoi l'on sème plus ordinairement de l'orge qui, à ce qu'on croit ici, redoute moins d'être versée que le froment. Mais pour tout cela on ne se décide point encore à renoncer l'assolement triennal.

§ 521.

Dans quelques endroits, l'assolement quatriennal a déjà été introduit il y a un grand nombre d'années, sur des soles communales. On y cultive après la jachère 1. grains d'automne, 2. grains de printems, 3. grains d'automne et de printems, ou même des pois ; et ensuite l'on donne de rechef une jachère. Ce dernier choix est aussi contraire à toutes les règles de l'agriculture qu'il soit possible de l'imaginer, puisque des pois convenablement cultivés sont une excellente préparation au blé, et qu'après eux le terrain n'a nullement besoin de jachère.

Plusieurs propriétaires ont adopté, tant pour leur propre exploitation que pour celles de leurs fermiers, une espèce d'assolement quatriennal dont ils se promettaient de grands avantages. Cet assolement qui me paraît reposer sur un mésentendu du système d'assolement quatriennal alterne des Anglais, comprenait d'abord une année de trèfle indépendamment d'une de récoltes jachères ; mais ensuite on voulut y avoir les récoltes de grains les unes après les autres et leur faire succéder le trèfle à la quatrième année, où, comme l'on devait s'y attendre, il réussit encore bien moins que dans l'assolement triennal. Aujourd'hui dans les champs ainsi divisés, le plus souvent on cultive consécutivement trois récoltes de grains, après lesquelles on donne une jachère ; je ne connais qu'un seul exemple, d'un domaine sur lequel, depuis 25 ans, on suive réellement l'assolement anglais 1. récoltes sarclées, 2. orge, 3. trèfle, 4. grains d'automne. J'ai dit que l'assolement ci-dessus me paraissait reposer sur un mésentendu de ce dernier ; en effet il fut introduit à peu près dans le tems où le grand Fréderic, reconnaissant les avantages de la culture anglaise, la fit établir sur ses domaines par l'anglais Brown et par quelques autres agriculteurs expérimentés qu'il avait envoyés étudier en Angleterre, et où ce Monarque chercha à l'introduire généralement dans ses Etats, en aidant pour cela à ceux des propriétaires qui étaient le plus disposés à entrer dans ses vues.

§ 522.

Dans quelques domaines voisins de communes rurales on trouve aussi l'institution de cinq soles, avec de grandes variétés dans la succession des récoltes. Là où l'on cultive 1. des grains d'automne, 2. des pois, 3. des grains d'automne, 4. des grains de printems, l'assolement n'est pas très-mauvais, pourvu seulement que la jachère soit complète et bien soignée. Avec de légères modifications, ces assolemens quatriennal et quinquennal pourraient plus facilement que l'assolement triennal, être changés en un bon assolement alterne, parce que la culture des plantes à fourrage y a une place convenable.

L'aperçu

L'aperçu de toutes les espèces de culture, que je donnerai à la fin de cette section, en forme de tableau, jettera plus de jour sur les rapports dans lesquels l'assolement triennal est avec lui-même et avec d'autres systèmes de culture, tant à l'égard du travail et des engrais, qu'à celui du produit effectif.

CULTURE ALTERNE.
ASSOLEMENS ALTERNES AVEC PATURAGE. *
§ 323.

Cette espèce de culture dans laquelle le champ est consacré pendant plusieurs années consécutives à la culture des grains, et ensuite pendant quelques autres au pâturage du bétail, quelquefois aussi à produire des fourrages, a été depuis long-tems désignée par les Allemands, les Anglais et les Italiens, sous le nom de culture alterne, qui lui convient d'une manière particulière. Dans ma *Culture anglaise*, j'ai aussi employé ce terme dans le même sens, et ce n'est pas ma faute si dès-lors, sous cette dénomination, on a voulu entendre exclusivement un autre cours de récoltes. Ce que je désigne ici sous le nom de *culture alterne avec pâturage*, comprend les assolemens dans lesquels, à la suite d'un plus ou moins grand nombre de récoltes, le champ est mis ou laissé en herbage, pour être pâturé par le bétail pendant deux ou plusieurs années. Cette culture est appelée en Allemagne généralement du nom de *Koppel wirthschaft, culture des clos*, quoique le plus souvent les terres qui y sont soumises ne soient point entourées de clôtures. Quant à nous, nous conserverons la dénomination de *clos* exclusivement aux possessions entourées de haies; en donnant celle de *sole* aux divisions qui ont l'assolement pour base, soit que chacune d'elles soit composée d'une seule pièce séparée et distincte, soit qu'elle en comprenne plusieurs, soit enfin qu'elle ne soit elle-même qu'une partie d'une pièce de plus grande étendue. Ainsi, dans notre acception, les soles sont les parties des champs divisés d'après un certain cours de récoltes, de manière que, après l'écoulement d'un nombre d'années égal à celui des soles, chacune de celles-ci se trouve dans l'état où elle était au commencement de la rotation, et nous ne nous enquerrons point si elles sont entourées de clôtures, ni même si toutes leurs parties sont réunies dans un même lieu, ce qui n'est point nécessaire, sur-tout pour la *nourriture à l'étable*, dans laquelle, sous certains rapports, des séparations de position peuvent plutôt être utiles.

---

* Afin de distinguer les subdivisions de ce système de culture dans le nord de l'Allemagne, l'auteur donne la dénomination d'*assolement du Holstein* à celui où les années de pâturage dominent, et d'*assolement du Mecklembourg* à celui où les soles de grains et de jachère sont en plus grand nombre. *Trad,*

§ 524.

Il est probable que le système de culture alterne s'est conservé dans le Nord depuis les tems ou Tacite disoit : *arva per annos mutant et superest ager ,* (ils changent annuellement leurs champs et ils ont des terres en surabondance.) Sans doute alors on allait sans ordre d'une place à l'autre, suivant que le terrain qu'on cultivait était épuisé et ne donnait plus d'abondantes récoltes ; car on avait assez de pâturages à mettre en culture. Mais comme, à mesure que la population augmenta, la propriété acquit des bornes, on se vit obligé de retourner au champ qu'on avait laissé, et comme l'on trouva que le repos et l'engrais du pâturage lui avait rendu sa fécondité, on laissa successivement en pacage le terrain qui avait été en culture pendant un certain nombre d'années. Dans plusieurs contrées nous trouvons encore des traces de cette manière d'alterner ; on y reconnaît encore parfaitement sous de vieux chênes, les billons des anciens labours.

Probablement cette méthode s'était conservée dans la partie la plus septentrionale de l'Allemagne, dans la presqu'île du Danemarck, et s'y était convertie en un système régulier de culture, qui s'est ensuite étendu sur les provinces voisines. Vers le commencement du dernier siècle, le *Landrost de la Lühe* apprit là à connaître les avantages de ce système, et entre les années 1720, 1730, il commença à l'introduire avec quelques modifications dans ses domaines du Mecklembourg. Ce seigneur s'attira par là devives contradictions, des disputes, des railleries et des inimitiés qui, à l'occasion des différens qu'il eut ensuite avec le duc, furent en partie cause des poursuites qu'il essuya, lesquelles mirent du désordre dans sa nouvelle culture, et détruisirent sa fortune. Ces circonstances firent que pendant long-tems ce propriétaire ne trouva que des imitateurs secrets, lesquels, dans un silence absolu, introduisirent dans leur domaine ce système de culture, en y apportant quelques modifications, souvent même en parlant ouvertement contre lui. Tout-à-coup on s'aperçut que plusieurs domaines fortement épuisés par l'assolement triennal et qui, chaque jour, voyaient resserrer l'espace qu'ils pouvaient fumer, avaient été rétablis par le nouveau système et poussés à de beaucoup plus grands produits. Cependant ce ne fut que durant la guerre de 7 ans, et dans les années qui suivirent, que ce système de culture obtint l'assentiment général, et qu'il s'étendit, tant sur la plus grande partie du Mecklembourg, que sur les provinces environnantes. C'est aussi de ces tems que sont les premiers écrits qui nous sont parvenus sur cette matière [*].

---

[*] Tels que *Rosenows Versuche einer Abhandlung vom Ackerbau in der Koppelwirthshaft, Leipzig 1759. — Schumachers gerechtes Verhaltniss der Viehzucht zum Ackerbau aus der*

Les avantages qui résultèrent de ce genre de culture, principalement sur les domaines dont les engrais diminuaient progressivement, éclairèrent alors tellement
les agriculteurs, qu'on envisagea ce système comme le plus parfait de tous ceux
qui étaient possibles, et que, dans ces contrées le propriétaire s'estima heureux,
que la dépendance absolue des paysans lui permit de réunir d'abord ses champs,
et de les diviser en soles. Alors seulement on commença à estimer la terre à
sa valeur.

§ 325.

Si ici ce fut le hasard qui fit connaître ce système et qui favorisa son introduction, ailleurs sa découverte fut due à la réflexion. La grande fécondité du
terrain reposé, la sûreté, l'abondance des récoltes qu'il donne, la richesse com-
parative du pâturage qu'on obtient des terrains non arrosés soumis à la charrue
et qu'on laisse pour quelques années en repos, avant qu'ils soient épuisés ; la
supériorité de ce pâturage sur celui des pacages à demeure; tant d'avantages
durent frapper les observateurs attentifs.

Camillo Tarello, dans son *Ricordo d'agricultura,* enseigna ce système dans
sa plus grande perfection, et l'appuya sur des bases solides et des raisonnemens
fondés. Suivant lui les herbages devaient être labourés 8 fois et être employés à
la culture des grains, sans qu'on y mit des engrais, si ce n'est peut-être de la
chaux, jusqu'à la dernière récolte de grains, sur laquelle il voulait qu'on
semât du trèfle et d'autres bonnes graines de prés, afin de laisser ensuite ce terrain
en pâturage ou en pré pour la nourriture du bétail. *Bertrand,* à Orbe en Suisse,
dans ses élémens d'Agriculture, enseigna aussi ce système, et prouva les
avantages qu'ont sur les anciens pâturages, les herbages formés sur les champs,
et la fécondité qui résulte pour les récoltes de grains, de la décomposition
du gazon. Ce système se trouve établi en Suisse et dans quelques parties du
midi de l'Allemagne, depuis je ne sais combien de tems.

§ 526.

Malgré tout cela ce système de culture a rencontré beaucoup d'oppositions de
la part de gens, dont le plus grand nombre ne s'en faisait point une idée
complète. On croyait que la culture des grains en serait trop resserrée, et l'on
envisageait comme honteux, de laisser tant de terrain sans l'ensemencer. L'on
croyait que la diminution du travail était le seul motif de l'assentiment que, de
tems en tems, ce système avait reçu ; l'on en appela au retrait des fermes des

---

*Mecklenburgischen Wirthschaftverfassung. — Gedanken von der Mecklenburgischen Wirts-
chaft und Ausführungskunde von Densow.—Von Vegesack zur Aufnahme der Landwirthschaft,
Berlin 1766. A.*

paysans du Mecklembourg *, et l'on assura qu'il tendoit à dépeupler le pays en diminuant à la fois les produits en denrées et l'emploi de la main d'œuvre.

L'académie royale des sciences de Berlin, proposa en conséquence pour le prix de l'an 1791, la question sur la possibilité d'adoption de l'assolement alterne avec pâturage dans la Marche de Brandebourg. Plusieurs écrits furent présentés au concours, et il en parut un plus grand nombre sur les discussions auxquels ces premiers donnèrent lieu, mais les uns et les autres ne présentaient point d'une manière assez claire les rapports réciproques des différens systèmes de culture, et le plus grand nombre d'entreux ne donnait point une idée juste de celui dont il s'agit ici, aux personnes qui n'en avaient aucune connoissance antérieure.

§ 327.

Le principal mérite des assolemens alternes avec pâturage, mérite qui a été passé sous silence par le plus grand nombre de leurs détracteurs, c'est qu'ils embrassent dans leur rotation, toute l'étendue des terres qui sont de nature à être soumises à la charrue; le seul terrain trop humide, celui qu'on ne peut égoutter, et le trop montueux ou peut-être le trop éloigné, sont laissés l'un en prairies, l'autre en forêts; et tous deux sont consacrés uniquement à cet emploi.

Ce système de culture rend superflu le pâturage dans les prairies à demeure, du moins n'en prescrit-il l'usage que dans le cas où, au premier printems et en automne tard, la vaine pâture ne peut y faire aucun dommage. Au reste les bois y sont complétement fermés, et nulle pièce de bétail n'en écrase les jeunes pousses, ou ne ronge les arbres plus avancés. Il n'admet point d'étendue de terrain exclusivement consacrée au pâturage ; tout ce qui a servi pendant un certain nombre d'années au pacage du bétail, bonnifié par l'engrais du parcours et la décomposition des plantes, est de nouveau consacré pour une autre série d'années à la culture des céréales ; tandis que les champs qui ont rapporté des grains, appauvris sans être épuisés, se rétablissent peu-à-peu, en servant au pâturage et à la nourriture du bétail.

Souvent il n'est déjà pas vrai qu'avec cet assolement on sème moins qu'avec l'assolement triennal; il y a beaucoup de circonstances où l'étendue des semailles a été augmentée par l'adoption du système de culture alterne avec pâturage, parce que les soles étaient augmentées de toute l'étendue, non-

---

b Les grandes possessions foncières du Mecklembourg étaient autrefois divisées en petits domaines affermés à des paysans; on les réunit ensuite en grands mas pour les soumettre à l'assolement alterne avec pâturage. C'est cette opération qui est désignée ici par *retrait des fermes de paysans; Einziehung der Bauerhœfe. Trad.*

seulement des pâturages qui auparavant étaient nécessaires à l'entretien du bétail, mais encore et surtout, de celles de bois dépeuplés, où l'on ne trouvait plus que quelques arbres isolés et rabougris.

Au moyen de leurs herbages riches et souvent renouvellés, les assolemens alternes avec pâturage peuvent entretenir une bien plus grande quantité de bestiaux et leur fournir une nourriture à la fois plus abondante et plus sûre. Ils procurent donc des engrais en plus grande abondance, et le champ profite même des excrémens du bétail disséminés sur le pâturage, lesquels, dans les assolemens ordinaires, seraient autant que perdus pour la culture des grains.

Nous avons dit, que le produit en grains dépend de la quantité des sucs nourriciers contenus dans le sol ; ce produit, sur la même étendue de semailles, est tellement augmenté, que dans la plupart des cas, et bien qu'on eût en effet ensemencé une moins grande surface, loin de demeurer en-dessous de ce qu'on eût obtenu par l'assolement triennal, il le surpasse encore. Presque partout on on a dû convenir qu'à amendement et assolement égaux, un champ mis alternativement en culture rapportait après le repos, un de plus pour un de semence ; ce qui, comme produit net, est de grande conséquence.

A cela il faut ajouter l'augmentation que donne sur la rente du bétail une nourriture abondante, qui se soutient pendant tout l'été et qui, soit à cause de la grande étendue des herbages, soit à cause de leur richesse, permet d'entretenir un beaucoup plus grand nombre de bestiaux. Ainsi donc, supposé même que le produit en grains ne dût pas être grossi, l'augmentation de la rente du bétail seule, augmentation que personne ne met en doute, déciderait la question en faveur du système de culture alterne avec pâturage.

§ 528.

Au reste, la proportion d'après laquelle les assolemens de cette espèce alternent entre la culture des grains et les herbages, varie beaucoup, et cette proportion avec les conséquences qui en résultent, est ce qui caractérise les diverses branches de ce système.

La première différence est celle qui existe entre les assolemens que l'usage a distingués sous les noms de culture du Holstein, et culture du Mecklembourg.

Dans la première, le pâturage et l'entretien du bétail l'emportent sur la culture des grains ou tout au moins ils ont une beaucoup plus grande part au produit, que cela n'a lieu dans le Mecklembourg. Non-seulement l'habitant du Holstein laboure une moins grande étendue, mais encore il consacre moins de travail à son champ. Dans la culture nationale primitive, qui est encore suivie par un grand nombre de cultivateurs, on ne donne jamais de jachère complète ni de labour d'été ; aussi a-t-on eu pendant long-tems une fausse honte de diviser le gazon , de détruire des herbes à semence, et de diminuer par des labours réitérés les germes des plantes de pâturage. Ainsi, à la fin du repos on ne donne pas de jachère pour la récolte de grains, et souvent alors on sème en première récolte de l'avoine sur un seul labour; si le sol est sablonneux, on y sème du blé noir. Cette première récolte en avoine a été conservée, et à mon avis avec raison, par ceux qui, convaincus de l'utilité d'un travail plus complet, donnent une jachère après elle. De même lorsqu'on veut remettre les champs en pâturage, on évite ordinairement de trop diviser la terre et de trop détruire les herbes, c'est par cette raison que, pour la dernière récolte on ne donne qu'un labour, et que cette récolte est ordinairement de l'avoine.

§ 329.

L'habitant du Holstein, on voudra bien se rappeler que je parle ici toujours du plus grand nombre, car on rencontre dans le Holstein des exploitations rurales particulières, dirigées entièrement à la manière du Mecklembourg ; l'habitant du Holstein a un plus grand nombre de soles et une rotation plus longue. Ordinairement il cultive plusieurs fois consécutives des grains, et alors il laisse son terrain d'autant plus long-tems en pâturage.

La proportion la plus ordinaire dans le Holstein est un cinquième en grains d'automne, un cinquième en grains de printems et trois-cinquièmes en pâturage. Si l'on donne une jachère, ce qui le plus souvent a lieu, depuis que l'usage de marner a été introduit d'une manière générale; elle ne comprend qu'un dixième, on suit alors l'assolement ci-après :

1. Avoine sur pâturage rompu.
2. Jachère.
3. Grains d'automne.
4. Grains de printems.
5. Grains d'automne et de printems.
6, 7, 8, 9, et 10, pâturage.

Rarement ou jamais on a moins de dix soles. En revanche on trouve des assolemens de 12, 13 et 14 ans, dans lesquels les années de récoltes de grains et celles de pâturage se succèdent sans alterner, mais avec une plus grande proportion de ces dernières, car jamais on ne cultive consécutivement plus de cinq récoltes de céréales.

Dans le Holstein on se décide plus rarement à changer les soles, qu'on ne le fait dans le Mecklembourg, parce que là, chaque sole est entourée d'une clôture, composée d'un fossé, d'un *parapet* et d'une haie plantée sur celui-ci. Dans un pays où la nourriture du bétail au pâturage est comme la base de l'agriculture, on met à ces clôtures une importance telle, que plusieurs personnes y voient la principale différence entre la culture du Holstein et celle du Mecklembourg ; et c'est pour cela aussi qu'on a si vivement disputé sur l'utilité et les inconvéniens de ces clôtures.

Il est d'usage de tailler les haies chaque fois qu'une sole est mise en culture, et ces haies recroissent alors peu à peu, pendant la durée des récoltes de grains ; lorsque le terrain est remis en pâturage, elles sont réellement d'une grande utilité.

Ces clôtures dont l'établissement est à la fois pénible et dispendieux, font qu'on ne se décide pas facilement à changer la distribution des soles et que, dans les domaines où le nombre en paraît trop grand, on préfère en sortir une ou plusieurs de la rotation, pour les soumettre à une culture distincte, à peu près à la manière que les habitans du Mecklembourg suivent pour leurs clos séparés.

Comme le cultivateur du Holstein entretient proportionnément plus de bétail que celui du Mecklembourg, et qu'il le nourrit beaucoup mieux, tant en été qu'en hiver ; il obtient ainsi une plus grande quantité d'engrais, laquelle, jointe à la plus grande durée du repos, fait que son terrain est conservé dans un état beaucoup plus prospère. Par ce moyen et malgré la moins grande proportion du travail qu'il consacre à son champ, il obtient des récoltes souvent plus fortes, mais en général moins assurées.

Comme ce genre de culture existe dans le Holstein depuis un tems immémorial et que, par son moyen, le sol doit chaque année gagner en fertilité ; ce sol doit être depuis long-tems dans un état très-prospère, quoique de sa nature, et si j'en excepte les bas fonds et les terrains formés par des alluvions, il ne soit réellement point supérieur à celui du Mecklembourg et des autres provinces du nord de l'Allemagne. Souvent on y rencontre une abondance de terreau et une grande richesse de végétation, sur du terrain où le sable prédomine à un point tel, que si l'on y suivait une autre culture, il ne présenterait que l'image de la stérilité. Cela explique l'étonnant effet produit par un genre d'amélioration que l'on peut aujourd'hui compter comme un des caractères de la culture du Holstein, l'amendement avec de la marne argileuse ; effet qui est tel, qu'on ne pourrait en attendre un pareil d'un fort amendement de fumier animal.

Dans le Holstein, on calcule qu'en moyenne, la moitié du produit des exploitations rurales est due à la laiterie, aussi donne-t-on des soins particuliers à cette branche d'économie.

Dans l'examen que nous aurons à faire des rapports que les différens genres de culture ont entr'eux, nous traiterons en détail de l'emploi des soles, ou des assolemens.

§ 530.

Le cultivateur de Mecklembourg au contraire attache une beaucoup plus grande importance aux récoltes de grains et au travail des terres; chez lui la culture est en général plus compliquée et plus variée ; dans le cours de chaque rotation il donne une et même deux jachères mortes complètes, qui doivent recevoir le premier labour, déjà en automne, et être soigneusement travaillées pendant l'été suivant. Par conséquent, il doit non-seulement avoir moins de pâturages et entretenir moins de bétail, mais encore nourrir moins bien celui-ci, tant en été qu'en hiver; aussi le produit des bestiaux est-il beaucoup moins grand dans cette culture, que dans celle du Holstein.

Comme le cultivateur du Mecklembourg a moins d'engrais à sa disposition, il cherche à remédier à ce défaut par une culture plus soignée, au moyen de cela les récoltes qu'il se procure sont souvent plus riches que celles obtenues par le cultivateur du Holstein avec un amendement plus fort, mais aussi elles laissent le sol beaucoup plus appauvris.

On a cherché à remédier à ce manque de fumier par l'emploi le plus parfait des engrais produits et conservés par la nature, surtout du terreau qui, depuis des siècles, s'était amassé dans les bas fonds et dans des creux, quelquefois aussi par l'emploi des plantes aquatiques, en particulier du varec (*Fucus*); parce moyen dans plusieurs domaines on a arrêté l'épuisement du sol.

L'usage de la marne argileuse se propage à la vérité, et produit des effets très-avantageux sur plusieurs domaines du Mecklembourg qui n'avoient pas été épuisés, mais elle n'y fera jamais tout le bien qu'on en obtient sur le sol fécond du Holstein.

Tandis que l'habitant du Holstein soumet ordinairement toute sa culture à une seule rotation, on rencontre dans les domaines du Mecklembourg ordinairement plusieurs assolemens, et l'on y distingue surtout la division suivante.

§ 331.

1. Les soles *intérieures* ou *principales*. Elles comprennent le terrein le meilleur, celui qui depuis long-tems, et déjà sous l'assolement triennal, a été le mieux amendé. Elles sont plus rapprochées des bâtimens, et elles y viennent aboutir, ou bien elles y sont jointes par des chemins très-courts; elles font la partie la plus essentielle du domaine, leur pâturage est le plus souvent réservé au bétail de rente.

2. Les soles *extérieures*, elles comprennent le terrain le plus mauvais, ou le
plus

plus négligé et le plus éloigné, celui que, dans la culture des terres arables, on a coutume de désigner sous le nom de *terre à seigle de six ou neuf ans.* Le pâturage y est trop pauvre et trop éloigné pour le bétail à cornes, on le destine aux bêtes à laine. Le cultivateur du Holstein ne possède, à la vérité, pas de ces bêtes, mais celui du Mecklembourg, quoiqu'en les négligeant et n'en retirant jusqu'à ces derniers tems, que bien peu de profit, les a cependant conservées depuis l'époque où ses terres étaient soumises à l'assolement triennal. Il semble que de droit, ces soles extérieures dussent tout au moins jouir du parcage des bêtes à laine, mais comme le plus souvent on en a besoin pour les soles intérieures, on l'ôte encore aux premières, qui alors ne recevant pas d'engrais, doivent puiser dans ce qu'on appelle leur repos, de quoi rendre de chétives récoltes. Du reste ce repos ne produit que peu d'effet, parce que des champs tenus de la sorte ne donnent que peu d'herbe, et que par conséquent les bestiaux n'y déposent qu'une petite quantité d'excrémens.

3. Les soles *accessoires.* Elles comprennent le plus souvent des terrains distingués et situés près des bâtimens ; le plus grand nombre est entourré de haies et peut être assimilé à ce que, dans le système de culture avec assolement triennal, on appelle des *clos.* Leur objet est principalement de servir au pâturage des bêtes de trait et de celles de rente destinées à fournir à la consommation du ménage. On distingue ces dernières du bétail de la vacherie, qui le plus souvent donné à louage. Ces soles sont aussi employées à la culture des plantes à fourrages et à produire des foins ; c'est par cette raison qu'on les appelle encore *clos à trèfle.* Au reste, on y cultive aussi alternativement des grains. Plusieurs cultivateurs ont commencé à les soumettre à un assolement réglé, et en particulier à l'assolement de quatre ans, 1. récoltes sarclées, 2. orge, 3. trèfle, 4. grains d'automne. En général cependant on n'y suit aucun cours de récoltes fixe ; on dirige ces clos à volonté, suivant les besoins de chaque année, et comme supplément aux soles principales. Leur étendue est le plus souvent proportionnée à la quantité de bétail de *trait* et de *ménage* qu'on entretient, parce que, dans l'origine, ces soles n'étaient destinées qu'à lui servir de pâturage.

Là, en effet, on pouvait mieux entretenir les bœufs de trait et les avoir sous la main, lorsqu'on en avait besoin. Ordinairement ces clos sont au nombre de trois, dont, suivant leur institution primitive, l'un doit rapporter des grains, un autre produire des foins, et le troisième être pâturé, et ils alternent ainsi tous les deux ou trois ans.

§ 332.

Suivant l'état où les soles se trouvent, on les appelle, 1 sole du pâturage,

I.   59

2. sole de semailles, 3 sole de jachère. Là où il y a deux jachères dans l'as-solement, une immédiatement après que le pâturage a été rompu, l'autre entre les récoltes de grains ; la première s'appelle *jachère verte, jachère du repos, première jachère*, et comme alors le champ n'est pas fumé, on dit qu'il produit *de repos*, il serait plus exact de dire qu'il produit de la *décomposition du gazon*. L'autre jachère s'appelle, *jachère meuble, jachère noire, seconde jachère*, et parce qu'elle est fumée, *jachère fumée* ou *jachère grasse*.

§ 353.

Dans la culture du Holstein, comme dans celle du Mecklembourg, ces soles al-ternent successivement entr'elles, ensorte que, pour la culture, chaque année l'une prend la place de la précédente. Cette rotation dure autant d'années qu'il y a de soles, et dans l'année qui suit l'accomplissement de la rotation, chacune de ces soles doit se trouver dans l'état où elle était au commencement. Il s'ensuit de là que chaque année il y a le même nombre de soles de chaque espèce, ce qui établit cette uniformité, cette régularité permanente de culture, laquelle non-seule-ment facilite l'inspection, mais aussi assure un produit égal des diverses branches de l'économie rurale ; ensorte que, dans aucun genre de culture, on ne peut obtenir des aperçus plus exacts, et l'on ne peut maintenir l'ordre avec plus de facilité que dans celui-ci, lorsqu'une fois cet ordre a été établi. En revanche, dans aucun genre de culture l'organisation n'est plus difficile et ne demande plus de réflexion, parce qu'ensuite tout changement partiel devient presque impossible, si l'on ne veut être réduit à changer tout l'ensemble.

§ 354.

Partout où cela se peut, on distribue les soles de manière que d'après leurs n.^{os} et leur succession, elles se trouvent dans une position circulaire, ensorte que, si par exemple il y en a 11, le n.° 11 touche au n.° 1 ; par ce moyen l'on obtient que les soles de pâturages soient attenantes, qu'ainsi le bétail puisse les parcourir ensemble, ou tout au moins aller de l'une à l'autre, sans avoir beau-coup de chemin à franchir. Outre cela, afin d'épargner de nouvelles clôtures, l'on consacre au parc du bétail l'un ou l'autre des clos entourés de haies, et aussi long-tems qu'il demeure en herbage, l'on y met les bêtes pour y passer la nuit. Quelques personnes n'approuvent pas ce dernier usage, parce qu'ainsi ce clos se trouve favorisé au détriment des soles, par une plus grande abondance de fumier du parcours ; elles n'en exceptent que le cas où l'on aurait des mo-tifs particuliers d'améliorer cette pièce de terre. Au reste, le rapprochement des pâturages est important à cause des abreuvoirs, parce qu'alors un de ceux-ci peut suffire pour deux ou trois soles. Comme ces abreuvoirs ne sont pas toujours d'un établissement facile, il convient d'y faire attention dans la distribution des soles.

§. 335.

Dans la bonne règle, l'étendue de ces soles doit être égale. Souvent à la vérité lorsque le sol était de qualités différentes, on donnait proportionnellement plus d'espace aux soles composées du plus mauvais terrain, afin d'avoir chaque année, autant que cela était possible, la même quantité de grains et de nourriture pour le bétail. Comme le plus mauvais terrain est fréquemment celui qui est le plus sablonneux, il est d'un labeur plus facile, ainsi la différence du travail n'était pas considérable ; et comme l'on avait coutume d'augmenter ou de diminuer la quantité de semence, en proportion de la bonté du sol, il y avait aussi en cela cette égalité tant estimée des anciens économes. Seulement on manquait d'autant plus d'engrais que le fumier devait être disséminé sur un plus grand espace, puisque, pour rendre un produit égal, le mauvais terrain en a bien plus besoin que le bon. C'est pour cela que souvent on était obligé de traiter différemment la plus mauvaise partie de ces plus grandes soles, de la laisser plus long-tems en herbage, d'en exiger moins souvent des récoltes de grains et de l'employer seulement de tems en tems, comme supplément aux semailles ; ou bien qu'on devait y remédier par le moyen des *clos accessoires*, en leur retranchant les engrais, lorsqu'on avait à fumer une sole de plus grande étendue et d'un plus mauvais terrain.

§. 336.

Si d'ailleurs le sol des différentes parties du domaine n'est pas tout d'une même nature, et que cependant on veuille comprendre toutes ces différentes parties dans l'assolement, on s'arrange de manière que chaque sole ait une portion égale de chaque espèce de terrain. Souvent ceci présente de grandes difficultés, souvent même on est obligé de donner aux pièces une forme différente de celle qu'elles devraient avoir d'après les convenances géométriques ; si, à cause de la localité, on est obligé de joindre à une sole une parcelle de mauvais terrain, alors on cherche à améliorer celle-ci en y mettant une plus grande quantité de fumier, ou mieux encore en y transportant de la bonne terre.

Quelquefois on a jugé nécessaire de comprendre dans la rotation une sole de terrain décidément plus mauvais, mais de la ménager en la laissant reposer une année de plus en pâturage et en avançant à sa place la culture d'une sole qui fût de nature à supporter cette anticipation. Alors, dans le cours de la rotation, la première rapporte une récolte céréale de moins, tandis que la seconde en produit une de plus et par conséquent est une année de moins en pâturage, de cette manière on ménage le terrain de l'une, en appauvrissant celui de l'autre. C'est-là une ressource pour les cas de nécessité, qui ne doit être employée qu'avec la plus grande circonspection, et qui, si l'on en abuse, peut déranger l'exploitation pour plusieurs rotations : il faut surtout faire attention que des fermiers à qui une telle opération pourrait être extrêmement avantageuse, ne puissent pas se la permettre, si tout l'assolement n'est pas calculé pour cela. On dit au reste que plusieurs propriétaires avides du Mecklembourg l'ont faite dans les années où les grains s'exportaient à des prix avantageux.

§ 337.

Ainsi donc la distribution des soles dépend souvent de la localité, de la disposition des terres et de la situation des bâtimens rustiques. Mais il est d'autres considérations qui ne sont pas d'une moins grande importance, et qui décident souvent une division beaucoup moins régulière qu'elle ne paraîtrait devoir l'être d'après la figure de la surface. La disposition la plus avantageuse des terres est sans doute celle dans laquelle le domaine formant un cercle ou un demi cercle autour des bâtimens, les soles aboutissent toutes à ceux-ci et se rélargissent en s'en éloignant. On désigne cette disposition sous la dénomination de *forme en éventail* ; mais pour cela il faut que les bâtimens soient convenablement placés, que le terrain soit assez homogène, et que les terres soient réunies et nullement interrompues.

§ 338.

Le mieux, sans doute, est que chaque sole n'ait que quatre côtés, et qu'elle n'ait pas des sinuosités ou des enclaves qui en rendent le labour plus difficile. Une figure carrée ou oblongue serait à tous égards préférable ; mais elle ne saurait avoir lieu avec une telle distribution, d'ailleurs la forme d'un triangle rabattu a peu d'inconvéniens.

Cependant ces soles ne doivent ni être trop étroites, ni se terminer absolument en pointe du côté des bâtimens, parce que cela rendrait plus difficile le labour en travers ; une forme très-longue et très-étroite aurait également des inconvéniens, en prolongeant la ligne de séparation d'avec la propriété voisine, ce qui rendrait une plus grande étendue de haies nécessaire, si l'on ne voulait que la garde du bétail ne fut très-difficile.

§ 339.

La situation des bâtimens et la disposition géométrique du domaine, permettent rarement de faire une distribution des soles qui ne laisse rien à désirer. Souvent on est réduit à établir la communication de celles-ci avec les bâtimens rustiques par un ou plusieurs chemins communs, et à faire aboutir les soles sur ces chemins. Mais il faut, autant que cela est possible, disposer les choses de manière qu'une sole ne soit pas placée derrière une autre , et qu'on ne puisse y arriver sans passer sur cette dernière , ou sans faire des détours.

§ 340.

Il faut éviter, autant qu'on le peut, qu'une partie des soles soit beaucoup plus éloignée que l'autre , puisqu'alors quelquefois on serait surchargé de travaux ; mais on ne peut pas toujours empêcher que cet inconvénient n'ait lieu. Si le domaine a une figure longue et étroite et que les bâtimens soient à une des extrémités, ce mal est inévitable.

D'ailleurs il convient de ne pas diviser les soles, c'est-à-dire, de ne pas composer chacune d'elles de différentes pièces séparées, surtout lorsque les champs doivent être alternativement mis en pâturage. Cela est moins essentiel si le bétail doit être nourri à l'étable ; souvent même dans ce dernier cas cette division peut être avantageuse.

Ainsi , afin d'avoir toujours près des bâtimens quelque portion de terrain consacrée à fournir à la nourriture du bétail au vert, on pourrait doubler le nombre des soles et en associer toujours deux ensemble , mais de manière qu'il y en eût une située près des bâtimens, avec une autre située à un plus grand éloignement. Bien entendu cependant que ces soles ne fussent pas trop petites.

§ 341.

Souvent, à la vérité, la disposition physique du domaine ne permet pas qu'on distribue les soles de manière qu'elles soient attenantes les unes aux autres ; il se peut qu'elles soient séparées par des ruisseaux ou des rivières , par des ravins, des marais ou des étendues d'eaux. En cela les cas varient à l'infini, l'on est donc réduit à observer la règle générale autant que cela est faisable. En réfléchissant mûrement et en examinant attentivement l'ensemble, tant sur le plan que sur le terrain même , on tombe sur différentes idées, d'entre lesquelles il faut choisir la meilleure sans chercher une perfection absolue. Si ces obstacles ne sont pas considérables, ordinairement on les comprend dans les limites de la sole , et l'on cherche à réunir les deux parties de celle-ci par des ponts ou des digues. Là où cela ne peut avoir lieu, il faut profiter des eaux ou des bas fonds marécageux pour limiter les soles.

§ 342.

Partout où cela est possible on profite des fossés d'écoulement pour clôre les soles. Il en est de même des chemins, que volontiers on borde de fossés et établit en ligne droite, afin de perdre moins de terrain , et d'avoir la communication la plus courte d'un lieu à un autre.

Comme cependant pour communiquer avec chaque sole, il faut avoir un chemin, et qu'on n'aime pas le faire passer au travers d'autres soles, des détours sont quelquefois inévitables.

§ 343.

Dans les lieux où le domaine est attenant à quelque village, c'est souvent la position des champs des paysans qui présente les plus grands obstacles. Dans le Mecklembourg où les seigneurs avaient conservé la propriété du sol, ils ont fréquemment démoli les villages et assigné aux paysans leurs possessions dans des lieux où elles ne nuisaient plus à la bonne distribution du domaine. Mais là où le seigneur a perdu le droit de propriété sur les champs de ses vassaux, sans cependant qu'une législation favorable à l'agriculture facilite les réunions et les échanges; il faut se tirer d'affaire comme on le peut, à travers bien des difficultés.

§ 344.

Si le sol est tellement varié dans sa nature, qu'on ne puisse l'employer convenablement sous une seule rotation; il faut alors établir plus d'un assolement, et s'attacher bien plus à l'homogénéité du sol qu'à la situation des soles. Là, suivant que le terrain change, les soles de différentes rotations se trouvent entremêlées, souvent même elles s'y croisent d'une manière singulière. L'on a alors beaucoup de peine à faire une bonne répartition des soles; lorsque la rotation comprend du pâturage, il faut, autant que cela est possible, arranger les choses de manière que les pièces qui sont attenantes, quoique appartenant à des rotations différentes, se trouvent en pâturage dans le même tems.

Si le sol d'un domaine, bien que variant de place en place, est cependant assez fertile et en assez bon état pour dédommager d'une culture soignée, quoique très-compliquée; ces assolemens doivent y être multipliés autant que le sol paraît l'exiger.

§ 345.

Ainsi donc, avant tout, il faut savoir en combien d'assolemens, et ensuite en combien de soles le domaine doit être divisé. Dans le Mecklembourg l'on a envisagé le nombre de ces soles comme le principal problème de l'agriculture; l'on a en conséquence beaucoup disputé sur ce sujet et, comme on devait s'y attendre, l'on n'est point tombé d'accord, parce que les circonstances dont ce nombre dépend étant partout différentes, elles ne permettent d'établir aucune règle générale. Mais il est d'une grande importance de choisir le nombre le plus convenable dans chaque cas donné.

§ 346.

L'étendue du domaine, sa figure, sa position relativement aux bâtimens, les interruptions qui s'y trouvent, et les variétés que le sol offre dans sa nature, décident avant tout, si l'on ne doit adopter qu'un seul assolement ou s'il convient d'en établir plusieurs, et si l'on doit diviser les champs en soles intérieures et en soles extérieures. L'institution de métairies ou de bâtimens rustiques particuliers sur des pièces de terre éloignées, a trouvé un trop petit nombre de partisans dans le Mecklembourg; l'étendue des champs, qui, dans ce pays, sont attachés à un seul domaine, y est presque trop grande. De là vient que souvent on a été obligé d'y réduire en soles extérieures, c'est-à-dire, en champs négligés, des terrains qui, d'après leur fécondité naturelle, devaient obtenir une meilleure destination, et qui, plus rapprochés des bâtimens, eussent bientôt égalé les soles intérieures.

Ces soles *extérieures* sont fort négligées, peu ou plutôt point fumées, et en général consacrées au parcours des bêtes à laine. C'est à ce dernier usage en effet que, dans leur état actuel, elles sont le plus propres; non-seulement parce que cette espèce de bêtes se contente d'un chétif pâturage, pourvu qu'elle ait beaucoup d'espace, mais encore parce que la fiente qu'elle laisse tomber sur le pacage améliore à la longue bien plus un mauvais terrain, que ne le fait celle du bétail à cornes. L'espèce d'amendement qu'il convient le mieux de consacrer à ces soles c'est le parcage des moutons, parce qu'elles sont en général trop éloignées pour qu'on puisse y transporter facilement des engrais d'une autre espèce.

§ 547.

Les *clos accessoires* sont souvent indispensables dans une exploitation rurale, pour y maintenir l'équilibre; ils sont destinés à aider à l'entretien du bétail et, par la plus grande quantité de fourrage qu'ils donnent, à procurer un supplément d'engrais pour les autres champs. Là où il n'y avait pas de tels clos, on a quelque fois retranché une sole de la rotation, pour la consacrer à cet usage.

§ 348.

Dans la recherche du nombre de soles qu'on doit donner à la rotation principale il faut faire attention

1.º *A la nature du sol*. Les terrains sablonneux sont plus améliorés par le repos que par la fréquence des labours; de nombreuses et fortes jachères ne leur sont point avantageuses; elles pourraient plutôt leur être nuisibles. Lorsqu'on jachère ces terrains après les années de pâturage, on n'a nullement besoin de le faire en automne; le plus souvent il suffit de donner le premier labour au milieu de l'été; mais on peut aussi les ensemencer sans labours d'été à la manière du Holstein, surtout si on les sème en blé-noir, qui, dans les soles de cette nature, est une préparation aux grains d'automne presque meilleure que la jachère. Quant aux glaises tenaces, des labours d'été répétés, seuls,

peuvent leur donner une grande fécondité. C'est pourquoi on doit y multiplier
les jachères, suivant que la nature argileuse du sol le demande. Au reste on
peut sans inconvénient y diminuer l'étendue du pâturage, parce que cette espèce
de terrain donne une herbe plus abondante. Si l'on y cultivait successivement
plusieurs récoltes de grains, elles s'infecteraient trop de mauvaises herbes; si au
contraire on les laissait trop long-tems en pâturage elles se durciraient trop. Si le
sol est calcaire et que sa couche inférieure composée d'un argile imperméable à
l'eau', le rende humide; il peut être avantageux de prolonger la durée du repos
en herbage ou en prairie, pour diminuer le nombre des récoltes céréales, surtout
lorsque le terrain a été bien fumé et qu'il contient les germes de bonnes plantes à
fourrage. S'il existe des espaces de ce genre entre les divers clos, souvent on ne les
met pas en culture aussitôt que les autres, on les laisse plutôt en prairies, lors même
que les terrains qui les avoisinent rapportent des grains, et on en retire alors une
ou deux récoltes céréales de moins, quelquefois même seulement de l'avoine.

2. *A la quantité de fumier nécessaire pour amender une jachère et à la
facilité de se le procurer.* La seconde jachère doit être fumée; il faut donc
que son étendue soit calculée d'après la quantité d'engrais dont on peut disposer.
Dans le Mecklembourg, comme dans d'autres contrées, la quantité de fumier a
le plus souvent été évaluée d'après le nombre des pièces de bétail, et cette
manière de calculer n'y a pas eu des résultats plus exacts que partout ailleurs.
On a assez généralement admis en principe qu'une pièce de bétail fournit le
fumier nécessaire à 100 perches de 16 pieds. Si donc une pièce de bétail consommait le pâturage de 500 perches carrées, il faudrait pour fumer un journal
de terre avoir 500 perches carrées de pâturage. Si la nature du sol à fumer ou
son épuisement, demandait que cette étendue fut plus grande encore, le nombre
des soles de pâturage devrait être augmenté. C'est ainsi que plusieurs cultivateurs
ont calculé et ont cru avoir très-bien fait leur compte; mais la quantité de
fumier d'hiver, et il ne peut s'agir ici que de celui-là, ne dépend ni de l'étendue
du pâturage, ni du nombre des pièces de bétail, mais seulement de la quantité
de fourrage obtenue et consommée d'une manière économique.

C'est donc surtout la quantité des produits en paille et en foin qui détermine
le nombre des soles, et le genre des produits qu'on doit en exiger, pour que
la jachère puisse être suffisamment fumée; c'est seulement d'après la quantité
de ces produits, qu'on peut régler celle du bétail qui doit les consommer de
la manière la plus avantageuse, et l'étendue de pâturage nécessaire pour qu'on
obtienne, outre le fumier dont on a besoin, la rente la plus considérable qui
soit possible. Ainsi donc il ne s'agit pas ici comme plusieurs l'ont prétendu, de

la

la nature du sol ou du plus ou moins de disposition qu'il a à rapporter de l'herbe,
mais bien plutôt de la quantité et de la qualité des prairies et des clos accessoires destinés à produire des fourrages. Ou bien il faut que dans une des soles,
on recueille des fourrages d'hiver, et qu'ainsi le nombre de ces soles soit augmenté d'une. Cette dernière circonstance n'a que rarement lieu dans les domaines
soumis à la culture alterne avec pâturage, et dirigés à la manière ordinaire : elle
ne peut guères être obtenue sur un terrain de fécondité moyenne, qu'autant
qu'il est soumis à un assolement alterne perfectionné ; puisqu'après trois récoltes
de grains et plus, le champ n'est pas fréquemment dans un état favorable à la
végétation du trèfle.

3. *Au travail.* Il est augmenté par le nombre des jachères simples ou doubles,
et diminué par la durée du pâturage. Il faut aussi examiner si l'on peut trouver
de l'avantage à augmenter la quantité du bétail , ou s'il vaut mieux la borner..

4. *A l'évaluation et à la comparaison des produits qui résultent tant de la
culture des grains que de l'entretien du bétail.* Si l'on diminue l'étendue des terres
à ensemencer, le produit ne diminue pas proportionnellement, par la raison qu'a-
près un plus long repos, surtout dans les terres légères, ce produit est ordinairement plus considérable; ou s'il diminue ce n'est pas à tel point que l'augmentation
qui a lieu dans la rente du bétail et l'épargne des frais de culture, ne soient une
compensation satisfaisante.

5. *A la quantité de prairies dont on dispose.* Si l'on en retire une quantité de
foin suffisante , de sorte qu'après déduction de celle que consomme le bétail de
trait , il en reste celle nécessaire pour entretenir pendant l'hiver le bétail de
rente qu'on met en été au pâturage , et pour qu'on puisse en obtenir le fumier
dont on a besoin.

Enfin 6. Comme nous l'avons dit ci-devant, *à la grandeur du domaine ,* à
la position des champs et aux variétés qui existent dans la nature du sol. Une
position avantageuse des bâtimens relativement aux possessions, peut être quelquefois un motif de diminuer le nombre des soles, parce que sans cela, les
soles deviendroient trop étroites en se rapprochant de ces bâtimens.

§ 549.

Les rotations adoptées le plus généralement dans le Mecklembourg, sont les
suivantes :

L'assolement de six ans. Il a une jachère complète, trois récoltes successives de grains et deux années de pâturage. On le préfère dans les domaines ,
qui possèdent des prairies riches et des pâturages fertiles. Il a besoin de beaucoup
d'engrais , soit à cause de l'étendue de la jachère , qui revient tous les six ans ,

L,   40

soit parce que deux années de repos sont insuffisantes pour rendre au sol la fécondité que trois récoltes de grains lui ont enlevée. Lorsqu'il a été introduit sur des domaines d'une richesse médiocre, il a eu des suites désavantageuses, à cause de la quantité de grains qu'il produit et de l'épuisement qui en est la suite.

L'assolement de sept ans, a une jachère, trois récoltes successives de grains, et trois années de pâturage. C'est aujourd'hui un de ceux que l'on préfère, parce que trois années de pâturage donnent au sol un repos suffisant, et que c'est à la troisième année que l'herbe est la plus abondante ; cette dernière circonstance fait que la jachère peut être mieux fumée que dans le précédent assolement, et qu'elle acquiert ainsi le complément de sucs nécessaire à trois récoltes de grains. A la vérité il demande un supplément en fourrages moins grand que celui exigé par l'assolement ci-dessus , cependant il ne sauroit se passer de prairies accessoires. Dernièrement quelques personnes ont commencé à y introduire une quatrième récolte de grains, mais si elles ne possèdent en même-tems de riches pâturages, ou des clos séparés qui donnent des fourrages, il ne peut qu'en résulter un épuisement fâcheux, à moins toutefois que ces cultivateurs ne mettent beaucoup de discernement dans le choix des récoltes.

Nous parlerons ailleurs de cet assolement, ici nous ne nous occupons que des plus usuels.

L'assolement de huit ans, comprend ordinairement une jachère, quatre récoltes de grains et trois années de pâturage. Il demande pour ses quatre récoltes de céréales un amendement plus riche, et cet amendement on ne peut l'obtenir que d'un grand supplément en foins, parce que la paille de la troisième et de la quatrième récolte diminue progressivement. On le trouve aussi avec trois récoltes de grains seulement et quatre années de pâturage, sur des domaines qui ont besoin d'être rétablis de leur épuisement, ou dans la rotation suivie sur des *soles extérieures* passablement fertiles.

L'assolement de neuf ans ; ordinairement il a une jachère, quatre récoltes de grains et quatre années de pâturage. Des assolemens qui n'ont qu'une seule jachère, c'est celui chez lequel elle est le moins sensible, puisqu'elle ne revient que de neuf en neuf ans ; d'ailleurs, comme dans cette rotation le terrain s'est reposé quatre ans, il a d'autant moins besoin de fumier; ainsi une moins grande proportion de prairies lui suffit; à la vérité l'on n'a alors que peu de fourrages , pour nourrir en hiver les bestiaux qui doivent brouter cette grande étendue de pâturages. L'on a aussi exigé de cet assolement cinq récoltes consécutives de grain, avec seulement trois années de pâturage : mais le terrain le plus fertile seul, peut supporter une telle rotation, qui, d'ailleurs, annonce toujours plus d'avidité que de vraie économie.

On ne rencontre presque plus aujourd'hui *l'assolement de neuf ans* avec deux jachères, qui autrefois était assez suivi. Cette rotation cependant procurait de très-belles récoltes de grains, sur des terres tenaces qui avaient besoin d'être fortement travaillées.

C'est sur les *soles extérieures* seulement qu'on rencontre cinq années de pâturage, trois récoltes de grains et une jachère

L'assolement de dix ans avec deux jachères, quatre récoltes de grains dont les deux premières sont séparées des deux dernières par la seconde de ces jachères, et quatre années de pâturage, n'est suivi que dans un très-petit nombre de domaines. Cependant la plus petite proportion de prairies suffit pour conserver assez de fécondité aux terres qui y sont soumises. Il me paraît surtout propre à un cours de récoltes perfectionné. Si du reste, ainsi qu'on a essayé de le faire, on y cultive cinq récoltes successives de céréales, on avance fortement la ruine du sol, par conséquent celle de l'assolement.

L'assolement de onze ans. Il fournit deux récoltes de grains après la première jachère qui ordinairement ne reçoit pas d'engrais, et trois après la seconde, qui alors est fumée; par conséquent il y a quatre années de pâturage. Autrefois dans le Mecklembourg, on préférait cet assolement à tout autre, et il est encore beaucoup de gens qui ne regrettent point d'y être demeurés fidèles.

Sur un terrain bon et argileux, chez lequel le repos et la jachère compensent la rareté de l'amendement, cet assolement peut fournir au bétail une nourriture suffisante et se soutenir sans beaucoup d'engrais, par conséquent avec une très-petite proportion de prairies.

L'assolement de douze ans, qui donne trois récoltes de grains après chaque jachère peut, dans ses proportions, être comparé à l'assolement de six ans; s'il obtient autant de fumier que celui-ci, il peut en rendre un peu déjà pour la première jachère et fumer d'autant plus fortement la seconde ; il me paraît surpasser l'assolement de six ans en ceci, que le fumier y est épargné là où il est le moins nécessaire et où il pourrait faire verser les céréales, pour être mis en plus grande quantité là où la terre en a le plus besoin.

Si l'on ne peut y fumer qu'une seule jachère, c'est-à-dire, qu'une fois en 12 ans, la quantité de grains qu'on en retirera sera petite proportionnément à la grande étendue des semailles, et encore le sol se trouvera-t-il sensiblement appauvri.

§ 55o.

A un petit nombre d'exceptions près, la succession de céréales qu'on cultive
est, après la jachère seulement, des grains d'automne ; puis deux, trois et quelquefois quatre récoltes de grains de printems , la première ordinairement en
orge, et les suivantes en avoine. En général on cultive peu de légumes ; lorsqu'on sème des pois c'est le plus souvent sur la dernière sole. Cultivés à cette
place , le produit ne saurait en être encourageant ; aujourd'hui ils sont plus
ordinairement semés sur la troisième sole de grains et après eux le champ est
mis en herbage sur grains d'automne. La culture d'autres plantes légumineuses
est encore une chose rare, introduite comme perfectionnement.

Dans le Mecklembourg on n'a jamais trouvé de l'avantage à laisser subsister
le pâturage plus de quatre ans; à la quatrième année déjà ce pâturage va en
diminuant; après elle la terre se couvre de mousse et le bétail n'est plus que
maigrement nourri. Au reste , cela tient bien moins à la différence qui existe
entre le sol et le climat du Mecklembourg et ceux du Holstein, qu'au plus grand
appauvrissement dans lequel sont les champs, lorsqu'ils sont remis en pâturage.

Là on paraît ignorer la méthode conseillée par Camille Tarello, de n'enterrer
le fumier qu'à la dernière semaille , ou même de l'épandre sur le nouveau gazon ;
et en effet l'adoption de cette méthode, d'après laquelle on n'applique d'abord
le fumier au terrain que comme un capital , entraînerait peut-être après elle
une trop grande diminution de la récolte des grains , quoique cette perte fut
sans doute bien compensée dans la suite par la plus grande richesse du pâturage
et par l'abondance des produits qu'on obtiendrait après avoir de nouveau mis ce
pâturage en culture.

Dans ces derniers tems la coutume de semer du trèfle blanc avec la dernière
récolte de grains s'est propagée presque partout, il n'y a plus qu'un petit nombre
de cultivateurs qui, par apathie ou par attachement aux anciennes formes, la
négligent et attribuent à l'herbage naturel plus d'avantages pour le pâturage du
bétail; mais les vachers ou fermiers de laiteries , dont le suffrage doit être de
quelque poids , sont si prononcés pour cette méthode, qu'ils en font une condition de l'augmentation de rente qu'ils donnent pour chaque vache.

Dans la première année de pâturage surtout, cela fait une grande différence,
si même elle n'est pas sensible à la seconde et à la troisième. Le tableau joint
au § 288 montre comment on doit évaluer le produit du pâturage, tant d'après
la nature du sol et le plus ou moins de disposition à produire de l'herbe qu'il
conserve après les récoltes de grains, que suivant le tems qui s'est écoulé depuis
qu'il a été laissé sans culture.

§ 351.

Suivant le témoignage des gens âgés, une grande étendue de terres, qui avait été épuisée par l'assolement triennal, a été tellement améliorée par ce genre de culture et dans le cours d'une génération, qu'elle a pu fournir à une forte exportation de grains, en même tems que la quantité de bétail qu'elle nourrissait a été tout à la fois triplée et beaucoup mieux entretenue. C'est-là une preuve si frappante des avantages que ce système de culture a sur d'autres, qu'elle a éveillé l'attention de toutes les provinces du nord de l'Allemagne et que ce système a trouvé un grand nombre de sectateurs, partout où d'anciennes institutions n'entravent pas le cultivateur dans la libre jouissance de sa propriété, et où les domaines sont d'une étendue assez grande pour indemniser de changemens qui ne peuvent être faits qu'à la longue et, pendant les premières années, avec sacrifice du produit en argent.

§ 352.

Les avantages du système de culture alterne avec pâturage sont principalement les suivans. Il épargne beaucoup de travail, et il paie toujours mieux celui qui y est appliqué, que ne le fait l'assolement triennal, dans lequel la terre non fumée n'est que trop souvent labourée sans profit, puisqu'elle y gagne peu de chose au-delà de l'équivalent d'une fois la semence. Les travaux s'y succèdent d'une manière très-régulière; non-seulement ils sont chaque année les mêmes, mais encore ils sont assez bien répartis entre les saisons. Chaque labeur peut y avoir lieu au moment qui lui est le plus propre, les terrains qui devaient être rompus l'ayant été en automne, le choix du tems le plus favorable pour les labours et le hersage peut toujours se faire avec facilité ; aussi est-il généralement reçu que pour voir des jachères bien soignées il faut parcourir le Mecklembourg. L'engrais est appliqué au sol dans le temps le plus convenable, et il y est soigneusement mêlé avec la couche supérieure, de manière à avoir une action complète sur les récoltes. Tout y est prêt à tems pour les semailles de grains d'automne, et ce qui a tant d'influence sur le succès, on peut y choisir les premiers tems favorables pour enterrer la semence ; dans les autres assolemens on n'obtient pas le même avantage.

On lui a reproché de diminuer trop le travail et par là de nuire à l'activité et à la population. Mais ce reproche ne peut lui être fait que par ceux seulement qui ne considèrent pas qu'il ne souffre aucune place inculte et qu'il embrasse dans son ensemble toute l'étendue des terres, chacune pour ce à quoi elle est propre. Si depuis son introduction dans le Mecklembourg la population y avait diminué, ce qui n'est certainement pas, cela ne pourrait être attribué

qu'à la trop grande étendue des domaines et au défaut de petites exploitations
agricoles.

Tout comme la quantité et la nature des travaux ne varient point, de même
si l'on en excepte les années extraordinaires, la récolte est toujours semblable, et cela, non-seulement quant à l'étendue de terre, mais aussi quant
au produit réel. Tout au moins la différence dans la fécondité des années
n'y est-elle point aussi grande que dans les autres systèmes de culture. Rarement
la récolte de grains d'automne y manque, parce qu'elle a été semée de bonne
heure et d'une manière convenable. On peut, presque avec certitude, compter
sur ses produits, s'il ne survient point d'accident particulier. C'est également par
cette raison que rarement on y obtient de quelque partie des champs ces produits excessivement grands qu'on ne peut pas trop s'expliquer à soi-même.
Aussi y calcule-t-on avec bien plus de certitude qu'ailleurs le produit net fixe
qu'on peut obtenir d'un domaine.

Autant une bonne distribution des soles et l'établissement durable de ce
système de culture demande de connaissances et de lumières, autant lorsqu'une
fois a il été bien établi, il peut marcher avec facilité. De très-grandes exploitations
rurales peuvent ainsi être mises en mouvement et être conservées en bon état
avec fort peu de surveillance. Tout y a sa route battue et s'y succède dans son
tems et dans son lieu. Il y a peu de chose d'autre à y observer que le mécanisme ordinaire du labour, du hersage, des semailles, du fauchage et de la
récolte en général; et dans les pays où cette culture est établie, ce mécanisme
est tellement connu et tellement bien exécuté, que chaque paysan maître-valet,
lors même qu'il ne saurait ni lire, ni écrire serait en état de le diriger.

Ordinairement le bétail de rente est donné en louage, c'est le fermier de
laitière qui doit en prendre soin; l'intérêt de ce fermier le porte à donner la plus
grande attention aux prés et à la récolte des fourrages, et il en épargne volontiers la peine au régisseur, si celui-ci veut lui en abandonner le soin. En été le
bétail a ses pâturages fixes, et en hiver il consomme le foin et la paille dont le
bétail de trait peut se passer. Si même lorsque l'année a été mauvaise, les fourrages ont été peu abondans, on a pourtant la certitude que les bêtes ne man-
queront pas du strict nécessaire, et le propriétaire n'a pas à s'inquiéter d'autre
chose. Le vacher, en faisant son contract, a eu soin de s'arranger de manière
a avoir dans tous les cas au moins ce dont il ne pouvait se passer.

Il est de règle qu'avec cette marche régulière de la culture et cette égalité
du produit, le profit tiré de l'industrie soit moins considérable. Un domaine
produit une rente fixe, et cette rente est en moyenne presque égale au produit

net de la culture. C'est avec assez de sûreté qu'on achète un domaine complètement arrangé, et qui n'a pas des ressources particulières jusques-là inconnues; mais si l'on y continue la même culture, on ne peut pas en obtenir beaucoup au-delà de la rente, à moins que des conjonctures extraordinaires n'élèvent le prix des grains considérablement au-dessus de sa proportion naturelle.

Je ne dis pas pour cela qu'un homme réfléchi ne trouve pas l'occasion de se procurer sur plusieurs domaines, et au moyen d'améliorations bien dirigées, des avantages très-considérables. Mais cela même est toute autre chose que la culture proprement dite, et ne peut avoir lieu que dans des localités particulières. Quoiqu'on ait déjà fait un grand nombre de recherches de ce genre et qu'on ne puisse guères conserver l'espérance de faire des rencontres heureuses, cependant il y a sans aucun doute encore beaucoup de ressources cachées dans les domaines soumis à cette espèce de culture.

§ 355.

La régularité de ce système d'exploitation rurale le recommande en particulier pour de très-grands domaines; s'il y est une fois établi, la culture de 4000 journaux peut y demander moins d'attention et de soins que celle de 400 dirigés d'une autre manière. L'inspection générale y devient très-facile aussitôt qu'on s'est fait une idée de l'ensemble. Chaque opération y a sa mesure fixe et son tems réglé; le maître-valet, l'inspecteur des travaux des champs ou le maître laboureur, savent qu'au moyen des forces ordinaires, elle doit être accomplie dans un tems donné, et ils se conduisent en conséquence. Seulement il ne faut troubler en quoi que ce soit la marche établie, parce que dans ce cas tout sortirait de sa place et ne pourrait plus y rentrer. C'est une machine dans laquelle le dérangement d'une partie déplace toutes les autres, et dans laquelle il est difficile de faire un changement, qui doive s'étendre à tout l'ensemble, sans arrêter en un instant sa marche et sans qu'on soit obligé de lui donner un ordre tout nouveau. Si l'on n'y change rien, elle continue régulièrement son mouvement et produit l'effet qu'on en attendait. Aussi n'est-ce pas sans raison que plusieurs cultivateurs redoutent d'y faire le plus petit changement, alors même qu'ils y verraient de l'avantage. La culture de dix journaux de trèfle ou de pommes de terre sur une jachère de plusieurs cent journaux, pourrait déjà troubler la marche régulière de leur culture; peut-être le terrain ne serait-il pas assez tôt prêt à recevoir la semence, ou ne pourrait-il pas recevoir une préparation convenable. *

La régularité de la marche des exploitations soumises à cette culture fait que,

---

* Ceci n'est guères à redouter dans un climat tel que celui de la France, où la récolte est toujours plus hâtive que dans le nord de l'Allemagne, et où l'hiver n'arrive pas aussi tôt. *Trad.*

même dans l'éloignement, on peut en diriger à la fois plusieurs considérables, sans avoir un inspecteur habile sur chacun d'eux. Il suffit de voir de tems en tems que la machine ne s'arrête pas, et de lui donner au besoin un peu de mouvement. La manière de tenir les livres peut y être très-simple et pourtant assez précise. L'on a vu dans le Mecklembourg des propriétaires et des fermiers de plusieurs grands domaines, tenir toute leur comptabilité avec de la craie sur la porte de leur maison *.

Outre cela le travail y est non-seulement distribué d'une manière plus uniforme, mais encore il y est à tous égards moins considérable que dans d'autres genres de culture. C'est pourquoi cet assolement convient plus que tout autre aux lieux où l'on trouve peu d'ouvriers et surtout à ceux où l'on ne peut pas en avoir d'extraordinaires dans les momens où ils seraient nécessaires. Il emploie chaque année le même nombre d'hommes et de bêtes de trait, dont le travail est reparti entre toutes les saisons d'une manière aussi égale qu'on peut l'espérer dans une exploitation rustique ; et lors-même que les hommes qu'il emploie dans une période ne pourraient pas l'être dans un autre, ils y sont du moins accoutumés ; ils cherchent à s'occuper ailleurs dans les intervalles.

Dans des pays moins cultivés et moins peuplés où de grandes étendues de terre peu ou point en valeur rendent la *grande culture* incontestablement preférable à la *petite* ** , celle que nous venons de détailler trouverait plus que toute autre, une application avantageuse, et dans ce cas je verrais à peine quelque changement à faire aux détails dont je viens de donner le tableau.

Ce genre de culture a le mérite de permettre dans tous les tems un changement total, de faciliter le passage à un autre assolement, et même de préparer un partage convenable des grands domaines, puisque l'introduction d'une culture particulière sur chaque sole qui est en repos, peut facilement avoir lieu ***.

---

* C'est un exemple qui ne doit assurément pas être imité, quelque simple que puisse être la culture.

** Voyez la note jointe à § 141.

*** Un autre avantage des assolemens dont le pâturage des champs est la base, avantage qui doit être fortement apprécié dans un pays exposé à de fréquens accidens de température ; c'est le peu d'avances de culture qu'ils exigent, par conséquent la diminution des risques inséparables d'une entreprise agricole. Qu'une grêle, par exemple, survienne et frappe un domaine soumis à un assolement de cette nature, même avant le moment où les grains étant serrés, le cultivateur peut voir ce fléau avec une sorte d'indifférence ; les soles qui sont en herbages n'en rapporteront pas moins à peu près leur rente, et la perte sur les grains sera d'autant moins sensible, que le nombre de ces soles en herbages sera plus considérable. Et si, par une modification utile à ce système d'assolement, le cultivateur introduit entre ses récoltes de grains une récolte

§ 354.

§ 354.

Mais si l'on considère ce système de culture sous un rapport général, indépendamment des inconvéniens de localité, on trouvera qu'il est encore bien éloigné de la perfection.

Dans le Holstein le produit de la culture des grains est, ainsi qu'on le reconnaît généralement, trop faible en proportion de la quantité de sucs nourriciers contenue dans le sol. Dans le Mecklembourg, au contraire, le vice dans l'économie du bétail ne tient point au nombre de bêtes, mais au défaut d'une nourriture suffisante pour les entretenir tant en été qu'en hiver. De ce vice il résulte, non-seulement l'absence d'une rente entièrement satisfaisante, mais encore un manque d'engrais d'autant plus fâcheux, que, la culture des champs étant d'ailleurs excellente, il tient à cette circonstance seulement qu'on n'obtienne des récoltes beaucoup plus fortes, en même-tems qu'on améliorerait les terres.

Outre cela, dans ces deux méthodes, le produit en grain et en paille est considérablement diminué par le rapprochement de 3, 4 récoltes de grains et plus, qui se suivent sans interruption; et quoique le cultivateur du Mecklembourg, après la jachère à laquelle il donne tant de soins, obtienne de la récolte de grains d'automne tout ce que le sol peut rapporter d'après la quantité de sucs qu'il contient, les autres récoltes, surtout la 3.ᵉ et la 4.ᵉ, sont si chétives, qu'en moyenne le produit des céréales n'est compté dans le Mecklembourg, qu'à 4 ou $4\frac{1}{2}$ pour un de semence.

Si l'on appliquait à ces deux systèmes de culture un choix de récoltes plus convenable, sans aucun doute l'on obtiendrait des terres, tant en grains qu'en produits animaux, une rente beaucoup plus considérable, et ce changement pourrait être opéré, comme il commence en effet à l'être chez quelques cultivateurs, sans que pour cela il fut nécessaire de changer d'une manière sensible la division des soles établie, ou d'introduire cette nourriture à l'étable à laquelle on voit tant de difficultés.

Afin de montrer dans son plein jour la convenance de ces changemens et

---

de pommes de terre, qui, redoutant également peu la grêle, donne une assez grande masse de produits destinés indistinctement à la nourriture de l'homme ou à celle du bétail ; il obtient de cet assolement une sécurité qu'il ne peut guères attendre d'aucun autre. Enfin, c'est de tous les genres d'assolemens celui qui, prescrit à des fermiers, peut avec le plus de certitude protéger le domaine contre leur avidité ou leur négligence. Le propriétaire qui rentre en possession d'un fonds soumis à cette méthode de culture, peut, dès les premiers momens et sans être assujetti à de grands sacrifices, ramener sa culture à un état prospère, et y introduire graduellement la nourriture du bétail à l'étable, qui, comme nous le verrons bientôt, est et sera probablement toujours la condition nécessaire d'une agriculture parfaite. *Trad.*

quelle en peut être la nature, nous devons essayer de donner ici provisoirement une idée précise d'une des parties les plus essentielles de la science agricole, la manière de faire alterner les récoltes, quoique cette matière dut plus particulièrement être comprise dans l'enseignement de *la culture*, et *de la propagation des végétaux*.

DE LA SUCCESSION DES RÉCOLTES.

§ 555.

Déjà dans les tems les plus reculés, d'attentifs observateurs de la culture des champs et des jardins, avaient remarqué que la terre donnait des produits incomparablement plus beaux, lorsque ceux d'une même espèce ne se succédaient point à la même place; et que, suivant la nature et l'espèce du sol, une série de récoltes avait de l'avantage sur une autre. Lorsqu'on voulut borner la culture à des plantes ou à des espèces de plantes particulières, on jugea en conséquence nécessaire, qu'après quelques récoltes, le sol fut laissé en repos, c'est-à-dire qu'on lui laissât du tems pour rassembler des sucs propres à ces végétaux. A la vérité le fumier et la culture facilitent et avancent cet effet, mais le tems est également nécessaire pour que la nature puisse préparer ces sucs.

Sans doute le jardinier qui change fréquemment de produits, n'a nul besoin d'avoir recours à ce repos; mais le simple cultivateur qui ne veut obtenir que des grains d'un certain genre, doit, lors-même qu'il fume davantage, laisser reposer sa terre pendant quelque tems. Là où le perfectionnement de l'agriculture avait élevé le prix du sol, il est facile de voir que cette différence de prix ne provenait point d'une différence dans les lois de la nature appliquées au sol des champs et des jardins, mais seulement de ce que le cultivateur, en travaillant mieux son terrain, faisait alterner les récoltes qu'il en exigeait; les peuples de l'antiquité avaient fondé leur agriculture sur cette leçon de l'expérience, et ils l'avaient portée à une grande perfection, au point même de se procurer souvent en une année deux récoltes sur le même terrain. Les Romains savaient de quelle utilité une culture soignée et l'exposition aux influences de l'air et du soleil étaient au champ, s'il ne devait rapporter que du froment, de l'orge et de l'avoine, ou des grains de ce genre; mais ils savaient aussi que

> Mutatis quoque requiescunt fructibus arva
> Nec nulla interea est inaratæ gratia terræ*.

---

* Vos champs se reposent également pourvu que vous en changiez les récoltes, et vous n'avez pas à payer l'intérêt d'une terre qui ne rapporte rien. *Trad.*

Alors s'éleva cette question : « quelles espèces de récoltes on pouvait , avec
» le plus d'avantage, faire succéder les unes aux autres et quelle était celle qui
» donnait à la terre la meilleure préparation pour la récolte suivante. » Il était
d'autant plus difficile de décider cette thèse, que l'expérience ne donnait pas là
dessus des réponses concordantes , et en effet, la différence de sol et de climat
empêchait que cela ne pût avoir lieu. Dès la première enfance de l'histoire naturelle on chercha à résoudre cette question d'une manière théorique, par ana-
logie et par induction ; on mit en avant cette seconde thèse : « Si chacune des
» diverses espèces de plantes demande des élémens de nutrition particuliers ,
» pour en tirer les sucs qui lui sont propres , et si , pour qu'une plante puisse
» réussir dans un terrain quelconque , ce terrain doit contenir ces élémens ».
A la suite d'un long examen et de nombreux essais, la question posée de cette
manière devait nécessairement être résolue. En effet , on trouva que chaque
plante n'a pas besoin d'élémens de nutrition qui lui soient particuliers, mais que
ses organes préparent les sucs qui lui sont nécessaires en les tirant de chacune
des substances qui sont destinées à la nutrition des plantes en général. Des
végétaux qui ont les propriétés les plus opposées , les plantes les plus corrosives,
et les plus vénéneuses , végètent dans la même motte que les plantes les plus
douces et les plus utiles. Des plantes appartenant aux espèces qui ont le moins
de rapport et qui croissent les unes à côté des autres, s'enlèvent réciproquement
leur nourriture, ce qu'elles ne feraient point si elles vivaient de sucs nourriciers
différens. En effet, toutes les plantes , leurs diverses parties et leurs sucs sont
composés des mêmes substances, ce qu'à la vérité on n'avait point encore découvert
alors. Les parties constituantes de toutes sont le carbone, l'oxigène et l'hydrogène,
auxquels, le plus souvent, il se joint un peu d'azote, mais chez un petit nombre
seulement en quantité très-sensible ; outre cela les plantes contiennent encore
un peu de terre et de potasse ; chez quelques-unes l'on trouve encore du phosphore
et du soufre. Ces parties constituantes , les plantes les trouvent dans toute
terre fertile, si elles ne les tirent directement de l'atmosphère. Au reste les plantes
opèrent à l'aide de leurs propres organes , les différences dans la quantité et la
combinaison de ces substances, qu'on trouve dans la variété infinie des produits
végétaux. De ces vérités on tira l'induction erronée qu'un sol qui contient les
sucs nécessaires à une plante , doit aussi avoir en lui ceux qui sont nécessaires
aux autres, et que peut-être la seule contexture physique d'un terrain, lui donnait plus de fécondité qu'aux autres.

§ 356.

Mais la théorie seule suffit déjà pour démontrer le fondement de l'opinion

contraire : savoir, que les plantes contiennent et doivent réunir ces substances
en quantités différentes. Il est très-probable que les végétaux ont dans leurs
racines un sens et une force de choix, par le moyen desquels ils attirent et s'ap-
proprient les substances dans la juste proportion nécessaire à leur nature. Mais
pour leur parfaite réussite, il est nécessaire que dans leur sphère d'activité ils
rencontrent ces substances dans une proportion convenable, et peut-être dans
des combinaisons qui leur soient déjà analogues. Si cette proportion n'existe pas,
si quelques-unes de ces substances s'y trouvent à la vérité, mais en moins grande
quantité et dans des combinaisons que l'activité de la vie végétale doive auparavant décomposer, pour ensuite s'en approprier la partie dont la plante a
besoin, cela lui devient plus difficile, elle pousse moins promptement et réussit
moins bien. Si le sol n'est entièrement dépourvu d'aucune des substances qui
sont nécessaires à la plante, mais que ces substances n'y existent pas en quantités
suffisantes, cette plante doit, à l'aide de ses racines, les aller chercher plus loin et
en plus de tems, afin de pouvoir se les approprier lorsqu'elle en a besoin. Il
n'est même pas sans vraisemblance qu'une substance en elle-même nécessaire à
la plante, puisse se trouver dans le sol en quantité trop grande, et que la plante
se trouvant ainsi suffoquée par la surabondance de cette substance et par l'iso-
lement des autres qui en peut être la suite, ne tombe dans l'affaiblissement.

Cela explique parfaitement pourquoi des plantes de même espèce cultivées
successivement à la même place, n'arrivent pas à leur perfection, lors-
même que le sol contient toutes les substances qui leur sont nécessaires, et
pourquoi elles atteignent de rechef cette perfection, lorsque le sol a pris du repos
ou a produit une autre récolte. On doit même penser qu'une autre plante qui
emploie pour sa nourriture une proportion opposée des substances élémentaires,
peut, précisément en absorbant ces substances, rétablir la vraie proportion qui
convient à une autre, en sorte que celle-ci réussisse mieux sur ce terrain, que
si la précédente n'y avait pas végété, et si l'on n'avait rien ôté au sol des sucs
qu'il contenait. La plante qui a végété entre les deux de même nature a, sans
contredit, absorbé des sucs, mais dans une autre proportion. En alternant ainsi
l'on peut à la fin épuiser entièrement un sol, à tel point même qu'il ne puisse plus
nourrir aucune plante, mais il est bien moins vite épuisé pour une plante unique, que si on l'y eut cultivée exclusivement à toute autre.

Comparez Einhof dans les Annales d'Agriculture de Basse-Saxe, Tom. 8.
pag. 321 et suivantes.

§ 557.

Si diverses espèces de plantes végétent à la fois sur le même sol, sans doute chacune d'elles ne donne pas un produit aussi grand que celui qu'elle rapporterait, si seule elle occupait le terrain ; car sans parler de l'espace que l'une enlève à l'autre, tant au-dessus qu'au dessous de la superficie du sol, chacune d'elles emploie quelque peu de chacune des substances nécessaires aux plantes en général, et l'enlève par conséquent à l'autre.

Mais revenons-en à l'expérience ; ici nous trouvons tous les habiles jardiniers et beaucoup de laboureurs d'accord sur ce point, qu'il est avantageux de cultiver certaines plantes entremêlées, et qu'on obtient de chacune d'elles une quantité proportionnément plus grande que si on l'eut cultivée séparée sur une partie distincte du sol.

Dans les lieux où l'art du jardinier est exercé avec beaucoup d'industrie, on trouve souvent cinq jusqu'à six différens produits sur une même planche ; et d'après l'assertion unanime des jardiniers, fondée sur l'expérience, ils ne tireraient pas à beaucoup près un aussi grand parti de leur terrain, de leurs engrais et de leur travail, si, sur le même espace de terre, ils cultivaient chaque plante séparément. C'est dans le choix judicieux de ces produits, disent-ils, que consiste le grand art dont ils font un secret, et dans lequel chacun d'eux cherche à surpasser l'autre.

Dans plusieurs contrées ce système a également été appliqué à la culture des champs, et l'on y a retiré divers avantages de ces mélanges. Une espèce de légumes, fèves, pois ou vesces, semée avec une espèce de grain, seigle de printems, avoine ou orge, donnent un produit plus abondant que si chacune de ces plantes eût été semée seule. Depuis longtems on a également observé que des légumes semés parmi des grains, sur un sol tellement aride qu'ils n'eussent pas pu y végéter seuls, rendent un bon produit, sans nuire sensiblement aux grains. Ainsi, suivant l'expérience de la généralité des cultivateurs, le blé-froment mêlé avec du seigle réussit sur des champs où le froment seul ne peut pas végéter ; on a même trouvé que, de cette manière, le produit du froment était plus grand que s'il eut été semé seul. Ce mélange réussit aussi lorsqu'il est semé sur un chaume de froment, où l'expérience a appris que le froment seul ne réussit point, pas même sur le sol qui d'ailleurs lui est le plus propre.

Ainsi donc l'expérience aussi confirme cette hypothèse que, par le moyen d'une récolte intermédiaire d'un autre genre, la vraie proportion des substances primitives convenable à une espèce de grain, peut être rétablie. Comme nous l'avons dit plus haut, le froment semé sur un chaume de froment ne réussit nullement ; de même le froment après l'orge réussit faiblement, à moins que ce ne soit sur du terrain excessivement gras, qu'on ait dû chercher à épuiser par cette première récolte. Le seigle après le seigle réussit mieux ; cependant le produit en grain diminue considérablement. Mais si, entre ces récoltes, on en met une de plantes appartenant à la diadelphie, de pois, de vesces, de fèves ou de trèfle ; alors la seconde récolte céréale réussit parfaitement, et même si l'on a fauché en vert les plantes légumineuses, ou qu'on ait enterré la seconde coupe du .trèfle *, la seconde récolte de grain est souvent meilleure que la première. L'expérience a tellement démontré la vérité de ce principe , chaque observateur en est tellement frappé, que je m'abstiens d'ajouter d'autres exemples et de m'étendre plus au long sur ce sujet, d'autant que je devrai y revenir lorsque je traiterai de la culture de chaque plante en particulier.

§ 358.

La culture des jardins démontre suffisamment que lors même que la terre a perdu la faculté de reproduire une espèce de végétaux, elle peut encore être très-propre à en rapporter d'autres d'un genre différent. La terre des couches après avoir servi pour une espèce de plante particulière, ne peut servir à en produire d'autres du même genre, qu'après avoir été exposée pendant plusieurs années aux influences de l'atmosphère et imprégnée de nouveau fumier ; mais elle peut encore rapporter des haricots, des laitues et d'autres légumes. Les fleurs d'agrément, telles, par exemple, que les œillets, demandent que la terre des vases dans lesquels ils sont plantés soit fréquemment renouvelée, lors même qu'elle paraîtrait encore contenir des sucs en abondance ; aussi le fleuriste ne prend-il jamais de la même terre pour la même espèce de fleurs. On ne doit jamais planter de jeunes arbres à fruit à la place où il y a eu un arbre de même espèce.

Dans les pépinières c'est une règle générale de les changer de place à chaque renouvellement.

Einhof et moi nous avons souvent préparé des expériences sur les changemens que l'humus subit, dans un sol où l'on cultive une plante jusqu'à ce qu'il soit totalement épuisé. Mais toujours nous avons été troublés dans ces expériences, qui, devant être faites en plein air, présentent des difficultés extrêmes, et des obstacles que l'attention la plus continuelle seule peut surmonter.

En effet, on ne sait comment obvier à divers accidens qui, en un moment, détruisent le travail de plusieurs années, et ne laissent plus aucun résultat assuré. Il faudrait avoir pour cela un jardin clos avec un soin particulier, consacré uniquement aux expériences et dont on pût aussi bannir les oiseaux et les insectes.

§ 359.

On observe généralement que si une récolte manque, ou ne donne qu'un chétif produit, et que cela tienne non à l'apauvrissement ou à quelqu'autre défaut du

---

* Dans notre climat, la repousse après la seconde coupe. *Trad.*

sol, mais à une cause accidentelle ; la même espèce de plante y réussit l'année suivante, mieux qu'elle ne l'eût fait d'ailleurs, semée sur son propre chaume. Au contraire une récolte réussit d'autant mieux à la suite d'une autre, qui lui est une bonne préparation, que *cette première récolte aura été plus abondante ;* c'est le cas, par exemple, du froment après du trèfle ou des fèves. Une plante est donc d'autant qlus épuisante pour le sol qui doit la reproduire, qu'elle a donné un produit plus abondant, mais il n'en est pas de même d'une plante d'un autre genre, il est bien des cas où l'abondance de la première est alors plutôt favorable à la seconde.

§ 560.

La formation du grain, celle des semences et des substances farineuses, est ce qui paraît le plus épuiser la terre. Si les plantes sont coupées en vert et serrées au tems de la floraison et de leur plus grande végétation, elles n'absorbent que peu ou point des sucs nourriciers contenus dans le sol, au contraire à certains égards elles semblent plutôt l'améliorer ; c'est là une vérité dont, chaque jour on acquiert de nouvelles preuves, lorsqu'on se donne la peine d'observer avec attention. Il n'est pas encore décidé si, pendant que la graine murit, la plante tire du sol une plus grande quantité de sucs nourriciers, surtout de carbone, mais il est certain que dans ce tems-là, tout le mucilage de la plante est consumé et que celle-ci est changée en une paille filamenteuse *. Il n'est donc point indifférent que le chaume et la racine qui demeurent dans le sol aient conservé leur vie et leurs sucs, ou qu'ils soient secs lorsque la tige en est détachée ; dans le premier cas les sucs qui ont été conservés dans la partie de la plante qui est restée attachée au sol, sont encore augmentés par le gaz acide carbonique que ce chaume absorbe et communique à la terre. Dans la culture de la spergule, entr'autres, on a remarqué combien ces racines produisent d'effet. Si cette plante est fauchée lorsqu'elle est verte, elle bonifie sensiblement le sol, et l'on prétend que lorsqu'on l'arrache, comme cela se fait quelquefois, elle épuise au contraire beaucoup. C'est là peut-être la cause de la propriété épuisante qu'on attribue au lin. Au reste ces faits sont tellement avérés, qu'il ne vaut pas la peine de s'arrêter aux doutes qu'un esprit de contradiction a dernièrement voulu élever à leur sujet.

---

* Il est également très-probable qu'à mesure que la plante mûrit, ses feuilles perdent peu à peu la faculté d'absorber les gaz contenus dans l'air qui les entoure, et qu'ainsi dès ce moment, la plante doit tirer du sol la totalité des sucs qui sont nécessaires au perfectionnement de sa graine. Si ce principe est vrai, les plantes dont la feuille sèche avant la maturité de la graine, telles que les graminées, doivent être plus épuisantes que celles qui conservent leurs sucs jusqu'à ce que leur graine ait atteint sa perfection. *Trad.*

§ 361.

Cependant je ne me permettrai pas de pousser cette assertion aussi loin que le font quelques personnes, lorsqu'elles assurent qu'aucun des produits dont la végétation a été arrêtée avant la formation de la semence, n'ôte rien au sol. Tous les tubercules et les *plantes racines* rassemblent également dans leur principale racine une provision de sucs alimentaires pour la nutrition de leur pousse de l'année suivante ; cette racine est en quelque sorte un magasin d'où, au printems suivant, ces plantes biannuelles doivent tirer les sucs nécessaires à leur floraison. Si ces racines restaient dans le sol, il n'y a aucun doute qu'elles ne l'amendassent fortement, et c'est ce que l'expérience et des essais pratiques en grand, ont appris en effet. Récoltées, elles enlèvent sans contredit à la terre une partie de ses sucs nutritifs, quoique d'un autre côté elles l'améliorent mécaniquement par la culture nécessaire à leur végétation, et qu'elles soient d'une grande utilité comme préparation à d'autres récoltes. Lorsque des végétaux de cette espèce, auxquels on peut joindre diverses plantes de commerce, laissent dans le sol leurs racines, leur pivot, leurs tiges et une partie de leurs feuilles, elles lui rendent une partie des sucs qu'elles avaient absorbés pendant leur végétation.

§ 362.

Les végétaux qui couvrent la terre d'un feuillage touffu et mobile, opèrent sur le sol une altération chimique, une action et réaction de ce sol avec les parties constituantes de l'atmosphère. Sous l'ombre épaisse des pois, des vesces et d'un trèfle vigoureux, il se fait entre les divers gaz que les plantes expirent et les particules du sol, divers mélanges sur la trace desquels nous sommes à la vérité parvenus, mais que cependant nous ne connaissons point encore d'une manière assez précise. Par le simple odorat on peut déjà s'assurer de la présence d'un air méphitique sous le feuillage de ces plantes. Le vent n'emmène pas facilement ces gaz et ces exhalaisons, la lumière ne les décompose pas, ils conservent une température assez égale. C'est pour cela qu'immédiatement après le fauchage d'une récolte de ce genre épaisse et riche en feuilles, on trouve le sol, même celui qui est le plus tenace, devenu plus meuble, plus poreux et plus soulevé par sa fermentation intérieure. Sa superficie a une couleur plus noire. Il est exempt de mauvaises herbes, dans les premiers jours on n'y voit rien que le chaume et la terre. Mais peu de tems après il verdit et la végétation très-active des mauvaises herbes qui y a lieu, prouve qu'il a absorbé une quantité de substances nutritives très-propres à la formation des plantes ; c'est pour cela qu'il importe si fort de lui conserver sa netteté et de profiter de son

ameublissement

ameublissement en le labourant bientôt après. Il en est tout autrement après une récolte céréale, la superficie du sol est fortement serrée, couverte d'une croûte et sèche, outre cela infectée par toutes sortes de mauvaises herbes, en sorte que des labours réitérés sont nécessaires pour rendre cette terre propre à rapporter de nouveaux grains.

Mais indépendamment de leurs qualités chimiques, les racines longues et pivotantes de ces plantes, opèrent un effet mécanique extrêmement avantageux sur les terrains tenaces et argileux. Privées de vie, mais non encore décomposées, elles forment de véritables tuyaux, qui tiennent le sol ouvert et meuble, et y introduisent l'air atmosphérique. Elle remplacent ainsi l'ameublissement de la terre par des labours réitérés, et permettent de semer sur un seul labour.

L'expérience générale paraît ainsi démontrer, que ces légumes, lors même qu'on n'admettrait pas qu'ils demandent une proportion différente des substances élémentaires, et quoiqu'on les laisse venir à maturité et rapporter des grains nourrissans, que ces légumes, dis-je, ôtent peu au sol qu'ils ne lui rendent d'une autre manière. Qu'au contraire, si on les fauche en vert et avant la formation de la semence, on ne peut contester qu'ils enrichissent effectivement le sol, et le mettent en état de produire une récolte à laquelle il était auparavant impropre. Mais cet effet a pour condition indispensable, que ces légumes aient été épais et vigoureux, puisque sans cela, loin de procurer ces avantages, ils produisent plutôt un effet contraire en durcissant le terrain.

Aussi est-il nécessaire de les semer lorsque le champ est en pleine vigueur, ou tout au moins sur un sol qui, comme la glaise calcaire, paraisse leur convenir d'une manière particulière. Et comme leur réussite est encore soumise à beaucoup de casualité, le cultivateur, dont les vues sont un peu étendues, n'hésitera pas de les faire faucher en vert, ou de les enterrer à la charrue dès qu'il sera démontré qu'ils n'ont pas réussi.

§. 363.

Quoique les végétaux que nous comprenons sous la dénomination de *plantes à sarcler* et que nous comptons de même dans le nombre des plantes améliorantes *intercalaires*, enlèvent au sol une partie de ses sucs nourriciers, et ainsi, pour que cela ne soit pas sensible, demandent à être fumés plus abondamment que cela n'eût été nécessaire, si, à leur place, il n'y eût eu qu'une jachère morte ; cependant, au moyen de la culture, qu'il est si facile de leur donner lorsqu'on emploie les instrumens convenables, ils remplacent avantageusement cette jachère, et même ils le font avec un emploi de travail bien moins considérable ; et l'ameublissement du sol, son exposition aux influences de l'air, le mélange de ses parties constituantes ; si l'on veut, le défoncement opéré en ramenant à la superficie une partie de la couche inférieure ; la destruction des mauvaises herbes ; toutes ces choses peuvent, au moyen d'une bonne exécution, être atteintes dans leur culture, tout aussi bien que dans la jachère ; et la grande quantité d'alimens qu'ils donnent pour les animaux, ou plutôt le fumier qui en provient, compensent au double la quantité d'engrais qu'ils absorbent. Et si, comme cela se pratique en Angleterre, on les fait consommer sur place au parc par du bétail à l'engrais, le nouvel amendement qu'ils rendent peut être comparé à celui qu'on obtient en fumant fortement. (Lorsque les Anglais parlent de longs assolemens sans transport de fumier, il y a toujours des récoltes de ce genre entre celles de grains.) Quoique présentant plus d'épargne que de bonne économie, cette méthode a cependant cet avantage, que le bétail à l'engrais paie tout au moins la rente du sol et le travail ; tandis que la jachère, loin de donner aucun produit, coûte au contraire des frais considérables.

Les récoltes racines qui surtout appartiennent à cette classe de plantes économiques, ont cela de particulier, qu'elles sont pour l'orge une préparation tellement bonne que, suivant plusieurs observations, elles surpassent même la jachère ; en revanche elles conviennent moins comme préparation immédiate aux grains d'automne, ce qui paraît tenir en grande partie à ce que les semailles de ces derniers en sont retardées. Cependant les grains réussissent ensuite parfaitement sans nouvel engrais et dans le même assolement, lorsqu'on a placé entre deux une récolte de plantes à gousses.

Si cependant, au lieu de ces récoltes racines, on cultive des légumes en leur donnant les mêmes soins avec la houe à cheval, surtout si c'est en terre argileuse des fèves auxquelles ce terrain est particulièrement propre, la récolte de grains d'automne réussit alors tout aussi bien qu'après la jachère, et suivant l'opinion de quelques personnes, mieux encore. C'est ainsi que dans le comté de Kent, où l'on cultive une si grande quantité de froment, les fèves en ligne sont envisagées comme la meilleure préparation qu'on puisse lui donner.

Plusieurs végétaux d'un produit avantageux, en particulier le colza transplanté, ou semé en lignes, peuvent en prendre la place, si l'on s'est procuré pour cela une provision de fumier suffisante, et si l'on a des fourrages en surabondance.

§ 564.

Pour détruire les mauvaises herbes il est d'une grande importance de faire alterner les diverses espèces de grains, parce qu'il est des céréales qui favorisent plus que d'autres la propagation de certaines mauvaises herbes, qui n'en empêchent point la végétation, et qui les laissent arriver à maturité ; tandis que

d'autres, au contraire, ne souffrent point ces espèces de plantes. Cette considération est d'une grande importance pour le choix de l'assolement d'un terrain infecté par quelque plante particulière ; ce moyen suffit quelquefois pour
nettoyer complètement un champ.

§ 365.

Ces faits et ces motifs déterminent les règles que l'on doit suivre dans le
choix des récoltes dont on compose l'assolement ; mais il n'en faut pas moins
porter ses regards sur le bétail et sur les alimens qui lui sont nécessaires , lesquels doivent être considérés sous deux points de vue ; celui du profit qu'on en
retire immédiatement, et celui des engrais qu'on en obtient.

La règle qui veut qu'on fasse alterner les récoltes, n'exige pas, comme quelques personnes se l'étaient imaginées, que la moitié des champs soit exclusivement consacrée à la culture des plantes à fourrage; même en Angleterre, il
est des contrées entières, qui, depuis un tems immémorial ont observé l'usage
de faire alterner les récoltes, et qui, loin de cultiver des végétaux pour la nourriture des bestiaux , vendent au contraire encore leur paille à la ville et ne
tiennent en général pas de bétail, parce que les plantes marines bourbeuses
et couvertes de coquillages, que les vagues amènent sur leurs côtes, et qu'on y
recueille avec beaucoup de soin, leur fournissent des engrais en abondance. Les
habitans de ces contrées cultivent principalement et en alternant avec des céréales, des plantes à gousses dont ils vendent une partie verte à Londres.

Mais du moins cette règle exige l'économie la plus sage ; elle veut qu'une
grande partie de ces champs soit consacrée à la culture des fourrages, parce
que c'est de la quantité de ceux-ci , que dépend l'abondance des engrais, lesquels à leur tour, ont une si grande influence sur les récoltes de grains; en cela
d'ailleurs le plus ou le moins est déterminé par les autres circonstances de
l'exploitation, et en particulier par l'étendue du terrain exclusivement consacré
à produire des fourrages ou du pâturage ; ou par les moyens de se procurer
d'une autre manière les engrais dont on peut avoir besoin.

Ainsi donc souvent il arrive qu'on trouve un avantage durable à choisir un
assolement où la moitié, deux cinquièmes, trois huitièmes, trois septièmes du
tout soient consacrés à produire des fourrages; tandis que dans d'autres cas un
quart, un cinquième, un sixième suffisent, de manière que tout le reste puisse
être consacré à des produits destinés à la vente , quoique en alternant suivant
la règle.

§ 366.

Il y a encore trop peu de tems que cette convenance absolue de faire alterner les récoltes a été mise dans un plein jour, pour qu'il ne reste pas encore beaucoup de choses à approfondir sur ses lois et sur leurs modifications; on ne saurait douter qu'avec le tems nous n'obtenions des connaissances beaucoup plus étendues sur la succession la plus avantageuse à donner aux divers produits. Les variétés de sol et d'engrais, celles qui existent dans la manière de labourer, font des différences qu'on ne doit jamais perdre de vue, lorsqu'on veut faire des expériences sur ce sujet; d'ailleurs les variations dans la température, lesquelles en opèrent de très-grandes dans la quantité et la qualité des produits, ne permettent pas qu'on tire quelque conséquence des résultats d'une année isolée. Ainsi par exemple, dans le duché de Magdebourg, on a remarqué que l'orge réussissait moins bien après les carottes qu'après d'autres racines, mais qu'en revanche les pois avaient un plein succès, et qu'après les pois l'orge réussissait alors très-bien sans fumier.

Au reste, quant aux produits les plus importans et les plus usuels, nous avons déjà des expériences assez sûres pour pouvoir en tirer des principes qui nous servent de guide. Plusieurs de ces principes même étaient déjà connus dans l'antiquité, seulement on n'y faisait point assez attention. Chacun sait que les récoltes de grains doivent être variées; on sait de même que le froment ne réussit pas après le froment; que le froment ne réussit que très-médiocrement après l'orge, à moins que le sol ne fût un peu trop gras. Et ce n'est pas seulement le manque d'une culture suffisante, qui produit cet effet, puisque le froment réussit bien après les pois, et qu'après l'avoine, qui cependant durcit plus fortement la terre, il réussit également mieux qu'après l'orge. L'orge d'automne est récoltée d'assez bonne heure pour permettre de donner trois labours avant les semailles; cependant après elle on n'obtient pas une belle récolte de froment. Aussi dans le bas pays lui fait-on toujours succéder une récolte d'un autre genre, du colza ou des fèves, et seulement après du froment ou de rechef de l'orge. L'avoine en revanche supporte mieux d'être semée consécutivement, surtout sur un terrain qui était en herbage, où souvent jusqu'à la troisième récolte, son produit va toujours en augmentant. On sème, il est vrai, fréquemment de l'orge après de l'orge, mais dans ce cas on n'obtient qu'un chétif produit en grains, lors même que le sol contenant encore du fumier de l'année précédente non décomposé, la plante paraîtrait plus forte à la seconde récolte qu'à la première. L'orge après des grains d'automne réussit en général mieux que la disposition opposée; mais différens essais donnent lieu de croire que c'est le contraire, si l'on met une récolte entre deux.

En général les céréales, qui se succèdent sans interruption ne parviennent jamais à la même perfection et ne rendent point autant de grain, que lors qu'elles alternent avec des récoltes d'un autre genre ; c'est pour cela que lors qu'on commença à tirer parti de la jachère, l'on crut devoir choisir pour cela des récoltes d'une autre espèce.

§ 367.

Quoique cela dût tomber sous les sens, le petit nombre seulement eût l'idée de modifier l'assolement : par exemple, dans l'assolement de quatre ans au lieu de 1 grain d'automne, 2 grains de printems, 3 pois ; de semer 1 grains d'automne, 2 pois, 3 grains de printems, puis ensuite de donner la jachère ; cependant quelques cultivateurs qui le firent s'en trouvèrent à merveille, ils obtinrent à la fois plus de paille et plus de grain. Plusieurs agriculteurs allemands, et dans leur nombre le praticien d'Eckart dans son *Economie expérimentale*, se rapprochèrent beaucoup de cette règle ; mais, dans ces tems, l'aveuglement et les préjugés étaient encore si forts, qu'on ne voyait pas même ce qu'on avait devant les yeux, ou qu'on ne se fiait pas au sens de la vue, lorsque ce qu'on avait aperçu était en contradiction avec les opinions reçues.

Wöllner aussi et même Germershausen, présentèrent des motifs en faveur de ce cours de récoltes. Mais quoique plusieurs cultivateurs apprissent que des récoltes successives de grains venaient d'autant plus belles qu'elles étaient d'un genre différent, et qu'en théorie personne ne refusât son assentiment à ce principe, aucun d'eux ne renonça pour cela à l'assolement triennal. A la vérité le plus grand nombre en était empêché par la loi qui assujétissait à suivre le système établi, mais cet assujétissement n'était pas général ; il y avait en Allemagne beaucoup de propriétaires de grands et de petits domaines qui avaient la liberté de faire de leurs champs ce qu'ils jugeaient à propos.

Moi-même je n'ai été dirigé vers le système de culture alterne perfectionné, ni par la réflexion ni par la lecture des ouvrages anglais, mais seulement par le hasard et par la nécessité. Comme en Allemagne on m'a honoré du nom de père de ce système, on me permettra de raconter ici les circonstances qui m'y ont conduit. J'étais un ardent *sectateur* du trèfle et de la nourriture à l'étable, selon les principes de Schubart ; et je voulus en conséquence introduire cette plante à la troisième année de mon assolement à la place de la jachère. Mais elle n'y réussit point, le champ fut au contraire infecté de mauvaises herbes ; les grains d'automne que j'y semai, sur un seul labour, manquèrent complètement, quoique cependant j'eusse fumé pour la seconde fois en rompant le trèfle, ou que celui-ci eût été fumé en hiver. Avec l'aide d'un champ médiocre de luzerne et de fromental, j'eus assez de vert pour nourrir mon bétail pendant l'été, mais je n'eus pas pour l'hiver le fourrage que j'avais compté obtenir de mon champ de trèfle. Je ne fus secouru que par les pommes de terre et des raves cultivées sur une luzernière rompue, et par une petite

quantité de foin naturel. Plein de reconnaissance pour ces deux plantes, je rompis
et mis en pommes de terre une partie du terrain que j'avais semé en trèfle, et qui avait
assez mal réussi. L'abondante récolte de ces tubercules fut retardée, et le tems étant
d'ailleurs humide, je ne pus pas semer du seigle sur ce terrain comme je me l'étais
proposé ; j'y mis donc de l'orge au printems suivant ; mais comme je voulais absolument avoir une provision de trèfle, j'en semai de rechef et très-épais sur l'orge.
Ce grain eut un succès extraordinaire, on fut étonné de le voir tel sur un champ,
qui n'en rapportait que rarement et du médiocre. L'année suivante, pour la première fois, j'y eus un beau trèfle, tandis qu'un autre champ où le trèfle avait été
semé sur une seconde récolte de grain et quoiqu'il eût été fumé pendant l'hiver, ne
rapporta presque que de l'oseille. Après une misérable coupe, ce dernier champ fut
labouré trois fois pour être semé en seigle ; le premier, au contraire, ne fut labouré
qu'une fois après la seconde coupe, et le seigle fut décidément plus beau sur celui-ci
que sur l'autre : cette épreuve détermina pour l'avenir mon assolement. Cependant
j'étais bien éloigné d'y attacher un autre prix que celui de l'utilité particulière qu'il
avait pour mes propres circonstances. J'avais plutôt une sorte de honte d'être devenu
un sectateur du système de Pfeifer, de Mayer, de Gugemus et de Schubart, un cultivateur de pommes de terre et un imitateur des petits jardiniers, qui, dans mon
voisinage, cultivaient leur journal de terre à peu près de la même manière. Cependant je consultai leur expérience et je la trouvai d'accord avec la mienne. Seulement
j'adoptai, pour buter mes pommes de terre, l'usage d'une houe du Mecklembourg,
de laquelle ensuite je fis l'instrument dont, en Allemagne, on se sert le plus souvent
pour la culture de cette plante.

§ 568.

Ce fut quelque tems après seulement qu'il me tomba dans les mains, de
nouveaux auteurs anglais qui envisageaient cet assolement ou les semblables,
comme la base de toute bonne agriculture ; qui apprenaient à remplacer la
jachère par une culture soignée de récoltes espacées en lignes éloignées; qui
n'envisageaient le trèfle comme une récolte assurée et améliorante, que lorsque
semé sur la première récolte de grains, il trouvait un sol complètement
ameubli et nettoyé par les récoltes jachères, il végétait ainsi serré et vigoureux
et couvrait le sol d'une ombre épaisse; qui sous ces conditions, voyaient dans
la culture de cette plante, une bonne préparation au froment, mais qui regar-
daient l'acte de semer en froment un trèfle manqué, comme un péché contraire
à tous les principes d'une bonne agriculture, à moins qu'on n'eût laissé reposer
le terrain, ou qu'on ne l'eût auparavant nettoyé par une jachère d'été. Je crus
devoir communiquer au public d'Allemagne ce système et plusieurs expériences
remarquables des Anglais, qui jusques-là avaient échappé et qui se trouvaient
d'accord avec les miennes, je le fis d'abord dans le magasin de Hannovre, et
ensuite dans mon *Introduction à la connaissance de l'agriculture anglaise.*

Ce n'est donc pas tout-à-fait sans fondement, qu'on a nommé cette espèce d'assolement le *système anglais*, quoiqu'en Angleterre il ne soit point général, mais qu'on le trouve en usage seulement dans quelques comtés, et surtout dans les exploitations des cultivateurs éclairés, d'où sans doute il doit se propager de plus en plus.

Le grand succès qu'obtînt ce système de culture, tel qu'il était présenté dans cet ouvrage, lui attira des antagonistes, qui trouvaient précisément dans son origine anglaise, un motif à sa réjection ; étrangers aux circonstances économi-politiques de l'Angleterre, ils attribuèrent à ce système, la disette de grains qui, à cette époque même, se faisait sentir dans ce pays ; quoique tous les auteurs anglais, soutinssent unanimement que cette disette n'était dûe qu'à l'accrois-sement de la population, à la continuation de l'assolement triennal qui prédo-minait encore et à la grande étendue de pâturage qu'il exige, et dans d'autres contrées à la trop grande quantité d'herbages qu'on ne rompait point, ou que du moins on laissait trop long-tems en pâturage. Ces auteurs démontraient à l'envi qu'on ne pouvait remédier à cette disette que par une introduction plus générale de ce système d'assolement, puisque le petit nombre de comtés où il était introduit, malgré leur peu d'étendue, pourvoyaient de grains l'innom-brable population de la capitale, de nombreuses villes de commerce et même des comtés entiers, remplis d'une population de fabriques, comme par exemple Norfolk, et le comté de Lancaster.

Si même cette méthode, disaient encore les opposans, devait convenir à une nation qui consommait autant de viande que la nation anglaise, elle n'était en au-cune manière appropriée aux besoins d'un peuple, dont la plus grande partie se nourrissait ordinairement de végétaux ; puisque cette culture réclamait la moitié des champs pour la nourriture du bétail. Du reste cette objection ne pouvait être faite par des cultivateurs qui suivaient l'assolement alterne avec pâturage, puisque au moins la moitié de leurs terres était consacrée à la nourriture des bestiaux. Les partisans de l'assolement triennal en appelaient à la plus grande proportion de leurs semailles. Mais on pouvait facilement leur prouver, qu'indépendamment des grandes étendues de prairies et de pâturages qui leur étaient nécessaires pour maintenir leur culture dans une sorte de vigueur, la moitié des produits qu'ils retiraient de leurs champs labourables, n'était pas consacrée en effet à la nour-riture de l'espèce humaine, puisqu'ils devaient employer une grande partie de leurs grains à la nourriture de leur bétail de trait, et même à l'entretien de celui de rente ; qu'en revanche tous les grains produits par le système de culture dont il s'agissait, pouvaient être consacrés à la nourriture de l'homme, puisque

les récoltes en fourrages des champs soumis à ce système, suffisaient à la plus
grande proportion de bétail ; que de plus dans le nombre des récoltes qui
occupaient la moitié des champs non ensemencée en céréales, on comptait tous
les légumes, surtout les fèves sarclées, les vesces et les pois. Qu'enfin un grand
nombre de plantes destinées à la vente, qui demandaient à être cultivées pendant
la végétation, entraient, comme cela a été dit plus haut, dans le nombre des
récoltes préparatoires, dès que l'abondance des engrais le permettait ; qu'on
pouvait ainsi les cultiver sans épuiser son champ, et que pour cela il ne fallait
qu'avoir un petit supplément en fourrages.

§ 369.

Deux auteurs du premier mérite, le conseiller de préfecture Karbe dans son
Introduction à la culture alterne des Anglais, et son *Altesse Sérénissime le
Duc Frédéric de Sleswig Holstein Beck, sur la culture alterne et sa combinaison avec la nourriture à l'étable*, ont expliqué ce système dès ses principes,
en le mettant en rapport avec nos circonstances ; ils ont montré les grands avantages qu'on retirerait de son introduction générale. On en trouve maintenant des
exemples sans nombre en Danemarck, en Silésie, dans la Marche de Brandebourg,
en Saxe, en Franconie, en Westphalie et même en Courlande et en Estonie.
Le succès confirme par tout le mérite de cette méthode, quoique souvent on
ait mis de la précipitation dans la *transition*, et quoique un petit nombre de
cultivateurs seulement soient déjà entrés dans le second cours de cet assolement,
où, seulement, ses bons effets paraissent de la manière la plus frappante.

Cependant souvent encore on se fait une fausse idée de ce système ; et l'on
croit y voir sous entendus un nombre particulier de soles et une succession de
récoltes fixe. L'un croit qu'il est inséparable de la nourriture à l'étable, l'autre
du pâturage. Mais il peut avec beaucoup d'avantage être réuni à l'un et à l'autre ;
seul il peut donner à la nourriture à l'étable en grand une base solide, et aider
à la nourriture au pâturage, en assurant une quantité suffisante de nourriture
d'hiver et une rente du bétail qui soit satisfaisante ; mais le nombre des soles, ou
la durée de l'assolement, la proportion de la quantité du terrain consacré à la
culture des grains, avec celle vouée à la nourriture du bétail, peuvent être variés
bien davantage que dans les assolemens avec pâturage tels qu'ils sont suivis dans
le Holstein et dans le Mecklembourg ; puisqu'ils ne sont déterminés que par les
circonstances locales et par le but qu'on se propose.

§ 370.

Les principaux avantages de ce système de culture sont les suivans :

1. De supprimer une jachère morte, à la place de laquelle, après un certain
nombre

nombre d'années, on cultive ou pour la nourriture du bétail, ou pour la vente, des plantes qui, durant leur végétation, et pour la favoriser, permettent le passage de charrues légères, ou de la houe et du ratissoir à cheval, entre leurs lignes, soit dans un sens, soit aussi en travers; au moyen de quoi le sol en obtient des avantages semblables à ceux qu'il eût tirés d'une jachère. Du moins n'ai-je encore rencontré aucun sol tellement *intraitable*, que par la culture de ces récoltes faites avec des instrumens convenables, il ne soit devenu aussi meuble, aussi divisé que par le moyen d'une jachère. Il se peut cependant qu'il existe des terrains qui, au commencement de cet assolement, aient besoin d'une jachère; mais cette jachère une fois donnée d'une manière complète, ces terrains n'en doivent jamais plus avoir besoin. C'est à cette première sole qu'on donne le principal amendement, l'on y consacre toute la quantité de fumier dont on peut disposer, et cette quantité doit excéder celle qui pourrait convenir à des récoltes d'un autre genre; pour celles-ci elle ne saurait guère être trop forte. Ces engrais contribuent à diviser la terre, et à détruire les germes de mauvaises herbes qui y sont contenus.

2. A ces récoltes sarclées doivent succéder les grains de printems, d'un côté parce que l'époque tardive où la récolte sarclée a été serrée, n'a pu permettre de semer assez tôt des grains d'automne, de l'autre parce que l'expérience a appris que, sur les terres argileuses les plus ordinaires, les grains de printems donnent ici un produit plus grand que ceux d'automne, et cependant laissent au sol assez de vigueur pour qu'il puisse dans la suite rapporter encore une récolte de céréales d'automne. Ces grains de printems peuvent être du froment, de l'avoine ou de l'orge. La dernière est la plus en usage, surtout l'espèce à deux rangées, ou l'orge ris (orge sans peau *), dont la réussite est ici aussi grande qu'assurée. Si cependant le sol, faute d'avoir été suffisamment cultivé, ou par suite de la température excessivement humide d'un été, n'avait point été assez divisé et nettoyé, il faudrait, dans ce cas extraordinaire, donner la préférence à la petite orge à 4 rangées, parce qu'elle laisserait le tems de répéter les labours avant la semaille. Au reste ces labours sont en général si peu nécessaires, que les semailles de printems peuvent être faites toutes entières, au moyen seulement d'une ou deux cultures à l'extirpateur et à la herse, ce qui dans une saison où l'on est aussi surchargé d'affaires pressantes, est d'un très-grand avantage.

Plusieurs personnes craignent que les céréales de printems ne versent, lorsqu'elles sont semées dans un terrain aussi riche; cependant en général l'expé-

---

* Hordeum celeste nudum. *Trad.*

rience doit les rassurer, pourvu toutefois qu'elles aient soin de ne pas semer trop épais, ce qui ici serait non seulement superflu mais encore nuisible. Des labours profonds empêchent que les grains ne versent. Au reste, si le sol doit être fouillé profondément, cela doit avoir lieu dans la préparation pour les récoltes jachères, auxquelles les labours profonds ne sont jamais nuisibles, et dans la culture desquelles la terre perd sa crudité.

3. Il faut observer cette règle fondamentale, de ne jamais faire suivre deux récoltes à épi l'une après l'autre, mais au contraire de les séparer toujours par une récolte intercalaire ; à moins que ce ne soit à la fin de la rotation, lorsque la récolte jachère doit succéder et que les produits ne peuvent plus souffrir de ce que la terre est durcie et infectée de mauvaises herbes.

Le choix de ces récoltes intercalaires dépend du nombre des soles et des besoins de l'exploitation. Ce peut être du trèfle, des légumes, des graines huileuses, ou telle autre qui n'appartient pas au genre des graminées.

4. C'est une condition nécessaire que le trèfle soit semé sur une terre parfaitement propre, bien travaillée et fumée ; on le sème ordinairement sur la récolte qui suit la récolte sarclée ; et l'on en jouit à la troisième année de l'assolement. A cette place on n'a que bien rarement à redouter sa non réussite, si d'ailleurs on le sème d'une manière convenable. Il pénètre alors avec ses racines, si avant dans une terre remuée profondément, qu'il n'a plus rien à redouter des mauvais tems de l'hiver * ; et ce que l'on a dit, sans

---

* Quoique ce que dit ici l'auteur soit en général d'une vérité absolue, j'observe cependant que dans les contrées où les pluies ne sont ni fréquentes ni abondantes en été, et où par conséquent le terrain remué au printems ne reprend pas son assiette avant l'hiver, il arrive fréquemment que les trèfles semés en terre très-argileuse sur des grains de printems, souffrent des gelées de l'hiver plus que ceux qui ont été semés au printems sur les semailles de grains d'automne, parce que, pour les premiers, l'humidité du commencement de l'hiver, affaissant le terrain sans que la racine des plantes de trèfle s'abbaisse proportionnément, cette racine se trouve ainsi dégarnie ; de sorte que les plantes sont plus exposées aux effets de la gelée, qui, souvent les arrache où les fait périr. Afin d'éviter cet inconvénient et d'assurer la réussite de mes récoltes de trèfle, j'ai essayé de ne donner que la moitié de l'engrais à la récolte sarclée, et de mettre le surplus pendant l'hiver sur la récolte de grains d'automne que je fais succéder immédiatement à cette première, alors le trèfle semé au printems sur ce terrain assis, cependant récemment amendé, est d'une réussite presqu'infaillible, pourvu qu'après l'avoir semé, l'on ait soin de passer sur la semaille, une herse garnie d'épines, qui enterre la semence en égalisant les débris du fumier ; comme cette dernière opération étend sur les plantes des céréales la terre des petites mottes que la gelée a divisées, elle influe toujours d'une manière fort avantageuse sur la récolte de grains, en la disposant à taller. *Trad.*

doute d'après l'expérience, que la terre se rassasie de trèfle, n'a pas lieu dans ce cas, puisque vingt années d'essais, ont démontré, que quoique revenant tous les quatre ans à la même place, il devenait chaque fois plus beau. On peut ou ne profiter de ce trèfle que pendant une année, ou le faucher pendant deux ans. Dans le premier cas il est de règle qu'on y sème des grains d'automne sur un seul labour, ce qui ne peut avoir lieu d'une manière plus parfaite qu'avec la *charrue tranchante*. Dans le second cas, on peut quelquefois donner la préférence aux grains de printems, surtout si l'on veut retirer du trèfle encore une troisième coupe, ou le faire pâturer en automne. Cependant ce trèfle de deux ans est une si bonne préparation pour les grains d'automne, que dans le plus grand nombre de cas, on le conserve pour lui donner cette destination; alors après les deux coupes de la seconde année de jouissance, on le rompt à la charrue tranchante, et on lui donne ensuite une seconde culture avec le petit extirpateur. Dans quelques cas on peut laisser subsister ce trèfle jusqu'à la troisième année, mais alors il convient qu'il soit suivi par de l'avoine, sans cela il faut lui donner plusieurs labours pour le semer en grains d'automne.

5. Dans des assolemens de plus longue durée ou lorsqu'on veut obtenir plus de fourrages et d'engrais, et porter le terrain au plus haut degré de fécondité dont il soit susceptible, l'on trouve de grands avantages à se procurer entre deux encore une récolte qu'on ne laisse pas venir à maturité, c'est-à-dire qu'on fauche en vert pour le bétail; ce à quoi sont particulièrement propres les vesces et le blé noir, dont le chaume renversé, laisse le terrain parfaitement préparé pour une récolte de grains d'automne. C'est avec des produits de ce genre surtout qu'on peut obtenir en une même année.

6. Des doubles récoltes. Avec ce système de culture, on peut sans doute les introduire sur plusieurs soles à la fois, cependant dans le climat du nord de l'Allemagne, et dans de grandes exploitations qui n'ont pas des bras et des attelages en surabondance, cela n'est point aussi facile qu'on le pense.

Les récoltes de raves sur le chaume rompu des grains d'automne réussissent à la vérité quelquefois très-bien dans ce pays, mais pour les obtenir il faut les semer avec promptitude au milieu des grands travaux de la moisson *. Je ne

---

* Je n'ai pas besoin de rappeler ici que le climat de l'ancienne France étant plus chaud, il permet presque toujours une semaille assez hâtive pour que les raves puissent atteindre un volume passablement grand. Cependant ces secondes récoltes, et surtout les raves, semées après la moisson des blés (je ne parle pas de celles semées entre les lignes de fèves, ou après les vesces fauchées en vert), y sont extrêmement casuelles, ce que l'on doit attribuer aux raisons suivantes. 1. Comme nous l'avons vu plus haut, les céréales d'hiver laissent la terre extrêmement

connais point par ma propre expérience la méthode récemment vantée, de semer au printems des carottes parmi les seigles d'automne, et je n'en trouve aucune trace chez les Anglais, qui d'ailleurs cherchent à multiplier ces récoltes autant que cela est possible. Au reste j'ai éprouvé moi-même, qu'on peut obtenir sans peine une seconde récolte, sur un champ de fèves ou de maïs semé en lignes et cultivé à la houe à cheval, où, entre les rangées, et après avoir fini la culture de ces plantes, on peut très-bien semer des raves avec avantage. Le champ de vesces produit d'abord des vesces à faucher en vert, et après elles du blé noir à faucher de même, et qui, le plus souvent, réussit parfaitement, ou bien des raves qu'on peut semer assez tôt et qui paient richement leur culture; quelquefois aussi l'on y sème deux fois de suite des vesces pour les faucher en vert.

7. Si, dans de longs cours de récoltes, on doit fumer deux fois, le second amendement n'est jamais appliqué à une récolte de grains, mais à une d'une autre espèce et de préférence à une récolte à faucher en vert, parce que la végétation de celle-ci ne saurait jamais être trop forte, et que la mauvaise herbe qui germe et y végète, ne peut y faire aucun dommage, puisqu'elle ne peut point y arriver à sa maturité. Le labour qu'on donne à la terre aussitôt après qu'on a obtenu cette récolte, mélange le fumier avec le sol et l'y incorpore; de cette manière l'engrais perd cette première chaleur, qui pousse trop les jeunes plantes de blé et les dispose à verser.

8. Ce n'est point une condition essentielle de ce genre de culture que la moitié

---

sèche et durcie à sa superficie, et comme les pluies ne sont pas toujours assez abondantes en été pour imprégner suffisamment d'eau la couche de terre remuée par la charrue, souvent les raves ne lèvent pas, ou lorsqu'elles ont levé elles n'ont qu'une végétation lente et elles sont bientôt détruites par les pucerons ou par d'autres insectes. 2. Souvent on les sème sur un terrain appauvri, épuisé même par de nombreuses récoltes céréales, et alors ou elles manquent complètement, ou elles ne paient pas même les frais qu'elles occasionnent. 3. L'usage de l'extirpateur n'étant point encore généralement répandu dans ce pays, on se borne à donner un seul labour qui ne divise pas suffisamment la terre, et ainsi non-seulement ne procure pas à la végétation tous les alimens qu'elle pourrait trouver dans une terre plus meuble, mais encore fournit une retraite aux insectes.

Si donc on veut semer, surtout des raves en secondes récoltes après des graminées céréales, il faut choisir un terrain riche et pas trop argileux. 2. Le labourer aussitôt après la moisson, et lui donner avec les instrumens de l'agriculture perfectionnée les cultures nécessaires pour bien ameublir le sol. 3. Dès que les plantes sont à leur troisième ou quatrième feuille, il faut les espacer par un premier sarclage fait d'une manière rapide. 4. Leur donner un second sarclage qui détruise le reste des mauvaises herbes. *Trad.*

des champs produise de la nourriture pour le bétail, mais bien, comme on l'a vu par ce qui a été dit, que seulement une moitié soit consacrée à produire des céréales ; si on le préfère, on peut se procurer une beaucoup plus grande proportion de denrées de vente, et pourvu qu'on ait une provision d'engrais suffisante, rien n'empêche qu'on ne cultive l'espèce qui doit donner les produits les plus avantageux. Seulement pour atteindre cette abondance d'engrais, laquelle associée à une bonne culture, produit des effets si étonnans, il est le plus souvent nécessaire de se contenter, pour le premier cours de récoltes, de la première moitié en produits vendables, afin de pouvoir obtenir des fourrages en suffisance.

§ 370.

Les besoins d'une culture fondée sur ce système d'assolement, qui doivent être remplis pour que son introduction puisse avoir lieu, ou tout au moins pour que ses succès ne soient pas livrés au hasard, sont les suivans :

1. Une propriété illimitée et une libre disposition du sol ; l'absence de toutes servitudes et de tout assujétissement à d'autres, à moins que ces servitudes ne soient convenablement limitées.

2. Une situation des soles favorable et pas trop éloignée. Le contraire met une extrême difficulté dans une culture qui exige une surveillance soutenue.

3. Pour son introduction, un sol qui ne soit pas trop appauvri, ou dans ce cas des moyens extraordinaires de se procurer des engrais actifs ; pour l'introduire sur un sol épuisé par la culture des grains, il faut tout au moins de grands sacrifices, ou l'avance d'un capital considérable, parce que, dans les commencemens, la culture des produits destinés à la vente doit être extrêmement resserrée, afin qu'on puisse obtenir une plus grande quantité de fourrages, c'est-à-dire d'engrais. Cette culture peut donc bien plus facilement être introduite sur les terrains soumis à l'assolement ordinaire avec pâturage, qui maintient le sol en meilleur état, qu'elle ne peut l'être sur ceux soumis à l'assolement triennal qui, le plus souvent, l'épuise ; aussi dans bien des cas, est-il avantageux d'employer ce premier assolement comme moyen d'arriver à une culture perfectionnée. Nous reviendrons ensuite sur les meilleurs moyens d'opérer ce passage.

4. Un plus grand nombre de bras. A la vérité, le plus souvent, le nombre d'individus qui suffisent à un bon accomplissement de la récolte, dans la culture réglée d'après l'assolement triennal, suffira aussi à l'accomplissement des travaux de cette culture, mais ces individus devront être tenus dans une activité plus grande et plus soutenue. La répartition des travaux entre toutes les saisons, peut être faite de manière que durant toute l'année il y ait pour tous, depuis le faible vieillard jusqu'à l'enfant, une série non interrompue d'ouvrages et de moyens de gagner.

Du reste, ces travaux n'exigent pas une habileté difficile à acquérir, mais comme les ouvrages peuvent y être mieux répartis, et que par conséquent l'ouvrier doit y acquérir plus d'habitude et se familiariser avec l'usage de certains instrumens, les divers travaux doivent s'y faire à la fois plus vite et à meilleur marché. Que ce système de culture donne de l'attrait à certaines améliorations, et que de cette manière un plus grand nombre d'ouvriers soient nécessaires, ce n'est point là une conséquence nécessaire de sa nature. Une augmentation d'attelage ne peut y être indispensable, que pour le transport de la plus grande quantité d'engrais qu'il procure, et des récoltes plus abondantes et plus nombreuses qu'on en retire. Les labours et les semailles y sont au contraire plus faciles ; car quoique pour l'ensemencement on y trouve plusieurs opérations qui ne sont point ordinaires dans d'autres cultures, il n'en résulte autre chose que l'épargne d'opérations beaucoup plus pénibles. Les travaux des attelages sont aussi répartis avec assez d'égalité entre toutes les saisons.

5. Un gérant, un directeur attentif, actif, qui agisse avec réflexion et avec fermeté. Cette condition est de règle absolue, puisque pour arriver au plus haut produit possible, il peut être convenable de faire pour chaque chose une distribution des terres différente de celle qui est établie par l'usage, et d'opérer diverses modifications dans les semailles et dans l'économie du bétail. La différence est en cela surtout, très-grande entre une culture établie d'après l'assolement ordinaire avec pâturage et la nôtre.

6. Elle ne peut convenir que là où il y a un écoulement suffisant pour toutes les denrées et où, par conséquent, le sol est avec le travail dans une juste proportion de valeur. Là où celui-ci est très-cher en proportion de celui-là ; là où l'on ne peut faire exécuter les travaux avec avantage que par des corvées, lesquelles, en général, ne sont propres qu'au but précis auquel elles ont été destinées, cette culture ne saurait être profitable.

7. Enfin elle exige comme on le voit, un cheptel plus considérable, et un capital en circulation plus grand.

§ 571.

Avec cette manière d'alterner les récoltes, on peut également ou faire pâturer le bétail sur une partie des champs, ou le nourrir complètement à l'étable. Dans le premier cas l'assolement avec pâturage est poussé à sa plus haute perfection ; dans le second cas elle a des avantages incontestables pour des positions qui rendent difficile la nourriture à l'étable. Au reste, le plus haut produit que le sol puisse donner ne saurait être atteint que par cette dernière méthode ; mais il n'en est peut-être pas toujours ainsi du plus haut produit du capital et du travail qui ont été mis en œuvre.

Nous examinerons donc avant tout la

CULTURE ALTERNE

avec une succession convenable de récoltes, et pâturage.

§ 372.

Dans cette culture donc une partie du sol reste en pâturage pour la nourriture du bétail à cornes, ou si l'on veut, seulement pour celle des bêtes à laine. Mais la terre est appliquée à cet usage lorsqu'elle est en pleine vigueur, et pour cet effet l'on y sème des graines des plantes les plus propres au pâturage; ainsi elle rend une nourriture beaucoup plus abondante et plus riche, laquelle peut, ou entretenir plus de bétail, ou l'entretenir sur un espace beaucoup moins étendu. Outre cela l'on y joint d'autres fourrages soit pour la nourriture d'hiver seulement, soit aussi pour nourrir pendant l'été une partie du bétail ou entièrement à l'étable, ou à l'étable et au pâturage concurremment; de sorte que jamais on ne soit réduit à entrer trop tôt au printems sur le pâturage, ou à le surcharger.

§ 373.

En général ce système de culture n'est pas profitable, lorsque le cours de l'assolement ne comprend pas au moins huit années. S'il y avait des inconvéniens à reserrer la culture des grains, et si cependant ou voulait encore avoir une sole pour la culture des fourrages, le terrain ne resterait point assez long-tems en pâturage, pour qu'on put retirer de celui-ci tous les avantages qu'on doit en att endre; excepté dans de toutes petites exploitations, auxquelles en général la nourriture à l'étable est toujours de beaucoup plus profitable que celle au pâturage, je changerais toujours l'assolement de 6 ou 7 ans en celui de 12 ou 14 ans, nombre qui rendrait la transition facile.

Huit est donc le plus petit nombre de soles que nous envisagions comme propre à cette espèce de culture, et je proposerais d'y suivre les assolemens suivans.

Ici et dans la suite ** indiquent qu'il faut donner un amendement complet, et * qu'il faut fumer modérément. *a*

1. **a* Fèves en lignes,   ou bien   b. * Pommes de terre.
2. *a* Grains d'automne,   b.   Grains de printems.
3. *a* Trèfle à faucher,   b.   Trèfle à faucher.

---

a L'auteur entend par amendement complet, celui qui comprend au moins 16,000 liv. fumier par journal, et par amendement modéré 10,000 liv. *Trad.*

4. *a* Grains de printems,   b. Grains d'automne,
5. * *a* Pois,   b. * Vesces,
6. *a* Grains d'automne,   b. Grains d'automne.
7. } Pâturage avec trèfle blanc
8. } et des graminées.

Ou bien

1. Avoine sur pâturage rompu,
2. *a* ** Fèves en lignes,   b. ** Pommes de terre,
3. *a* Grains d'automne,   b. Grains de printems,
4. *a* * Vesces,   b. * Pois,
5. *a* Grains de printems,   b. Grains d'automne.
6. *a* Trèfle à faucher,

7. }
8. } Pâturage.

En neuf soles.

1. Avoine sur pâturage rompu,   6. * Pois et vesces,
2. ** Récoltes sarclées, en lignes,   7. Grains d'automne,
3. Orge,   8. }
4. Trèfle,   9. } Pâturage semé.
5. Grains d'automne,

Ou bien

1. Avoine sur pâturage rompu,   6. Trèfle à faucher,
2. ** Récoltes sarclées,   7. }
3. Orge,   8. } Pâturage.
4. * Pois et poisettes,   9. }
5. Grains d'automne,

En dix soles.

1. Avoine sur pâturage rompu,   6. * Pois et vesces,
2. ** Récoltes sarclées,   7. Grains d'automne,
3. Orge,   8. }
4. Trèfle à faucher,   9. } Pâturage semé.
5. Grains d'automne,   10. }

Si l'on préférait avoir une plus grande étendue de trèfle à faucher et moins de pâturage, on pourrait laisser subsister le premier pendant deux ans, et retrancher une sole de pâturage.

Ou bien

1. ** Colza et pois,   3. * Récoltes sarclées,
2. Grains d'automne,   4. Orge,

              5. Trèfle,

5. Trèfle,   8. }
6. Grains d'automne,   9. } Pâturage.
7. Grains de printems,   10. }

Ou bien sur du terrain sablonneux.

1. Blé noir,   6. Seigle,
2. Seigle,   7. }
3. ** Récoltes sarclées,   8. } Pâturage.
4. Avoine,   9. }
5. Spergule,   10. }

En onze soles.

1. Avoine,   7. ** Colza,
2. ** Récoltes sarclées,   8. Grains d'automne,
3. Orge,   9. }
4. Trèfle,   10. } Pâturage.
5. Grains d'automne,   11. }
6. Vesces à faucher en vert,

La culture du colza ne devrait avoir lieu qu'autant que l'on aurait des engrais en abondance. Sans cela, après les vesces, on doit faire suivre la récolte de grains d'automne et consacrer alors 4 années au pâturage.

Ou bien

1. ** Colza,   7. * Pois et vesces,
2. Grains d'automne,   8. Grains d'automne et de printems.
3. * Récoltes sarclées,   9. } Pâturage.
4. Orge,   10. }
5. Trèfle,   11. Pâturage jusqu'au milieu
6. Grains d'automne,   de l'été.

En douze soles.

1. Vesces,   7. * Pois.
2. Grains d'automne,   8. Grains d'automne,
3. Trèfle à faucher,   9. }
4. Avoine,   10. }
5. ** Récoltes sarclées,   11. } Pâturage semé.
6. Orge,   12. }

Ici le pâturage de la 12.ᵉ année peut également être rompu au milieu de l'été ; on peut aussi substituer au N.º 1 du colza, si l'on a des engrais en suffisance.

Ou bien

1. Vesces,   2. Grains d'automne,

I.   44

3.**Récoltes sarclées,   8.   Avoine,
4.   Orge,   9.   Trèfle à faucher,
5.   Pois,   10.⎫
6.   Grains d'automne,   11.⎬ Pâturage.
7. * Fèves sarclées,   12.⎭

En quatorze soles.

1.**Colza,   8.   Trèfle,
2.   Grains d'automne,   9.   Grains d'automne,
3.   Pois,   10. Avoine,
4.   Grains d'automne,   11.⎫
5.**Récoltes sarclées,   12.⎬
6.   Orge,   13.⎬ Pâturage.
7.   Trèfle,   14.⎭

Ou bien

1.   Avoine,   8.   Orge,
2.**Récoltes sarclées,   9.**Fèves sarclées,
3.   Orge,   10. Froment,
4.   Trèfle,   11.⎫
5.   Trèfle,   12.⎬
6.   Grains d'automne,   13.⎬ Pâturage.
7.   Pois,   14.⎭

Les assolemens composés d'un plus grand nombre d'années peuvent être
envisagés comme des répétitions de ceux-là , faites avec plus ou moins de modifications. Je joins seulement encore ici un assolement de vingt-quatre ans, qui est
actuellement introduit sur un domaine, dont trois métairies et les champs qui en
dépendent, sont contigus, de manière à ne faire qu'un tout au moyen de ces
trois métairies ; cet assolement est suivi sur une étendue de 5000 journaux :

Il est comme suit :

1.**Colza,   10.⎫
2.   Grains d'automne,   11.⎬ Pâturage ,
3. * Pommes de terre,   12.⎭
4.   Orge,   13. Avoine,
5.   Trèfle à faucher,   14.**Fèves sarclées,
6.   Trèfle à faucher,   15. Grains d'automne ,
7.   Grains d'automne,   16. Trèfle à faucher,
8. * Pois et vesces,   17. Grains d'automne ,
9.   Grains d'automne,

18. * Vesces à faucher en vert,
    ensuite raves,
19. Grains de printems,
20. Pois,
21. Grains d'automne,

22. Trèfle à pâturer,
23. Pâturage,
24. Pâturage de printems à rompre de bonne heure pour le colza.

Si dans ces rotations il devait être nécessaire de donner une jachère complète, peut-être pour charier de la marne, cela pourrait toujours avoir lieu dans les soles les moins nécessaires; encore pourrait-on souvent en retirer quelque produit, soit au printems, soit en automne, comme par exemple, une récolte de vesces à faucher en vert ou une récolte de raves.

L'assolement dont nous venons de parler est surtout calculé pour un grand troupeau de bêtes à laine de race, auquel tout le pâturage est consacré, tandis que probablement le bétail à cornes est entretenu à l'étable.

CULTURE ALTERNE.
avec nourriture du bétail à l'étable.
§ 375.

Ce système de culture se distingue principalement en ceci, que pendant toute l'année, le bétail y est nourri avec des fourrages fauchés et amenés pour cet effet, et qu'il n'est pas mis au pâturage, si ce n'est peut-être vers la fin de l'été. Les bestiaux sont réellement nourris à l'étable ou dans une cour arrangée pour ce but, ou enfin dans des parcs mobiles et forts, dont la place est changée chaque année et fixée près des soles qui doivent fournir la plus grande partie des fourrages. A quelques égards on peut aussi comprendre ici la méthode usitée dans quelques contrées, de donner à manger au bétail à l'étable avant de le conduire au pâturage.

Ce n'est pas ici le lieu de parler des avantages de l'une sur l'autre de ces méthodes, puisque nous ne devons les considérer ici que dans leurs rapports avec la culture en général.

§ 376.

Les avantages particuliers à ce genre d'économie sont les suivans :

1. Il demande, pour la nourriture d'une même quantité de bétail, une étendue de terrain beaucoup moins considérable.

a.) Parce que dans cette culture on donne au champ une préparation convenable aux végétaux qui sont employés comme fourrages, et que ne laissant pas à la nature seule le soin de les propager, on peut choisir et multiplier, en les semant et les plantant, les espèces les plus appropriées à la nature du bétail, et qui réussissent le mieux sur le sol qu'on leur destine. Ainsi l'on peut y employer dans toute son étendue la force génératrice de la nature et tirer du terrain, une quantité d'alimens incomparablement plus grande qu'on ne l'eût fait d'une autre manière.

b.) Parce que ce genre de culture laisse parvenir ces plantes à leur plus haute végétation et au point de leur développement où elles donnent le produit le plus élevé dont elles soient susceptibles, soit en quantité, soit en qualité. En effet, le développement et la croissance de la plupart des plantes à fourrage augmentent progressivement jusqu'à un certain point, et d'autant plus que ces plantes approchent du plus haut degré auquel elles puissent atteindre ; dans leur première existence, leur végétation est très-faible pendant un tems, et elle s'accélère d'autant plus que la plante approche de son développement complet : si, comme cela arrive dans le pâturage on n'attend point cette époque, l'on ne saurait atteindre le plus haut produit. Cependant dès la floraison, la plante cesse de croître et à mesure que la semence se forme, la tige et les feuilles perdent une partie des sucs nourriciers qu'elles contiennent. Ainsi donc le point précisément le plus avantageux, ne peut être saisi que par le fauchage. Comme alors la plante n'est point encore affaiblie par la formation de la semence, souvent elle pousse de nouveaux jets qu'on laisse arriver au même degré de perfection.

c.) Parce que de cette manière les plantes ne sont point écrasées et détruites par les pieds du bétail, et qu'ainsi leur végétation n'est point retardée par la pression du pied des animaux.

L'expérience démontre, que par ce moyen et à quantité égale de terrain, on obtient d'une étendue de moitié plus petite, une nourriture tout aussi abondante et aussi parfaite que celle produite par la totalité des pâturages; ainsi l'on peut épargner ou consacrer à d'autres usages ou à l'entretien d'une plus grande quantité de bétail, au moins la moitié du terrain qui auparavant était destiné à la nourriture d'un moins grand nombre de bêtes.

§ 377.

2. C'est surtout pour obtenir des fumiers qu'on entretient du bétail ; et c'est seulement de cette manière qu'on peut tirer le plus grand parti de cette espèce d'engrais.

Dans toute culture où le bétail est nourri au pâturage, la plus grande partie du fumier d'été est dissipée. Les excrémens qui tombent sur les pacages à demeure sont absolument perdus pour la culture des champs, sans que pour cela ils profitent beaucoup au pâturage, puisqu'on ne s'aperçoit pas que d'anciens herbages où le bétail pâture constamment, augmentent de produit en proportion du fumier que le bétail y dépose. Souvent même le fumier ne produit d'autre effet que celui de donner pour plusieurs années aux plantes sur lesquelles il tombe, une saveur qui en éloigne les bestiaux ; ce qui fait que quelquefois on encourage les bergers de bêtes à cornes, à ramasser les fientes et à en tirer parti pour leur propre compte. Il n'en est pas entièrement de même du fumier qui tombe sur le pâturage des champs en repos; cependant la plus grande partie en est évaporée, et le champ n'en obtient nullement les avantages qu'il en retirerait, si la même quantité de fumier, convenablement préparée, était mêlée avec le sol. Comme, répandu çà et là, ce fumier ne peut point entrer dans cette fermentation d'où il résulte une masse homogène; la plus grande partie s'en évapore sous la forme de gaz, le surplus tombe en poussière et est enlevé par les insectes. La perte est d'autant plus grande que le champ demeure long-tems en pâturage; tandis que cet engrais profite un peu plus, si le terrain est bientôt après mis en labour. Mais dans aucun cas le fumier n'atteint le degré d'utilité qu'il a, lorsqu'il est mélangé avec de la paille et incorporé à elle de manière qu'elle-même devienne un engrais actif. C'est au moyen de la nourriture à l'étable seulement, qu'on peut recueillir tous les excrémens du bétail, et qu'en les mélangeant avec la paille, on leur fait atteindre le véritable point de fermentation, que l'on empêche qu'ils ne soient trop tôt divisés, et qu'ils ne s'évaporent; enfin c'est par son moyen seulement, qu'on a à sa disposition le choix du moment et du degré de fermentation, pour transporter les engrais dans les champs, sur les places même où ils peuvent produire le plus d'effet, et où l'on peut les employer au plus grand avantage de l'économie rurale.

§ 578.

3. La culture associée à la nourriture du bétail à l'étable, peut beaucoup plus facilement et plus promptement que toute autre, faire succéder alternativement les récoltes de fourrages et celles de grains ; ainsi, d'autant mieux atteindre tous les avantages qu'on réunit en faisant alterner les produits. Elle permet de cultiver les plantes à fourrage dans un ordre et une succession tels que les produits destinés à la vente, surtout les récoltes de grains, en soient interrompus aussi peu que cela est possible ; puisque ces récoltes de fourrages n'y sont qu'une préparation à ces dernières, et qu'elles sont destinées principalement à entretenir le champ dans une propreté, une fécondité et un ameublissement complets, ce qui rend la jachère superflue et remplace avantageusement l'effet qu'on en attend.

§ 579.

4. Elle procure pour toutes les saisons au bétail, une nourriture également abondante, succulente et agréable ; du moins lorsque la proportion et la succession des récoltes de fourrage ont été réglées convenablement ; elle peut par

conséquent lui conserver des forces plus égales et une santé plus parfaite ; par cela même augmenter les services et la rente qu'on en retire. Avec la nourriture du bétail au pâturage, cet avantage ne peut avoir lieu qu'au moyen d'une grande abondance de paccages, à cause de l'inégalité de fécondité que présentent les pâturages d'une année à l'autre.

Avec la nourriture à l'étable, on peut réserver pour une année moins féconde l'excédent de nourriture d'été que le bétail n'a pas consommé, il est extrêmement avantageux au bétail d'avoir aussi, à côté du fourrage vert quelque nourriture sèche. Par ce moyen d'ailleurs on peut non seulement maintenir la nourriture des bestiaux dans cette égalité permanente, mais aussi conserver dans un équilibre parfait toutes les autres parties de l'économie, puisqu'on peut les calculer sur une quantité d'engrais égale chaque année et que, si l'on a épargné des fourrages, on peut toujours augmenter la quantité du bétail, lorsqu'on le juge avantageux, soit pour la rente, soit pour l'augmentation des engrais.

§ 580.

5. Enfin non seulement des expériences sans nombre ont démontré qu'avec les soins convenables, le bétail peut être conservé en parfaite santé étant nourri à l'étable, surtout si, de tems en tems en l'abreuvant et le faisant baigner, on lui permet de prendre du mouvement en plein air, mais encore il paraît évident que par là il est garanti de plusieurs des maladies les plus dangereuses, qui atteignent le bétail nourri au pâturage, c'est ainsi qu'entr'autres il n'est point sujet à l'inflammation de la rate, et qu'il est beaucoup moins exposé aux maladies contagieuses ; ensorte que, dans les contrées où ce mode de nourriture est établi d'une manière générale, il n'est guères à redouter de voir les maladies se répandre universellement. Tout au moins dans un tel moment, ce genre de nourriture a-t-il des avantages décidés sur le pâturage qui a lieu dans des champs ou sur des pacages ouverts, si même il n'a point cette supériorité sur celui qui a lieu sur un terrain clos.

§ 581.

Malgré tous ces avantages incontestables de la nourriture à l'étable, on lui a cependant opposé des scrupules et des objections, qui jusqu'ici paraissent avoir eu assez de poids pour empêcher son introduction universelle.

Ces objections sont les suivantes :

1. La culture des plantes à fourrage exige un beaucoup plus grand nombre de bras et d'attelages, que, dans certaines localités, il ne peut être économiquement convenable d'y appliquer.

Réponse. La culture des plantes qui sont le plus ordinairement destinées à la nourriture du bétail en été, n'occasionne qu'une bien petite augmentation de travail. Pour le trèfle il ne faut rien de plus que le semer et, si l'on en récolte soi-même la graine, la battre; ce qui emploie bien peu de tems, lorsque le faisant pour son propre usage, on se borne à dépouiller les fleurs et qu'on le sème sans sortir la graine de son enveloppe.

La culture du terrain consacré aux vesces à faucher en vert n'est pas plus considérable, puisque le labour qu'elle exige, la jachère l'eut exigé également. Les travaux de la culture des autres plantes destinées à la nourriture du bétail, auxquels cependant on met trop d'importance, ne doivent point être imputés à la nourriture d'été, mais à celle d'hiver dont-il ne s'agit pas ici.

§ 382.

2. La nourriture à l'étable ou dans les cours rustiques, exige pour le fauchage, le transport du fourrage vert et sa distribution au bétail, pour épandre la litière et enlever le fumier de dessous les bêtes, un beaucoup plus grand nombre d'hommes et d'attelages, qu'il n'en faut pour du bétail nourri au pâturage.

Réponse. Cette objection est de toutes, celle qui a le plus de poid, puisqu'on ne saurait nier que là en effet il n'y ait un surcroît de travail. Cependant la différence n'est point aussi grande qu'elle le paraît à ceux qui ne connaissent pas la bonne manière d'arranger cela et d'en régler la manipulation. Le fauchage du fourrage nécessaire à 80 pièces de gros bétail, si du moins le trèfle est beau, l'opération de charger et celle de charier, peuvent être exécutés complètement par un homme, et une femme ou un jeune garçon, lesquels peuvent encore aider au vacher dans la distribution du fourrage aux bêtes : admettons ainsi que, outre les servantes de basse-cour, il faille encore trois personnes pour nourrir à l'étable 80 pièces de gros bétail, et ces 3 individus suffiraient également pour cent. Si l'on tenait toutes les bêtes réunies au même pâturage, et qu'ainsi l'on ne séparât pas les vaches à lait de celles qui n'en donnent point, le bétail jeune, de celui qui est déja vieux, sans doute alors un seul berger suffirait; mais si nous les supposons divisées en plusieurs troupeaux, la différence cessera d'être aussi considérable. Ces personnes suffiront aussi pour épandre la litière et pour enlever les fumiers, si cette opération se fait de la manière la plus économique, avec un traineau. A côté de cela le travail des servantes, malgré qu'il y ait une plus grande abondance de lait, est bien moins grand lorsque les vaches sont nourries à l'étable, parce que dans ce dernier cas, il n'y a pas cette perte de tems qui résulte toujours de l'éloignement des vaches nourries au pâturage; enfin on ne doit pas omettre la facilité que la nourriture à l'étable donne à l'inspection, dans le moment où l'on trait; d'ailleurs il n'est pas douteux qu'on ne verse ou ne disperse moins de lait.

La manière la plus économique de faire le charroi de la nourriture verte est celle qui a lieu ou par des vaches elles-mêmes, dressées à cet effet, ou par des bœufs, qui y sont consacrés, et qui, tout en faisant cela, s'engraissent d'autant mieux qu'ils mangent et à l'étable et au champ, et que ce travail modéré ne fait qu'aider chez eux à la digestion, au moyen de quoi à la fin de l'été ils paient très-bien leur nourriture. Quant au supplément de travail qu'occasionne l'excédent d'engrais qui est une suite de la nourriture à l'étable, on voudra bien ne pas le compter comme une charge.

Je dois avouer qu'il est des circonstances où, en été, l'emploi de deux personnes de plus sur 80 vaches peut avoir des inconvéniens ; cependant le cas où l'on n'aurait pas la possibilité de se les procurer, doit être rare. Là où l'on est réduit à épargner les bras autant que cela est possible, on s'arrange de manière à continuer la nourriture à l'étable jusqu'au tems de la moisson, alors on fait sortir le bétail pour pâturer les trèfles sur les chaumes et les troisièmes pousses.

§ 383.

3.) La nourriture à l'étable exige un meilleur arrangement des écuries et plus de réunion, une grande place pour conserver la nourriture verte, et divers ustensiles, par conséquent un *cheptel mort* * plus considérable.

Réponse. Dans cette objection on s'est exagéré les difficultés ou les doutes. Sans doute une étable bien distribuée donne beaucoup de facilité. Le fourrage vert peut y être conservé plus long-tems sans qu'il se gâte, et il peut être distribué au bétail d'une manière à la fois beaucoup plus prompte et plus profitable. Mais il n'y a pas d'étable où l'on ne trouve une place pour conserver ce fourrage, si, pour y parvenir, on veut seulement diminuer de quelques têtes le nombre des bêtes. Le chariot, la fourche, le rateau et la faulx qu'il faut de plus, peuvent à peine être mis en compte. Ceux qui font cette objection parlent aussi de grandes caves et de machines à couper les racines, lesquelles de fait ne peuvent point être imputées à la nourriture d'été, de laquelle seulement il s'agit ici.

§ 384.

4.) Dans une économie rurale où il n'y a que peu de bétail, l'excédent de frais qu'occasionne la nourriture à l'étable peut se réduire à fort peu de chose. Mais le travail y augmente avec le nombre des bestiaux en bien plus grande proportion que cela n'a lieu lorsque les bêtes sont nourries au pâturage. Dans la *culture* ordinaire avec pâturage, il est même assez indifférent qu'un berger ait à garder 20 ou 200 bêtes. Avec la *nourriture* à l'étable au contraire, le nombre

---

* Le cheptel mort comprend l'ensemble des charriots, instrumens, outils et ustensiles nécessaires à une exploitation rurale. *Trad.*

des

des personnes employées croît en proportion du nombre des bêtes; sur chaque 50.ᵉ de pièces de bétail il faut un homme de plus. Si donc, dans les petites exploitations, il y a de l'avantage à nourrir le bétail à l'étable, cet avantage diminue progressivement, à mesure que l'exploitation augmente en proportions.

Réponse. Cette objection ne veut dire autre chose, sinon que la nourriture à l'étable est encore plus profitable dans les petits domaines ou métairies, qu'elle ne l'est dans les grands, sans cependant qu'il soit possible de nier les avantages qui en résultent en général. Au reste la réponse à cette objection est comprise dans celle faite à la première et à la seconde.

§ 385.

5.) Dans les domaines d'une grande étendue, les frais du charroi des fourrages sont toujours plus considérables, parce que tout au moins une partie de la sole des fourrages, doit nécessairement être assez éloignée. Ce plus grand éloignement est en revanche de peu de conséquence pour le pâturage.

Réponse. Des soles de fourrage très-éloignées rendraient sans aucun doute la chose plus difficile. Mais dans une division des champs arrangée pour la nourriture à l'étable, on peut toujours disposer les choses de manière qu'une partie de la sole du trèfle, ou de celle des vesces destinées à être données en vert au bétail, se trouve dans le voisinage des bâtimens rustiques ; à défaut de cela on remédie à cet inconvénient par l'établissement d'un parc sur une sole de fourrage éloignée.

§ 386.

6.) Sur de grands domaines le sol est le plus souvent varié dans sa nature, et si dans le cours de l'assolement, le trèfle ou d'autres récoltes-fourrages tombent sur une partie qui ne soit pas favorable à leur végétation, ils ne donnent pas le produit qu'on croyait pouvoir en attendre, quelquefois même ils manquent tout-à-fait. De cette manière, on ne peut point avoir d'assolement réglé, ou tout au moins n'ose-t-on pas compter sur une quantité suffisante de nourriture pour un troupeau également nombreux ; ainsi dans les années où le trèfle se trouvera semé dans une pièce de terre plus sèche, on ne pourra pas tenir la même quantité de bétail.

Réponse. Si, comme cela arrive quelquefois dans les domaines soumis à la culture ordinaire avec pâturage, on n'a, dans la division des champs, eu aucun égard aux différences qui existent dans la nature du sol, cela fait sans doute une grande difficulté. Mais avec la nourriture au pâturage, cet inconvénient peut être également sensible, et il faudrait le concours d'une étoile bienfaisante pour que le bétail n'eût pas à en souffrir, si on ne lui aidait pas de la même

<table><tr><td>I.</td><td style="text-align:right">45</td></tr></table>

manière qu'à celui nourri à l'étable. Mais pour la nourriture à l'étable, il est
bien plus facile de répartir les terres d'une manière convenable d'après leur
fertilité ; parce qu'alors le rapprochement des soles entr'elles, et celui des soles
par numéros, n'est point aussi nécessaire, et qu'ainsi l'on peut très-bien arranger les choses de manière à pouvoir chaque année semer en fourrage un champ,
dont le terrain soit propre à ce genre de produit, et qui soit assez rapproché
des bâtimens rustiques.

§ 387.

7.) Avec une bonne culture on peut à la vérité compter sur la récolte de
trèfle, mais cependant pas au point d'être entièrement rassuré contre la possibilité de sa non réussite ; et si ce dernier cas devait se réaliser, toute l'économie
en serait bouleversée.

Réponse. Quoique le trèfle doive être envisagé comme le principal fourrage
d'été, l'on commettrait cependant une grande faute, si l'on se reposait entièrement sur lui, puisque, sans même devoir craindre que semé convenablement il
vienne à manquer tout-à-fait, il peut cependant y avoir des tems où il ne donne
point assez de fourrage pour suffire à la nourriture du bétail, ou bien où l'on
ne saurait conseiller de l'employer à cet usage. Le trèfle n'est pas assez printan-
nier pour qu'on puisse commencer par lui la nourriture au vert, et entre ses
deux coupes, il y a une époque où il est trop vieux ou trop jeune pour être
employé avec avantage ; outre cela l'on en manque après la seconde coupe, si
après elle on laboure pour semer du blé. Ainsi pour que la nourriture à l'étable
repose sur des bases solides, il ne faut pas se borner à lui consacrer un seul
genre de produits, il faut au contraire avoir à sa disposition diverses espèces
de végétaux qui puissent être substitués au trèfle vert, si cela devenait nécessaire,
et qui pourtant puissent être consommés d'une autre manière ; c'est à quoi sont
particulièrement propres les vesces, et sur terrain sec, la spergule et le blé
noir ; si l'on n'a pas consacré des pièces particulières à produire pendant un
long espace de tems de la luzerne, du sainfoin (esparcette) ou des fourrages
artificiels du genre des graminées. Lorsque, ce qui est à peine possible dans
une bonne culture, l'on aurait laissé subsister ce trèfle pendant l'hiver sans le
rompre, l'on pourrait y semer d'abord au printems des vesces, de la semence
desquelles il est d'autant plus facile de garder une provision, qu'elle se conserve pendant dix ans et plus.

§ 388.

8.) D'après les expériences qu'on a faites, principalement dans le Holstein,
le beurre produit par les vaches nourries à l'étable n'a pas la même bonté et ne

se conserve pas aussi bien que celui des vaches qui sont au pâturage. Et comme il est très-important pour le cultivateur qui entretient un grand nombre de vaches, de conserver à son beurre une bonne réputation et d'en avoir un écoulement facile, ceci est déjà une raison suffisante pour ne pas adopter la nourriture à l'étable.

Dans le petit nombre d'essais que, dans le Holstein, on a faits sur la nourriture d'une grande quantité de bétail à l'étable, ç'a effectivement été le cas. Mais il est notoire que, dans la laiterie où s'est fait l'un des plus connus d'entre ces essais, on n'observait pas cette propreté qui distingue surtout les vacheries du Holstein. Outre cela la nourriture des vaches était de mauvaise qualité, composée, grâces à un assolement vicieux, plutôt de vélar et d'autres mauvaises herbes, que de trèfle. Il est vrai que, avec la nourriture à l'étable, il est plus difficile de garantir le pis des vaches des effets de la malpropreté, que cela ne l'est au pâturage, et que par conséquent il faut pour conserver au lait ses qualités, d'autant plus de ces précautions que, sans une surveillance continuelle, on n'obtient guères de gens qui n'y sont pas naturellement portés. Mais si ces précautions sont observées, le beurre produit par la nourriture d'été à l'étable, a un goût tout aussi aromatique, que celui obtenu par le moyen du pâturage ; il est tout aussi gras, et il a les mêmes qualités; ensorte que si ce beurre est préparé avec les mêmes soins qu'on lui donne dans le Holstein, on peut attendre avec certitude qu'il se conservera tout aussi bien que celui des vaches nourries au pâturage. Je dois avouer au reste que je ne puis pas citer d'exemples à l'appui de mon assertion, parce que là où un grand nombre de vaches sont nourries à l'étable, pendant l'été on vend le beurre toujours plus avantageusement frais.

§ 589.

9.) Enfin, a-t-on dit, l'introduction générale de la nourriture à l'étable dans un pays, mettrait sur les marchés une surabondance de chair et de graisse, qui ferait baisser les prix d'une manière excessive, puisque ces marchés n'ont jamais des débouchés aussi vastes que le sont ceux des marchés pour les grains. Ainsi le capital employé dans la culture pour la nourriture à l'étable ne rapporterait que peu ou point de profit, et par conséquent il serait perdu pour la richesse nationale et particulière, et serait d'ailleurs enlevé aux autres parties de l'agriculture et à d'autres branches d'industrie. Même le capital du fonds ou du sol, perdrait par ce moyen plutôt que de gagner.

Réponse. Sans m'arrêter aux conceptions erronées d'économie politique auxquelles seulement une telle objection peut devoir sa naissance, je veux n'y répondre que sous le rapport de l'intérêt privé. Les marchés pour la chair et le beurre ont, dans le plus grand nombre de pays, des débouchés bien plus étendus, que ceux pour les grains, parce que, à valeur égale, le transport de ces denrées est moins coûteux. C'est par cette raison que, dans bien des contrées, on a souvent jugé avantageux de transformer les grains en bétail de trait ou de rente, parce que de cette manière ils s'exportaient eux-mêmes. A la vérité depuis quelques années cela n'a pas eu lieu, parce que nulle part le produit en grains n'a excédé les besoins, mais ci-devant on avait recours à ce moyen dans le midi de l'Allemagne et dans quelques provinces de France. Nulle part le beurre qui est d'un transport si facile, ne saurait manquer de débouchés, s'il est fait d'une manière convenable. Dans le Holstein où, depuis 15 à 20 ans, la quantité de beurre fabriquée a augmenté, à ce qu'on assure, même au-delà d'un tiers; le prix en a cependant toujours haussé, malgré que l'exportation qui dans le même tems s'en est faite du Mecklembourg, ait également été plus forte. * Partout le prix de la chair et celui des grains ont haussé, même proportionnément à celui des grains, ce qui paraît dû à ce que des contrées incultes, qui auparavant n'étaient employées qu'à la nourriture du bétail, ayant augmenté en population, ont été mises en culture et produisent aujourd'hui des grains. Le prix des laines a également haussé et la quantité doit nécessairement en être augmentée, quoique seulement d'une manière indirecte, par l'entretien d'un plus grand nombre de bêtes à l'étable, puis qu'alors une plus grande étendue de pâturages pourra être consacrée aux moutons.

Au reste il est encore douteux qu'une culture plus soignée dut faire baisser le prix des produits animaux, proportionnément à celui des autres denrées, puisque en même tems que les produits augmentent, la consommation, l'aisance et la richesse nationale augmentent aussi et avec elles la population. Mais dans aucun cas ces produits ne peuvent tomber au-dessous de leur prix naturel, c'est-à-dire de celui qui paie leur culture avec un juste profit, puisque si ce cas arrivait, le cultivateur se relâcherait bientôt de l'activité qu'il avait donnée à son industrie. Au reste, non-seulement la méthode de nourrir le bétail à l'étable procure une plus grande abondance de produits animaux, mais encore elle épargne du terrain pour la culture des grains, et elle multiplie les engrais qui doivent favoriser celle-ci.

§ 390.

Ainsi donc considérés isolément, les motifs qu'on allègue contre la nourriture à l'étable et le perfectionnement de la culture qui en est la suite nécessaire, ne

---

* Il y a huit ans que les Indes orientales avaient ouvert au beurre du Holstein un débouché nouveau et avantageux; on l'y envoyait renfermé dans de petits tonneaux ou barils. A.

sont pas soutenables. Cependant réunis ils peuvent, dans certains cas, tout au moins rendre douteuse la convenance de son introduction, et plaider en faveur du pâturage joint à un bon assolement. Dans des contrées où les procédés de la nourriture à l'étable sont encore inconnus, et où chez les domestiques et chez ceux à qui l'on doit commettre l'inspection des détails, on rencontre de la prévention contre ce genre de nourriture, et de la mauvaise volonté, il faut tout au moins y donner une attention particulière et plus grande, peut-être, qu'une personne unique, occupée de plusieurs autres branches de l'économie, ne peut la donner. Lorsqu'on veut introduire la nourriture à l'étable, il faut donc avant tout, se procurer des hommes capables de la diriger, ou faire venir de dehors les principaux valets qui doivent être chargés de la direction des écuries.

Ce genre d'économie exige un *capital en circulation* beaucoup plus grand, pas précisément pour lui-même, mais pour la culture vigoureuse à laquelle il s'associe. Il ne paraît donc pas convenir dans les lieux où, loin d'être réduit à tirer un grand parti du terrain, on en a plutôt en surabondance; parce que dans une grande exploitation, on n'a souvent pas les moyens de pourvoir au travail et aux frais que cette méthode occasionne. Dans les cas de ce genre la culture alterne perfectionnée avec pâturage sera, tout au moins dans les commencemens, beaucoup plus convenable, et ensuite on pourra avec d'autant plus de facilité, passer à la nourriture à l'étable. En revanche les avantages de cette nourriture augmentent toujours en proportion de la valeur du sol et des avances qu'on peut lui faire.

Elle n'est nulle part moins profitable que sur les terrains sablonneux, qui contiennent moins de 25 pour cent d'argile et d'humus; ce sol profite infiniment de ce qu'on appelle repos, il gagne à être laissé en friche et à être pâturé, cela lui rend une sorte de consistance qu'il perd entièrement par de trop fréquens labours.

Les terrains de cette espèce conviennent aussi moins au bétail à cornes qu'aux bêtes à laine, pour lesquelles la nourriture à l'étable ne paraît point encore près de se propager, et ne semble même pas convenable dans les domaines qui ont un sol de ce genre. Malgré l'abondance d'engrais, la culture des plantes à fourrage d'été est toujours très-casuelle, à cause des sécheresses, et cet inconvénient est infiniment à redouter pour la nourriture à l'étable, quelque sûre d'ailleurs que soit dans ces terrains, la culture des racines destinées à la nourriture d'hiver.

§ 391.

On fait une distinction entre la nourriture à l'étable complète, et la partielle. Par cette dernière on n'entend pas, ce qui cependant se pratique quelquefois, qu'une partie du bétail reste à l'étable tandis que l'autre va au pâturage, mais que le bétail prend chaque jour une partie de sa nourriture à l'étable, et l'autre partie au pâturage.

Plusieurs personnes ont envisagé cette manière de nourrir le bétail comme la plus profitable pour la rente, et par son moyen, ont obtenu un très-grand produit en lait. En effet, ce changement d'aliment devait donner plus d'appétit aux bêtes et leur faciliter la digestion. Cette manière doit être conseillée surtout dans les lieux où l'on a à sa proximité des pâturages auxquels la crainte d'inondations ou quelqu'autre cause, empêchent de donner une autre destination et où, cependant, ces pâturages ne peuvent pas suffire à la nourriture du bétail à cornes pendant l'été.

§ 392.

La nourriture à l'étable peut s'associer à divers systèmes de culture, qui se réduisent principalement aux trois suivans :

La première et la plus ancienne manière de se procurer des fourrages verts pour l'été, consiste à y consacrer des clos particuliers, ou des *champs à trèfle*. Pour cela on choisit ordinairement des pièces de terre situées près des bâtimens rustiques, et l'on y sème de trois en trois ans, souvent même dès la première année et avec la première récolte de grains, du trèfle destiné à être fauché en vert, ou si la nature du sol le permet, de la luzerne. Lorsque ce fourrage a pris fin, on y cultive pendant un ou deux ans des racines ou des choux, quelquefois aussi une récolte de blé ou de légumes, puis on les sème de nouveau en fourrage. Mais ces clos consomment une grande partie des engrais, parce que, sans des amendemens abondans et répétés, des récoltes de trèfle si rapprochées ne pourraient y réussir. Le principal but de la culture des fourrages et de la nourriture à l'étable, celui de se procurer pour la totalité des champs une plus grande quantité de fumiers, est entièrement manqué, et alors le reproche d'ailleurs absurde, d'exiger trop d'engrais, qu'on fait à la culture des fourrages, se trouve fondé à quelques égards.

Une autre conséquence de cette méthode, c'est de priver d'un second avantage attaché à la nourriture du bétail à l'étable et à la culture qui en est la suite, de la succession alternative des récoltes vertes et des récoltes de grains dans les champs. La jachère morte doit par cela même y avoir lieu, sans qu'on en retire aucune récolte, ou bien les champs sont bientôt infectés de mauvaises herbes. C'est en plein champ seulement et introduites dans l'assolement général, que les récoltes vertes peuvent remplir complétement le but auquel elles sont destinées ; qu'elles procurent la bonification chimique du sol par le moyen des engrais qui leur sont appliqués, et l'amélioration mécanique qui résulte de l'ameublissement du terrain et de son nettoiement.

La culture des plantes à fourrage dans des clos séparés, ne peut donc être envisagée que comme un moyen très-vicieux de se procurer dans les exploitations soumises à la méthode des jachères ou à la culture alterne avec pâturage non perfectionnée, quelque supplément de nourriture pour le bétail ; moyen absolument opposé au but qu'on se propose par la nourriture à l'étable telle qu'elle a lieu ordinairement : un clos d'une étendue proportionnément peu considérable, ensemencé en plantes à fourrage pérennes, en luzerne ou herbes à faucher, et situé près des bâtimens, peut cependant quelquefois être fort utile, et faciliter la nourriture complète du bétail à l'étable, en fournissant des fourrages dans les momens où l'on n'en a pas ailleurs.

§ 593.

La seconde manière de se procurer des fourrages par la culture, consiste à les introduire dans l'assolement triennal à la place de la jachère. Nous avons déjà parlé de cette méthode propagée surtout par Schubart, de ce qu'on peut en attendre et de ce qu'on doit en redouter. Par ce moyen on n'ôte aucun engrais à a culture des champs, loin de là le trèfle, s'il est vigoureux, épais et propre, donne au sol de nouveaux sucs. Mais, avec l'assolement triennal, on ne peut espérer la réalisation de ces trois conditions, que dans un sol particulièrement fertile, et encore seulement dans le cas où le trèfle ne reviendrait que tous les neuf ans à la même place ; on y a vu si fréquemment la non réussite de cette plante et l'insuffisance de ses récoltes, dans des domaines qui manquaient d'ailleurs de prairies nécessaires à un bon entretien du bétail en été et en hiver, qu'on a renoncé à ce genre de culture par tout, excepté dans quelques districts particulièrement fertiles ; et que la cessation de la nourriture à l'étable elle-même en a été la conséquence. Lorsque, à la suite d'accidens, le trèfle avait manqué, des agriculteurs industrieux y remédiaient pour une année, en semant des vesces ou un mélange de diverses plantes à faucher en vert, ou en fauchant leurs pois pour les donner au bétail ; mais lorsque cette non réussite revenait trop souvent et paraissait tenir, non à l'accident, mais à la chose elle-même, ils se sont vus obligés d'y renoncer ; quelques cultivateurs seulement y ont persisté jusqu'à ce que leurs champs ont été totalement infectés de mauvaises herbes.

§ 394.

La troisième méthode, la seule qui jusqu'ici ait eu réellement des succès, et sur laquelle on puisse compter avec certitude pour l'introduction de la nourriture du bétail à l'étable, c'est celle de la *culture alterne perfectionnée*, dans laquelle le trèfle est toujours semé sur un terrain bien et profondément travaillé, qui a encore toute la force de l'engrais, et où l'on se procure encore un supplément, en cultivant d'autres plantes à fourrage pour le milieu de l'été , pour l'automne et l'hiver, de manière que dans toutes les saisons le bétail obtienne une nourriture riche et qui ait conservé ses sucs. Nous avons déduit plus haut avec détail, les motifs sur lesquels ce système de culture repose, et nous aurons encore à en parler, lorsqu'il s'agira de la culture de ces plantes, et de la nourriture du bétail; ensorte qu'ici nous n'avons plus rien à ajouter sur ce sujet.

§ 395.

Nous nous bornerons donc à indiquer ici les assolemens qui, suivant le nombre des soles, et en sacrifiant le moins qu'il est possible des récoltes destinées à être vendues, peuvent procurer la plus grande quantité de fourrage et par conséquent d'engrais.

Nous supposons que le sol soit une terre argileuse qui contienne au moins 30 pour cent, tant d'alumine que d'humus, et tout au plus 70 pour cent de silice, terrain qu'on classe ordinairement dans les terres à froment de seconde qualité, ou dans les terres à orge de première et seconde qualité, ou enfin dans les bonnes terres moyennes. A la vérité le plus souvent le trèfle réussit aussi sur un sol plus léger, qui contient de 25 à 50 pour cent d'alumine, pourvu que la terre ait été convenablement fumée; mais, dans les années sèches, il y est d'un succès si incertain, qu'on ne pourrait pas y compter, si la totalité des champs ou même seulement quelques soles, étaient composées d'un terrain aussi léger; aussi sur les domaines de cette espèce, la culture alterne perfectionnée associée au pâturage, sera-t-elle, comme nous l'avons dit, toujours moins casuelle. Du reste dans le choix des récoltes qui font partie de ces rotations il faudra toujours faire attention à la qualité plus ou moins argileuse du sol, ainsi qu'à la quantité de parties calcaires qui s'y trouvent mêlées, et à l'humus qui y a été récemment ajouté; afin de régler l'assolement en conséquence, nous donnerons dans la suite des directions à ce sujet.

En quatre soles.

1.**Récoltes sarclées,   3. Trèfle.
    et peut-être des fèves en lignes.

2. Orge.   4. Seigle ou froment.

Par un mésentendu inconcevable, cet assolement établi en Angleterre dans un grand nombre d'exploitations rurales, et que j'ai moi-même suivi anciennement dans un petit domaine, a été envisagé par quelques personnes comme l'unique forme de *culture alterne*. Cependant il ne convient qu'à des domaines

d'une

d'une étendue plus resserrée; dans de plus vastes, on se trouvera mieux d'avoir un plus grand nombre de soles.

En cinq soles.

Après les grains d'automne on retire encore une récolte d'avoine; cela peut avoir lieu sans inconvénient, la récolte sarclée suivante étant destinée à nettoyer le terrain. Dans l'essai que je fis de cet assolement, je trouvai l'avoine trop peu profitable en proportion des autres récoltes pour me déterminer à la continuer. Là où l'on veut avant tout se procurer une grande provision de fourrages, on peut laisser subsister le trèfle pendant deux ans.

En six soles.

1. Jusqu'à 4, comme ci-dessus.
5. * Pois, et suivant le besoin, des vesces à faucher en vert.
6. Seigle.

Le plus souvent dans ces assolemens je donne la préférence sur les grains de printems, à ceux d'automne dont le produit est plus sûr et qui donnent une plus grande quantité de paille, d'autant surtout qu'au moyen des instrumens convenables, les semailles peuvent en être faites avec une grande facilité, à la suite des récoltes préparatoires. Si d'ailleurs il m'arrive de ne pouvoir pas accomplir ces semailles en automne, je puis alors toujours ensemencer la partie restante en grains de printems.

En sept soles.

Ici, après le seigle, on peut encore se procurer une récolte d'avoine. Dans le plus grand nombre de cas cependant, celui qui voudra conserver son terrain en vigueur et qui voudra assurer d'autant mieux la nourriture de son bétail à l'étable, préférera laisser subsister le trèfle pendant deux ans et se contenter de deux récoltes de grains d'automne, d'une de grains de printems et d'une demi ou de deux tiers sole en pois. Ici et partout où l'on trouvera que dans la première sole il y a trop de récoltes racines, on pourra y substituer des fèves en lignes et cultivées à la houe, entre lesquelles, et après qu'on leur a donné la dernière culture, on peut semer des raves avec beaucoup d'avantage; celles-ci au reste, peuvent également être semées après des vesces fauchées en vert, mais elles doivent être enlevées de bonne heure à cause de la récolte de grains d'automne.

En huit soles.

1. ** Récoltes-racines sarclées,	5. * Pois,
2. Orge,	6. Seigle,
3. Trèfle,	7. Vesces,
4. Avoine,	8. Seigle.

I.

Ou bien

1. ** Récoltes-racines sarclées.
2. Orge,
3. Trèfle,
4. Trèfle,
5. Seigle,
6. * Pois et vesces,
7. Seigle,
8. Avoine,

En neuf soles.

1. ** Récoltes-racines sarclées.
2. Orge,
3. Trèfle,
4. Trèfle,
5. Seigle,
6. * Pois,
7. Orge,
8. Vesces,
9. Seigle,

En dix soles.

1. ** Récoltes-racines sarclées.
2. Orge,
3. Trèfle,
4. Trèfle, rompu après la 1.re coupe,
5. * Colza,
6. Froment,
7. Pois,
8. Seigle,
9. * Vesces en vert,
10. Seigle.

Pour se livrer à la culture du colza, qui dans cet assolement est particulièrement avantageux, il faut avant tout avoir à sa disposition des engrais en abondance; mais on doit parvenir en bien peu de tems à ce point avec un tel cours de récoltes.

En onze soles.

Après le seigle on sème encore de l'avoine.

En douze soles.

1. ** Récoltes-racines sarclées.
2. Orge,
3. Trèfle,
4. Trèfle,
5. Trèfle, rompu après la 1.re coupe,
6. * Colza,
7. Froment,
8. Pois et vesces,
9. Seigle,
10. * Fèves en ligne, et ensuite raves,
11. Orge,
12. Seigle.

Ou bien

Afin d'avoir une quantité encore plus grande de produits d'une vente avantageuse, et si la surabondance d'engrais procurée par l'assolement ci-dessus le permet, on peut rompre le trèfle de la 4.e sole après sa première coupe pour

5. * Colza,
6. Froment,
7. Vesces,
8. Seigle.

9.**Tabac,   11. Fèves et ensuite raves,

10. Froment,   12. Orge.

La suite de cette matière au volume suivant (1).

---

(1) La température du nord de l'Allemagne, pour lequel surtout ces assolemens sont calculés, est trop défavorable à la luzerne pour que notre auteur put la faire entrer dans les assolemens qui conviennent à ce pays ; mais il n'en est pas ainsi du climat de la France, où cette plante réussit à merveille, et où, en général, elle est de tous les fourrages celui dont on retire les plus grands avantages, lorsque sa culture a lieu dans un terrain bien amendé, labouré profondément, débarrassé de mauvaises herbes, et soigneusement égoutté par des saignées, lorsque, de sa nature, il retient facilement les eaux.

Sans vouloir anticiper sur des détails qui appartiennent à la partie de cet ouvrage, qui traitera de la culture des végétaux, je dirai cependant ici que, suivant le plus ou moins de soins donnés à sa semaille et à sa conservation, la luzerne peut fournir des récoltes abondantes pendant 4, 6, 8, 10 et quelquefois 12 ans, mais que c'est à sa troisième année surtout, que son produit est le plus élevé ; dès ce moment il s'y mêle plus ou moins de mauvaises herbes, qui finissent enfin par étouffer les plantes de luzerne. Dans les lieux où il y a beaucoup de prairies et où par conséquent les vents charrient une grande quantité de semences de graminées, cet effet est beaucoup plus prompt que dans les contrées où la presque totalité des terres est soumise à la charrue avec un bon assolement. Mais quelquefois les plantes qui ont pris pied parmi la luzerne sont d'une nature assez bonne comme fourrage, et elles rendent des produits assez abondans, pour qu'il soit encore avantageux de conserver le terrain dans cet état.

La convenance de remettre de vieilles luzernières en culture tient donc aux circonstances locales et aux avantages relatifs qu'on peut tirer du sol, dans un état plutôt que dans l'autre ; mais si l'on a laissé subsister la luzernière jusqu'au moment où les plantes ont péri d'elles-mêmes, il est indispensable, pour que la luzerne y réussisse de nouveau, non-seulement de donner au terrain des engrais abondans, et de le nettoyer soigneusement de mauvaises herbes, mais encore de mettre un beaucoup plus grand intervalle entre le moment où le sol a été remis en culture et celui où il est de nouveau ensemencé en luzerne. De là vient qu'aujourd'hui encore les opinions sont divisées sur la durée qu'il convient de donner aux luzernières.

Dans les contrées dont le sol est d'une culture facile, et où les bras ne sont ni rares ni à un haut prix, il paraît avantageux de ne laisser subsister la luzerne que quatre ou cinq ans, et de la rompre ensuite pour des grains d'automne, auxquels elle est une excellente préparation. Après une ou même deux récoltes consécutives de céréales d'hiver, qui réussissent très-bien sans fumier, et pour lesquelles il ne faut que préserver le sol de l'infection des mauvaises herbes ; on fait alors suivre une récolte sarclée, surtout de pommes de terre, qui là m'ont paru réussir beaucoup mieux que les carottes ou les rutabagas.

Je vais donner ici pour exemple de ce genre de culture l'excellent assolement suivi depuis nombre d'années par M. Ch. Pictet, l'un des agronomes qui travaillent avec le plus de zèle à la propagation des vraies lumières et des meilleures méthodes agricoles en France. Je tire cet assolement du n.º 12 (Déc. 1810) de la *Biblioth. Britan.*, où son auteur en rend compte d'une manière aussi détaillée et instructive qu'intéressante, et je dois ajouter, que j'ai fréquemment eu occasion de contempler dans l'exploitation de M. Pictet à Lancy, les admirables effets de cette rotation, qui, *pour lui*, et en raison des circonstances particulières dont il est entouré, a le mérite très-grand non-seulement de produire une abondance de denrées dont une grande partie peut être appliquée à choix à la nourriture de l'homme et à celle du bétail, et dont la réalisation, de quelque manière qu'elle ait lieu, assure une rente nette très-forte; mais encore d'exiger des avances de culture fort peu considérables.

1. Pommes de terre sur labour profond à la bêche.

2. Froment fumé complétement avec du fumier charrié et épandu en hiver sur la semaille, lequel amendant la surface du sol, assure la réussite du trèfle, que, au printems, on sème par dessus, en ayant soin de faire suivre une herse garnie d'épines.

3. Trèfle, 2 coupes, puis

4. Froment et quelquefois raves en seconde récolte.

5. Pommes de terre comme la première année.

6. Froment comme la seconde année, avec cette différence qu'au lieu d'y semer au printems du trèfle, on y sème de la luzerne.

7. Luzerne.

8. Luzerne.

9. Luzerne fumée complétement en hiver.

10. Luzerne rompue en automne pour

11. Froment.

12. Froment et ensuite raves.

J'ai dit que cet assolement exigeait chez M. Pictet peu d'avances de culture; cela tient à ce que la plus grande partie des pommes de terre qui comprennent la sixième partie de son assolement, sont plantées et cultivées à moitié produit par des pauvres gens du voisinage, qui trouvent dans ce genre d'exploitation des ressources presque toujours sûres contre le besoin. Ainsi M. Pictet est le bienfaiteur d'un grand nombre de familles en même tems qu'il obtient son propre avantage. J'exhorte au reste mes lecteurs à lire en entier le compte que cet agronome rend de cet assolement; je regrette de ne pouvoir le donner ici dans son entier.

Le sainfoin (esparcette, pellagra) n'a guère moins de droits à notre attention; tout comme la luzerne il peut très-bien être associé aux assolemens alternes; son produit n'est à la vérité pas aussi considérable que celui de la luzerne, mais il ne demande, pendant sa durée, d'autre engrais que du plâtre, et réussit dans des terrains sablonneux et graveleux, où la luzerne ne végéterait que très-misérablement. Au reste, la semence du sainfoin étant beaucoup plus coûteuse que celle de la luzerne, il ne vaudrait pas trop la peine d'établir des prairies de cette plante, pour ne les laisser subsister qu'un petit nombre d'années. *Trad.*

FIN DU PREMIER VOLUME.

TABLE RAISONNÉE DES MATIÈRES

contenues dans ce premier volume.

SECTION PREMIÈRE.
PRINCIPES FONDAMENTAUX.

LE BAIL A FERME.

SECTION II.

ÉCONOMIE, ou TRAITÉ DES CIRCONSTANCES, DE L'ORGANISATION ET DE LA DIRECTION DE L'EXPLOITATION AGRICOLE.

LES MANOUVRIERS.

T. I.

DE LA SUCCESSION DES RÉCOLTES.

CULTURE ALTERNE PERFECTIONNÉE AVEC PATURAGE.

NOURRITURE DU BÉTAIL A L'ÉTABLE.

La comparaison plus particulière des systèmes entr'eux, au moyen de calculs en forme de tableaux en sera portée au tome suivant.

Fin de la Table des matières.

www.ingramcontent.com/pod-product-compliance
Lightning Source LLC
LaVergne TN
LVHW011227170726
843501LV00002B/396